構造工学シリーズ 24

センシング情報社会基盤

土 木 学 会

Structural Engineering Series 24

Sensing-based Intelligent Civil Infrastructure

Edited by

Yozo FUJINO

Professor of Civil Engineering
Yokohama National University

Published by

Committee of Structural Engineering
Japan Society of Civil Engineers
Yotsuya 1-chome, Shinjuku-ku
Tokyo, 160-0004 Japan
March, 2015

まえがき

　現代の都市は，高度で複雑な機能を持っており，軽微な災害や事故でも大きな被害に波及する「脆弱性」が高まっているといわれる．それに対して，従来の土木工学・構造工学における対策は，設計や施工によって初期の性能を向上させるハードウェアの強化に力点があった．また，ストック管理やメンテナンスの必要性が高まるにつれて，検査・補修・補強など供用時の対策にも関心が高まりつつあるが，それらも，基本的にはハードウェア対策の延長上に位置付けられるものである．

　それに対して，近年のセンシング技術や情報技術の進展を背景として，センシングによってソフトウェア面を含めた安全性の向上についても本格的な検討が進められつつある．社会基盤の機能に着目した，リアルタイムでより柔軟な対策が可能となりつつあると言えよう．特に，災害ハザードについては，緊急地震速報や津波警報，防災気象情報などの形でネットワーク化されたセンシングによる安全に関わる情報社会基盤の整備が進んでいる．しかしながら，これらの情報の管理や活用には，その取り扱いや信頼性など未だ大きな課題がある．

　一方，米国では，橋梁について数年前から20年間の長期橋梁性能プログラムと呼ばれる研究プロジェクトがスタートし，系統的・継続的なモニタリングに基づく定量的情報基盤の整備によって，メンテナンスのみならず橋梁技術全体の革新を目指している．そこで構築される情報基盤は，競争力を保持し，また，向上させる源泉でもある．

　このように，センシングや情報社会基盤への期待は高まりつつあるが，構造工学におけるセンシングおよび情報社会基盤の位置付けや方法論は確立されるに至っていない．
そこで，構造工学委員会内に「センシングと情報社会基盤研究小委員会」（委員長：藤野陽三）を立ち上げ，先進センシング技術，センシング法，情報社会基盤の管理と活用などについて調査研究を行い，社会基盤の安全性や各種性能をリアルタイムに評価し対策を実施するための技術体系を明らかとすることを目標として2008年から活動を開始した．具体的には，

・関連技術の調査や情報活用例の収集．
・先進センシング技術・情報社会基盤技術の動向の調査．
・センシングと安全性・信頼性および情報の管理と活用に関する検討

などを通して，技術の現況を展望し，構造工学におけるセンシングと情報社会基盤のあり方を明らかにすることとして動向調査を行い，それに基づいて方法論や体系化の検討を3年あまりにわたって行った．本報告書はそこでの成果に事例を加えた形で取りまとめ，この分野の発展に資しようとするものである．土木系の技術者，研究者や学生だけでなく，土木分野でのモニタリングに関心のある他分野の方も頭にいれてまとめた．

　本書は5章から構成されている．1章では社会基盤の特徴と現状，それを踏まえての社会基盤マネジメントに求められるモニタリングを概説している．2章では，道路や鉄道あるいは電力など，個々の社会基盤の特徴を述べている．この章は、センシングや情報基盤の分野の方でこれまで社会基盤に馴染みが少なかった方も想定して用意した章である．第3章では社会基盤のセンシングやモニタリングにかか

わる要素技術を述べている。具体的にはセンシング，ネットワーク，データ処理，データマネジメント，情報の信頼性などに関して記述している．4章ではセンシングによる診断と評価，すなわちモニタングを実例を通じて紹介している．5章では、社会基盤のいくつかの分野におけるモニタリングの将来像を述べている．

　委員だけでなく，多くの委員外の方にも執筆をお願いした．委員，執筆者ほか協力いただいた多くの方々に深くお礼を申し上げたい．なお，とりまとめが藤野の多忙のために大幅に遅れてしまったが，ここに報告書を出すことができたのは幹事，とくに宮森幹事の労に負うところが大きい．深く感謝する次第である．

　報告書をまとめている最中に2012年12月の笹子トンネルの天井板の崩落事故が発生した．高齢化するインフラの安全に対する漠然とした不安が現実であることを見せつけた．と同時に，目視や打音点検の限界も社会が知ることになり，現代ICT技術を使ってこの問題を解決できないかと多くの人に思わせた．事実，総合科学技術会議の2013年度の研究開発目標の一つの柱は「次世代インフラの安全」であり，そのための先端技術すなわち，センシングやロボット技術の適用が掲げられている．インフラにいわば，神経系を入れ込んで傷みの分かる自律的なシステムにするということである．インフラが社会の経済活動に重要であることはよくわかっていても，政府の研究開発対象の重点課題にあがったことはこれまであまりなかったと思われる．ますます，この分野の重要性が高まっており，本報告書がこの分野の発展，特に実務面での普及に貢献することを期待するものである．

土木学会　構造工学委員会
センシングと情報社会基盤研究小委員会

委員長　藤　野　陽　三

土木学会　構造工学委員会
センシングと情報社会基盤研究小委員会　委員構成

　　　　委員長　　藤野陽三　東京大学（現・横浜国立大学）
　　　　副委員長　山崎文雄　千葉大学

委員　　阿部雅人*　株式会社ＢＭＣ
　　　　荒鹿忠義　　東海旅客鉄道株式会社
　　　　猪股　渉*　東京ガス株式会社
　　　　呉　智深　　茨城大学
　　　　上半文昭*　公益財団法人鉄道総合技術研究所
　　　　内村太郎*　東京大学
　　　　運上茂樹　　独立行政法人土木研究所
　　　　大島俊之　　北見工業大学
　　　　大槻哲也　　東京電力株式会社
　　　　大鳥靖樹*　一般財団法人電力中央研究所
　　　　小幡卓司　　大阪府立大学工業高等専門学校
　　　　清野純史　　京都大学
　　　　倉田成人　　鹿島建設株式会社（現・筑波技術大学）
　　　　佐藤弘史　　筑波大学（現・株式会社ＩＨＩインフラシステム）
　　　　澤　一男　　東京ガス株式会社
　　　　島村　誠　　東日本旅客鉄道株式会社（現・東京大学）
　　　　鈴木崇伸　　東洋大学
　　　　関　雅樹　　東海旅客鉄道株式会社（現・双葉鉄道工業株式会社）
　　　　竹内信次　　東京電力株式会社
　　　　竹内友章　　東京電力株式会社
　　　　内藤　繁　　東海旅客鉄道株式会社
　　　　中村秀明*　山口大学
　　　　長山智則*　東京大学
　　　　西川貴文*　東京大学（現・長崎大学）
　　　　細川直行*　東京ガス株式会社
　　　　松田　猛　　東海旅客鉄道株式会社
　　　　水野裕介*　東京大学（前・山口大学）
　　　　宮崎早苗*　株式会社ＮＴＴデータ
　　　　宮森保紀*　北見工業大学（取りまとめ幹事）
　　　　矢吹信喜*　室蘭工業大学（現・大阪大学）
　　　　山崎文雄　　千葉大学
　　　　山本貞明　　東京ガス株式会社
　　　　用害比呂之　株式会社高速道路総合技術研究所

（五十音順、*は委員兼幹事）

執筆者

まえがき
　藤野陽三

第1章（主査　藤野陽三、大島俊之）
　阿部雅人、大島俊之、山崎文雄

第2章（主査　佐藤弘史、島村誠）
　柏井条介、倉田成人、近藤聡史、小池武、佐藤弘史、島村誠、新谷康之、末次忠司、鈴木崇伸、中西裕亮、用害比呂之、横田弘

第3章（主査　鈴木崇伸、長山智則）
　呉智深、上半文昭、小国健二、倉田成人、佐伯昌之、鈴木崇伸、筒井健、中村秀明、長山智則、宮森保紀、矢吹信喜、吉田純司、六川修一

第4章（主査　内村太郎、島村誠）
　阿部雅人、内村太郎、清野純史、倉田成人、朱牟田善治、新谷康之、末次忠司、杁本正信、曽我健一，武若耕司、内藤繁、中村豊、長山智則、西川貴文、野津厚、乗藤雄基、藤田聡、藤野陽三、松田猛、皆川佳祐、宮崎早苗、宮森保紀、山本俊六、用害比呂之

第5章（主査　藤野陽三、阿部雅人）
　浅見泰司、大保直人、小国健二、小幡卓司、坂村健、関雅樹、藤野陽三、藤原博、三田彰、宮村正光

あとがき
　山崎文雄

　　　　　　　　　　　　　　　　　　　　　　　　　　　　　　（五十音順）

構造工学シリーズ 24

センシング情報社会基盤

もくじ

まえがき
委員、執筆者一覧

第1章　社会基盤のマネジメントに求められるモニタリング
 1.1　はじめに　—社会基盤におけるセンシングとモニタリングの領域— ……………… 1
 1.2　社会基盤の特徴と現状 ……………………………………………… 2
 1.3　社会基盤のマネジメントの現状と課題 ……………………………… 7
 1.4　モニタリングへのニーズ …………………………………………… 10

第2章　社会基盤の特性
 2.1　総論 ………………………………………………………………… 17
 2.2　交通に関わる社会基盤 ……………………………………………… 19
  2.2.1　道路 ………………………………………………………… 19
  2.2.2　鉄道 ………………………………………………………… 24
  2.2.3　港湾・空港 ………………………………………………… 28
 2.3　建築構造物 ………………………………………………………… 35
 2.4　供給・処理に関わる社会基盤 ……………………………………… 45
  2.4.1　電力 ………………………………………………………… 45
  2.4.2　ガス ………………………………………………………… 48
  2.4.3　上水道 ……………………………………………………… 52
  2.4.4　下水道 ……………………………………………………… 59
  2.4.5　通信施設・情報施設 ……………………………………… 64
  2.4.6　共同溝 ……………………………………………………… 69
 2.5　国土保全に関わる社会基盤 ………………………………………… 71
  2.5.1　河川施設 …………………………………………………… 71
  2.5.2　ダム ………………………………………………………… 77

第3章　社会基盤センシングの要素技術
 3.1　要素技術の概要 …………………………………………………… 79
 3.2　センサノード技術 ………………………………………………… 83
  3.2.1　これまでのセンサ技術 …………………………………… 83
  3.2.2　新しいセンサ技術 ………………………………………… 89
   (1)　光ファイバを用いた変形計測 ………………………… 89

	(2) レーザを用いた変形計測	93
	(3) GPSを用いた変位計測	99
	(4) MEMS技術を用いたセンシング	102
	(5) 画像解析を用いたセンシング	105
	(6) 衛星画像を用いたセンシング	109
3.3	ネットワーク技術	113
3.4	データ貯蔵管理技術	126
3.5	データ解析・プロセス技術	144
3.6	情報の信頼性	153

第4章 社会基盤のモニタリング ―センシングによる診断と評価―

4.1	センシングによる診断と評価	157
4.2	構造物の健全性 ―ストックマネジメントのためのモニタリング―	160
	4.2.1 橋梁の診断技術と事例	160
	4.2.2 建築のモニタリング	167
	4.2.3 橋梁における地震や風に対する長期モニタリング	174
	4.2.4 米国の道路橋の検査と長期橋梁性能プログラム	179
	4.2.5 ロンドン地下鉄のライニングのモニタリング	184
	4.2.6 常時微動定点計測に基づいた構造診断	188
	4.2.7 コンクリート橋梁の塩害モニタリング事例	194
	4.2.8 橋梁モニタリングシステムによる道路橋の状態監視	199
	4.2.9 新幹線の軌道における状態監視	204
4.3	突発的な事象の検知	207
	4.3.1 都市ガスのリアルタイム地震防災システム	207
	4.3.2 地震の早期検知と警報	212
	(1) 新幹線における早期地震検知	212
	(2) 地震早期検知の新展開	216
	4.3.3 K-NETを始めとする観測網	220
	4.3.4 斜面防災のためのモニタリング	225
	4.3.5 停電情報を用いた配電設備被害推定の基本的考え方	229
	4.3.6 エレベーターの制御	233
	4.3.7 河川において活用されているモニタリング技術	237
	4.3.8 集中豪雨時の下水道に関するモニタリング	242
	4.3.9 港湾・空港における地盤の地震時挙動のモニタリング	246
	4.3.10 免震建物の構造センシング	250

第5章 モニタリングを利用した社会基盤マネジメントとその未来像

5.1	土木分野における緊急地震速報のBCPでの利活用	255
5.2	建設会社におけるBCPとモニタリング技術活用の可能性	259

5.3	モニタリングと実空間シミュレーションの統合によるインフラ防災情報の生成	263
5.4	鉄道のモニタリングの未来像	268
5.5	道路メインテナンスの未来像	277
5.6	橋梁の維持管理の未来像	281
5.7	ロボットを利用した生命化建築	284
5.8	都市計画や空間土地利用におけるセンシングの活用,未来	287
5.9	ユビキタス・コンピューティングの土木・建築・国土への応用とその未来	290
5.10	まとめ	297

あとがき 298

第1章　社会基盤のマネジメントに求められるモニタリング

1.1　はじめに　—社会基盤におけるセンシングとモニタリングの領域—

　様々な社会基盤の維持管理や安全性確保のためには，構造物の状態や外力（ハザード）の強度・分布を定量的に把握するためのモニタリングが必要となる．またモニタリング（監視）を行うためには，適切なセンサを配備した計測（センシング）と，得られた計測データの記録・収集が必要となる．とくに，道路・鉄道やライフライン施設のように広域に分布する社会基盤をモニタリングするには，センシング技術とともに，計測データを収集・監視する通信技術も重要となってくる．

　ここで「モニタリング」と「センシング」という良く似ており，時として混在して使われる用語について以下に整理しておきたいと思う．

　まず「センシング」であるが，「センサを利用して物理量や音・光・圧力・温度などを計測・判別すること」[1]となっている．そのもととなっている名詞の"sense"は，「感覚」のことである．日本語でも英語でも最も基本となる人間の感覚は，古来より五感(five sense)と呼ばれ，視覚，聴覚，触覚，味覚，嗅覚のことを指している．人間の感覚は，現在ではこの他にも大分類として，皮膚感覚（温覚，冷覚，痛覚など）や内臓感覚（吐き気などの臓器感覚，内臓痛など）などが存在することが知られている．センサ(計測機器)による観測の場合，人間の場合とは異なる別の様々な分類が考えられよう．社会基盤施設のセンシングに限定しても，対象物（地盤，土構造物，鋼構造物，コンクリート構造物など），計測項目（土圧などの外力，加速度・速度・変位など，熱・温度など，強度や物性など，映像・画像など，その他），計測法（非接触型（広義のリモートセンシング），表面接触型，内部埋め込み型など），計測期間（連続，定期，不定期，施工時，異常時），設置形態（常設／移動式，一地点／ネットワーク型）など，極めて多岐多様の分類法が考えられる．まさに千差（センサ）万別である．これらを全てカバーしようと思うとハンドブックとなってしまい，とても本書の手に負えるところではない．個別のセンサ技術に関しては，第3章において代表的なものを紹介している．

　つぎに「モニタリング」であるが，こちらはさらに広い意味を持った言葉であり，「監視する．観察し，記録する．」などと訳されることが多い．理工学分野におけるモニタリングにとどまらず，医療，教育，経済動向，国民意識など，ほぼ全ての人間活動や自然現象を対象として使われる言葉である．「日常的，継続的におこなわれる点検や監視のこと」といった訳もあり，「継続して見守る」というニュアンスが含まれる．したがって，とくに社会基盤施設などに対するモニタリングは，「センサで感知した計測データを情報通信等で集め，異常等がないか継続して監視する」といった意味と考えられる．すなわち，センシングは何らかの観測可能なパラメータを感知・計測するまでを指し，モニタリングはそれを含んで継続的なデータ収集・分析・評価までを指すといえるであろう．

　以上のような，モニタリングとセンシングに関して，本書ではその利用を社会基盤(土木)施設に限定し，その維持管理や安全確保のための現状における利用範囲や利用法，関連する要素技術を俯瞰的に紹介するとともに，今後の技術開発や利用の方向性を探ることを目的としている．すなわち，モニタリングの対象は，主として完成後の社会基盤施設における，構造物や外力などの物理的指標に限定することにする．

我が国の社会基盤は，近年，建設の時代から維持管理の時代へと大きく転換した．また自然災害に見舞われることの多い国土の自然環境より，安全性の確保は何よりも重視される．このような背景より，社会基盤のモニタリング技術は，今後ますます重要性が高まっていくものと考えられる．

参考文献

1) 松村明監修：デジタル大辞泉，小学館，http://kotobank.jp/dictionary/daijisen/，2011.

（執筆者：山崎　文雄）

1.2　社会基盤の特徴と現状 [1]

　成熟社会に向かう我が国の社会基盤施設が有効なセンシングによって，その安全性・信頼性を確保するため，社会基盤の特徴や維持管理の現状，および維持管理上配慮すべき検討課題について述べる．

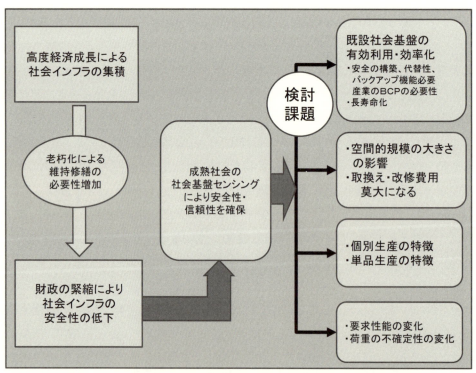

図1.2.1　成熟社会の社会基盤センシングにおける検討課題

1.2.1　成熟社会の社会基盤に必要な要件

　我が国は，1950年代後半，戦後復興から近代化へ歩み始め，その後1964年の東京オリンピックを契機に，高度経済成長に進んだ．そのため，道路，鉄道，橋梁など多くの社会資本が整備されてきた．しかし，その後最近では災害や事故による被害が増加し，社会の高度化，都市の巨大化・過密化につれて，災害や事故の影響はむしろ深刻化している．

　特に我が国は，2000年以降，人口増加と経済の急成長を前提とした時代を過ぎて，今やいわゆる「成熟社会」の段階を迎えようとしているが，この大きな転換を反映して，これに対応した社会基盤の在り方を考え

ることが国民的課題となっており，この分野の新しい科学技術の開発が我々に課せられた喫緊の課題である．

　まず，IT技術は技術革新が目覚ましく，高度情報化社会が到来している．また，情報通信革命に対応して，社会基盤整備・管理の仕方に大きな変化が起きつつある．情報通信技術の発展によって，これまでは困難であった高度な国土・社会基盤の管理制御システムの構築が進むとともに，新しい技術の研究開発が進められている．

　さらに，経済活動のグローバル化の波は，社会基盤のあり方にも大きな影響を与えている．交通システムにおいても，我が国が国際競争力の観点から相対的に地盤沈下を起こしていることから，その競争力向上に向けた技術研究開発が行われるようになっている．

　加えて，2011年3月11日の東日本大震災などに代表されるように，世界各地で多発する異常自然災害に対して，自然現象の猛威に備える社会システムの不完全さが課題となっている．したがって，こうした深刻な世界的諸課題の動向を見据えた「成熟社会」に対応した社会基盤分野の研究開発が必要となっている．また，社会基盤分野の技術革新は，その技術が現場に活用され，社会に受け入れられてはじめて意味を持つものであり，社会的理念や価値観から遊離した研究開発は無意味である．

　本分野においては，わが国が後追い型の社会基盤整備手法にかえて，国土の特性を反映した，わが国固有の文化・価値観やライフスタイルに根ざしつつ，国際性を持ち，且つ21世紀の「成熟社会」に相応しい，美しい国土再生の理念に裏付けられた整備へと転換するための科学技術体系の創造が求められている．これまでは，こうした理念に基づいて個々の技術を有機的に組み合わせトータルシステムとしての完成度を高める方法論と戦略が欠けており，そのことが現在の都市の，課題の多い環境をもたらした原因である．この方法論と戦略は，いうまでもなく，計画から設計・施工・維持・管理・運用に至る，すべてのフェーズを通じて，また個々の社会基盤相互間に統合性・有機的整合性を与えるものとして機能するものでなければならない．

　21世紀の日本人は，安全という最低限の条件整備に加え，美しく且つ機能的な「成熟した」社会基盤の上で，だれもが個性を発揮し，心豊かな生活を送れるようにならねばならない．国民一人一人の価値観の多様性が保障される一方，社会全体は21世紀型社会・経済・文化生活の在り方にふさわしい機能と体系性を具えた，安全かつ持続可能な社会基盤システムによって支えられなければならない．そのための技術開発とその実現が大きな課題である．

1.2.2　既設社会基盤の有効利用・効率化

　我が国の都市は，政治中枢の周辺にいわば自然発生的に膨張してきたものがほとんどで，ヨーロッパの都市のような市民の共同体としての理念に欠けている．そのため，都市は田園地帯を無秩序に侵食し続け，内部の社会基盤の整備も，そうした理念抜きの現実追随的・弥縫策的なものに終始してきた結果，我が国の都市とその周辺地域は，極めて低劣な状態にある．それはまさにカオス的状態であり，美的でないという問題を越えて，およそ効率的経済社会を支えるシステマティックな基盤に欠けているといっても過言ではない．

　我が国の社会基盤に関する問題は，社会基盤の体系的・総合的構築に向けた政策や科学技術に関する研究開発への問題意識と投資が決定的に不足している点にあると考えられる．この状態が改善されない限り，科学技術振興の成果が経済の活性化と国際競争力の向上につながることはないし，21世紀の持続可能な成熟社会にふさわしいQuality of Life (QOL) を求むべくもない．

　過去に「荒廃するアメリカ」と指摘された米国は，社会基盤の維持管理投資を我が国より約30年早く取り組み始めている．今後，社会基盤の維持保全に必要な経費が逼迫する財政事情の中で，既設の社会基盤を効果的に維持保全していかなければならない時代になったのである．

地球サミット（1992年にリオデジャネイロで開催された国連環境特別総会）を契機に「持続可能な発展」という概念からも大きな影響を受けることとなった．すなわち，持続可能な社会の維持保全のための国際的コンセンサスが確認されたのである．こうした背景の下，様々な景観デザイン技法や自然環境の調査研究などの新しい科学技術分野が創出され，活発化してきた．

一方でまた，コスト縮減技術，環境緩和技術，住民参加手法などを重視する研究開発が行われ，最近は，ライフサイクルコスト（LCC）を念頭においた社会基盤整備や，環境再生・復元技術の研究開発が行われるようになってきている．

(1) 安全の構築，代替性，バックアップ機能，産業のBCPの必要性[2]

災害や事故から住民を守ることは，インフラの維持保全を担う者の最低限の義務であり，また被害を最小限度に抑えることの経済的効果は大きい．

従来から，この方面に巨額の予算が投入されてきたが，その際の基本的なコンセプトは，自然と対峙し，コントロールするという近代西欧型思想に由来するものであって，我が国の置かれた自然条件の特性に最適であるか否かは再考の余地がある．

すなわち，我が国はアジアモンスーン地域で，しかも地震・火山噴火の多発地帯に属しており，脆弱な沖積平野の上に都市文明を営まなければならない宿命を負っている．この条件のもとでは，自然のコントロールよりも，それとの共存を基本とするコンセプトに立脚することの方が適切なのである．2011年3月11日に発生した東日本大震災はこのことを証明している．

具体的に言えば，異常な自然災害に対しては，一定の自然外力に対して被害をゼロにするというより，どのような自然外力に見舞われても被害を最小化する方向で対応する方が，より具体的な効果をあげることができると思われる．少なくとも，被害ゼロのコンセプトが被害最小化，迅速・的確な復旧に関する手当を軽視する結果をもたらしていないかは真剣に反省してみる必要がある．この点，発想の転換が求められるところである．

他方，事故や人為に起因する災害に関しては，その予防・抑止に万全の策が講じられなければならないが，それとともに，不幸にして発生した場合に備えて，やはり被害の最小化を念頭に置いた研究開発を行っていくことが適切であると思われる．

さらに，物流のグローバル化が大きく進展すると，一部の社会基盤施設の脆弱性が物流ネットワークに大きなインパクトを与え，企業が大きな被害を蒙る．この問題は，中越地震の際に大きな問題として認識された．また，社会基盤施設の災害時における代替性の程度は，企業のBCPの判断にも大きな影響を及ぼす．

(2) 長寿命化[3]

社会インフラを有効かつ効率的に利用するためには，予防保全的な維持管理を実施して，社会インフラの寿命を長期化する必要がある．また，そのためにはインフラの劣化の兆候をできるだけ早期に検出して，適切な補強・補修を実施することが重要であることは，医療現場における場合と同様である．そのため，先進的な検査手法と合理的な維持管理技術の確立が緊急の課題となっている．しかし，我が国では社会基盤施設のメインテナンスに関する重要性の認識が国民の間で共有されておらず，そのシステム開発のビジネスモデルも確立されていない．したがって，今後社会基盤施設を適切に維持管理するためのメインテナンス技術の高度化や効率化が必修の課題である．特に本報告書のセンシング技術はそれぞれの分野に特化したメインテナンス技術のターゲットを絞り，技術開発目標を明確に設定する必要がある．

また，これらの技術は現存する関連技術を連携させ，開発目標に沿うシステムインテグレートが重要であり，そのためのコーディネータが必要である．

さらに，通常の維持管理用点検作業の蓄積データベースから劣化や変状に問題のあるインフラが特定できる．これらのインフラについては安全確保や長寿命化の意味からも，設計時の計算書や設計図書からの再検証作業が必要な場合があることは，最近の米国の長大橋落橋事故などからの教訓である．また，維持管理のための，補修工事時の際の安全性のための詳細照査も重要である．

1.2.3 空間的規模の大きさの影響

鉄道や橋梁，トンネルなど，社会インフラの空間的規模の大きさは大小様々であるが，その規模が大きい場合，維持修繕費は莫大となる．また，国や地方の財政的事情の制約から，維持修繕は遅れがちとなるため，インフラの安全性の危機は増大するものと考えられる．また，我が国の高度経済成長に対応して整備された社会基盤施設が，急速に老朽化しており，その取り換えや改修の必要性は増大している．したがって，投資可能な，限られた予算を有効に活用するための「アセットマネジメント」の必要性が広く理解されつつある．そのマネジメントを有効かつ効果的に実施するためには，社会基盤施設の健全度ができるだけ正確に評価され，その健全度のモニタリングが可能なセンシング技術が必要である．

一般に社会基盤施設の寿命は長期に渡るため，維持管理経費の長期的なコストをできるだけ最適なものにするため，LCCの観点から社会インフラの長寿命化や長期維持管理計画の立案が必要である．維持修繕を前倒しする予防保全型の維持管理がLCCの観点から有効であり，大型インフラほどその必要性が大きい．

大型インフラの取り換えや修繕経費が大規模になることから，大型インフラほどその健全度モニタリングやセンシングの必要性が大きい．鋼構造物の場合に損傷現象の「疲労破壊」に対して，亀裂発生以前の損傷度と亀裂進展とを同時に定量的に評価する光ファイバーマルチセンシングシステムが有効に活用されている例がある[4]．今後，益々有効なセンシング技術開発が期待されており，それらの技術開発が我が国の産業振興に貢献することも期待されている．

特に大型インフラの場合のセンシングを有線システムで実施する場合は，そのシステム安定性やシステムの維持管理など課題が多い．したがって，できるだけ無線技術を活用したセンシングの効率化などを活用して長期的に安定したセンシングが可能なシステムの開発が期待されている．インフラにセンサを埋め込み，インフラ自身が健全度情報を発信するインフラはインフラの「スマート化」，「インテリジェント化」と呼ばれ，分野横断的な技術の応用開発が実施されている[5]．

1.2.4 個別生産の特徴

社会基盤施設や産業機械などは単品生産の状態で製作・使用される．特に，社会基盤施設の場合は，現場施工であることから，その完成品の保有性能には「ばらつき」が避けられない．さらに，その使用状態は自然条件や作用荷重が個別的で変化が激しく，その劣化状態は「ばらつき」が大きい．

産業機械などの場合は，その装置の性能診断は運転時間ごとに点検や診断評価技術が確立されているが，社会基盤施設の場合は次項で述べるように，作用荷重や設置場所・環境の違い，さらには個別の構造詳細により，点検や診断評価はそれぞれ個別的に実施する必要があり，予断的な判断は許されない．また，社会基盤施設の構造や種別，さらに使用分野の社会的違いにより，モニタリングへの要求レベルも異なるが，現状ではその技術水準にもばらつきがある

社会基盤施設の個別建設・生産における品質管理と品質保証の場合，その時代ごとの施工条件や設計指針

によって違いがあり，社会基盤施設の健全度モニタリングを実施し，データ解析・評価する際の大きな判断指標である．

また，建設時のデータはできるだけ保管し，供用後の点検・診断評価の際に活用するのがよく，特に大型インフラの場合，新設時に性能評価する場合が多く，そのデータはその後の判断に有効である．したがって，これらの大量データをいかに保存し，インフラのマネジメントに活用するかが大きな課題となっている．

さらに，国や地方自治体など，管理主体による維持管理水準にも現状では格差があり，モニタリングの必要性にもレベルの違いがある．

1.2.5 要求性能，荷重の不確定性の変化

国民のQOL（Quality of Life）や産業社会を支える社会基盤施設には様々なニーズがあり，時代とともに変化している．社会基盤施設のバリアフリー化（ユニバーサル化），ITSに代表される交通システムの高度化や，陸上・海上の災害・減災など，社会基盤施設のためのセンシング技術の高度化に対する期待は大きい．したがって，社会基盤施設の維持管理技術の高度化を図って，これらの変化する期待に応えなければならない．社会基盤施設は建設後の社会の変化に応じて，その使用状態や周辺環境が変化し，社会基盤施設に期待される要求機能は増大し，高度化する．

また，輸送・物流ネットワークに支えられている産業・社会活動は社会基盤施設の安全性と信頼性に大きく依存しており，企業活動や公的機関のBCPのためにも，社会インフラの自律的な機能が必要である．すなわち，社会のBCPへの要求性能は高度化している．

一方，地震，津波，台風，大雨，土石流，洪水など，自然現象が社会基盤施設に及ぼす影響はその影響量が大きく変動し，不確定性が大きく，また，近年はその影響程度は増大している傾向にある．すなわち，社会活動の進展に伴い，社会基盤施設の脆弱性が増大していることが明らかである．また，経済活動の高度化により，社会基盤施設に対する負荷も増大している．たとえば，交通荷重の急激な増大は疲労破壊の原因になり，その精度の高い実働荷重のモニタリングは社会基盤施設の維持管理には欠かすことのできないセンシングパラメータである．

参考文献

1) 土木学会 21世紀における社会基盤整備ビジョン並びに情報発信に関する特別委員会：「望ましい社会基盤整備に向けて」，2000．
2) (社)日本建設業団体連合会：建設BCPガイドライン－首都直下地震に備えた建設会社の行動指針，2006．
3) 経済産業省産業構造審議会産業技術分科会評価委員会：構造物長寿命化高度メンテナンス技術開発プロジェクト評価（事後）報告書(案)，2001．
4) 石川祐治，宮崎早苗：橋の異常を瞬時にキャッチ！－橋梁モニタリングシステム BRIMOS の開発，NTT技術ジャーナル，2009．
5) 土木学会構造工学シリーズ10：橋梁振動モニタリングのガイドライン，2000．

（執筆者：大島　俊之）

1.3 社会基盤のマネジメントの現状と課題

現代の社会基盤ではマネジメントに対する要請が高まっている．本節では，社会基盤のマネジメントを概観し，その課題を整理する．まず，1.3.1 でマネジメントの視点を導入する．次いで，社会基盤マネジメントと特徴付ける特性である公共性と技術について 1.3.2 で取り上げ，社会基盤の問題を議論する．

1.3.1 マネジメントの視点

ドラッカー[1]によれば，マネジメントとは，「組織をして高度の成果をあげさせること」であるとされる．現代社会が組織社会であることが，マネジメントが必要とされる背景である．特に，社会基盤事業は，大規模で，多様な個人や主体が関与することが多く，組織としての取り組みが不可欠である．したがって，本質的に，社会基盤事業は高度なマネジメントが要求される領域であると言える．

また，社会基盤の整備は，公共性が高いため公的なものとして実施される．経営効率や透明性向上の観点から法人化や民営化も進められているが，その場合であっても，公共性の観点から各種の規制が加えられたり，独占性が許容されたりするのが一般的である．

ドラッカーは，公的機関成功の条件として以下の項目を提示している．

- 「事業は何か，何であるべきか」を定義する．
- その目的に関わる定義に従い，明確な目標を導き出す．
- 活動の優先順位を決める．
- 成果の尺度を定める．（指標化）
- それらの尺度を用いて，自らの成果についてフィードバックを行う．
- 目標に照らして成果を監査する．

マネジメントが成功するためには，指標の存在とそのフィードバックが前提であることがわかる．実際に，マネジメントのプロセスは，図 1.3.1 に示したように，

- Plan （計画）： 計画策定
- Do（実施・実行）： 計画に沿って業務を行う．
- Check（点検・評価）： 実施が計画に沿っているかどうかを確認する．
- Act（処置・改善）： 実施が計画に沿っていない部分を調べて処置をする．

の 4 段階からなる PDCA サイクルとして理解されることが多い．このように，組織として成果を高めるためには，評価指標を共有し，それをフィードバックして継続的な改善に結びつけることが不可欠である．

社会基盤のマネジメントでは，文献[2]に見られるように「顧客である国民から預かった税金や料金などを社会資本に投資し，その運用，管理を通して公共サービスを生み出し，国民に還元する」という概念が提示され，社会基盤を，生産活動や生活を支える資産（アセット）として捉える「アセットマネジメント」の視点が重視されつつある．したがって，マネジメントの目的としては，概念的には，社会的効用を最大化させることであると考えられる．

1.3.2 公共性，技術

公共性は社会基盤の最重要な特性であると考えられ，経済学的には，社会基盤は「公共財」であると位置づけられることが多い．道路や水道をはじめとした社会基盤は，排除性のない状態で公共的に用いられることで，社会全体の経済的・社会的な活動に寄与するものである．そのため，サービスは不特定多数の公衆に

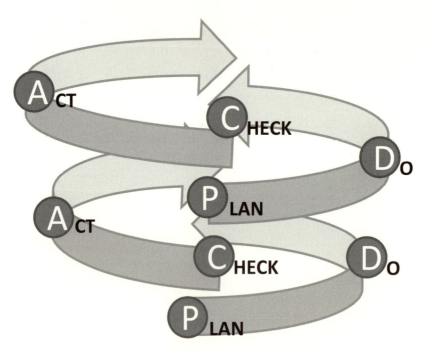

図1.3.1　マネジメントのサイクル

対するものであり，また，その費用も不特定多数の公衆に帰せられることが多い．

　社会基盤によって提供される公共サービスの水準一つを考えても，具体的に評価して意思決定を行うことは必ずしも容易ではない．規模が大きく公共性の高い社会基盤整備においては，相反する利害を有するステークホルダー（利害関係者）が存在するのが一般である．道路事業において利便性を享受する自動車利用者と，騒音等の環境悪化の影響を受ける周辺住民の例などが典型であって，利用者便益からすれば交通量が成果の尺度と考えられようが，それは，環境の視点からすれば必ずしも望ましいことではないかもしれない[3]．したがって，ドラッカーの掲げたような条件を成立させることは容易ではなく，その前提となるステークホルダーの利害調整を経た上で，社会的な効用を最大化させるという困難なプロセスとならざるを得ない．

　このような社会的・公共的な資産としての側面に加えて，社会基盤整備には，高度かつ組織的な技術が求められることも特徴である．図1.3.2に示したように，社会基盤は，社会の需要に応えてサービスを提供するものである．また，その費用は，社会全体で追う形が基本である．したがって，社会が「顧客」であると考えることができよう．サービスは，技術的には，機能ということになる．その機能を実現するための物理系を考え，具体的に提供するのが，技術者の基本的な役割である．

　現在，技術は高度化・複雑化しており，社会基盤も大規模化していることから，技術者は，各種の支援技術「システム」を駆使して設計やマネジメントを行っている．例えば，設計における構造解析システムや，マネジメントにおけるモニタリングシステムが支援技術システムの例である．研究開発の主対象はシステムの研究開発であり，そこでは，解の一般性（汎用性）が求められる．それに対して，実際の社会基盤は同一でも均質でもなく，状況依存性が高い．したがって，技術者は，システムを駆使しながら，個別の状況における具体的な解決策を創造していく必要がある．また，技術者個人でその役割を果たすことは事実上困難であって，組織としての活動が必要となる．その組織も，社会的存在として，社会とやりとりすることになる．このように，社会基盤は社会と技術の接点に成立していることが一つの特徴である．

　ヤネフは，橋梁のマネジメントのプロセスを，図1.3.3のような階層構造として示している[4]．左図は，マネジメントを技術と対比して提示したものであり，近代までの社会構造に対応したものであるのに対して，

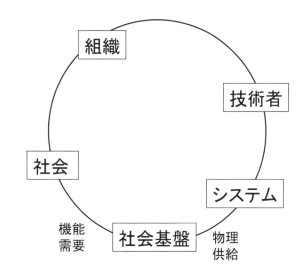

図 1.3.2 技術から見た社会基盤マネジメント

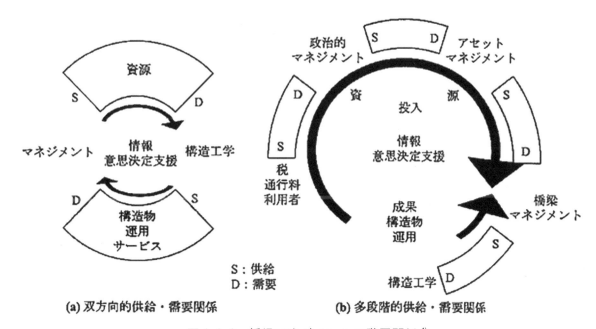

図 1.3.3 橋梁マネジメントの階層関係[4]

右図は，現代の民主社会における意思決定の複雑化と高度化を反映したものとなっている．このように，ニーズの多様化と意思決定や組織構造の多層化が進展しているため，目標や成果の尺度の設定は必ずしも容易ではない．このことが現代の社会基盤のマネジメントが直面している主要な課題であると考えられる．

参考文献

1) P.F.ドラッカー・上田惇生：マネジメント―基本と原則，ダイヤモンド社，2001．
2) 土木学会：アセットマネジメント導入への挑戦，技報堂出版，2005．
3) 宇沢弘文：自動車の社会的費用，岩波書店，1974．
4) B.ヤネフ（藤野陽三ほか訳）：橋梁マネジメント，技報堂出版，2009．

（執筆者：阿部　雅人）

1.4 モニタリングへのニーズ

前節で述べたように，社会基盤のマネジメントは，技術から社会までを包含する広範な領域における多様な視点を考慮して実施される必要がある．ここでは，本書の主対象である既設の社会基盤のマネジメントを取り上げ，その課題を整理する．具体的には，図1.4.1に提示したように，現状における実務的な体制や業務の差異に着目して，ストックマネジメント，リスクマネジメント，アセットマネジメントの三つの側面から整理することとした．

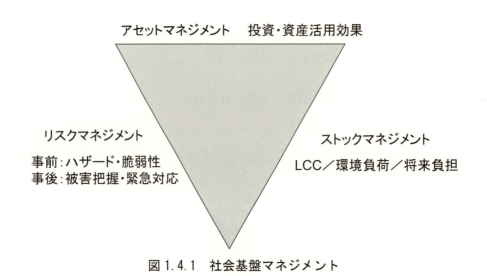

図1.4.1 社会基盤マネジメント

1.4.1 ストックマネジメント

大量に整備された社会基盤ストックの老朽化を防ぎ，将来的な負担を減らすことを目的として実施する社会基盤のマネジメントがストックマネジメントである．通常の維持管理業務がそれに相当し，ライフサイクル費用（Life-Cycle Cost: LCC）の低減や耐久性向上による将来負担の軽減が主目的である．大量なストックの維持管理・取替負担は，図1.4.2に示したとおり，年あたり社会基盤ストック全体の1から2パーセント程度であり[1]，社会基盤整備の進展に伴って増大すると予想される一方，社会基盤に関わる公共的サービスの削減は，社会・経済に負の効果を及ぼすため，現実的ではないと考えられる．そこで，既設構造物の長寿命化を軸としたマネジメントが行われている[2]．また，取替需要を削減することは，環境負荷の低減にも繋がることから，環境の観点からも長寿命化が有利であるとされる[3]．1972年の「成長の限界」[4]では，既に，破局シナリオの一つとして，「投資が減耗に追いつかなくなり産業の基盤が崩壊する」可能性が指摘されている．ストックマネジメントは，持続可能性（Sustainability）に対して社会基盤が直接に関与している領域であると理解されよう．

それでは，社会基盤の寿命は，どのように定まるのであろうか．表1.4.1に示したように，構造物は，保有性能が低下あるいは要求性能が上昇して，構造物の性能の適合度・余裕度が低下した場合に寿命に達すると考えられる[5]．

保有性能の低下の主要因は劣化であるので，ストックマネジメント上は，劣化への対応が重視される．評価尺度としては，構造物の劣化度が重要である．概念的には，図1.4.3に示したように，最適な補修戦略が存在すると考えられる[6]．また，ストック全体に対しては，欠陥率のような評価が可能である．構造物の劣化は，目視点検によって評価されるのが現状である．目視点検は，専門家によって実施され，構造物の状態

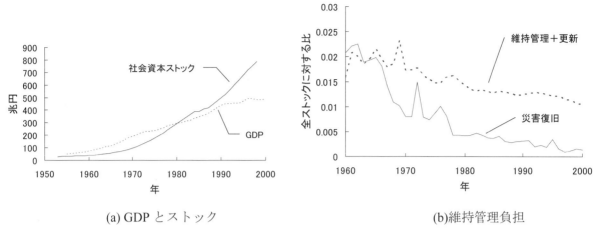

(a) GDP とストック　　　　　　　　　　(b)維持管理負担

図 1.4.2　社会基盤の規模

表 1.4.1　性能の変化と適合度・余裕度

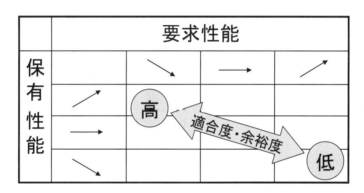

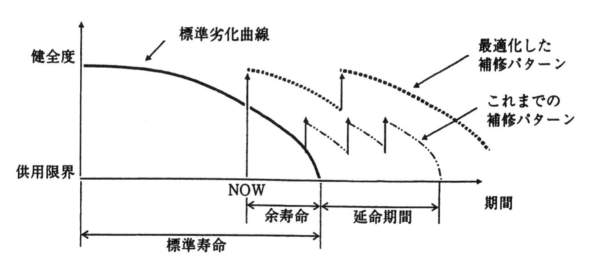

図 1.4.3　最適補修戦略

について経験や専門的知見を踏まえた評価が可能である反面，判断が定性的であることやばらつきが存在することが課題である．例えば，**図 1.4.4** は，同一の状態に対する目視点検結果のばらつきを示したものである[7]．

一方，耐震規定の強化や活荷重の増大などの要求性能の変化は，既設のストック全体に一斉に影響を及ぼす．**図 1.4.5** は，蒸気機関車時代の機関車荷重の変遷を示したものである[8]．その際，直ちに全構造物を新

基準に適合させたり，不適合なものを閉鎖したりするのは，技術的・社会的に困難である．個別に，範囲や期間を限定しながらでも，使用を継続することが望まれる場合も多い．このように，維持管理では，一律基準に基づいた一斉対応には本質的な限界がある．

したがって，ストックマネジメントの観点から，モニタリングに期待されるのは，①点検・検査の定量化，信頼性向上，②個別構造物の性能の把握であると考えられる．

性能変化の例
・保有性能の上昇：想定外の荷重伝達経路や材料強度の余剰などによって耐荷力に余裕が見出された場合．
・保有性能の下降：劣化や損傷．保有性能の設計時想定が過大であることが明らかとなった場合．
・要求性能の上昇：用途変更や需要の増大．新リスクの顕在化．
・要求性能の下降：用途変更や需要の減退．荷重の不確定性の解明．

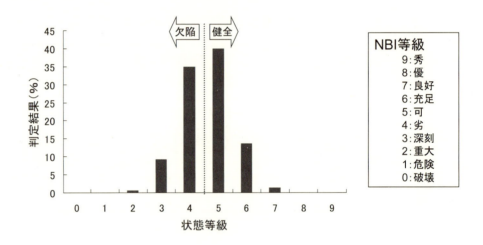

図 1.4.4　目視点検のばらつき

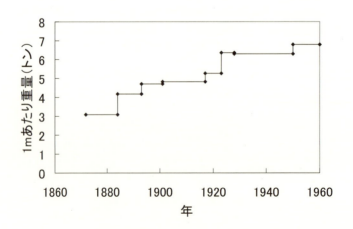

図 1.4.5　蒸気機関車重量の推移

1.4.2 リスクマネジメント

社会基盤の寿命は長期にわたることから，前述のような要求・保有性能の時間的変化や，予め想定することが困難な各種のリスクに直面することになる．それに対して，設計では，安全率や冗長性を考慮して，余

裕をもたせることで対処している．しかし，設計想定外の技術的・社会的変化が生じた場合には，**表 1.4.1**に示したように，本来の余裕度が損なわれ，性能が不適合となり，事故や災害のリスクが顕在化する．例えば，1995年の兵庫県南部地震では，設計時の想定を大幅に上回る地震動が作用したことを主要因として甚大な被害が発生した．また，人命が失われた，2006年のカナダケベック州，2007年の米国ミネソタ州の落橋事故では，設計の不備が主要因であるが，いずれも竣工後40年が経過し，諸条件が変化する中でリスクが顕在化したものである．

社会基盤のリスクマネジメントは，設計・計画段階を起点として，構造物のライフサイクル全般にわたる安全性を確保することが主たる目的である．実際的な手段は，事前対策と事後対応として位置づけられる．事前対策は，設計や必要に応じた補強等によって，事前に安全性を確保するものである．それに対して，事後対応は，災害・事故発生に伴う被害の把握と緊急対応によって被害を最小限に留めようとするものである．

リスクマネジメントを支える基盤技術がリスクの評価である．社会基盤は場所毎に個別に設計・施工され，地盤などの環境条件も異なるため，空間的にも大きな性能のばらつきが存在する．**写真 1.4.1**は，兵庫県南部地震における隣接した高架橋橋脚の被災状況を示したものだが，同一の設計であるにも関わらず一方は倒壊寸前，一方は無被害となっている．実際に，阪神高速神戸線全線の橋脚の耐震性能を再評価したところ，**図 1.4.6**に示したように大きなばらつきが見られた．設計においては，その最低基準（この場合水平震度0.2g）が設定されていることになる．

このようにリスクマネジメントの効果的な実施には，個別のリスクの評価が求められるが，時間・空間にわたる不確定性が大きいことが技術的な課題となっている．モニタリングによってリスク評価の客観化および不確定性の定量化が行われることが期待されている．

写真 1.4.1　隣接した橋脚の被災例

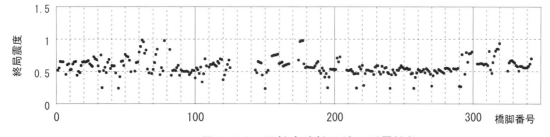

図 1.4.6　阪神高速神戸線の耐震性能

1.4.3 アセットマネジメント

社会基盤マネジメントの社会的合理性を明らかにするためには，その効果を明確な尺度で規定し，計測・評価する必要がある．新規に橋梁やトンネルを建設する場合には，その効果は，利便性の向上や経済的効果として表れる．しかし，既存社会基盤のストックマネジメントでは持続可能性が，リスクマネジメントでは安全の確保が主目的であって，その効果はマネジメントが失敗した際の結果である過大な負担や事故などの負の効果として表れる．したがって，成功裡に推移しているマネジメントの効果の計測や評価は困難となる．

それに対して，マクロ的な効果の表示が試みられている．例えば，図1.4.7は，点検データに基づいた全米集計データであり，道路投資の増進に伴って欠陥橋が減少している傾向が現れている．また，図1.4.8は旧国鉄における防災投資と災害件数の推移を表したものであって，長期的な投資による災害削減がうかがえる[9]．このデータで特徴的なのは，図1.4.10(a)に示したとおり，投資効果が直後に表れず，4年程度の時間差をもって表れることである．前項の例で挙げたように，40年前の設計の不備が事故となって表れるなど，長期的な不確定性によるリスクの影響が現れているものと考えられる．一方，図1.4.9，図1.4.10(b)に示した製造業における事故では，設備投資に伴って直後に影響が現れる傾向がある．

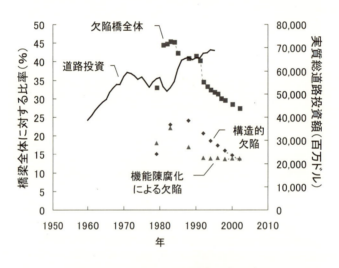

図1.4.7　米国の欠陥橋比率の変化

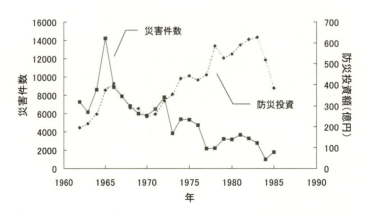

図1.4.8　旧国鉄の防災投資と災害件数

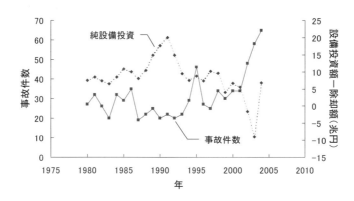

図1.4.9　製造業における設備投資と事故件数

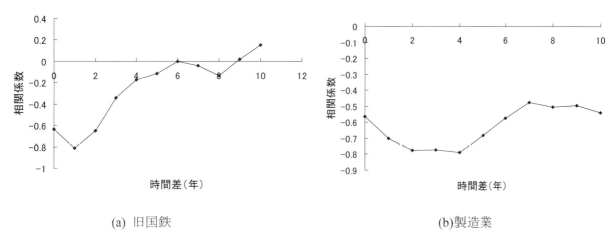

(a) 旧国鉄　　　　　　　　　　　　　　(b)製造業

図1.4.10　投資額と災害・事故件数の相互相関

　また，東京都は，長寿命化計画における効果予測を試みており，そこでは，
・走行時間短縮
　　　　工事による渋滞や迂回を時間価値便益として算定
・走行経費減少
　　　　走行時間以外の費用：燃料費，車両整備・償却費など
・走行快適性向上
　　　　改善効果に対する支払意思額のアンケート調査
・環境負荷軽減
　　　　沿道環境の改善：大気汚染，振動，騒音の軽減
・交通事故減少
　　　　人的損害額，物的損害額，自己渋滞による損失額
などを数量化している[10]．

　このように，アセットマネジメント的な意味での効果計測例は必ずしも豊富ではない．個別には有効なものであるが，その結果には大きな不確定性が含まれていると考えられる．アセットマネジメントにおいても，モニタリングを導入することによって効果の計測および検証・評価を実現することが期待される．

参考文献

1) 阿部雅人，藤野陽三：システム制御理論の視点からのストックマネジメントのマクロ分析，土木学会論文集，土木学会論文集A，Vol. 65, No. 2, pp.474-486, 2009.
2) 大島俊之編著：実践建設系アセットマネジメント　補修事業計画の立て方と進め方，森北出版，2009.
3) 阿部允：実践　土木のアセットマネジメント，日経BP社，2006.
4) D.H.メドウズ，D.L.メドウズ，J.ラーンダズ，W.W.ベアランズ3世（大来佐武郎監訳）：成長の限界，ダイヤモンド社，1972.
5) 阿部雅人：性能の不適合と維持管理—橋梁を中心として—，コンクリート工学，Vol.47, No.9, pp.133-137, 2009.
6) 土木学会メインテナンス工学連合小委員会：社会基盤メインテナンス工学，東京大学出版会，2004.
7) 藤野陽三，阿部雅人：橋梁マネジメントにおけるアメリカでの新たな挑戦，土木学会誌，Vol.92, No.6, pp.70-73, 2007.
8) 阿部允，阿部雅人：橋梁のメンテナンス，日本鉄道施設協会誌，Vol.44, No.6, pp.2-5, 2006.
9) 阿部雅人，藤野陽三：自然災害リスクの特性に関する統計的分析，土木学会論文集 A，Vol.64, No.4, pp.750-764, 2008.
10) 東京都建設局：橋梁の管理に関する中長期計画，2009.

（執筆者：阿部　雅人）

第2章　社会基盤の特性

2.1　総論

　社会基盤は，産業基盤施設，生活基盤施設，国土保全施設，その他施設に分類されるといわれており，また機能に着目すると，運輸・交通システム，情報通信システム，供給・処理システム，および国土保全システムに分類されるといわれている[1]．本章ではこれらの社会基盤施設に建築構造物を加え，各施設毎にそれらの特性を記述していくこととした．

　どの社会基盤においても，所要の期間に所定の機能を果たすことが要求されているが，様々な理由で機能が発揮できなくなることがある．例えば，地震，洪水，火山活動などの自然災害や事故により損傷を受けたり，腐食，疲労，塩害などにより物理的あるいは化学的な特性が劣化したり，さらには，社会条件の変化により要求される性能が変化して機能面で陳腐化したりすることなどが要因として考えられる．

　このため，社会基盤を管理・運営する場合には，その機能を所要の期間の間果たすよう適切に管理することが要求される．その際重要なことは，機能は維持しながら，そのために必要な費用はできるだけ小さくして，効率的に維持管理することである．

　社会基盤を適切に維持管理していくためには，その物理的あるいは化学的な状態を的確に把握することが基本である．近年センシング・モニタリング技術の発展は著しいものがあるため，社会基盤の維持管理に活用できる部分は少なくないものと考えられる．ただし，社会基盤の機能や形態は様々であり，必要とされるセンシング・モニタリング技術も社会基盤によって異なるであろう．さらに，効率的な維持管理を考えた場合，単にセンサーを多数配置してモニタリングすればよいというものではない．

　一般にセンシング，モニタリングがある業務に適しているかどうかを判断する場合には，費用と効果を比較することが重要と思われる．センシング，モニタリングの費用とは，必要な機器を設置したり，データを送信したり，記録したり，解析したりする費用である．一方，センシング，モニタリングの効果とは，センシング，モニタリングによって新たに得られた情報がもたらす利益，あるいは防止することができた事故や被害などの不利益と考えられる．

　したがって一般的には，少数の機器の情報から，有意義な判断ができる可能性が高い場合には，センシング，モニタリングは有効であるが，広範囲に多種多様な計測器が必要で，その情報から有意義な判断ができる可能性が低い場合には，センシング，モニタリングの効率性は低いと考えられる．

　このような観点から，例えば道路管理へのセンシング，モニタリングの適用性を考えると，適用性の高い例としては，少ない信号から事故の発生を予測できる場合であり，その結果，事故の発生を防ぐことできる場合が考えられる．例えば，ある道路橋の損傷箇所や種類が明らかになっており，その損傷はある少数の変位やひずみの大きさから，車両や橋梁への影響が直ちに推定でき，道路橋の供用の可能性が判断できる場合[2]などは，センシング，モニタリングは有効であろう．同様に，ある道路斜面の安全性に懸念があり，少数の光ファイバーセンサーにより，通行止めなどの判断ができる場合にもセンシング，モニタリングは有効と考えられる．

逆に，適用性の低い例としては，比較的健全な道路橋の点検が考えられる．点検する損傷種類を絞ることができないため，多種多様な機器が必要となり，かつ，健全度が高いため，有用な情報が提供される可能性が低いと考えられるからである．

以上のような事柄を考慮し，本章では代表的な社会基盤を対象として，

a. それぞれの社会基盤の果たすべき機能，

b. 機能が発揮できなくなるような要因（事故，災害，損傷，老朽化等）

をまず記述し，次にそれらを踏まえ，

c. 今使われている，あるいは適用・活用が期待されるセンシング・モニタリング技術

を記述することとした．

なお，ここでは主として個別の施設の管理を対象として，それらへのセンシング・モニタリング技術の適用を記述しているが，大規模な災害が発生した際の広域的な危機管理にも，これらの技術は役立つ可能性がある．たとえば，大規模地震の際に，道路橋の被災の有無や被災程度を迅速かつ客観的に把握することができれば，災害時の道路ネットワークを確保したり，応急復旧の方針を的確に定めたりすることが可能である．詳細は例えば文献3)を参照されたい．

参考文献

1) 池田駿介他編：新領域土木工学ハンドブック，朝倉書店，pp.209-213, 2003.
2) 例えば、三浦尚,西川和廣,見波潔,松村英樹:暮坪陸橋の塩害による損傷と対策,―――③補強後の載荷試験と長期監視体制―――,橋梁と基礎, 1994.
3) 堺淳一,運上茂樹：インテリジェントセンサを用いた橋梁地震被災度判定手法に関する研究,土木研究所報告 No.213, 2009.

（執筆者：佐藤　弘史）

2.2 交通に関わる社会基盤

2.2.1 道路

　道路は，歩行者あるいは各種車両が通行するための通路であり，一定の線形と幅員と通行する人・車両を通せる空間を有している．道路に求められる機能は，安全に，かつできるだけ快適に通行できることであり，直接人や車両が通行する路面だけでなく，一定の線形と幅員と空間を保つために切盛土，橋梁，トンネルなどの構造物と一体となり機能を果たしている．道路は人が移動するために利用する最も基本的な交通施設であり，様々な例外はあるものの常時通行の用に供されることが一般的である．

　このように常時通行を求められる道路であるが，大まかに分けて，①交通事故およびその他の事故，②災害，③老朽化による危険，④事故・災害予防のための管理者による通行止めにより，通行不可となる場合がある．このうち①については，事故により道路構造物が損傷して通行不可になる場合も含めて，事故当事者による通報などにより事象を知ることができることから，センシング・モニタリングの対象になるものは少ないと考えられる．従って，ここでは②〜④について，構造物の種別毎にセンシング・モニタリングの対象となる事象とそのための技術を述べる．

　なお，道路は延長の長い線状構造物であると言えるが，橋梁・のり面に代表されるように縦横方向にも広がりを持つ資産量のとても多い構造物であり，かつ，隣接する自然斜面のような人工物ではないものも含まれており，センシング・モニタリングの対象となるものは膨大である．大部分の構造物は，通常は目視点検を基本に，必要に応じて打音点検などの簡易な点検を行うことにより管理されている．

(1) 切盛土工部・自然斜面

　土工部・斜面は，降雨による災害がたびたび発生している箇所であり，主に防災対策のためのセンシング・モニタリングの必要性が高く，種々の技術開発が行われてきている．近年では，頻発する大規模地震による災害も多くなっている．また，吹き付け，グラウンドアンカーなどの耐久性の問題も発生しつつある．

　降雨が多く，地形や土地利用などの制約条件も厳しい我が国では，降雨による災害対策を完全に実施することは無理があると考えられる．従って，災害による被害を最小限に抑え，道路利用者が被災することのないように，事前の通行規制を実施できるようなソフト面を含めた技術が求められる．降雨による災害の発生が考えられる箇所では，降雨量により通行規制を実施している場合が多いが，局地的な豪雨の発生も多くなっており，相対的に危険度の高いのり面などでは，監視技術が求められている．GPSによる変位計測システム，精密写真測量による計測システム，光ファイバー網による計測システムなどが実用化されており，精度も光波測量を上回るまで向上してきている．従来の伸縮計などと比較すると，面的な動きを把握できる技術であるが，面的な動きがあった場合にどう評価するかという新たな課題もある．建設中から継続的に全体の挙動を把握することが可能である．

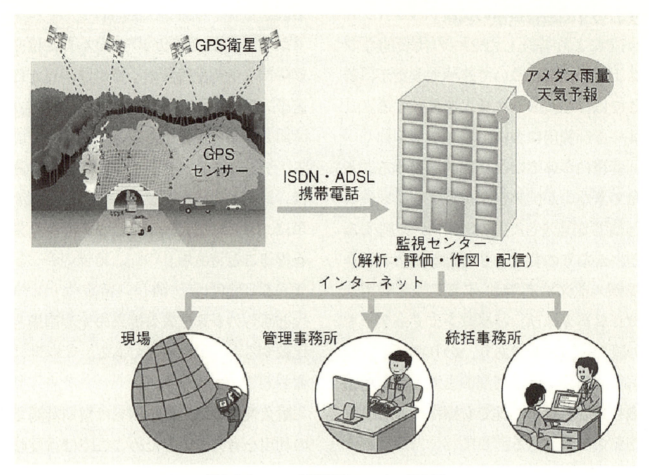

図2.2.1 GPS自動計測システムの概念図

　地震による災害も含めて，斜面崩壊では地下水位の影響が大きい．従来は経年とともに安定すると考えられていた高速道路の盛土部での崩壊事例が見られるようになっているが，これも地下水位の上昇が影響していると考えられる．地下水位計による計測の他に比抵抗探査など面的な水の状態を測定する手法があり，実用化が望まれる．
　切土のり面や自然斜面においても，崩壊の危険度が高い箇所を選定できれば計測の実施も含めた事前対策を行い易くなる．従来より，統計的手法などを用いて危険度の検討が行われているが，これにより膨大な箇所からセンシング・モニタリングを行う箇所を抽出することで，莫大な費用をかけずに監視体制を築くことが望まれる．
　また，落石・岩塊に対するモニタリングも重要な技術である．
　グラウンドアンカーでは地中に設置され目視で異常を検知することができないことから，設置のり面の規模などに応じて，緊張力をモニタリングする必要性が生じる場合があり，簡易に測定できるセンサーの開発も行われている．古いものではアンカーの余長がないことから緊張力の測定が不可能であったが，最近，アンカーヘッドを保持して緊張力を測定する技術が開発されている．

(2) 橋梁
　橋梁が落橋した場合に発生する障害は，主要道路であれば社会に大きな影響を与えることが兵庫県南部地震などの例からから容易に想像される．撤去・再構築にかかる費用は莫大であり，長期間に及ぶ通行止めが発生する．地震による落橋などについては，モニタリング・センシングの問題よりは，いかに耐震補強を速やかに進めていくかということが重要であると考えられる．
　一方，老朽化のために通行止めになっている橋梁も現存する．より古い時代の橋梁もあるが，高度成長時代に数

多く建設した橋梁の老朽化も進行していると考えられ，計画的に対処するために，国の施策で長寿命化修繕計画の策定が進められている．ライフサイクルコストの観点からも，落橋や通行止め，あるいは架け替えに至る前の適切な時期に補修補強を行うことが必要であると考えられるが，そのために必要なセンシング・モニタリング技術とはいかなるものであろうか．

　現象面からは，コンクリートのひび割れ・浮き・遊離石灰・錆汁・断面欠損など，鋼材の錆・亀裂・断面欠損など，及び橋梁やその部位の応力や変位などの検出・定量化技術であり，損傷の原因面からは，構造物の劣化因子の付着あるいは浸透量，コンクリート・鉄筋・鋼材などの応力状態などの定量化技術であると考えられる．他に，振動や音に着目して構造体の劣化などを検出する場合もある．

　従来から行われている目視の点検で得られるのは定性的な情報が大部分であるとともに，目視できなかったり，目視が困難な部位もあり，センシング・モニタリング技術の開発が必要であるが，何を測定するか，膨大な箇所のうちのどこを測定するかは難しい問題である．実用化されている技術も様々あるが，センシング・モニタリングデータの持つ意味を明確化していくことが必要であり，健全度の診断や補修補強の必要度にいかに結びつけられるかが普及を図るうえで重要であると思われる．

　モニタリングを行う箇所としては，一般的な構造上などの弱点はその一つであろうが，設計や施工による弱点箇所から大きな損傷に至る場合も考えられ，そのような箇所を管理の早い段階で特定するのは困難な場合もある．ある程度の損傷になってからセンサーによるモニタリングを行っていくことになる場合も多いと思われる．光ファイバーのように線的にモニタリングでき，損傷箇所が特定できるような技術であれば，ある程度そのような点をカバーできると思われる．

　また，橋梁に限ったことではないが，構造物の寿命が長いことから，センサーやデータ保存・通信装置などの寿命が先に来てしまうこともあり，特に早い段階からのセンシング・モニタリングを行っていくうえでの課題である．

　道路橋の特質として，走行車両の荷重が不明であり，規制値を超える重量の車両が走行する場合もかなりあることが挙げられる．大きな損傷や場合によっては落橋に結びつく可能性がある事象である．橋梁の部位の応力測定から荷重を推定する手法は実用化されている．どのように規制，取締りに結びつけるか重要な課題であるが，できれば橋梁の手前で検知して通行を阻止することが望ましい．高速道路では，入り口料金所での軸重計や専門部隊による取締りも行っているが，簡易に車両重量を計測して規定を上回る重量車両の橋梁上の通行を阻止できれば，疲労損傷などの面も含めて有効である．

(3) トンネル

　最近のトンネルはNATM(New Austrian Tunnel Method)あるいはシールド工法で構築されることが一般的であるが，それ以前の在来工法で構築されたトンネルでは，当時の施工方法・施工技術・材料などから背面に空洞が存在する場合がある．地山も含めて安定した状態であれば問題にならないことも多いが，何らかの悪影響を及ぼす可能性もあり，注入などにより解消することが望ましい．このために背面空洞を探査する技術が求められている．様々な試みがなされているが，コンクリートの厚さもあって確実に探査できる技術は確立されておらず，小口径のボーリングを行って確認している場合もある．

　コンクリートの剥落は小さなものであっても事故につながることもあることから注意が必要で，道路をある程度の速度で走行しながらひび割れ，浮きなどを検出する技術が開発されており，精度の向上が望まれる．

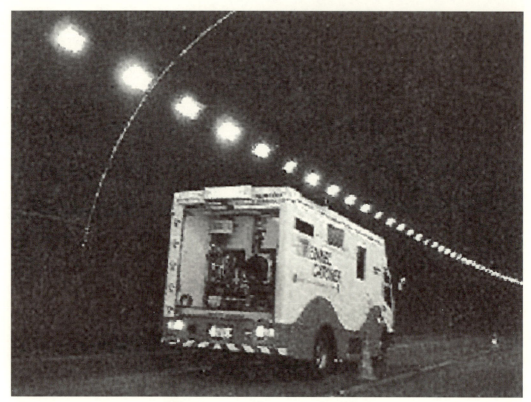

写真 2.2.1 レーザークラック計測状況

　地山の圧力がかかって変形が継続している場合は注意が必要で，内空変位を容易に計測する技術も開発されている．また，コンクリートに現にかかっている応力を，コア抜きなどによる応力解放前後のひずみなどの測定により計測することも行われており，橋梁でも同様の試みが行われている．

(4) 舗装

　舗装面は道路を利用するために必ず必要なものであり，通行の安全・快適性を損なう事象を検知することは，管理者として必須の事項である．わだち掘れなどの舗装面の形状やひび割れ，平坦性については，走行しながら計測する技術が確立されている．安全の観点からはすべり抵抗も大切な要素であり，高速道路では，高速で走行しながら測定する専用車両がある．快適性の観点からは，段差などによる影響を走行感覚や形状測定で調査するだけでなく，走行しながら加速度などを測定して，乗り心地を定量的に計測する技術の開発が行われている．また，舗装の健全度を非破壊で測定するFWDによる調査結果を元に補修設計を行うことも行われている．

　様々な原因で舗装下に空洞が発生する場合があり，放置すれば路面陥没に繋がる場合もあることから，その調査手法の開発が行われて実用化されているが，さらなる精度の向上が望まれる．

参考文献

1) 和泉公比古，藤野陽三：首都高速道路ネットワークにおける維持管理の統合マネジメント，土木学会論文集F，Vol.65，No.3，2009．
2) 七五三野茂：高速道路における道路構造物の点検とモニタリング技術について，JACIC情報，97号，2009．
3) 大窪克己，浜崎智洋，天野淨行：切土のり面の監視技術について－GPSシステムとデジタルカメラシステムの比較－，EXTEC，No.76，2006．
4) 明石達雄，内田純二，小島秀範：Mリングを用いたグラウンドアンカー緊張力の長期計測の検証，土木学

会年次学術講演会，第65回，2010.

5) 松田哲夫，西山晶造，松井繁之，元井邦彦，村山康雄，薄井王尚：鋼橋RC床版のモニタリングによる安全管理と健全度評価，土木学会年次学術講演会，第64回，2009.

6) 齋藤正司，小野塚和博，小林弘元，青山實伸：北陸自動車道親不知海岸高架橋上部工の塩害予防保全対策，コンクリート工学，Vol.46, No.10, 2008.

7) 真田修，池谷公一，佐藤正明，石井浩司：道路橋のPC桁に用いた新しい線状陽極方式電気防食工法の防食効果と維持管理の省力化，コンクリート工学年次論文集，Vol.32, No.1, 2010.

8) 伊藤哲男，馬場弘二：レーザを用いたトンネル覆工コンクリート測定車－測定車による点検の効率化－，建設の機械化，632, 14-19, 2002.

9) 宮沢一雄，石田慎治：矢板工法トンネルでの老朽化対策および背面空洞注入工の取り組み－常磐自動車道日立地区トンネル群－，トンネルと地下，第43巻1号，2012.

(執筆者：用害　比呂之)

2.2.2 鉄道

(1) モニタリング, センシングの活用領域

鉄道の土木分野におけるモニタリング, センシング技術の主な活用領域としては, 降雨, 強風, 地震など災害を引き起こす自然外力の観測と橋梁やトンネルなどの構造物の劣化・損傷評価の二つがあげられる. 前者については, 路線全体を常時監視し, 人間の主観的な判断によらず観測データのみにもとづいて列車運転規制措置を決定するルールやセンサーの種類, 規格, 観測物理量, 配置間隔などの観測仕様が事業者ごとに統一され, すでに列車運行の安全確保に欠くことのできないモニタリングシステムとしての地位を確立している. 一方, 後者については, 特に安全上の懸念のある個別の構造物の特定の部位を監視することを目的として多くの導入事例があるが, ひとつの構造物全体を対象としたものは, システム導入の費用対効果の検証や損傷の定量的評価方法に関する知見の蓄積が不十分なため, 多くのばあい試行の段階にとどまっており, モニタリングシステムとして日常業務において広く普及するには至っていない. また, 構造物ストック全体の劣化状態管理を目的としたモニタリングシステムは, これまでは漠然とした構想にすぎなかったが, センサーや情報通信技術の飛躍的進歩にともなって, 近年ようやくその実現可能性について具体的に検討する環境が整いつつあるといった状況である.

(2) 防災情報システム

鉄道には昔から気象業務が存在したが, 当初は, その観測作業と判断をもっぱら人力と体感に頼っていた. 1960年頃から自記式の観測機器の導入が始まったが, 新幹線をのぞいて観測機器はいわゆるスタンドアロンであったため, それぞれの計器が設置された駅や保線区でしか観測情報を見ることができず, 関係者間の情報伝達は電話やファックスで行わなければならなかった. その後, 1990年頃から雨量計, 風速計, 地震計, 橋梁水位計等の防災観測機器をオンラインで結んだ『防災情報システム』が多くの鉄道事業者によって導入され, 観測情報は列車運行を集中管理する指令室および関係箇所の端末にリアルタイムに伝送されるようになった. 現在これらのシステムは, 自然災害に対する列車運行の安全確保に直結したモニタリングシステムとしてきわめて重要な役割を担っている[1]. 図2.2.2に防災情報システムの機器構成略図の一例を示す.

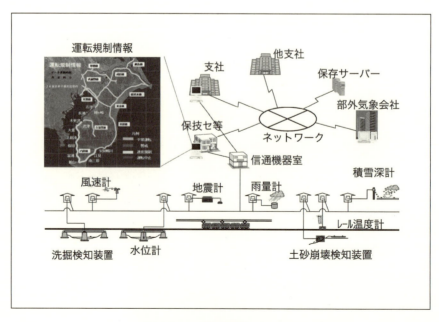

図2.2.2 防災情報システム

(3) 構造物のモニタリング，センシング

鉄道土木構造物は，目視や打音等を主体とした定期検査や計測を用いた詳細な個別検査およびそれらの結果に基づく修繕や補強などの維持管理が適切に行われることによってその機能と健全性を保ち，日々の安全な列車運行を支えている．従来の構造物検査の課題として，点検すべき構造物の数量が膨大かつ広い範囲に分布し，列車が往来する時間帯における構造物から至近距離での作業に安全上の制約があることから，多くの保守要員と作業時間が必要であることと並んで，検査方法や検査データの解釈の巧拙には担当者の技術力水準の違いにより大きな差が生じ，さらに，突発的に進行する変状は通常の検査では捕捉できないなど，信頼性や効果の面でも改善の余地があることがあげられる．そこでこれらの課題の多くを一挙に解決できる手段として，モニタリングシステムへの期待が大きい．ここでは，破壊検知と脆弱性評価の各観点から構造物のモニタリングについて述べる．

(a) 破壊検知

対象となる破壊形態や部位があらかじめ分かっていたり，指定することが可能なばあいには，モニタリングシステムを有効に活用することは比較的容易である．図2.2.3は，桁下高さの余裕が少ない架道橋に設置されている橋桁空頭支障検知装置である．橋桁に自動車が衝突して桁と支承部の間に一定量以上の変位が生じると，警報信号を発して列車運転を停止させるとともに，関係箇所のモニター装置に情報を表示させる仕組みである．

図2.2.4は，洗掘による橋脚変状のおそれのある橋脚に設置される傾斜検知センサーである．橋脚の傾斜によって生じる軌道の変位量が日常の軌道管理上の限界値を超えると，警報が発せられる．

また，特に山間部の線路には，落石検知，土砂崩壊検知，土石流検知，雪崩検知など，列車運行に危害をおよぼす様々な斜面災害を検知するためのセンサーが数多く設置され，上述の防災情報システムに接続されている．

(b) 脆弱性評価

現在の目視を主体とした検査では，マニュアル等で指定された損傷や変状の有無を点検することによって構造物の状態のよしあしを判定している．これに対して，脆弱性評価は，構造物に大きな損傷をおよぼす地震や洗掘などの外力に対する実際の耐力を個々の構造物の属性情報にもとづいて評価するものであり，従来から様々なセンシング技術が活用されている．橋梁下部工の検査に広く用いられている衝撃振動試験（図 2.2.5）[2]はこのような評価手法の代表的なものである．衝撃振動試験では，図2.2.5のように重垂等の打撃による揺れの測定データにもとづ

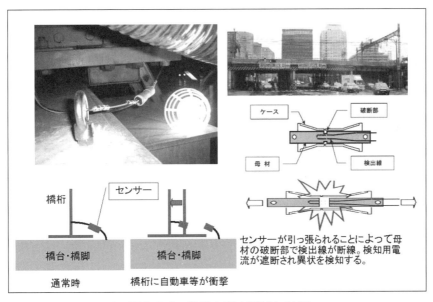

図2.2.3 橋桁空頭支障検知装置

図 2.2.4　傾斜型洗掘検知装置

図 2.2.5　橋脚衝撃振動試験

いて構造物の健全性を評価するが，従来はセンサーを構造物に直接取り付けて測定する必要があったため，作業効率や安全性，測定範囲に課題があった．

(財)鉄道総合技術研究所が開発した『U ドップラー』(図 2.2.6)は，この作業をより簡単かつ安全に実施することを可能とする装置であり，レーザーのドップラー効果を利用して，数 10m 程度までの距離から遠隔非接触で構造物の振動を計測できる．(3.2.2(2)参照)　この装置は，データの収録および解析機能も一体化した『構造物診断用非接触振動測定システム』としてすでに構造物検査の実務に活用されており，今後，重垂等による打撃作業を必要としない常時微動の非接触測定による橋脚の脆弱性評価手法への展開が期待されている[3]．

(4)　モニタリング，センシングの課題

道路や鉄道のような交通インフラはその数量，地理的な広がりともに膨大なネットワークを形成していると同時に大量老朽化の時期を迎えている．一方，少子高齢化にともなう技術者不足から十分なメンテナンスができなくなる恐れがでてきている．したがってそのストックマネジメントがわが国の社会にとってこれから大きな課題となろ

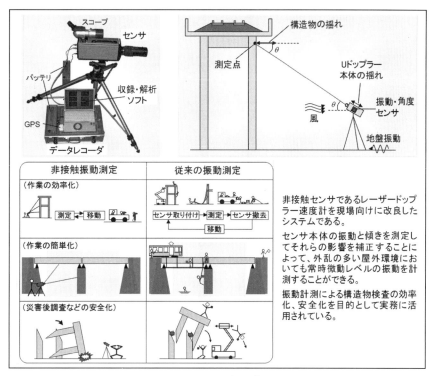

図 2.2.6　U ドップラー

うとしており，その解決策としてモニタリングシステムの導入に寄せる期待はとりわけ大きい．

　これまでのモニタリング，センシング技術は，主として『いかに計測するか？』ということに着目して開発されてきた．これに対してその実用段階では，『何を計るのか？』ということがより重要な問題となり，この問題がきちんと解決されないと，往々にしてモニタリングやセンシングの技術はその有用性を十分に発揮することができない．たとえば，発生する確率が無視できるほど小さい災害現象や構造物の損傷・破壊に対してモニタリングを行うことは単に非効率なだけでなく，検知される異常の発生頻度に比較して無害な状態を誤って危険と判定するいわゆる空振り警報の発生頻度がはるかに多くなるため，余計なコストを発生させる．逆に，災害現象や構造物の損傷・破壊の発生頻度がきわめて大きい場合や深刻な異常や脆弱性の存在がすでに同定できているばあいは，そもそもモニタリングではなく，それらを除去するための修繕や補強等のハード面の対策を優先すべきであろう．

　以上のことから，モニタリング，センシングが防災，構造物管理のニーズに応えるためには，計測しようとする構造物のどの部位がどのくらいの確率でどのように壊れるのかを予測する脆弱性評価の技術がきわめて重要である．そしてこの技術は，いうまでもなくモニタリングやセンシングの手段を提供する電気・電子分野ではなく，モニタリング，センシングの対象となる構造物分野に属する技術であり，同時に構造物分野の技術の中で最も開発の余地の大きい技術でもある．

参考文献

1) 吉川剛史：防災情報システム（プレダス）の更新について，鉄道と電気技術，Vol.19　No.9, pp.26-28, 2008.
2) (財)鉄道総合技術研究所：衝撃振動試験マニュアル，1991.
3) 上半文昭：構造物診断用非接触振動測定システム「Uドップラー」の開発，鉄道総研報告，第21巻, 第12巻, pp.17-22, 2007.

（執筆者：島村　誠）

2.2.3 港湾・空港

(1) 概要

港湾区域の中に存在する社会基盤がすべて港湾施設であり，そこには多種多様の施設が分類される．その代表的なものには，航路・泊地等の水域施設，防波堤等の外郭施設，岸壁等の係留施設，道路・トンネル等の臨港交通施設があり，これらはいずれも港湾の機能を確保するために不可欠な施設である．本稿でこれら港湾施設のすべてを取り上げることは紙面の制約上難しいので，特に典型的かつ根幹的な施設である防波堤（外郭施設；図2.2.7）および桟橋（係留施設；図2.2.8）のモニタリングの考え方を取り上げて解説する．

また，空港土木施設においても港湾施設と同様の考え方でモニタリングが行われる場合がある．本稿では，東京国際空港（羽田空港）D滑走路のモニタリングを最近の事例として紹介する．D滑走路は，埋立部と桟橋部が接続する構造形式を採用している．そのため，施工時から埋立部，桟橋部，両者の接続部，舗装部の挙動を把握し，健全度を評価するために長期モニタリングシステムを構築し，モニタリングを継続している．

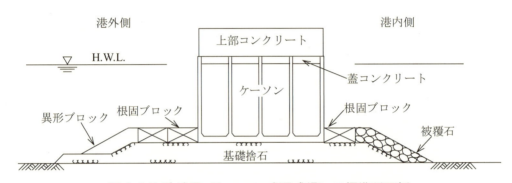

図2.2.7 防波堤（ケーソン式混成堤）の標準断面例

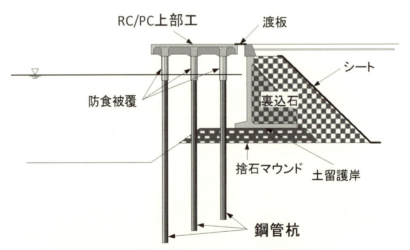

図2.2.8 桟橋（直杭式横桟橋）の標準断面例

(2) 港湾基盤施設の果たすべき機能[1]

外郭施設である防波堤の機能および要求性能は，港湾内の水域の静穏を維持し，船舶の安全な航行，停泊または係留，貨物の円滑な荷役および港湾内の建築物，工作物その他の施設の保全を図ることである．また，係留施設である桟橋の機能および要求性能は，船舶の安全かつ円滑な係留，人の安全かつ円滑な乗降および貨物の安全かつ円滑な荷役が行えることである．これらの機能（性能）は，いずれも港湾の機能の根幹に深く関わるものであり，後述する要因等によりその機能が失われた場合には，港湾の使用停止等，利用に大きな制約を与えることになる．

(3) 港湾施設の機能喪失の要因[2]

　港湾施設は，一般的に厳しい自然状況の下に設置されることから，材料の劣化，部材の損傷，基礎等の洗掘，沈下，埋没等が要因となって性能が低下し，機能の喪失につながる．このような要因により顕在的に生じる損傷や不具合を変状と称している．港湾施設に生じる主要な変状には，滑動，沈下，傾斜などの構造物本体の移動，マウンド，被覆石，捨石マウンド，消波工などの沈下・散乱，裏込・裏埋材や中詰材の吸出し，エプロンのひび割れ・沈下，海底地盤の洗掘，コンクリートや鋼材の塩害・腐食などがあげられる．これらの変状は，その発生・進展過程の違いから，進行型，突発型，および中間型の3種類に大別することができる．進行型の変状とは，地盤の圧密沈下，構造物・部材に使用されている材料の劣化，過大な上載荷重などを原因とし，時間の経過とともに徐々に進行していく変状である．突発型の変状とは，著しく規模の大きい地震や波浪などの外力によって，短期間に生じる変状であり，その発生頻度はきわめて小さい．また，中間型の変状とは，防波堤に作用する波浪のように，比較的大きい繰返し外力によって，時間の経過とともに徐々に進行していく変状を指している．

　港湾施設は，構造が比較的複雑で構成部材が相互に関連し合っているうえに，構造物・部材に作用する外的要因が多種多様であるため，変状の発生から進展へと至る現象が極めて複雑になっている．変状の原因，変状の発生，変状がもたらす影響，そして施設の性能低下へと変状が進行していく過程を変状連鎖と呼んでいる．変状連鎖には，鋼材の腐食，コンクリートのひび割れや劣化などのように，局所的に発生した変状が互いに独立して進行していくものと，異なる部位で発生した変状同士が互いに影響しあいながら，次々と他の部位の変状へと波及していくものとがある．変状連鎖を理解し，整理することで，各変状が施設の機能喪失にどのように関与するかが理解できるとともに，維持管理の際の着目点や将来の変状進行の予測のための一助となり，効率的な維持管理にも資することとなる．

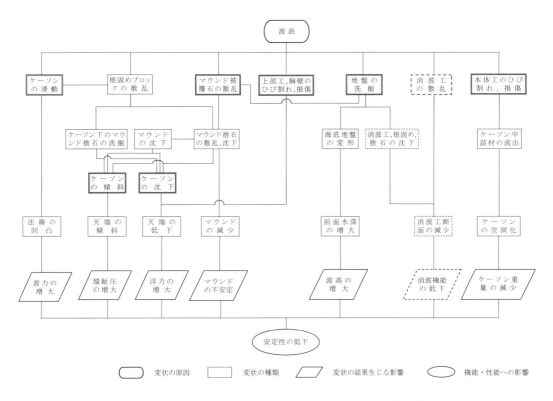

図2.2.9　防波堤（ケーソン式混成堤）の変状連鎖

ケーソン式混成堤の変状連鎖を図2.2.9に示す．図中において破線の枠で示した変状の種類や変状の結果によって生じる影響は，ケーソンの前面に消波工が設置されている場合を示している．ケーソン式混成堤に発生するいずれの変状も最終的に防波堤の安定性低下につながっている．また，防波堤に発生する変状は，進行型と突発型の区別が困難なため，すべて中間型として考えられている．

ケーソン式混成堤の代表的な変状の発生・進行過程としては，波浪によって，①マウンド被覆石あるいはマウンド捨石が散乱・沈下し，ケーソンの傾斜・沈下へと進行していくもの，②上部工，胸壁のひび割れや損傷によって天端高が低下するもの，③消波ブロックなどがケーソン側壁に衝突し，側壁が損傷して中詰材が流出するものに大別できる．消波工が設置されている場合は，波力によってまず消波ブロックの沈下や散乱が生じ，ついで消波ブロックが大きく沈下することでケーソン本体に作用する波力が大きくなり，ついにはケーソン本体の滑動につながることがある．消波工が設置されていない場合は，波力によって捨石マウンドの法尻に位置する海底地盤が洗掘され，捨石マウンドの法面崩壊につながる．この崩壊が進むと，捨石マウンドは著しく変形し，ケーソン本体の沈下や傾斜へと進行していく．これら以外にも，地震，船舶などの衝突，潮位差，地盤の圧密沈下，温度変化および材料劣化などを原因とする変状連鎖もある．

防波堤の機能を考えると，変状の発生・進展により港内の静穏性の低下や外洋の波浪の低減効果の低下を引き起こさないようにすることが必要となる．したがって，最終段階の変状としては，ケーソン本体の変状，上部工の変状，消波ブロックの変状であることが理解できる．これらの変状は，波浪によって他の変状を経ずに独立して発生・進展する場合と，他の要素の変状と関連して誘発される場合がある．いずれの場合も，主要な変状連鎖に着目すると，変状は最終段階に至るまで海中部あるいは海底部を中心に発生しており，発見しにくいという問題がある．軽微な段階で発見されなければ，突如としてケーソン本体の滑動・転倒などの施設の壊滅的な破壊につながることが懸念される．したがって，ケーソン本体における変状の進展状況だけでなく，マウンドの変状や海底地盤の洗掘状況についても定期的なモニタリングが望まれる．

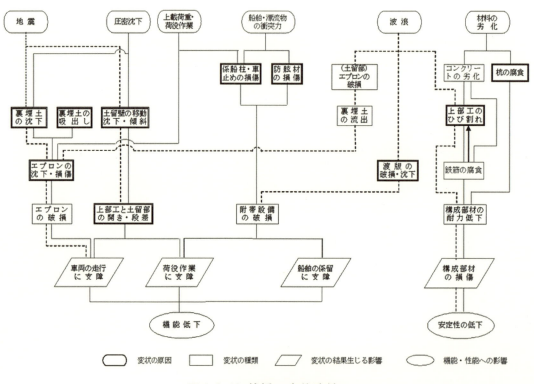

図2.2.10 桟橋の変状連鎖

桟橋の変状連鎖を図 2.2.10 に示す．同図において，破線で示した変状連鎖は，突発型のものを示している．桟橋本体に発生する代表的な進行型の変状としては，杭の腐食および上部工のひび割れ，突発型の変状としては，波浪による揚圧力に起因する上部工コンクリートの損傷および渡版の破損・脱落が挙げられる．桟橋上部工は，鉄筋コンクリートあるいはプレストレストコンクリートで構築されることが一般的である．これらコンクリート部材にとって，設置される環境条件は極めて苛酷であり，他の陸上構造物と比較して塩害の進行速度がきわめて速い．そのため，コンクリート内部の鋼材の腐食状況を可能な限り早期に発見することが必要である．

桟橋を構成する構造要素に発生する変状は，相互に強く関連している．進行型の変状連鎖では，まず杭の腐食とコンクリートの劣化に大別される．杭の腐食に始まる変状連鎖では，それ以降の変状の発生・進展に直結しており，杭の腐食から直ちに構成材の損傷や安全性の低下につながることもある．したがって，この連鎖においては，少なくとも杭の腐食を軽微な段階で発見することが必要である．コンクリートの劣化に関係する変状では，上部工コンクリートのひび割れと鉄筋腐食の間で循環的な連鎖が生じているので，前述のように，これらのいずれかの変状を早期に発見できることが望ましい．突発型の変状も大きく2つの変状連鎖に分けられるが，いずれも連鎖が短いため，変状と性能低下の因果関係からは，それぞれ渡版の破損・沈下および上部工コンクリートのひび割れが着目すべき変状となる．

(4) 適用・活用が期待されるセンシング・モニタリング技術

前述のとおり，港湾の施設は一般的に厳しい自然状況の下に建設されることから，センシング・モニタリングのための機器にとっても非常に過酷な環境となる．そのため，臨港交通施設を除いて，維持管理実務のために電子的なセンサ等のデバイスを設置してモニタリングが行われた事例は，著者の知り得る限り見当たらない．一方，変状連鎖において示したように，港湾の施設の機能・性能を確保する上で重要となる主要な変状の多くは，目視の容易な水上部分や陸上部分以外の場所で生じるため，軽微な段階で発見することも難しく，センシング・モニタリングの潜在的需要は大きいと考えられる．

防波堤にとっては，マウンドや被覆ブロック等の変状およびこれらに起因するケーソン本体の移動，およびケーソン壁の穴空きによる中詰材の流出に起因する安定性の低下を早期に発見できるようなモニタリング技術が望まれる．

桟橋にとって，鋼管杭の腐食状況および上部工コンクリート部材の内部鋼材の腐食状況のモニタリング技術の開発が望まれる．前者は海中部がその対象であり，一般に海生生物によって表面が覆われているため，杭の残存肉厚の測定には多大な労力を必要としている．より簡単に継続的に肉厚測定あるいは穴空きの検知システムが望まれる．後者については，試験的に電極等をコンクリート中に埋め込んで，内部鋼材の自然電位や分極抵抗を測定することで腐食発生の可能性を検知するシステムの開発も試みられている．

このように，港湾社会基盤に特有の海洋環境下で実用可能なモニタリング技術がほとんど存在しないので，その機能確保，性能維持のためには，耐久性が十分でかつ精度の高い手法の開発が求められていると言える．

(5) 東京国際空港D滑走路における長期モニタリング計画[3]

東京国際空港D滑走路では，供用中における常時の計測はもとより，地震等の発生直後における早期運用の開始または早期復旧に資するため，表2.2.1に示すとおり，施工初期から供用以降10年に力点を置いたモニタリングにより構造物の健全度評価を実施している．そのために，図 2.2.11 に示すように計測機器を設置している．

表 2.2.1 D滑走路の長期モニタリング計画

	埋立部	接続部	桟橋部・連絡誘導路部
計測機器	水圧式沈下計，傾斜計，GPS	ひずみ計（電気式，FBG，BODTR），GPS	ひずみ計（電気式，FBG，BODTR），GPS
施工時	原地盤の沈下監視	矢板護岸，鋼管杭の変形監視	
	原地盤の沈下量 原地盤の水平変位量	原地盤の沈下量 杭・矢板の応力変化，傾斜角	杭・矢板の応力変化，傾斜角
供用時 （地震時）	原地盤の沈下監視	矢板護岸，鋼管杭の変形監視	
	原地盤の沈下量 3軸方向の挙動 舗装の応力変化	原地盤の沈下量 3軸方向の挙動 杭・矢板の応力変化，傾斜角 舗装の応力変化 上部構造の応力変化 PC桁の応力変化	3軸方向の挙動 杭の応力変化，傾斜角 レグ頭部の応力変化 舗装の応力変化 PCa床版の応力変化

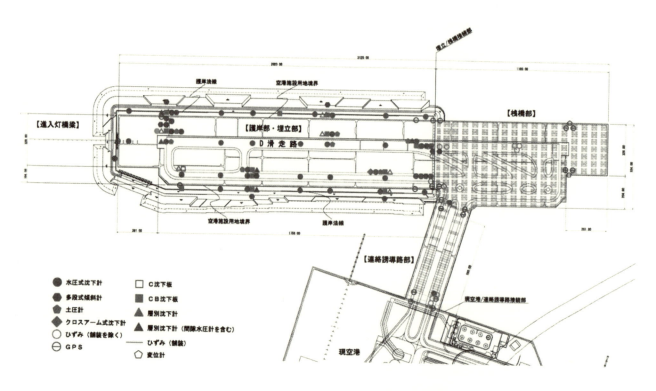

図 2.2.11 モニタリング箇所全体平面図

(6) 護岸および埋立部におけるモニタリング[3]

護岸・埋立部においては，軟弱地盤上に最大45m程度の盛土がなされ，圧密沈下量は最大8mにも及ぶ．施工面では，単に急速施工であるのみならず，隣接する異種構造物の同時施工など，厳しい制約条件が課せられた．そのため，動態観測により十分な精度で地盤挙動を把握する情報化施工が不可欠であったとともに，供用後の維持管理のためにもモニタリングが必要であった．そこで，護岸中央部・背後中仕切堤の全沈下量および水平変位量等を計測するために，沈下板，水圧式沈下計，傾斜計などが設置された．

(7) 埋立と桟橋の接続部におけるモニタリング[3]

埋立部の護岸天端における常時の変位量は，鋼管矢板打設から供用開始までに約43cm，供用開始後100年間で約5cm，また，地震時においては約200cmを想定している．埋立部はこの護岸を介して桟橋部と接続

されているため，施工中の安全管理はもとより，地震時の早期復旧と運用再開に資するために，接続部の挙動をモニタリングしている．計測機器としては，施工時における地盤の側方変位の影響を把握するために水圧式沈下計が，鋼管矢板および桟橋部の鋼管杭の変位などを把握するために電気式ひずみゲージおよび傾斜計が設置されている．また，地震時における鋼管矢板および桟橋部の鋼管杭の変位等を計測するために，電気式ひずみゲージ，光ファイバセンサ，傾斜計が設置されている．

特に鋼管杭については10年を超える長期的な計測が必要であり，長期間の使用に耐え得るセンサとその計測手法の採用が不可欠であった．検討の結果，長期間の使用に適している光ファイバセンサを用いることとなったが，地中や水中といった特殊環境下に設置される鋼管杭に適用する技術は確立されていないため，その実用性を確認しながら新しい計測手法の適用を目指す計画が立案された．接続部の部材は，滑走路方向の設計断面力が支配的であり，頂版の剛性効果，外壁における隔壁の影響，隔壁部の高耐力継手のせん断剛性などを確認するため，滑走路の中心に位置する鋼管矢板で計測することとなった．その結果，鋼管矢板に設置する計測機器としては，鋼管の応力状態を計測するためのひずみゲージ，および傾斜角を計測するための多段式傾斜計が設置されている．ひずみ計測については，電気式のひずみゲージと光ファイバセンサの補完併用が試みられ，両者の比較により光ファイバセンサのデータ検証が行われ，一定の精度が確保されていることが確認されている．図 2.2.12 に鋼管矢板の計器配置を示す．なお，光ファイバセンサには，FBG（Fiber Bragg Grating Sensor）と BOTDR（Brillouin Optical time Domain Reflectometer）の 2 種類の方式が採用されている．FBG センサは，計測可能な波長帯が限られているため，1 本の光ファイバに連装できる数が限定される．そのため，FBG センサに波長帯の割付を行い，ひずみ分布の変化点が現れる箇所（5～6 箇所）に設置することとされた．BOTDR センサは鋼管全長に連続的に，電気式のひずみゲージおよび傾斜計は鋼管全長を対象として等間隔（5m 程度）に設置されている．

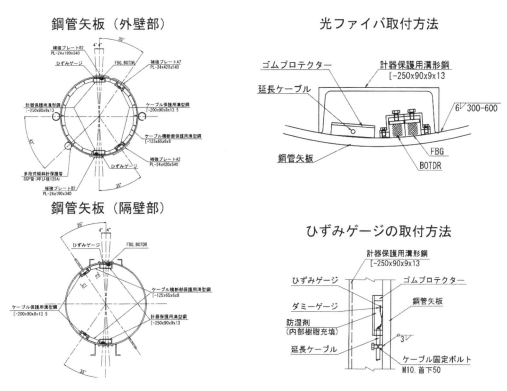

図 2.2.12 鋼管矢板の計測機器配置図

(8) 舗装部におけるモニタリング[3]

　航空機荷重が載荷される舗装の耐久性については，これまで実験による検証は行われているものの，舗装体内に光ファイバを設置してひずみを直接計測した事例はない．したがって，滑走路舗装設計の実証に有意な情報を得ること，および基層，路盤，路床の変化を直接把握して舗装構造の健全度を評価することを目的として，光ファイバセンサを舗装体内に設置して境界面のひずみの変化や疲労によるひずみの増加を計測する計画が採用された．

　埋立部においては，わだち掘れが起きやすい高速脱出誘導路付近における路盤・路床の健全度を把握するために，上層路盤の境界および下層路盤と路床の境界のひずみが計測されている．また，桟橋部においては，航空機の離陸最大荷重が作用する滑走路端部における排水層・砕石マスチック舗層（SMA層）の健全度を把握するために，基層と排水層の境界面および排水則とSMA層の境界面のひずみが計測されている．

参考文献

1) 国土交通省港湾局監修：港湾の施設の技術上の基準・同解説，日本港湾協会，2007．
2) 港湾空港技術研究所編著：港湾の施設の維持管理技術マニュアル，沿岸技術研究センター，2007．
3) 国土交通省関東地方整備局東京空港整備事務所：D滑走路技術記録，2010．

（執筆者：横田　弘）

2.3 建築構造物

2.3.1 はじめに

　土木・交通・通信等に加え，建築は人々の生命とあらゆる活動を支える社会基盤である．何よりも建築は人々の日々の生活の場であり，最も重要な社会基盤として，安全・安心であることが求められる[1]．また，知的生産の場としての建築は，使いやすく，快適でなければならない[2]．さらに社会資産としては，芸術としての美しさ，文化的・歴史的価値の醸成が求められている．建築には，計画・構造・環境（設備）のそれぞれの面からの果たすべき性能と，その機能が発揮できなくなる要因がある．それぞれについて，適用・活用が期待されるセンシング・モニタリング技術とともに記述する．特に，東日本大震災後，逼迫したエネルギー事情から，エネルギーをモニタリングし，「見える化」するシステムや，エネルギーマネジメントまでを行う HEMS（Home Energy Management System），BEMS（Building Energy Management System）の開発と適用が進んでいる．さらに，快適性向上と省エネルギーを両立した新しいまちづくりの実現が期待されているスマートシティ，スマートコミュニティについても解説する．

2.3.2 建築計画に関する機能

　建築計画の面から建築構造物が果たすべき機能は，建築空間での人の生活しやすさ，使いやすさ，働きやすさなど，人の動きに関わるものである．建築空間での人の行動が計画時に想定されていた状態から離れてしまい，住居であれば使いづらくなって日々の生活に支障を生じたり，オフィスであれば生産性が低下するといった齟齬が生じることがある[3]．建築構造物の用途によっても異なるが，建築空間での人の行動をとらえ，機能の維持と改善をしていく必要がある．

　建築計画分野において，人の行動をとらえる手法としては，かつては，ビデオ撮影により得られた画像の解析によるもの，対象者がマーカーを身につけてモーションキャプチャーを用いるものなどが主流であったが，最近は，様々な形態の RFID とリーダを組み合わせたもの，アクティブ RFID や無線 LAN などを用いるもの，GPS を用いるもの，赤外線センサを用いるものなどがある．実用的なものとして，例えば，スリッパ型 RFID リーダシステム（図 2.3.1 (a)）[4]が開発され，住宅に適用されている[5]．これは，床下に 300mm メッシュ（図 2.3.2）で RFID タグを敷き詰め，建築空間内にいる居住者がスリッパ型 RFID リーダを身につけ，歩行動作の中から，RFID タグのユニーク ID を読み取るシステムである．スリッパ型 RFID リーダの底部にはアンテナと PDA が内蔵されており，読み取った RFID タグのユニーク ID を PDA による無線 LAN 経由でサーバに送信する．サーバには RFID タグのユニーク ID と空間座標とを対応させたデータベースがあり，居住者の空間位置測位を可能としている．また，位置だけではなく，人のモノに対する接触行動を細かく記録する取り組みも行われている．居住者は指輪型 RFID リーダを装着し，様々なモノに貼付された PFID タグを日常の生活行動の中から読み取り，得られた RFID タグのユニーク ID をサーバに送信し，接触時刻とともに記録・蓄積するシステムである（図 2.3.1(b)）[6]．ユニーク ID を RFID タグや QR コードに記録しておき，RFID リーダや携帯電話で読み取り，サーバへ問い合わせるシステムは多く開発され（図 2.3.3），商店街での位置情報取得に応用されている事例もある[7]．こうした人の行動モニタリングの分析により，計画時に想定されていた機能が実現できているかどうかを確認することができ，機能に障害があれば，リフォームやリニューアルを合理的に行うことができる．

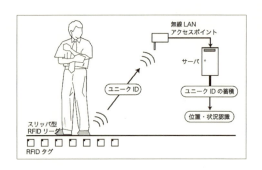
(a) スリッパ型 RFID リーダシステム [4]

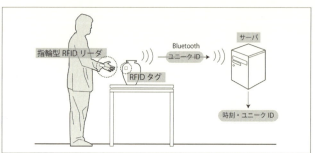
(b) 指輪型 RFID リーダシステム [6]

図 2.3.1　RFID による人の行動追跡システム

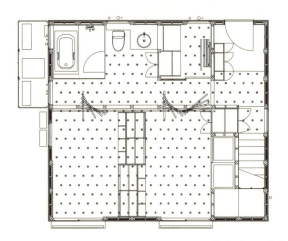
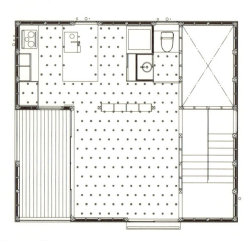

図 2.3.2　RFID の敷設図 [5]

(a) RFID タグとリーダによるシステム [7]

(b) QR コードと携帯電話によるシステム [7]

図 2.3.3　RFID や QR コードを使った人の位置情報システム

2.3.3　建築構造に関する機能

　日本は，地震，台風，津波，火山噴火，豪雨などによる自然災害が発生しやすい国土であり，2011 年 3 月 11 日の東日本大震災で甚大な被害がもたらされたことは記憶に新しい．さらに，首都直下地震，東海地震及び東南海・南海地震が連動する巨大地震発生の切迫性が危惧されている．建築構造物は，大地震に際しても構造安全性をそのまま維持することが望ましく，最低限，崩壊・倒壊を防ぎ，人命を守らなければならない．機能が発揮できなくなるような要因と考えられるのは，耐震設計偽装事件に見られるような設計に関わる問題，建築物の老朽化・劣化による損傷，火災やテロ等による人的災害による損傷，地震による損傷などがあり，構造ヘルスモニタリング技術に期待が寄せられている．しかしながら，この中で，建築分野では

暗黙のうちに「地震による損傷」のみが，構造ヘルスモニタリングの対象とされていることが一般的であり，建築構造物において「老朽化・劣化による損傷」が具体的な事例としてほとんど見られないという現実から土木分野との大きな違いとなっていることが，2008年度日本建築学会大会（中国）で開催されたパネルディスカッション「構造ヘルスモニタリングがつくる安全・安心な建築空間」で議論されている[8]．また，建築構造物の地震時の振動性状を確認し，その結果を構造設計に反映することを目的とした地震観測は，数十年にわたり膨大な数の取り組みが行われ，現在も継続されており[9],[10]，構造ヘルスモニタリングとは目的は異なるが，センシングシステムとしては類似，あるいは同一である場合もあることも指摘されている．その為，通常の地震観測システムを構造ヘルスモニタリングのためのセンシングシステムと称している例もある．少なくとも，「老朽化・劣化による損傷」を検出する現実的なシナリオが構築され，実際の建築構造物への適用が広く認知された事例はないため，ここでは，上記の日本建築学会大会のパネルディスカッションでの議論を踏まえ，「地震による損傷」に関して，建築構造物への適用・活用が期待されるセンシング・モニタリング技術を記述する．

建築構造物の地震による損傷の検知は，下記の2つが代表的である[11]．

(ア) 既存の地震観測システムと同じく，建築構造物に数台の加速度センサ等を設置．振動波形の分析により，複数の低次モード特性を同定し，その変化から損傷の程度や位置を推定する．

(イ) 損傷が生じる可能性のある部材にセンサを設置し，ひずみ等を計測することで直接部材の損傷を検出する．

上記(ア)をグローバルモニタリング，(イ)をローカルモニタリングと称することもある．上記(ア)は，実験的に確認された研究事例は多くあり，例えば，加速度センシングによる損傷層の特定と損傷程度の推定，層レベルの損傷進行の状況の追跡などが確認されている[11]．しかしながら，実際の建築構造物は多数の部材で構成されており，部材レベルの損傷程度では，低次モードの変化がほとんど生じず，損傷箇所の特定は容易ではない．そのため，損傷した部材を特定したい場合は，上記(イ)のように，損傷箇所近くにセンサを設置する必要があるが，センサの設置箇所が多くなることの課題は何らかの方法で解決しなければならない．そうした視点で，下記の2つの方向の研究開発がある．

(a) 光ファイバセンサによるひずみの分布センシング
(b) 無線センサネットワークによる超高密度センシング

上記(a)の光ファイバセンサは，方式にもよるが，1本のファイバで数kmから数十kmに渡る多点センシングができる[12]．方式としては，FBG，OTDR，SOFO等があるが，従来のBOTDR方式等では不可能であった数cmレベルの位置分解能と動的計測を可能としたBOCDA方式も実証が進められている[13]．光ファイバセンサの課題は，素材としては安価であるが計測制御装置が高価であることと，実用的なセンサの設置方法の確立である．上記(b)の無線センサネットワークは，第3章でも詳述するが，近年の情報通信技術とMEMSによるセンサの超小型製造技術の発展に伴って注目を浴びている．あらゆるモノや場所に無線デバイスが埋め込まれ，それらがネットワークにつながり，自動的に状況を認識することで，これまでにない情報サービスを提供するという未来像が「ユビキタス・コンピュータ」による情報社会として提示されている[14]．また，そこでは，コンクリートの中に電子チップを埋め込んで構造ヘルスモニタリングを行うといった内容まで含まれている[15]．米国防総省「Smart Dust」プロジェクトによる無線センサネットワークのプラットフォーム「Mote」[16]を使った研究が広く行われており，2003年以降，建築構造物を対象とした研究も行われている[17],[18],[19]．また，建築構造物の超高密度な構造モニタリングに向け，センサやプロセッサなどのハードウエア構成から通信プロトコルまでの総合的な観点から，無線センサネットワーク・アーキテクチ

ャの研究開発も進められており，MEMS 加速度センサのベンチマークテスト（図 2.3.4）を経て，超高層建物内のオフィス空間において，実地震に対するマルチホップ・アドホックネットワークシステムの実証が進められている[20]．また，簡易な無線システムとして，センサ付き RFID タグも開発されており，例えば，加速度センサ付き RFID で振動を計測するもの[21]や，プリントシート付きの RFID タグを鋼材やコンクリートの表面に貼付し亀裂を検知するもの[22]などがある．

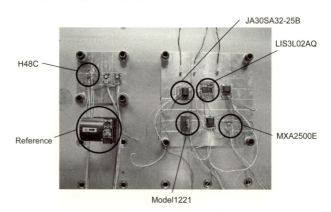

図 2.3.4　MEMS 加速度センサのベンチマークテスト

さらに，汎用性はないが，既存のセンサとは異なる原理で損傷を検知しようとするセンサの研究開発も行われている．例えば，損傷による光ファイバの切断を利用するもの[23]，炭素粒子の導電性を利用した自己診断材料[24]，累積変位のみを記録するセンサ[25]，アコースティックエミッションの閾値を超える頻度を損傷指標とするセンサ[26]，センシングした加速度のゼロクロス回数，最大値，振幅絶対値和から損傷指標を計算するもの[26]などがある．

また，建築構造物の層の損傷検出に用いられる最も有効な物理量は層間変形であり，特に超高層ビルでは構造設計の際のクライテリアとも直接的な関係がある．層間変形の評価には，下記の2つの方法がある．

　　（ア）　加速度センシングの結果を二重積分して変形を求める方法
　　（イ）　層間変形を直接センシングする方法

上記（ア）は，対象階の天井と床，あるいは各階に加速度センサが必要であり，無線センサネットワークによるシステム[20]，センサ付き RFID タグによるシステム[21]の事例がある．低コストで大量生産可能な MEMS 加速度センサを利用することを前提とすると，先端技術でありながら実現性が高く，普及も期待できる．上記（イ）には，非接触型の層間変位センサの開発事例[27],[28]がある．

ところで，建築構造物の構造ヘルスモニタリングにおいて，現実的なシナリオが構築され，実際に適用が行われた事例が「損傷制御設計」である．エネルギーを吸収するパッシブダンパに変形が集中するように構造設計を行い，ダンパのひずみをセンシングして，損傷が検出されればダンパを交換するというシナリオであり，センサとしては最大ひずみ記憶型センサや光ファイバセンサが使われている．建築構造物における構造ヘルスモニタリングの普及は限定的であるという状況で，その明快なシナリオは実務的普及として認識されている．具体的な事例については第4章で示す．

2.3.4　建築環境（設備）に関する機能

建築環境（設備）の面から建築構造物が果たすべき機能は，エレベータ，空調，照明等の設備と，電力等のエネルギー消費や CO_2 排出量に関わる環境性能に関するものである．特に，省エネルギーCO_2 削減の

ためのモニタリングとエネルギーマネジメントについては，2009 年 4 月より施行された改正省エネ法により，エネルギー使用量が原油換算 1,500KL／年（電力量 600 万 kWh，電気代約 1 億円）を超える企業に，下記のような義務と目標が課されることとなったため，重要度が極めて高くなっている[29]．

（ア）　企業全体のエネルギー年間使用量を集計し報告

（イ）　主要設備機器の運転日数と日平均運転時間を報告

（ウ）　毎年 1%ずつ使用エネルギー量を削減

例えば，チェーン店舗を展開するような企業では，近年，新製品の投入やサービス向上のため，電力使用量は増加傾向にあり，店舗ごとの積極的な CO_2 排出量削減のための取り組みが必要である[29]．また，コンビニエンスストアのような小規模商業店舗や中規模までの建築構造物では，専任のエネルギー管理者を置くことができないため，省エネルギーCO_2削減活動が進みにくくなっている事情がある．

エネルギーをセンシングするシステムとしては，例えば，図 2.3.5 に示すように，分電盤子機で家庭内全体の消費電力を計測し，コンセント子機で家電単位に計測するのが一般的である．有線で計測するシステムの事例が多いが，親機と子機間を無線通信（IEEE802.15.4 方式等）でつなぎ，かつ中継器を設置することで電波状況の悪いところにも対応する．また，インテリジェントなコンセント子機も登場してきている．図 2.3.6 に示すシステムは，電気製品に電源を供給する「インテリジェントタップ」と各種センサを内蔵した「環境センサノード」で構成されている．インテリジェントタップは，CPU，電力計，リレー，電源ソケット，ZigBee，無線 LAN が搭載されている．無線内蔵の環境センサノードは，照度・温度・湿度・加速度・風速・人感センサを装備しており，ZigBee による無線通信でインテリジェントタップへと環境情報を送信する．インテリジェントタップは，電源ソケットごとの電力計測情報と，環境センサノードから得た環境情報を組み合わせ，電気製品のオン・オフ制御，リモコン制御など省電力制御ルールを CPU で実行することが可能である．

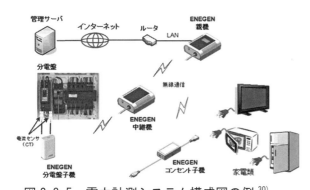

図 2.3.5　電力計測システム構成図の例[30]

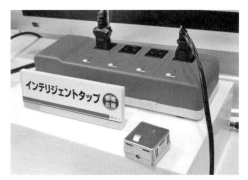

図 2.3.6　インテリジェントタップの例[31]

また，住宅やオフィスなどの環境情報（温湿度，電力量など）を計測し，収集したデータをインターネット上のサーバで提供する ASP サービスが展開されている（図 2.3.7 参照）．環境情報の「見える化」を実現し，待機電力などの無駄なエネルギーの削減や，電気料金のコストダウンを図ろうとするもので，CO_2の排出量や快適度などをアニメーション等でビジュアルに表示することにより，従業員の環境に対する意識に働きかけることを意図している．特に，エネルギーモニタリングとマネジメントを主目的に，住宅建築を対象としたものを HEMS（Home Energy Management System），ビル建築を対象としたものを BEMS（Building Energy Management System）と呼ぶ．さらに，近年，工場や施設，コミュニティを対象とした FEMS(Factory/Facility Energy Management System)，CEMS(Community Energy Management System)等の用語も

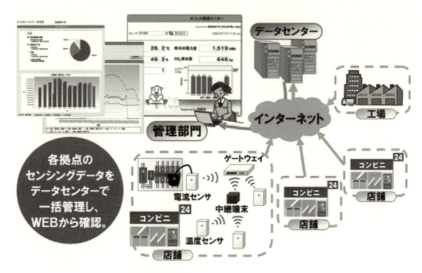

図 2.3.7　環境情報収集 ASP サービス「Web センシング」[32]

使われるようになっている．

　環境負荷軽減，省エネを目的とした実証プロジェクトも精力的に行われている．東大グリーン ICT プロジェクト[33]では，2008 年 6 月より東京大学本郷地区の工学部 2 号館を実証実験フィールドとして，ICT を活用した省エネ実現のモデルケース確立に取り組んでいる．活動内容は，①ファシリティーマネージメントシステムの稼働実態の正確な計測と解析，②計測データの解析・表示による効果の検証，③先進的制御技術・制御システムの導入とその効果の検証等である．東日本大震災の影響による電力供給量不足により，2011 年夏の電力需給対策として，政府は需要抑制の目標を一律 15％の削減と設定したが，東大グリーン ICT プロジェクトでは，工学部 2 号館において，ピーク電力で平均 44％削減，使用電力量で平均 31％削減を達成した[33]．

2.3.5　スマートシティ，スマートコミュニティ

　日本が掲げた温室効果ガス削減目標「2020 年までに 90 年比 25％削減」や米国オバマ政権の「グリーンニューディール」を背景として，スマートグリッドを中核とするスマートシティ，スマートコミュニティに関する取り組みが進められている[34]．スマートグリッドは，情報通信技術（ICT）を利用して，電力エネルギーのネットワークを効率的に運用しようとするものであるが，その定義と意義は各国の事情で異なり，議論が進んでいる．狭義には，エネルギーと ICT の融合であり，広義には，供給側では太陽光・風力などの再生可能エネルギー，需要側では，住宅・自動車・家電を中心とした省エネルギーの取り組みも含められる．建築構造物では，2.3.4 で示した建築環境（設備）に関する機能と関連が深く，HEMS（Home Energy Management System），BEMS（Building Energy Management System）によるスマートハウス，スマートビルが議論の対象となっている．さらに，電力の流通は広域に渡るため，「スマートシティ」，「スマートコミュニティ」として，スマートグリッドをエネルギーと ICT のみで捉えるのではなく，都市生活のあり方から交通手段や都市計画にまで広げて，新たな住宅やまちづくりの未来像が提案されている（図 2.3.8）．

　スマートシティ，スマートコミュニティの可能性は，下記のように，情報，エネルギー，交通システム，まちづくりの観点から整理されており[36]，新しい情報ネットワーク，エネルギーシステム，交通システムにより，快適性向上と省エネルギーを両立した新しいまちづくりである．

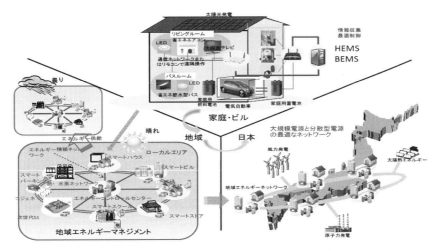

図 2.3.8　日本版スマートグリッド[35]

(ア) 情報の観点：モノとモノ，モノとヒトをつなぐ新しい情報ネットワーク（第2のインターネット）が誕生し，エネルギー機器と情報ネットワークの融合化する

(イ) エネルギーの観点：集中電源，分散電源，蓄電池を統合化したシステム，太陽光発電の大量導入を支えるシステム，エネルギー運用に需要家も参加可能なシステムなど，新しいエネルギーシステムが誕生する

(ウ) 交通システムの観点：蓄電技術をコアにエネルギーと交通が融合化し，自動車がセンサとしてネットワーク化され，利便性が高く，環境に優しい交通システムが誕生する

(エ) まちづくりの観点：自然との一体感を感じられる街並み，快適性向上と省エネルギーを両立した生活空間が実現される

世界中でスマートシティ，スマートコミュニティに関する取り組みが進められているが，日本では，経済産業省による4大プロジェクトが代表的であり[37]，①神奈川県横浜市で展開されている「横浜スマートシティプロジェクト（YSCP）」，②愛知県豊田市で展開されている「豊田市低炭素社会システム実証プロジェクト（Smart Melit）」，③関西文化学術研究都市で展開されている「けいはんなエコシティ 次世代エネルギー・社会システム実証プロジェクト」，④福岡県北九州市で展開されている「北九州スマートコミュニティ創造事業」である．

スマートグリッドの中核を担うセンシングとネットワークを担う機器がスマートメータであり，住宅やビルの中の光や熱，家電機器を制御し，さらには分散型電源，電気自動車，蓄電池とデータや電力をやりとりする．スマートメータは，モジュール構造を採り入れることで，家庭への電力供給を止めることなく，計量メーターの機能を交換・拡張できる構造となっている．通信ユニットは，利用したい通信方式に合わせて取り替えることができ，無線通信方式と，PLC（Power Line Communication，電力線通信）方式がある．PLCは，電力線を通信回線としても利用する技術である．住宅などでは主に無線通信方式を，法規制などで無線が使用できない地域や無線通信がつながりにくいビル内ではPLCを利用することとなっている．無線通信モジュールは，アドホックに通信し，他のスマートメータが送信したデータをリレー方式で電柱などに設置された集約装置に伝送する．さらに，万が一，急に通信できなくなっても，スマートメータは，数十日分の電気使用量データを保存できるようになっている．こうしたスマートメータは，建築構造物や都市に埋め込まれ，ネットワークに接続された高機能なセンシングプラットフォームであり，しかもスマートメータが構築するネットワークはインターネットとは独立した第2のインターネットとしてのポテンシャルを有している．

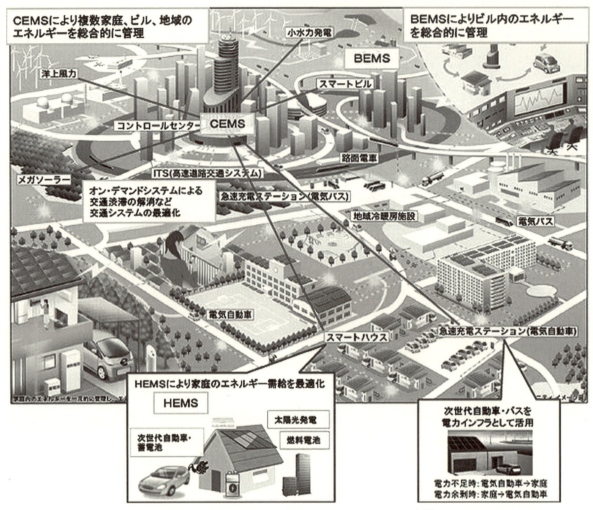

図 2.3.9 スマートコミュニティのイメージ[38]

2.3.5 まとめ

人々の生命とあらゆる活動を支える社会基盤である建築について，計画・構造・環境（設備）のそれぞれの面からの果たすべき機能と，その機能が発揮できなくなる要因を示し，それぞれについて，適用・活用が期待されるセンシング・モニタリング技術を記述した．さらに，快適性向上と省エネルギーを両立した新しいまちづくりの実現が期待されているスマートシティ，スマートコミュニティについても解説した．

参考文献

1) 社団法人日本建築学会：提言「建築の構造設計－そのあるべき姿」，http://www.aij.or.jp/scripts/request/document/20100419-1.pdf，2010．

2) オフィスビル総合研究所編：新・次世代ビルの条件，鹿島出版会，2006．

3) 渡辺仁史：建築・人間・ロボットをつなぐモニタリング技術，2007年度日本建築学会大会（九州）情報システム技術部門研究協議会資料「ユビキタス技術で実現する性能モニタリングの展望」，日本建築学会情報システム技術委員会，pp.13-22，2007．

4) 遠田敦，林田和人，渡辺仁史：スリッパ型 RFID リーダによる歩行行動追跡，日本建築学会計画系論文集，73(630)，pp.1847-1852，2008．

5) 中川純：GPL の家，2010年度日本建築学会大会（北陸）情報システム技術部門研究協議会資料「スマ

ートな情報通信技術で実現する建築性能モニタリングの未来像」，日本建築学会情報システム技術委員会，pp.29-36, 2010.

6) 遠田敦，渡辺仁史：指輪型 RFID リーダを用いたヒトとモノの接触行動分析　ネットワーク形成とその変化，日本建築学会大会学術講演梗概集，A-2, pp.49-50, 2008.

7) 小林正美，小池博：ユビキタス技術による情報提供と都市の歩行回遊性に関する研究，ユビキタス社会と建築・都市のフロンティア，総合論文誌　第 8 号，日本建築学会，pp.49-52, 2010.

8) 中村充：SHM 技術の現状と課題，2008 年度日本建築学会大会（中国）構造部門（振動）パネルディスカッション資料「構造ヘルスモニタリングがつくる安全・安心な建築空間」，日本建築学会構造委員会振動運営委員会，pp.15-24, 2008.

9) 強震観測事業推進連絡会議：記念シンポジウム「日本の強震観測 50 年―歴史と展望―」講演集，防災科学技術研究所研究資料，第 264 号，2004.

10) 金山弘雄，山田有孝：構造設計から見た建物強震観測，2006 年度日本建築学会大会（関東）構造部門（振動）パネルディスカッション資料「建築物の地震時挙動を知るために―建築物における強震観測の意義―」，日本建築学会構造委員会振動運営委員会，pp.25-34, 2006.

11) 濱本卓司：建築物の耐震性能評価のためのモニタリング技術，計測と制御，Vol.46，pp.605-611，2007.

12) 佐藤貢一：光ファイバセンサの紹介と事例，日本建築学会建築構造物の健康診断に関するワークショップ資料，pp.1-5，2005.

13) 今井道男，酒向裕司，宮本裕司，二浦悟，S. S. Ong，保立和大：BOCDA 式分布計測型光ファイバセンサによる損傷モニタリング（その 1）（その 2），日本建築学会大会学術梗概集（東海），B-2, pp.1007-1010, 2003.

14) 坂村健：ユビキタスとは何か―情報・技術・人間，岩波新書，2007.

15) 野村総合研究所：ユビキタス・ネットワーク，野村総合研究所広報部，2001.

16) J. M. Kahn, R. Katz and K. Pister: Next century challenges: mobile networking for "Smart Dust", Proceedings of the 5th Annual ACM/IEEE International Conference on Mobile Computing and Networking, pp.271–278, 1999.

17) N. Kurata, B.F. Spencer, M. Ruiz-Sandoval, Y. Miyamoto and Y. Sako：A Building Risk Monitoring using Wireless Sensor MICA Mote，日本建築学会大会学術講演梗概集（東海），B-2, pp.997-998, 2003.

18) 西谷章，仁田佳宏，永井拓生，川田慶：スマートセンサ MOTE MICA による構造モニタリング，日本建築学会大会学術講演梗概集（北海道），B-2, pp.779-780, 2004.

19) J. P. Lynch and K. J. Loh：A Summary Review of Wireless Sensors and Sensor Networks for Structural Health Monitoring, The Shock and Vibration Digest, 38-2, pp.91-128, 2006.

20) N. Kurata, M. Suzuki, S. Saruwatari, and H. Morikawa, "Application of Ubiquitous Structural Monitoring System by Wireless Sensor Networks to Actual High-rise Building", Proceedings of 5th World Conference on Structural Control and Monitoring, Tokyo, 2010.

21) 谷明勲，宇賀治元樹，山邊友一郎：センサ付き RFID を用いた建築構造モニタリングシステムに関する研究，2010 年度日本建築学会大会（北陸）情報システム技術部門研究協議会資料「スマートな情報通信技術で実現する建築性能モニタリングの未来像」，日本建築学会情報システム技術委員会，pp.89-92, 2010.

22) 森田高市，野口和也：RFID タグ及び導電性塗膜を用いたひび割れ検知センサの研究，日本建築学会技術報告集，No.24, pp.73-76, 2006.

23) 加藤洋一，坂田光児：光ファイバーを利用した杭の損傷検知センサーの開発，日本建築学会大会子学術講演梗概集（近畿），B-2，pp.7-8，2005．
24) 稲田裕，鈴木誠，岩城英朗：自己診断材料を用いた損傷検知手法のRC造建築物への適用，日本建築学会大会子学術講演梗概集（近畿），B-2，pp.29-30，2005．
25) 岩城秀明，岡田敬一，白石理人，柴慶治，三田彰，武田展雄：制震・免震構造物へのヘルスモニタリングシステムの適用，JCOSSAR2003論文集，pp.583-590，2003．
26) 圓幸史朗，中村充，柳瀬高仁，池ヶ谷靖：「ＲＣ構造物を対象とした構造ヘルスモニタリングシステムの開発(1～3)」日本建築学会大会学術講演梗概集（九州），B-2，pp.59-64，2007．
27) 山田哲也，小森淳，能森雅己，中南滋樹，川島学，竹田拓也：地震後の建物の健全性評価に関する研究（その1　非接触型層間変位計測システム），日本建築学会大会学術講演梗概集（東北），B-2，pp.669-670，2009．
28) 高橋元一，畑田朋彦，鈴木康嗣，松谷巌，金川清，仁田佳宏，西谷章：非接触型センサを用いた建物の層間変位計測システム（その１～４），日本建築学会大会学術講演梗概集（北陸），B-2，pp.191-198，2010．
29) 馬郡文平，野城智也，迫博司，藤井逸人：省エネルギーCO_2削減のための建築性能モニタリングによる視える化―ＡＩコントロールを活用した統合的エネルギーマネジメントに関する研究―，2010年度日本建築学会大会（北陸）情報システム技術部門研究協議会資料「スマートな情報通信技術で実現する建築性能モニタリングの未来像」，日本建築学会情報システム技術委員会，pp.37-53, 2010．
30) 宮川製作所：エネルギーマネージメントソリューション　一般家庭向け(HEMS)，http://www.msk.co.jp/solutions/energy_hems.html
31) NEC：オフィスや家庭の電力を節約する電力制御システム「グリーンタップ」を開発，http://www.nec.co.jp/press/ja/0911/0405.html
32) アドソル日進：エネルギーモニタリングシステム，http://www.adniss.jp/archives/1200
33) 東大グリーンICTプロジェクト，http://www.gutp.jp/
34) 福井エドワード：スマートグリッド入門―次世代エネルギービジネス―，アスキー新書，2009．
35) 日本版スマートグリッド，http://www.meti.go.jp/committee/materials2/downloadfiles/g100119a03j.pdf
36) スマートコミュニティ関連システムフォーラム最終報告書について：スマートコミュニティフォーラムにおける論点と提案，http://www.meti.go.jp/report/data/g100615aj.html
37) Japan Smart City Portal, http://jscp.nepc.or.jp/
38) スマートコミュニティのイメージ，http://www.meti.go.jp/policy/energy_environment/smart_community/

（執筆者：倉田　成人）

2.4 供給・処理に関わる社会基盤

2.4.1 電力
(1) 電気事業の果たすべき機能

電気事業は，発電所で発電された電気を，送電，変電，配電設備を通じて運び，消費者に供給する事業である．そして，電気事業は，電気という商品の特性に基づき，次に述べるような性格を持っている．

まず，電気は，日常生活において，家庭の照明や冷暖房の電気機器に使用される等，一時も欠かせないものとなっていることから，電気事業は日常生活に不可欠なサービスを提供する公益事業である．

一方，電気は，各種産業の生産活動やサービス提供に必要不可欠なエネルギー源であり，国の経済活動に大きな役割を担っていることから，電気事業は基幹産業でもある．

また，電気は，多量に貯蔵することが困難で，生産と消費が同時に行われるため，電気事業者は，常に需要に応じた供給を保つだけの発電設備を保有しなければならず，さらに発電所から消費地までの送電，変電，配電設備も必要となる．そして，これら設備を維持していかなければならないことから，電気事業は設備産業でもある．

以上のような電気事業の性格から，電気事業者に課せられた使命は，設備を安全に維持しながら，安定的に電気を発電所から消費者まで届けることで，社会の活動に貢献することである．そのため，この使命を遂行するために果たすべき機能とは，電力の「安定供給」であるといえる．いかなる状況においても，品質の高い電気を，停電することなく「安定供給」し続けることが，最も必要とされる機能である．

(2) 機能が発揮できなくなるような要因（事故，災害，損傷，老朽化等）

機能が発揮できなくなるとは，発電，送電，変電，配電設備の異常や損壊により停電が発生し，電力の「安定供給」ができなくなることである．このような設備異常・設備損壊を発生させる要因には，地震，落雷，台風，降雪，水害，噴火等の自然災害によるもの，設備の老朽化，設備不備等の内部要因によるもの，クレーン接触，破壊行為（テロ），飛来物，火災等による外的要因によるものに大別される．自然災害が発生すると広範囲に影響を与えることも少なくなく，東日本大震災では多数の電気工作物が被害を受けた結果，一部エリアにおいて長期間にわたって安定供給が成されなかった．

(3) 今使われている，あるいは適用・活用が期待されるセンシング・モニタリング技術

電気事業における防災上の基本的な考え方は，災害の発生を防止すること，また，発生した場合にはその災害の規模をできるだけ軽減し，そして早期に健全な状態に復旧することである．そのために，耐震設計，耐震補強や的確な設備保守等により被災しにくい設備を構築，維持していく．次に設備構成の多重化やバックアップ機能の構築を図ることにより，被災時の影響を軽減させる．さらに，復旧用資機材の準備や復旧体制構築訓練等の準備に基づき，被災設備の迅速な復旧を行う．ここでは，的確な保守，早期復旧で活用されているセンシング・モニタリング技術の事例を紹介する．

(a) 水力発電所のダムにおける保守管理

発電を目的として使用されるダムは，高さが 100m を超えるものが数多くある．ダムは多量の水を貯めるため，適切な保守管理が求められる．ダムに係わる保守管理には，主にダム構造物の管理，貯水池およびその周辺の管理，貯水池からの放流時の災害防止のための管理がある．

主な管理の内容としては，構造物や貯水池（周辺地山を含む）に対する計測管理，巡視点検，修繕といっ

た設備に係わるものと，設備運用のための気象計測（雨量等）やゲート操作に係わるものがある．その管理を行うための設備としては，ダム堤体に設置されている温度計，変位計，間隙水圧計等（ダムの種類によって異なる），貯水池の水位計，温度計等，気象観測装置に加え，サイレン，スピーカー，電光掲示板等のダム放流時の警報装置等がある．そして，それらの情報やゲート操作を行うための情報処理，操作施設がある．

管理のために，様々な計器による計測を行うが，その目的としては，構造物の挙動が設計通りかを確認して安全性を確保するもの，施工の良否を判断して品質を確保するもの，将来のダム設計・施工技術の向上を目的とするものに大別される．主なダムの計測項目と目的を下記に記載する．ダムの種類によって計測項目は異なる．

・コンクリートダムの主な計測項目とその概要

　漏水量計測：局所的漏水量を測る基礎排水孔と全漏水量を測る三角堰により計測

　変形量計測：プラムラインともいわれ，ダム上端にワイヤーを固定し，下端に錘をつけ，その錘の変位量でダムの上部と底部の相対変異を計測（基礎岩盤（下端）にワイヤーを固定する逆方向のものもある）

　揚圧力計測：基礎排水孔にブルドン管式圧力計を取り付け測定，間隙水圧計をコンクリートの着岩部付近の基礎岩盤内に設置して測定

　地震計測　：ダム天端や底部に地震計を設置して計測

・フィルダムの主な計測項目とその概要

　漏水量計測：下流法尻の締切堰ならびに監査廊内の三角堰により計測

　変形量計測：堤体表面に設置した外部標的の視準測量・水準測量により堤体外部の変形を測定，また，層別沈下計により堤体内部の変形を測定

　間隙水圧計測：堤体内部に埋設された間隙水圧計により測定

　地震計測　：ダム天端や底部に地震計を設置して計測

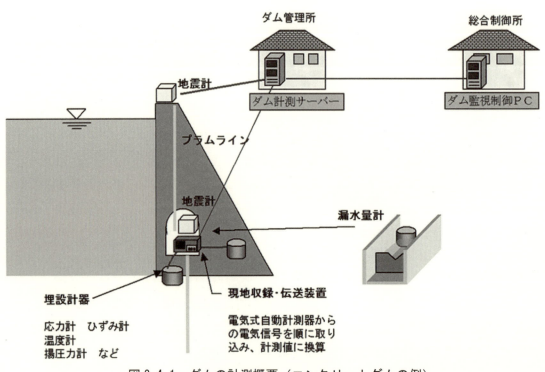

図2.4.1　ダムの計測概要（コンクリートダムの例）

(b) 火力発電所のLNG地下タンクの躯体温度管理

1) 躯体温度管理の目的

LNG地下タンクは，タンク内に-162℃のLNGを貯蔵している．LNGを適切に貯蔵するためには，タンクの躯体温度を管理することが重要であり，躯体内，地盤内に温度センサーが多数設置されている．そして，計測されたデータの分析結果に基づき，ヒーター設備の運転を行い，凍結する範囲の制御を行っている．

2) 凍結線（0℃線）の痩せを管理

LNG地下タンクの躯体において，支障，側壁の凍結止水性能が損なわれるのを防止するため，底版，側壁内側の温度に上限値を設定し，管理を行っている．凍結線が内側に遷移しすぎる（痩せ）と，周辺地盤の地下水が躯体内に浸透してくる．逆に，凍結線が外側に遷移しすぎる（張り出し）と，設計で考慮していない凍土圧が躯体に作用してくるため，その防止のために側壁外側の下限値を設定し，管理を行っている．

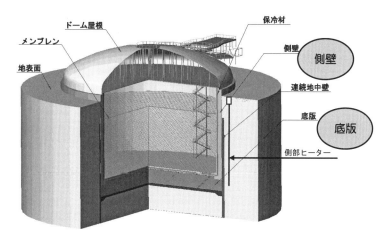

図2.4.2　LNGタンク温度管理概念図

(c) 地中送電設備における設備監視

都市部における送電は，地上に送電鉄塔を建てることが困難な状況から，道路等の地下に地中送電ケーブルを張り巡らすことが多い．ケーブルの種類や電圧に応じた地中設備が洞道や管路の中に設置されている．設備が地下に設置されている特性上，いったん停電等の事故が発生すると，作業環境の制約や道路使用許可の取得といった制度的な制約により，復旧に時間を要しやすい．この設備の運用・保守の効率化を目的として設備監視を常時行っており，設備に異常が発生すると警報が発生する仕組みを講じている．主な監視警報としては，洞道火災警報，洞道浸水警報，OF，POFケーブル漏油警報，事故区間検出装置警報がある．

(d) 配電設備における早期復旧

配電設備は，消費者に最も近い設備であり，停電が発生した場合でも，地域的に範囲を限定できることから，早期に事故箇所を特定し，停電を解消する迅速性が要求される．国内では，配電自動化システムが普及しており，配電線事故が発生すると，事故区間を検出して健全区間は自動的に送電されるようになっている．このため，諸外国と比較し，停電発生時間が非常に短い要因となっている．

配電自動化システムの概要は次の通りである．配電設備による停電がある区間で発生した場合には，通常，1分後に事故箇所の片側から自動送電を行う．さらに1分後に事故箇所の反対側から自動送電を行う．このようにして自動的に事故箇所の両側から自動送電を行い，その結果から事故箇所を特定し，事故箇所以外の健全区間については，約3分で自動送電が完了する．この後は，現地事故捜索による一部送電，バイパスケーブルによる応急送電により，故障箇所を切り離すことにより，停電が解消される．

(執筆者：近藤　聡史)

2.4.2 ガス

(1) はじめに

東京ガスは首都圏を中心に1都8県, 約1000万件の需要家に都市ガスを供給している. 都市ガスの供給は, **図2.4.3**に示すように, まず工場でLNG (Liquefied Natural Gas：液化天然ガス) を主原料に気化・熱量調整・付臭の各工程を経て都市ガスを製造した後, 効率よくガスを供給するために高圧導管 (2～7MPa) により各地域に輸送する. その後, 各地域に設置したガバナー (減圧装置) で**表2.4.1**に示す圧力区分 (高圧・中圧・低圧) になるように減圧して, 最終的に需要家に届けている.

表2.4.1 パイプラインの圧力分類と延長距離

分類	圧力	延長距離
高圧	1MPa 以上	約7百 km
中圧	0.1～1.0MPa 未満	約6千 km
低圧	0.1MPa 未満	約4万 km
合計		約5万 km

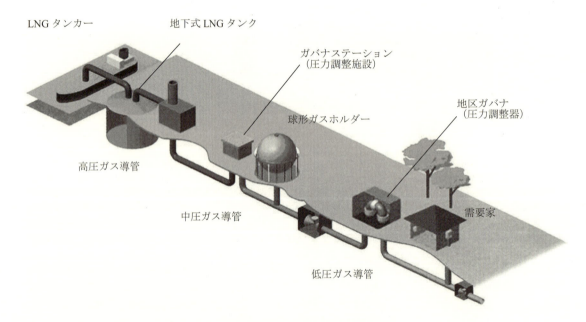

図2.4.3 都市ガス供給フロー

(2) 都市ガス供給の特徴

都市ガス供給の特徴は
① ガス供給を24時間継続すること
② 工場, ガバナ (減圧装置), ガスホルダー (ガスタンク), そしてすべての需要家までが, パイプラインで連結された非常に大規模な1つの設備であるとみなすことができること,
③ ガス供給量が時間や季節により大きく変動すること

があげられる.

③は具体的に, 夕食の用意などで最大になる夕方と最も少ない深夜ではその差が約3倍になり, 暖房・給湯

のガス使用量が最大となる冬季と温暖な気候の春季（GW）の差も約 3 倍になる．つまり，年間における最小時間帯と最大時間帯の比率は 1 対 9 にも達することになる．さらに，日々のガス需要量は曜日や天候の影響も受けて変動する．（**図 2.4.4**）

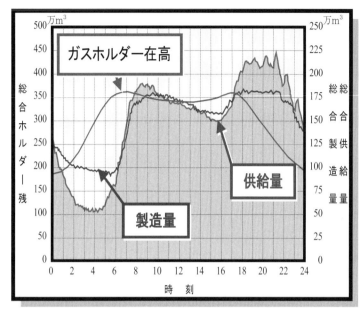

図 2.4.4　ガスの供給パターン

(3)　圧力・流量センシングの目的

我々都市ガス事業者には，次の 2 つの使命が課せられている．

　安定供給：都市ガスを定められた圧力の範囲内で途切れることなく需要家に届けること．

　保安の確保：事故を起こすことなく，需要家の生命・財産を守ること．

上記のように日々刻々と変動する需要に応じて安定供給を行い，また保安確保を行う為に欠かせないのが，各種プロセス，設備状態の監視である．特にガスの圧力・流量を測定は極めて重要である．圧力・流量測定の主な目的は以下のとおりである．

表 2.4.2　圧力・流量センシングの目的

圧力	供給監視	各ガバナーステーションおよび，供給網の末端の圧力の監視を行う．あらかじめ，全ての需要家の需要点で所定の圧力を担保できるガバナーステーションの送出圧力が計算されており，実際にその圧力で送出されている事を監視する．また，供給量の末端でも所定の圧力以上となっていることを監視している．
	上限圧力監視	ガバナーステーションからの送出圧力が，定められた圧力を超えると，最悪の場合は導管などの下流側設備の破壊に繋がる．そのため，下流側設備の耐圧性能を超える前に，送出ガスを自動的に停止する安全装置が備えられている．その為の圧力センサーは，信頼性向上のために 3 重化している．
流量	供給能力監視	ガバナーステーションは，それぞれ最大設計送出流量が設定されている．その送出余力を把握するために，流量測定を行っている．

(4) 供給指令センターと 計測制御システム（TGCS：Total Gas Control System）の概要

これまで述べたとおり，主要な供給拠点の圧力・流量などの監視と供給量の変化に応じた的確な供給操作を行うため，東京ガスは供給指令センターを設置して24時体制でオペレータ2名が主要ガス供給設備を集中制御・監視している．TGCSはこのような供給指令センターの運用を支えるため，①24時間稼動や地震に耐えうる信頼性，②供給エリア全域から大容量のデータを収集・配信する高速性，③遠隔制御・監視設備の増減に対応可能な柔軟性，④オペレータの負荷を軽減する高機能等を実現することが求められる．

これらの条件を満足するために図2.4.5に示すようなシステム構成で実現している．以下にシステムの主要装置に関する概要について説明する．

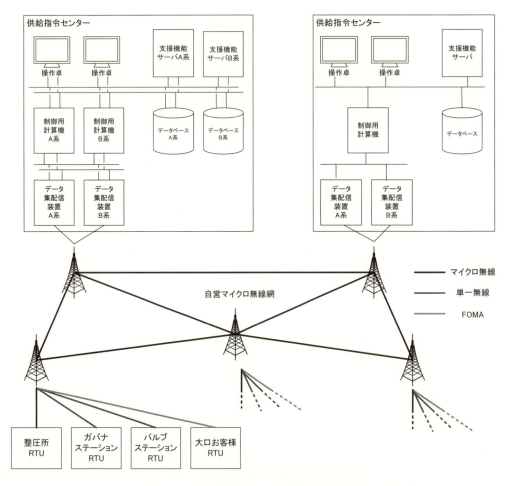

図2.4.5　TGCSシステム

表2.4.3　システム構成と主な機能

システム	主な機能
センターシステム	HMI（Human Machine Interface），各種データ保存，供給量予測支援，大画面装置　等
データ集配信装置と通信ネットワーク	RTUデータ収集，制御データ転送，自営無線ネットワーク，衛星通信回線　等
遠隔監視制御装置（RTU）	現場制御，上位システムとのデータ通信　等

1) センターシステム

　センターシステムは供給指令センターに設置されている TGCS の中枢システムであり，約 530 ヵ所の RTU，約 1,900 点のアナログデータ，約 10,000 点のデジタルデータ，約 1,600 点の制御項目を管理するとともに，過去データを活用して供給予測業務をサポートする．地震や火災等によりセンターシステムが万一停止した場合の影響は非常に大きいことから，物理的に離れた場所にサブセンターシステムを常時稼動することにより，主要ガス供給設備の制御・監視が継続できるよう配慮している．

2) データ集配信装置と通信ネットワーク

　データ集配信装置はセンターシステムと後述する RTU 間で送受信される制御・監視データを中継する重要なシステムである．また，データ集配信装置間やデータ集配信装置と RTU 間等の通信ネットワークは地震時の信頼性を重視して自営無線や衛星回線等を使用している．

　データ集配信装置は自営無線の拠点と，センターシステム，サブセンターシステム設置箇所に分散設置されている．データ集配信装置は全 RTU の現場データを収集してセンターシステムとサブセンターシステムに同時転送することにより，センターシステムとサブセンターシステム間のデータ等値化機能を省き，一方の障害が他方に影響を与えることがないよう配慮している．

3) RTU（遠隔監視制御装置）

　RTU（Remote Terminal Unit）は主要ガバナやガスホルダー等，センターシステムから制御・監視する現場毎に設置して，各地区のガス圧力や流量・バルブの開閉状態等をデータ集配信装置に一括送信するとともに，遠隔からの制御データを受信して当該設備を制御する分散型制御システムである．

　RTU は小型 DCS やシーケンサに当社独自の通信機能を追加するとともに，オペレータの操作負荷を軽減するパターン制御やシーケンス制御を組み込んでいる．更に，万一，ガス供給に支障を及ぼすような異常が発生した場合には，自動的に安全方向に設備を制御する自律機能を有している．

4) 計測制御システムの信頼性設計

　TGCS は 24 時間連続稼動や，地震・停電時の遠隔制御・監視の継続が求められている上に，遠隔地に設備が点在していることから信頼性や電源確保に配慮しなければならない．つまり，システムは基本的に冗長化するとともに，バッテリーや非常用発電機を設置して重要機器が動作するための保安電力を確保している．

(5) まとめ

　東京ガスでは，重要な社会基盤である都市ガスを安全・安定的に需要家に届けるため，多数の地点で圧力・流量を始めとして様々な情報を監視している．また，信頼性の高いコンピュータシステム，通信システム，電力システムから成る集中監視・制御システムを導入し，24 時間 365 日休むことなく監視・制御を行っている．

参考文献

1)　Y. Yamahana : SCADA system of Tokyo Gas for wide-area city gas distribution, SCADA Northeast Asia 2010 Hong Kong

（執筆者：中西　裕亮）

2.4.3 上水道

(1) 上水道施設の果たすべき機能

水道水は，飲料水の供給を第一義的な目的としているが，消火用水としてあるいは機械設備の冷却用水としても用いられるなど，さまざまの目的で使用されている．ここでは，とくに飲料水供給の観点から上水道システムの特性について述べる．

わが国の上水道システムは，高水準の水道サービスを実現するため，各地の水道事業体により公共性と企業性の両面に立った合理的かつ効率的な水道施設の管理運営に努め，水量・水圧・水質及びライフライン機能を適切に保持し，常時・非常時を問わず，より安全で良質な水道水を将来にわたって安定供給への努力が不断に行われている．

水道事業体は，上水道システムの日常的運転，地震災害や風水害などの異常時対応，中長期的な施設の健全運用を適切に行うため，時々刻々の運転監視と日々の維持管理活動[1]を行っている．

現有の水道施設全体がシステム総体として円滑に機能するためには，短期的，中長期的維持管理計画の下での運転管理・施設維持管理の実践が重要である．すなわち，短期的には水道システムのリアルタイム監視と施設の日常点検活動に基づいて操業水準を維持し，中長期的には施設維持管理の視点からシステムにおける各施設の重要度や緊急性，優先順位などを配慮し，ライフサイクルコストの評価[2]に基づいて，補修・改良・更新といった維持管理を実施することで水道システムのライフタイムにおける安定的な給水サービス機能維持が可能となる．

昨今の発達した情報通信技術およびIT技術による監視制御とGISによる送水・配水・給水管等の情報管理や給水自動検診システムの活用で，より効率的な運用管理が可能となっており，水道システムの運転管理技術の高度化は今後ともますます進展してゆくものと思われる．

一方，飲用給水以外の目的での水供給も水道の給水サービス機能としては重要である．たとえば平常時の機械・電気設備の冷却用水供給や火災発生時の消火用水供給などが挙げられる．地震時の停電は水道システムの監視機能の停止や昇圧ポンプの停止に結びつくものであり，これは水道システムが電力システムや都市防災システム[3]と相互依存関係にあることを示している．このことは，水道システムの機能維持が単独に実現できるのではなく，関連する他のライフラインシステム[4]との相互供給責任を自覚した上でのシステム維持管理の必要性を示唆していると言えよう．

(2) 機能停止要因[3]

水道システムは，地震・渇水・風水害等の自然災害，水質汚染・停電・施設の老朽化による事故，人為的事故，破壊活動など，様々のリスクを抱えている．たとえば，地震災害などの緊急事態が発生した時，普段正常に稼動していたシステムがこの時も同様の水準で稼動するとは限らず，往々にして想定外の箇所からの故障や事故が発生して水道システム全体の給水サービス水準を低下あるいは停止させる事態に遭遇するリスクが存在する．

事故および災害による被害を少なくするためには，緊急事態を想定し予防対策を行うことが重要である．具体的には，複数水系からの取水，水系間の導・送・配水幹線の連絡，浄水・配水施設の予備電力設備の配置，配水ブロック化の導入，基幹施設の分散配置，IT技術などの監視制御・情報システムの導入，塩素漏洩や油・有害物質流入の防止設備の整備など，水道施設の実態に応じて，計画的な対策を行うことが必要である．

一方，自然災害やテロなどの非日常的状態を議論するだけでなく，日常状態においても埋設された水道管路は交通荷重や道路工事などの強制外力や周辺土壌から腐食損傷や物理的損傷の影響を受ける．たとえば，第三者による道路掘削工事の事前調査不備は管路損傷の主要原因の一つと指摘されている．さらに，最近では老朽化した下水管路からの漏水により，道路下に埋設されている水道，ガスなどの管路周辺部土壌が洗い流され，道路内に空洞が発

生，沈下事故などにより管路被害発生が報告されるようになってきた．これらの事故を防止するために，道路工事に関する事前協議や埋設物調査の徹底や日常路線パトロールの強化が必要となることは論を待たない．

また，旧来の鋳鉄管(CIP)やダクタイル鋳鉄管(DCIP)では，基本的に抜出拘束力が小さく地震時の軸方向力により容易に管継手抜出しが発生するため，管路地震被害[3]が多数報告されてきた．そのゆえ，最近では管路耐震化のための抜出防止付き管路に置き換える活動が徐々に進展しつつある．また，水道システムを構成する各種設備として，ポンプ，タンク，制御施設，機械設備，浄化設備および水管橋など多数存在するが，これらの設備も経年劣化を免れることはできず，施設維持管理の主要対象となっている．これらの維持管理対象施設の位置情報管理，維持管理活動の進捗把握，災害時の潜在危険度把握を目的として，さまざまの専用 GIS システムが開発されている．

(3) 現状のセンシング・モニタリング技術[4]

水運用業務は，水道事業体の規模，水道システムの特徴，管理体制の違いに応じてそれぞれの事業体ごとに独特の運用・監視制御システムを構築しているが，基本的には次の3つの共通するシステムで構成されている．
- 運転監視用システム
- 災害監視用システム
- 保全管理用システム

たとえば，運転監視用システムは図2.4.6に示す各業務を処理するシステムであり，水道事業体全体の業務の流れを一元的・総合的に監視することになる．

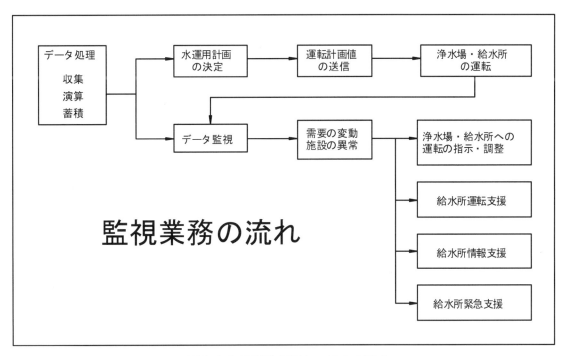

図2.4.6 運転監視用システムの構成

日常の運転は，過去における日単位水需要・季節単位・年単位の蓄積された運転情報と直近の気候，天候情報から翌日の運転条件を設定して運用しているが，災害などの非日常的事態が発生した場合には，災害監視用システムを援用して緊急給水，施設防護など緊急対応に備えることになる．

一方，管路の漏水状況や水道施設の腐食・故障状態など日常状態の中での中長期的な劣化挙動を把握するための監視活動（センシング活動）も水道システムの円滑な運用のための重要な活動である．

(a) 漏水センシング技術

　管路の漏水監視では従来から図2.4.7，図2.4.8に示すようなセンシング技術が活用されてきた．

　図2.4.7は，配水管からの漏水を検知するためのシステムである．配水管路の延長が長いため車載型の検知システムで構成されている．このシステムでは，漏水音が伝播している管路上の2つの測定点にピックアップを設置し，漏水点から発生した漏水音がそれぞれのピックアップに到達する時間差を測定することにより，ピックアップから漏水点までの距離を計算する．

　図2.4.8は，給水管内の漏洩検知を目的とするシステムであり，需要家毎の検査が可能なように可搬型となっている．

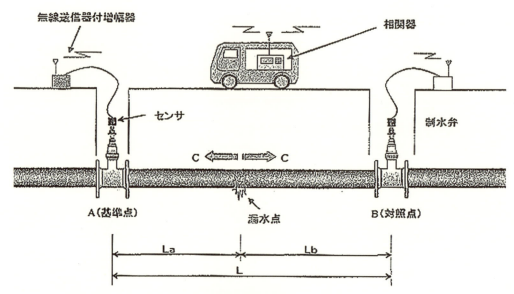

図2.4.7　相関式漏水検知器[1]

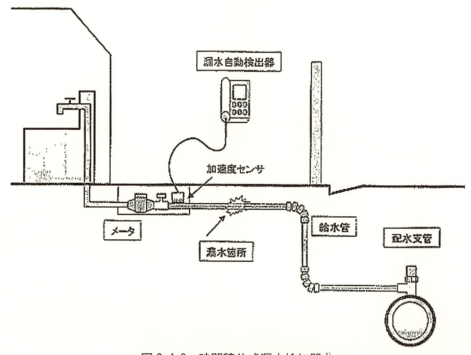

図2.4.8　時間積分式漏水検知器[1]

(b) 日常運転時のモニタリング技術

水道施設によって確保できる水量・水圧・水質は常に一定ではない．水源や取水地点での利水事情，水需要動向，季節的・時間的推量変動，施設の稼動状態などによってこれらは変化する．とくに，水質事故や停電事故などの異常事態が発生したときは，的確な判断と迅速な対応が求められる厳しい運転状態となる．

さらに，水道施設が分散化，広域化される中で，取水場，浄水場，配水池，ポンプ場等の各施設を一箇所で集中管理する場合，各施設の稼動状況を常時把握でき，その時々に応じた最適かつ経済的な運転管理を行う管理制御システムの構築が必要である．このシステムにおいては，各水道施設での水量，水圧，水質，水位，機器の稼動状況，薬品注入状況等の状況を一箇所に集めることで，迅速かつ適切な対応を可能とし，水道施設全体としての統一的かつ効率的な運転管理を行うことができる．

図 2.4.9 は，送・配水施設の水運用を制御するシステムの事例を示したものである．水道システムを構成する管路，配水池，バルブ，ポンプの各所に水量，水位を計測するセンサーが設置され，リアルタイムでそのデータが中央監視センターに送られてくる．

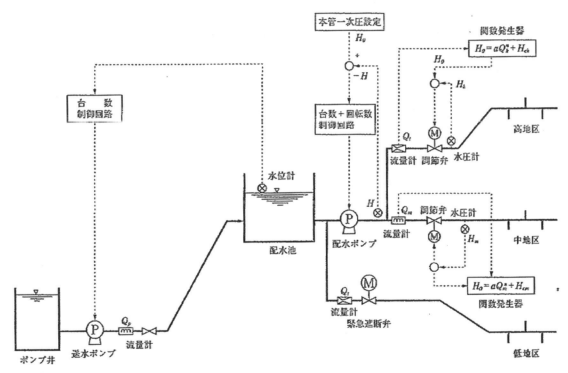

図 2.4.9　送・配水施設の制御例 [1)]

(c) 水量監視による地震時管路被害箇所の特定

地震発生時の特徴としては，浄水場配水量およびブロック注入点配水量が瞬時に上昇，同時に注入点圧力が下降し，時間経過とともに収束するという傾向がある．

図 2.4.10 は，2003 年 7 月 26 日宮城県沖を震源とする地震発生時に被害があった配水ブロックのデータである．この時の配水データは，瞬時に約 7 倍の配水量を示し，その後横ばいに推移している．これはブロック内で地震発生と同時に管路破壊が発生し漏洩していると判断できる．（この時は口径 100mm の硬質塩化ビニル管が破損していた．）これは，平常時の配水量リアルタイム監視により災害勃発時の被害発生配水地区またはブロックの特定が可能であることが確認できた一例である．本格的な災害監視用システム [3),4)] では，平常時のモニタリングデータから迅速に災害対策モードに移行でき，災害規模，発生箇所，緊急対策進捗状況が把握できるなど被害の早期復旧に活用できるシステムの構築が望まれる．

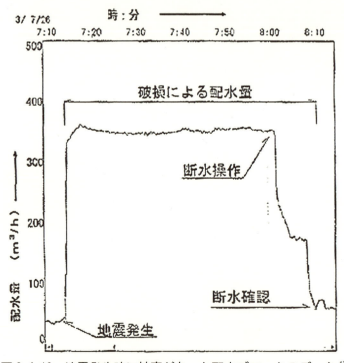

図 2.4.10　地震発生時に被害があった配水ブロックのデータ[1]

(d)　保全管理システム

　水道施設は老朽化などに伴って信頼性が低下する．信頼性の向上を図るためには，計画的な点検・検査により機能の劣化や故障を少なくし，運転状況や点検・検査で得られた諸データの収集分析により劣化傾向等を把握して保全管理の最適化や信頼性向上を図る必要がある．

　保全管理システムは，予防保全と事後保全という水道施設の維持管理活動を支援するシステムであり，このデータに基づいて維持管理すべき施設の優先順位付けなど保全管理の意思決定に役立つものでなければならない．

　水道施設・管路として代表的な

①　給水所やポンプ所

②　配水本管や給水栓

には，運転状況をモニターする監視装置が設置されているが，図 2.4.11 に示すように，そのデータを通じて経年的な劣化状況の早期把握・診断が行えるような劣化診断モニタリングシステムが設置されている事例がある．

　図 2.4.11 のポンプ劣化診断モニタリングはポンプの振動データ，絶縁データを測定・解析して振動診断と絶縁診断に結びつけたものである．機器の振動データには，設備のもつ微小な不具合が振動特性の変化として事故発生前に出現する．この振動データを診断要求水準に応じて計測することにより簡易水準から精密水準までさまざまの診断が可能になる．図 2.4.12 はそれを例示したものである．

(4)　まとめ

　安全で安心のできる水道水が日々の生活のなかで給水され，しかも長期にわたって安定的にシステムが維持されている．それは水道システムを運転監視し設備保全する人々の不断の活動に支えられたものである．その重要性は地震災害など断水事態に直面して初めて実感する．平常時，災害時を問わず常に安定的に水道システムが維持できるように，水道システムを支える技術の一層の発展を期待する．

　なお，水道システムの運転状況，維持体制について貴重な情報を戴いた東京都水道局水運用センターの関係者の皆様に御礼申上げます．

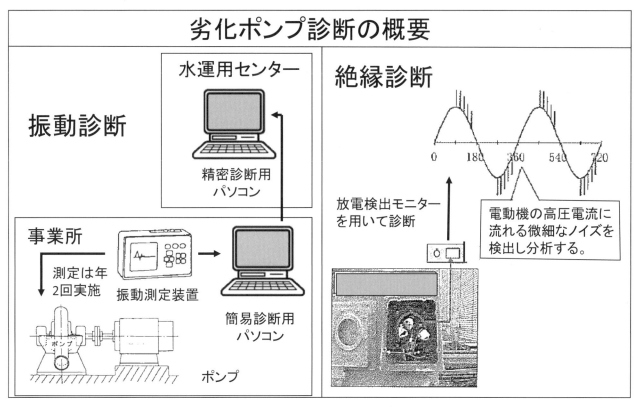

図 2.4.11　ポンプ劣化診断の概要[1)に一部加筆修正]

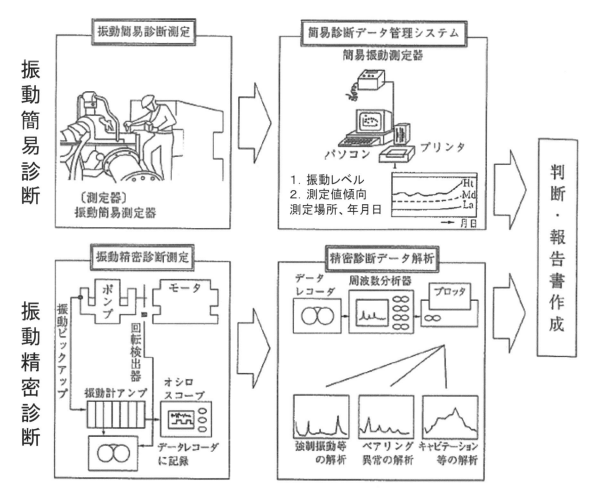

図 2.4.12　振動簡易・振動精密診断の概要[1)に一部加筆修正]

参考文献

1) 日本水道協会：水道維持管理指針,日本水道協会，2006.
2) 日本水道協会：水道施設設計指針，日本水道協会，2000.
3) 日本水道協会：水道施設耐震工法指針・解説，日本水道協会，2009.
4) 土木学会：都市ライフラインハンドブック，丸善株式会社，2010.

(執筆者：小池　武)

2.4.4 下水道

(1) 下水道の果たすべき機能

近代下水道の歴史は，1884（明治17）年の東京都の神田下水の整備に始まり，以来130年の歴史がある．下水道は，住民生活や都市活動を支える必要不可欠な都市基盤として，①汚水の処理による生活環境の改善，②雨水の排除による浸水の防除，③公共用水域の水質保全など，安全で快適な生活環境の確保や良好な水循環の形成といった役割を担っている．

全国の下水道の普及率は，2011年度末で約76%（ただし、岩手県と福島県を除く）に達している．例えば，東京都区部では1994年度に100%普及概成を達成し，多摩地域においては2011年度に約99%になっている．この結果，浸水被害は大幅に減少するとともに，1970年頃には工場排水や生活排水で水質汚濁が著しかった東京の河川は，着実に水質が改善し，きれいな水に生息する鮎が遡上するまでに改善された．

一方，老朽化した下水道管路や下水処理場などの再構築，近年多発している都市型水害への対応，合流式下水道から河川に放流される水質の改善など，取り組むべき課題もなお多く残されている．

これまで整備した施設を適切に維持管理するとともに，老朽化した施設を適切かつ効率的に再構築し，さらに求められるニーズに対応するために機能のレベルアップを図り，良質なサービスを提供していくことが求められている．

写真2.4.1 神田下水

(2) 下水道事業の推進

(a) 施設の再構築

全国では，2011年度末で約44万kmの下水道管路を管理しており，そのうち約10,000km(約2%)が耐用年数である50年を経過している．老朽化などにより下水道管路が損傷すれば，下水道が使用できなくなるだけではなく，道路陥没の原因となる場合もあり，住民生活に大きな影響を与えてしまう．都市部では老朽化の実態がさらに顕著であり，例えば，東京都区部では下水道管路の管理延長約16,000kmのうち約1,500km(約9%)が耐用年数を超えており，今後，高度経済成長期に整備された下水道管路が一斉に更新時期を迎えることとなる．

このため，日常生活や社会活動に重大な影響を及ぼす事故発生や機能停止を未然に防止する目的で，ライフサイクルコストの最小化や予算の平準化も踏まえ，長寿命化対策を含めた計画的な下水道施設の再構築を推進している．

再構築前の幹線　　　　　　　　　　　　　　更生工法による再構築後の幹線

図 2.4.13　老朽化した下水道管路の再構築

(b) 浸水対策

　近年では計画降雨を超える雨が短時間のうちに局所的に降る集中豪雨が頻発している．こうした強い雨がたびたび降ることで，くぼ地や坂下など，地区によっては繰り返し浸水被害が発生している．また，都市化の進展により雨水が浸透する面積が減少し，短時間に雨水が流出し下水道に流入するようになっている．さらに，地下街や地下鉄だけではなく，個人住宅においても地下や半地下に居室や駐車場が増えるなど，内水氾濫の被害リスクが増大している．

　加えて，2007 年度に公表された IPCC（気候変動に関する政府間パネル）第 4 次評価報告書統合報告書においては，今後，気候変動により，大雨の頻度増加・台風の激化の懸念が指摘されている．

　このため，東京都においては，浸水の危険性が高い地区や繰り返し浸水被害を受けている地域などを重点化し，下水道管路や雨水調整池などの貯留施設の整備を推進したり，再構築事業にあわせて，下水道幹線や雨水ポンプ場などの基幹施設の増強を行うなど，効果的な対策を実施している．

　また，地下街や地下鉄駅など，浸水が発生した場合に甚大な浸水被害が予想され，都市機能にも重大な影響を与える地区を，地下街等対策地区として選定し，目標整備水準のレベルアップを図っている．

　さらに，下水道から河川への雨水の放流については，放流先の河川の護岸の改修や調節池の設置など，河川整備の進捗に応じて，放流量の調整がなされてきたが，河川整備の進捗状況に加えて，個々の浸水被害の発生状況も踏まえ，下水道と河川が緊密に連携し，よりきめ細かく放流量の調整を行い，雨水吐口における河川への放流量を拡大している．

写真 2.4.2　雨水調整池の整備　　　　　　　　写真 2.4.3　下水道幹線の整備
（東京都南砂雨水調整池の例）　　　　　　　　（東京都和田弥生幹線の例）

(c) 合流式下水道の改善

都市部においては，汚水と雨水を同一の管で排除する合流式下水道を採用している例が多い．この合流式下水道は，下水道の速やかな整備に寄与してきた一方で，一定以上の降雨があると，汚水混じりの雨水が河川などに放流されて，水質を悪化させてしまうという課題がある．

このため，降雨初期の特に汚れた下水を貯める貯留施設や，雨天時の下水をより多く下水処理場に送水するための下水道幹線の整備を推進し，汚水混じりの雨水が河川などに放流される量を削減する対策を進めている．また，ゴミやオイルボールの流出を抑制するための施設の設置にも取り組んでいる．

公共用水域の水質保全については，次の世代へ美しい水環境を継承していくため，合流式下水道の改善や高度処理施設の導入などにも重点的に取り組んでいる．

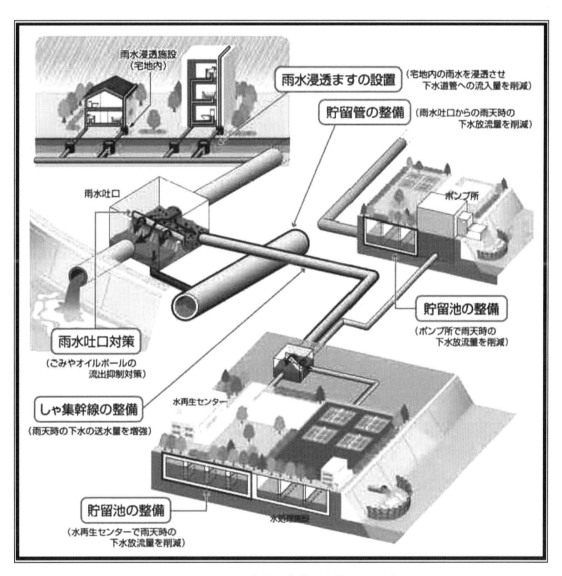

図 2.4.14　合流式下水道の改善イメージ

さらには，新たな課題である地球温暖化対策についても，下水道事業は膨大なエネルギーを必要とすることから，省エネ型機器の導入，下水汚泥の焼却炉の高温焼却への転換や炭化炉の導入など新たな技術開発を行い，積極的に取り入れている．また，下水再生水の活用や下水汚泥の資源化など，資源・エネルギー循環の形成にも積極的に取り組んでいる．

(3) 下水道における主なモニタリング事例

(a) 再構築における事例

老朽化の進んだ下水道管を計画的に再構築するため，テレビカメラなどを用いて管路内の調査を実施し，老朽化の状況把握を行っている．また、大口径管きょの調査については，基本的に作業員が目視により調査を実施しているが，下水が集中する幹線は水量が多く作業員が入れないため，自走式の調査ロボットを技術開発し調査を行っている．

表 2.4.4 テレビカメラ調査及び目視調査判定基準

項目		ランク A	B	C
管の破損	鉄筋コンクリート管	欠落／軸方向のクラックで幅：5mm以上	軸方向のクラックで幅：2mm以上	軸方向のクラックで幅：2mm未満
	陶管	欠落／軸方向のクラックが管長の1/2以上	軸方向のクラックが管長の1/2未満	―――
管のクラック	鉄筋コンクリート管	円周方向のクラックで幅：5mm以上	円周方向のクラックで幅：2mm以上	円周方向のクラックで幅：2mm未満
	陶管	円周方向のクラックでその長さが円周の2/3以上	円周方向のクラックでその長さが円周の2/3未満	―――
管の継ぎ目ずれ		脱却	陶管：50mm以上　鉄筋コンクリート管：70mm以上	陶管：50mm未満　鉄筋コンクリート管：70mm未満
管の腐食		鉄筋露出状態	骨材露出状態	表面が荒れた状態
管のたるみ・蛇行		内径以上	内径の1/2以上	内径の1/2未満
モルタル付着		内径の3割以上	内径の1割以上	内径の1割未満
浸入水		ふきでている	流れている	にじんでいる
取付管突出し		取付管内径の1/2以上	取付管内径の1/10以上	取付管内径の1/10未満
ラードの付着・木の根侵入		内径の1/2以上閉塞している	内径の1/2未満閉塞している	―――

本調査結果に基づき，必要な補修を実施し，下水道管路の延命化を図っている．一方，早くから下水道が整備されるとともに，雨水排除能力が不足した都心部を中心とした地区を再構築区域と位置づけ，計画的に再構築事業を推進している．

再構築区域では,調査結果に基づき,下水道管路の老朽度と排水能力を判定し詳細な対策内容を決定している．既設管路を有効活用することを基本とし，劣化の状況から，①劣化もなく既設管路をそのままの状態で活用可能であれば「既設管路の活用」，②損傷はあるが更生することで活用可能であれば「既設管路の更生」，③損傷が著

しく更生が不可能であれば「布設替え」の3つの対策に分類し，また，④流下能力を検証し不足する場合は新たに「管路の増強」を実施する．

既設管を有効活用するためには，下水道管路の更生工法が不可欠で，更生工法は，「道路を掘削しない」ことから，工事に起因する騒音，振動，交通規制等が少なく，都市部では周辺住民や道路交通への影響を最小限にし，輻そうする他の埋設物等による制約が少ないため，工期の短縮が可能であるとともに，建設発生土の抑制による工事費の縮減が図ることが可能である．

このため，更生工法などの非開削工法を積極的に採用することで，既設の下水道管路を有効活用し，コスト縮減や，工事に伴う周辺への影響を最小限に留めている．

 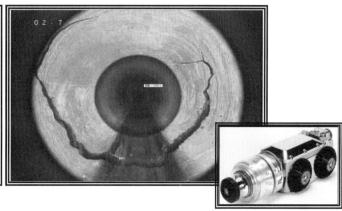

図2.4.15　潜行目視調査（左）とテレビカメラ調査（右）

(b)　浸水対策における事例

浸水被害を早期に軽減するためには，ハード対策として施設整備を進める一方で，住民自らが浸水への備えを充実し被害を最小限にする取り組みである「自助」を前提とした水防に重点を置くことが重要である．

内水による浸水被害を軽減するために住民の「自助」の取り組みを促すためには，平時から，住民自ら内水浸水の危険性を認識し，自らの問題と感じることが最も重要である．

そのためには住民が理解しやすく，また現実的，かつ信頼度の高い情報を提供することが効果的である．

このため，住民自らが浸水への備えを充実させ，水防活動に役立てるため，降雨情報や下水道管路の水位状況などをモニタリングし，住民に情報を提供している．

参考文献
1)　東京都下水道事業　経営計画2013，東京都，2013
2)　管路内調査工標準仕様書，東京都，2010

（執筆者：新谷　康之）

2.4.5 通信施設・情報施設

(1) 通信土木設備の概要

　通信施設は通信装置を収容するビル（以下通信ビルと呼ぶ）とビル内の通信装置，屋外に設置されるアンテナ，および通信線路施設に大別できる．通信ビルどうし，通信ビルとアンテナ，通信ビルと利用者を接続する配線部分が通信線路施設となる．携帯電話用のアンテナと通信ビルも通信線路施設で接続されている．通信線路施設には地下ケーブル，架空ケーブル，電柱，海底ケーブルなどが含まれるが，ここではケーブルを防護するための通信土木設備の管理技術を中心に述べる．

　通信土木設備は管路設備ととう道設備に大別される．管路設備は呼び径 75mm の管を多条多段に積んで地下 1～2m 程度に埋設されており，全国に延長にして 63 万 km が敷設されている．また管路設備にはケーブルを接続・分岐するための地下空間であるマンホール・ハンドホールが 100～200m ごとに設けられる．マンホール・ハンドホールは全国で 84 万個が設置されている．またとう道設備は通信ケーブルを大量に敷設するための通信専用トンネルであり，大都市を中心に設置されている．とう道には開削工法による矩形とう道とシールド工法による円形とう道があり，内空断面はケーブルを通過させるスペースと保守用の通路で構成されている．NTT 単独のとう道は 630km が建設されており，共同溝も含めると 1000km となる．ほかに口径 300mm～600mm の管内にスペーサを入れて数 10 条のケーブルを収容できる中口径管路設備がある．

　通信土木設備の特徴として，1970 年代から 1980 年代にかけて大量に建設されていることがあげられる．建設して 30 年以上が経過しており，老朽化による設備不良が発生している．特に金属管（鋼管，鋳鉄管）において不良率が高くなっている．とう道設備も同様であり，30 年以上経過した一部のとう道では亀裂や漏水などの設備不良が発生している．地下に埋設された通信土木設備は簡単に設備の更新や補修を進められない課題がある．

　電気通信事業法の改正により，新規の通信事業者が電気通信事業を行うことが可能となり，相互接続にための設備が必要となった．そのため NTT の通信土木設備には他事業者のケーブルも収容されている．最近ではユーザまでの配線も光ケーブルに置き換えが進み，電話だけの利用の時代に比べると格段に情報量が増えているが，最新の通信サービスを支えている通信土木設備は老朽化が進んでいる現状がある．

(2) 設備管理一般

　NTT では点検・診断業務をマニュアル化して，設備の維持管理を行っている．管路・マンホールやとう道の破損は，通信サービスの停止のみならず，道路陥没等の原因となるため，点検時に異常を発見すればタイムリーに補修あるいは更改することが求められる．しかしながら設備量が膨大であり，すべての不良個所を更改できないため，優先順位を設定して不良設備の解消を行っている．優先順位の設定は以下のような項目が勘案される．

（安全に対する影響度が大きいもの）
・第三者に危害を与えるおそれがあるもの
・住民の生活環境を損なうおそれがあるもの
・作業者が安全を損なうおそれがあるもの

（サービスに対する影響度が大きいもの）
・設備故障に到り，サービスを中断するおそれがあるもの
・ユーザ要望に即応できず，信頼を失墜するおそれがあるもの
・故障復旧に長時間を要し，サービスを著しく損なうおそれがあるもの
・対外的に不信感を与えるおそれがあるもの

表 2.4.5 管路・マンホールの点検・診断技術

管路の点検	マンドレル試験	ケーブル敷設前にマンドレルと呼ばれる通過点検定規をワイヤでけん引して管路の内空状態を確認する．マンドレルが所定の張力で通過すれば健全と判断される
	パイプカメラ	マンドレルが通過しなかった管を対象に，小型カメラを通過させて管路内面の異常を確認する
橋梁添架設備	テレビカメラ	道路橋などに架設された管路を点検するためにアームに取り付けたテレビカメラを用いている
マンホール	目視点検	ケーブル敷設時に作業者がマンホール本体の亀裂や漏水，首部の亀裂，鉄ぶたの亀裂や摩耗，がたつきを点検している

表 2.4.6 とう道の点検・診断技術

外観調査	目視調査	コンクリート表面に発生するひび割れ，はく離，鉄筋露出などの発生位置や規模等の状態を確認する
	デジタルカメラ	メラの光学系から投影された画像を電子的に記録するものである．コンクリート表面の劣化状況をビジュアル化して記録に残す
	光波測量	クラックスケールと合わせて，遠隔からひび割れ幅と 3 次元座標を同時取得し，CAD に取り込む
非破壊検査	電磁波レーダー法	電磁波が鉄筋や空洞の境界面で反射することを利用してコンクリート内部を透視する．
	電磁誘導法	コイルを鉄筋に近付けると磁束密度が変化することを利用して，鉄筋位置やかぶり厚を計測する
	反発度法	リバウンドハンマにより一定のエネルギーでコンクリート表面をたたいた時の反発度から，強度を推定する
	巨視的超音波法	コンクリートに超音波を入射し，反射波を計測し，フィルター処理することによりコンクリートの内部を透視する
	ミリ波イメージング法	ミリ波とよばれる電波を利用して反射撮像式の表層透視技術を用いた計測技術である
	BOTDR	ブリルアン散乱光の周波数分布が光ファイバの軸ひずみに比例してシフトするという特性を利用して，光ファイバに沿って連続的にひずみを計測する
微破壊検査	はつり調査	目視調査で確認した不良個所をはつり，鉄筋位置，配筋状態，腐食状態，中性化深さなどを確認する
	鉄筋腐食調査	鉄筋の腐食が電気化学反応であることを利用して電気特性から腐食状態を推定する．自然電位法，分極抵抗法がある
	厚さ調査	シールドとう道の鋼製セグメントの残存肉厚・腐食量を診断する．セグメント面が露出するまでシールド2次覆工を撤去して計測する
	サンプル試験	とう道からコンクリート片を切り出して室内試験を行う．中性化試験，塩化物含有量試験，強度試験，配合推定試験などを行う

近年では，特に都市部において埋設物が輻輳するなどして掘削による設備補修および更改は難しい状態になってきている．これらの問題に対応し，設備の延命化と有効活用を図るため，効率的な設備管理および計画的な補修・更改が必要とされる．ライフサイクルコストを考えた設備管理手法の検討が進められている．

また地震や風水害などの自然災害が起こった時には緊急設備点検が行われる．通信サービスに支障をきたす被害は早期復旧の対象として即座に対応がなされる．一方，ケーブルに影響のない通信土木設備の被害は早期復旧の対象とならないが，被害実態を明らかにする点検が行われる．2011年に起きた東日本大震災では震度Ⅵ以上となった広い範囲で土木設備の緊急点検が行われている．

(3) 点検・診断技術

通信土木設備の特性に合わせて，いろいろな点検・診断技術が開発されている．管路設備ととう道設備に分けて概要を表2.4.5および表2.4.6に示す．管路は直接見ることができないため，通過試験と小型カメラによる点検となっている．橋梁添架設備は目視が基本となるが，直接見ることができない場合にはテレビカメラを利用する．マンホールは目視が基本となっている．とう道は都市部のケーブル配線の基幹設備として保全に重点が置かれており，また作業者が入れる空間があることから複数の診断技術が用いられている．目視点検，非破壊検査，微破壊検査があり，状態に応じて点検方法が体系化されている．

(4) オペレーション技術

(a) 設備管理

管路・マンホール等の通信土木施設は，膨大な量が広範囲に建設されており，設備管理を効率的に実施する必要がある．通信土木施設は設備記録図として管理されており，設備記録図を利用する業務として，固定資産管理，占用数量管理，設備管理，設備建設のための設計業務等がある．また，設備の変化を設備記録図に反映させ，図面と現況を一致させる業務として図面の維持管理業務がある．最近では設備記録図を電子ファイルでデータベース化し，図面の維持管理業務をシステム化することにより，業務の効率化を図っている．これにより，ペーパレス化，エリアフリー化，管理の重複の廃止，補修作業の効率化，タイムリーなデータ更新が可能となっている．

現在，膨大な設備の点検・補修が毎年行われている．それらについて設備マネジメントにより維持管理を効率化する必要があり，これを支援するシステムが点検・補修データ管理システムである．主な機能としては，点検を必要とする箇所の優先順位づけ，不良設備のデータベース化，補修を必要とする箇所の優先順位づけ，不通過等の不良状況分析，地図やグラフ出力による結果のビジュアル化である．このために，ケーブル入線計画情報，点検データ，補修データなどを確実にデータ投入する業務サイクルが構築されている．

(b) ケーブル収容管理

通信土木設備にケーブルを入線する際，どの位置にケーブルを敷設，収容するかを決める業務をケーブル収容設計といい，実際に敷設，収容された位置を管理する業務をケーブル収容管理という．無駄な空間が発生しないように，また，ケーブル長に無駄がないように設計し，どの位置にどのケーブルが収容され，どこが空いているかを効率的に把握することが，共同収容が進展した現在，よりいっそう求められている．自社のケーブル収容管理のみならず，他通信事業者のケーブル収容管理についても合わせて実施する必要がある．

(c) セキュリティ管理

通信ケーブルを収容するとう道，マンホールに対する人為災害や設備内での事故を未然に防止するためには，構造物自体のセキュリティ機能を確保するとともに，入溝する作業員の氏名，人数等を把握する必要がある．特に多条数のケーブルを収容するとう道は入溝に際して入出扉の解錠が必要であり，また重要ルートに設置されているマ

ンホールも施錠構造になっているため，蓋の開閉にあたっては鍵の管理者から借用する必要がある．1984年の世田谷とう道火災を契機に，とう道内の災害に対する監視は24時間体制で実施されるようになった．そのツールも年々，高度化され現在では災害が発生した時点でその場所が瞬時に把握され，またセンタ装置で集中的に監視できる体制になっている．

(5) とう道管理システム

NTTではとう道が都市の地下に網の目状に整備されるのにともない，地下の密閉された迷路のような構造となったために，災害の発生防止，作業員の安全確保，管理作業の円滑化・省力化が求められるようになった．そこで各種センサや端末をとう道内に配備して状態監視を行うとう道管理システムが開発された．**表2.4.7**にとう道管理システムの機能の一覧を示す．また**図2.4.16**にシステム構成図を示している．

災害感知機能のために，火災，浸水，高水位，可燃性ガス，酸欠ガスのセンサが設置されている．浸水感知器は換気孔に設置してとう道内に流入する水量を感知するものであり，また高水位感知器は排水ピットに設置して，ポンプの故障による水位上昇を感知するものである．安全確保の装置類は監視センタで制御可能であり，総合監視センタでは24時間監視を続けている．またとう道に入坑する作業者等の管理も徹底して，テロなどに備えてセキュリティを向上している．

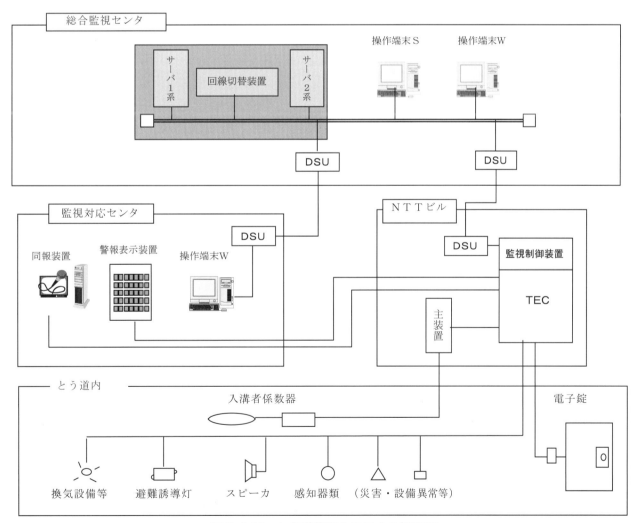

図2.4.16 とう道管理システムの概要図

表2.4.7 とう道管理システムの機能

災害防止のセンサ	安全確保の端末類	管理機能
・火災感知器	・換気設備の異常検知と遠隔操作	・総合監視センタ
・浸水感知器	・排水設備の異常検知と遠隔操作	・情報集約機能
・可燃性ガス感知器	・電気設備の異常検知	・電子錠，入坑者管理
・酸欠ガス感知器	・避難誘導灯	・放送連絡機能
・高水位感知器	・スピーカ	・システム点検機能

参考文献

1) 土木学会編：都市ライフラインハンドブック，丸善，2010.
2) 山崎泰司，瀬川信博，石田直之，鈴木崇伸：東日本大震災における電気通信土木設備の被害状況に関する考察，日本地震工学会論文集 第12巻，第5号（特集号），pp.55-68，2012.

（執筆者：鈴木　崇伸）

2.4.6 共同溝

(1) 共同溝の概要

共同溝とは，市民生活に不可欠なライフラインである電気，電話，ガス，上下水道，工業用水等の公益物件を道路下に共同収容する施設である[1]．共同溝の整備は，路面の掘削にともなう地下の占用を制限し，道路構造の保全と円滑な道路交通を確保するとともに，都市景観および都市防災機能の向上に資することを目的とするものである．3大都市圏を中心に，全国で約400kmが整備されている．なお，共同溝に類似する施設として，占用事業者が敷設する企業とう道，電線類のみを地下に共同収容する電線共同溝がある．

共同溝が整備されることによって生じる具体的な効果は次のとおりである．

(a) 道路の掘返し工事の減少と渋滞の軽減

共同溝にはライフラインがまとめて収容されており，それまで，各公益事業者が個別に行ってきた道路下に埋設される自社の公益物件の新設や更新のための道路の掘返し工事が減少し，交通渋滞も緩和される．

(b) ライフラインの整理，集約，収容

共同溝にはライフラインがまとめて収容されており，共同溝内で維持管理することができるため，占用物件の整備・維持管理が効率化され，占用事業者にとっては，道路の掘削・埋戻し費，整備費，維持管理費，補修費，移設費，更新費の削減等の効果が期待できる．なお，これらの効果は共同溝法および同法施行令において共同溝整備に係る建設負担金の根拠としている．

(c) 大都市の防災機能の確保

共同溝は，鉄筋コンクリートや鋼製の堅固な構造物であり，これに収容するライフラインの安全性を確保（道路陥没等の被害による機能喪失および低下の回避）するとともに，大地震などの被災時の早期復旧を可能にする．

(d) 都市景観の向上

掘返しの規制，電線類の地中化等を図ることによって，都市景観の整備にも寄与する．

そのほか，共同溝事業に参画し入溝する公益事業者にとっては，

・施設の設計，保守，管理が容易で安全性も高い
・占用にともなう関係機関との調整や手続きが簡単

で，占用許可の更新の必要がないなどのメリットがある．

(2) 維持管理の基本的な考え方

共同溝は幹線道路の地下に設けられ，幹線ライフラインを収容し，都市機能を支える重要な施設である．最近は電線類を地中化するために，電線共同溝の整備が進められている．共同溝の維持管理の目的は，収容されているライフラインに要求される機能を保持し，効率的かつ円滑に本体および附帯設備の維持・保全を行うことである．共同溝は，そのほとんどが路面下に設置されていることから，巡回には車両が使用できず徒歩となるなど，地上で行われる管理と比べ特有な制約が生じる．また，共同溝の構造的な特性を考慮すると，点検や記録方法などの実施の観点から効率的・効果的な維持管理の方法が必要とされる．

道路管理者は，「共同溝の整備等に関する特別措置法」（共同溝法）第11条の規定にもとづき，各共同溝を管理するための共同溝管理規程を定めることとなっている．道路管理者は，各共同溝の管理規程を定めるにあたり，あらかじめ占用許可を受けた各公益事業者の意見を聴き，次の事項について定め，共同溝の安全かつ円滑な管理運営を期することとされている．

・共同溝の構造の保全に関する事項

- 共同溝に敷設する公益物件の管理に関する事項
- 共同溝の管理費用の負担金に関する事項
- その他共同溝の管理に関して必要な事項

電線共同溝の維持管理も共同溝と同様であり，管理規程に基づき実施されている．

共同溝には管理区分が設定されている．一般的には，共同溝本体（躯体，附属金物等（換気口蓋，マンホール，梯子など））および附帯設備（照明，換気，排水，保安設備など）の管理は道路管理者が行い，共同溝に収容する公益物件（電話，電力のケーブル，ガス，水道，下水道の管類）および公益物件の附属施設（立金物，受金物，受台，保安施設など）については各公益事業者がそれぞれ行っている．

(3) 維持管理システム

共同溝を適正に管理するためには，維持管理の方法をシステマティックに取り扱うことができるしくみが必要である．維持管理の一連のながれ，共同溝の変状への措置判断などを明確にし，不具合の発生を防ぎ，目標とする管理水準を保つことが求められる．最近ではアセットマネジメントを取り込んだ維持管理システムが構築されている．一例として表2.4.8に愛知県共同溝管理システムの機能一覧を示す．

なお電線共同溝の場合も同様に，台帳管理システムが構築されている．

表2.4.8 共同溝管理システムの機能

検索システム	点検・評価システム
地理情報管理機能	点検データ管理機能
基本情報管理機能	健全度評価機能
関連図書管理機能	LCC検討機能
点検調書管理機能	出力機能
健全度表示機能	検索機能
閲覧機能	
検索機能	
登録機能	

(4) 巡視，点検

道路管理者および占用者は，電線共同溝管理規程にもとづき，定期的または必要に応じ，巡視または点検を行い，それぞれの管理施設について，常時，良好な状態に保持するように努めることとされている．共同溝本体は鉄筋コンクリート構造であり，通常の地下構造物と同様の点検が行われている．また収容物件は，電気，ガス，水道，通信など各専用者の点検規程に従って点検が行われている．

参考文献

1) 土木学会編：都市ライフラインハンドブック，丸善，2010．

（執筆者：鈴木　崇伸）

2.5 国土保全に関わる社会基盤

2.5.1 河川施設
(1) 河川施設の果たすべき機能

河川施設は社会基盤施設として，洪水流下，水資源，舟運，レクリエーション，物質輸送，生態系の生息など，数多くの役割を担っているが，国土保全として果たすべき機能は洪水を安全に流下させ，洪水被害を発生させないことが第一である．そのためには十分な堤防及び河道断面を確保し，洪水流の阻害要因をなるべく少なくする河道改修を行う必要がある．河道断面の確保にあたっては，河道内の樹木を伐採したり，土砂堆積等の河川地形のモニタリングを行いながら，計画的に河道掘削を行う必要がある．また，河道内に狭窄部や岩地形があったり，堰・床止め等の横断工作物や橋梁がある（又は建設される）場合は，洪水流況におよぼす影響を調査し，影響が少なくなるように，施設改良又は計画・設計を行わなければならない．

(2) 機能が発揮できなくなるような要因

河道計画に基づいて上記したような河道改修が実施されているが，多くの河川で浸透災害が発生している他，中小河川や山地河川では越水災害，山地河川では侵食災害が発生するなど，洪水を流下させる機能が十分発揮されずに，甚大な被害を引き起こしている場合もある．過去10年間程度の代表的な破堤事例として，越水による信濃川水系五十嵐川・刈谷田川，九頭竜川水系足羽川（何れも2004（平成16）年7月），侵食による那珂川水系余笹川（1998（平成10）年8月），阿武隈川水系荒川（1998（平成10）年9月）などの破堤事例がある．複合原因事例としては，越水・浸透による庄内川水系新川（2000（平成12）年9月），円山川（2004（平成16）年10月）などがある．また，各災害形態の主要な発生要因は表2.5.1の通りである．

表 2.5.1 河川災害の発生要因[1]

越水災害	＜外力から見た要因＞ 　流下能力を超えた洪水の流下により発生する（豪雨規模が大きい場合と豪雨の集中度が高い場合がある） ＜施設から見た要因＞ 　堤防高が十分確保されていない区間で発生する 　土砂が堆積するなど，河積が十分ない区間で発生する 　橋梁で閉塞した流木が水位を上昇させて発生する 　河床勾配の変化点や狭窄部の上流で水位上昇して発生する
浸透災害	堤防断面が十分ない区間で発生する 堤体内の空洞や水みちを通じて洪水が浸透して発生する 「洪水が堤体へ浸透しやすく，堤体から出にくい」土質の透水性分布の場合に発生する
侵食災害	洪水流や転石・流木等が衝突して，施設が侵食される 河床が深掘れして，その影響で施設が損傷を受ける

上記要因に関しては，堤防や施設の劣化・老朽化が関係している場合もある．例えば，円山川流域のような軟弱地盤地帯では，洪水流下能力を向上させるために円山川の堤防嵩上げを行ったにもかかわらず，堤防が沈下して十分な堤防高が得られていない．堤防高が十分確保されていないために，堤防整備率は低く，2004（平成16）年10月に越水と浸透に伴う破堤による水害被害が発生し，流域全体で12km^{2}が浸水被害を被った．堤防全体が低くなくても，一様な堤防高となっていない場合は，堤防高の低い区間から先行的に越水

氾濫する場合も多い．

また，施設が堤防を横断している樋門付近などは要注意で，周囲の沈下に対して樋門が抜け上がって，樋門周囲に空洞や亀裂が発生し，水みちとなって浸透被害が発生することがある．地震に伴う陥没・亀裂やモグラ穴が引き金となって浸透災害が発生することもある．

浸透・侵食被害は通常堤防などの部分的な被害が多いが，大規模な浸透・侵食被害や越水は最悪破堤災害を引き起こし，甚大な被害を発生させる場合がある．水害被害軽減の観点では，早期の越水・浸透・侵食現象の把握は人的被害の軽減につながるし，特に水防活動では洪水位観測が重要で，避難活動を考える場合には浸水の挙動把握が重要となる．

(3) 活用されているモニタリング技術

河川(国土保全)で活用されている各種モニタリング技術を分類すると，図 2.5.1 の通りである．大分類では観測，測量・探査，検知技術に分類され，観測技術は水文観測と流砂観測，測量技術は陸上測量技術と水中測量技術に分類される．なお，ダムや排水機場などの施設に関するモニタリング技術は記載していない．

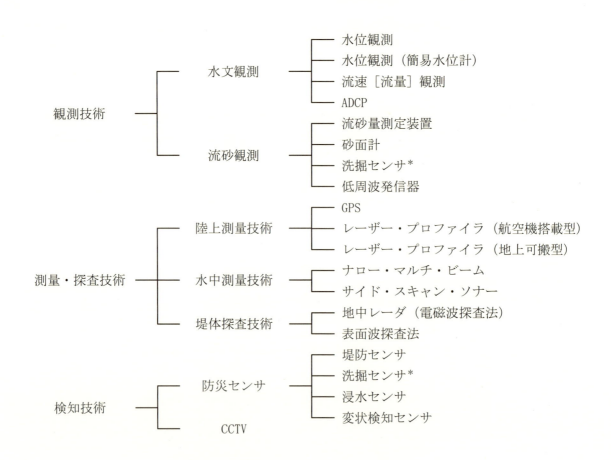

図 2.5.1　河川のモニタリング技術の分類
（＊印は分類上重複して記載している技術である）

これらの技術のうち，検知技術(防災)については，4.3.7 で記述するので，本項ではそれ以外について述べる．各モニタリング技術の原理，適用性，留意事項等は表 2.5.2 に示したが，モニタリングで重要となるデータ取得性についても，リアルタイムでデータ取得できるか，データロガー等で保存するか等について，あわせて示した．観測技術のデータ取得は，「リアルタイム」と「データロガー等に保存」が半々であるが，測

量・探査技術のデータ取得は，GPS を除いて基本的にデータ解析を行うものである．なお，各分野に該当するモニタリング機器は多数あるが，ポータブル型ではなく，主に長期観測用の代表的な機種を対象に示した．

水文観測のうち，特筆すべきは ADCP（音響ドップラ流速計，Acoustic Doppler Current Profiler）で音波のドップラー効果を利用して面的に高精度の流速分布や流れ構造が得られるだけでなく，濁度観測も行うことができる．多数のタイプがあるので，目的や現地状況に応じて選択する必要がある．例えば，感潮域などで連続観測する場合は固定式の H-ADCP を用い，土砂濃度を推定するには長距離計測できる Narrow Band Type(周波数が低い)を用いると良い．流砂量観測では測定手法によって採取可能な土砂の粒径が変わってくるので注意する．土砂の粒径が 0.2〜0.3mm 以上の場合は，鉛直方向に濃度分布が生じるので，複数箇所で採水することが望ましい．無人で連続観測できる装置にポンプ採水による自動採水装置と光学的に測定する濁度計がある．また，流砂観測では洪水中の河床変動量を測定できる砂面計や洗掘センサが有効で，砂面計は洪水中の一連の河床変動(洗掘と堆積)観測ができる一方，洗掘センサはリアルタイムで観測でき，防災にも活用できる．砂面計は安倍川・富士川(光電式)，姫川・高瀬川(超音波式)など，急流河川での使用実績が多い．図 2.5.2(a)は，上部の円形部分が音波を受発信するトランスデューサーである．ADCP による計測ではボートの曳航限界により流速が速いデータはあまり取得されていないが，計測例は最大 2,700m³/s 時の流速分布(最高で約 4m/s)である．

(a) ADCP 本体

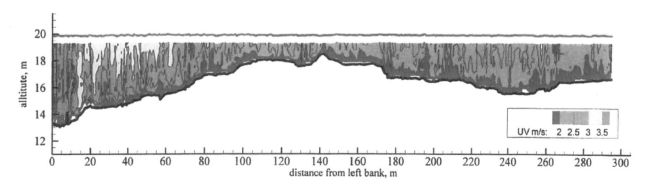

(b) 計測例

図 2.5.2　ADCP と計測例 [2)]

陸上測量技術は河川に限定された技術ではないが，洪水流解析のための河川地形測量，氾濫解析のための流域地形測量に有効な技術である．RTK-GPSは数mm～数cm，レーザー・プロファイラは±20cm程度の測量精度(鉛直)を有しているし，従来の測量よりも短時間で地形測量できる．レーザ光によっては，使用制限がある．水中測量技術として超音波の反射を利用したナロー・マルチ・ビームは多数のダムや海岸などで活用されている(測定精度 5～10cm)が，サイド・スキャン・ソナーは更に広角測量が可能な新技術で，利根川や淀川水系宇治川などでの測量実績がある．今後3次元地形データの取得に関して，活用・発展が期待される．地中レーダや表面波探査法などの堤体探査技術はまだ不確実性が残るが，今後の堤体管理には必要不可欠な技術である．図 2.5.3 の計測箇所は利根川下流(津宮地区)の深掘れ箇所である．スキャンされた断面地形はパソコンでリアルタイムで見ることができる．

(a)サイド・スキャン・ソナー

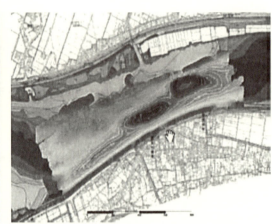
(b)計測例（青い部分が深掘れ箇所）

図 2.5.3　サイド・スキャン・ソナーと計測例 [3]

今後のモニタリング技術の展望としては，更に精度が高く，かつ汎用性のある観測技術の開発，実用的な堤体探査技術の開発などが望まれる．こうした技術開発は観測精度の向上だけでなく，コスト縮減(観測人員・日数の削減)にとっても，非常に有益となる．

参考文献

1) 末次忠司・菊森佳幹・福留康智：実効的な減災対策に関する研究報告書，河川研究室資料，2006.
2) 辻本哲郎監修，(財)河川環境管理財団編：川の技術のフロント，技報堂出版，2007.
3) 末次忠司・佐々木いたる・川本豪他：サイドスキャンソナーによる利根川河床地形の計測，土木学会第63回年次学術講演会，2008.
4) 国土交通省河川局監修・(独)土木研究所編著：平成14年度版　水文観測，(社)全日本建設技術協会，2002.
5) 末次忠司・藤田光一・諏訪義雄他：沖積河川の河口域における土砂動態と地形・底質変化に関する研究，国総研資料，第32号，2002.
6) 末次忠司：河川の減災マニュアル，技報堂出版，2009.
7) 藤井友立編著：現場技術者のための河川工事ポケットブック，山海堂，2000.

表 2.5.2 河川に関するモニタリング技術[2),4)-7)]

<観測技術>

技術名	原理等の概要	適用性又は留意事項	データの取得
【水文観測】水位観測(ロート式・リードスイッチ式・水圧式水位計)	フロート式は観測井に浮かべたフロートの水位変化を測水プーリを介して機械的にペンに伝達する水位計である．リードスイッチ式は水位変化により管内のフロートが上下すると，1cm間隔に配置されたリードスイッチが磁力により導電状態となって水位測定する．水圧式は水圧を感圧素子(水晶，半導体など)で直接検出して，電気信号に変換する方式である	フロート式は電気がなくても観測可能であるが，導水管の目詰まり等に対するメンテナンスが必要である．リードスイッチ式は設置が容易でデジタルデータが得られる．水圧式は設置が容易であるが，流木・転石による破損の可能性がある．精度は水晶式が優れるが，高価である ＊他に超音波式や気泡式などがあり，超音波式は砂防施設などで使われているが，気泡式は現在市販されていない	◎
水位観測(簡易水位計)	ダイバ水位計(長さ20cm)は水中に固定して，圧力により水位計測するもので，水温や導電率を計測できるものもある．測深精度は数cm以内である．ポータブル測深器(長さ20cm)は船上などから水中に入れて，超音波により80mの深さまで測深できる	ダイバ水位計は土砂で覆われない場所に設置し，バロメータにより大気圧補正を行う必要がある．ポータブル測深器は河床がヘドロだと測深できない．長さ10mのコードを用いれば，岸や船から離れた地点の水深を計測することもできる	ダイバ○ ポータブル◎
流速[流量]観測(浮子，電波・超音波流速計)	浮子観測(長さ5種類)が一般的であるが，人力・手間を要する．電波流速計は添架した橋梁等から水面に向けて電波を照射し，ドップラ効果を利用して表面流速を計測する．超音波流速計では左右岸に1対の送受波器を設置し，超音波伝播線上の平均流速が「超音波が下流へ伝播する時間と，上流へ伝播する時間の差」に比例する原理より流速を求める．流速に河積をかけて流量が得られるが，予め水位〜河積曲線を定めておくとともに，洪水位の観測が必要である	浮子観測では断面形状に基づいて分割し，各々の水深に応じた長さの浮子を流下させる．観測された表面流速に更正係数をかけて平均流速に換算する．電波流速計は表面流速を平均流速に換算する係数により精度が変動する．また，風の影響を受けやすい．超音波流速計は浮遊物や水温の影響を受けるし，複断面河道には適用できないという欠点があるが，無人連続観測が可能である．利用実績は少ない．小型のメモリ流速計(電磁流速計)もあり，流れに伴う起電力より流速が求められる	◎
ADCP：音響ドップラ流速計(流速，流砂量) ＊Acoustic Doppler Current Profiler	ADCPには固定式とボートに搭載する曳航式，測定方向により鉛直式と水平式がある．発射した音波が水中の浮遊物にあたった際のドップラ効果を利用して，流速ベクトルを測定できる．水平式のH-ADCPの場合，最大400m(300kHz)の範囲を測定できる．何れも河床や水表面付近の流速は測定できないが，概ねの河床高や水位は分かる．100ppm以下の濁度では音波の反射強度から土砂濃度を換算でき，流量を乗じて流砂量を求めることができる	瞬間的な流速を精度良く観測するには，観測域全体を短時間で計測する必要がある．流速測定にはBroad Band type(近距離で高性能・高分解能)，土砂濃度推定にはNarrow Band type(長距離計測)のADCPが適している．流砂量は周波数，地点毎のSS性状の違いなどの影響を受けるため，現段階では洪水毎にキャリブレーションを行う必要がある	△
【流砂観測】流砂量測定装置	採水中の土砂量から流砂量を測定する方法にバケツ採水，自動採水装置(対象土砂〜φ1mm)，水中ポンプ(〜φ2mm)，流砂捕捉ポンプ(〜φ5mm)がある．また採水せずにレーザ光が反射した散乱光より河川水の濁度を工学的に計測できる濁度計(〜φ0.42mm)もあり，計測データはロガーに保存される．バケツ採水と濁度計以外はポンプ採水により行う	バケツ採水では表層濁度を測るため，実際の濁度より小さな値を示す場合がある．自動採水装置は携帯電話で遠隔開始でき，自動で24回採水可能である．流砂捕捉ポンプはエア・コンプレッサと真空ポンプにより吸引力を高めて濃縮流入するため，換算式により重量補正する必要がある．揚程20m，管路延長120mまで搬送できる．濁度計は70,000ppmまで観測でき，濁度をSS濃度に換算して流量をかけると流砂量が求められる．バッテリの寿命は一般的使用で約6か月である．ポータブルタイプもある ＊掃流砂の衝突音の音圧により掃流砂量を求めるマイクロフォンもある	濁度計○，濁度計以外△
砂面計(光電式，超音波式)	洪水による河床変動を計測する装置で，H鋼に設置された光電式では鉛直方向(1cm又は2.5cm間隔)に並列に電極が配置され，電極間に光が発射されている．河床が洗掘されセンサが露出すると，光を感知して河床高を知ることができる．超音波式では下向きに設置したセンサより発射した超音波が河床で反射してセンサに戻るまでの時間より河床高を求める．上向きにセンサを設置すると水位を計測できる．超音波式は河川より沿岸域で多く用いられている	光電式ではH鋼周りの洗掘により，洗掘深がやや大きめに測定される場合がある．超音波式では浮遊物の影響を受ける場合がある．何れも洗掘データはデータロガーに保存される ＊河道にわたした索道に吊して，水面に向けて発射した電磁波の反射時間から洪水時の水位，河床高を測定する地下レーダもある	○
低周波発信器	洪水時の礫の移動をモニタリングする発信器(φ46mm，長さ51mm)で，埋め込んだ礫が45度以上回転すると，センサが感知して電波発信を開始する．この発信電波を電波受信器で受信して位置を特定できる	発信周波数は10〜20kHzと低く，砂礫や水中に埋没しても10m程度なら電波を受信可能である．発信器のバッテリの寿命は約2か月である ＊他に小型ICチップを用いた発信器もある	―

表 2.5.2　河川に関するモニタリング技術[2),4)-7)]（つづき）

<測量・探査技術>

技術名	原理等の概要	適用性又は留意事項	データの取得
【陸上測量技術】 GPS：全地球測位システム ＊Global Positioning System	GPS技術を用いれば，河床高等の河川地形の計測に有効である．GPSは多数あるが，一般に測量に利用されるRTK-GPSではGPS受信機を用いて，位置の既知点と測定点でGPS観測(電波信号の到達時間からの測位)を行い，両地点の観測波の位相差から解析的に測定点の位置を割り出すことができる	RTK-GPSはReal Time Kinematic - GPSの略語で，装備するハード・ソフトの性能にもよるが，測量精度は数mm～数cmである．砂州の地形計測ではバギーカーに搭載して，低速運転しながら計測可能である	◎
レーザー・プロファイラ (航空機搭載型)	航空機等から近赤外線レーザ(周波数15～20kHz)を80m～2kmのスキャン幅で最大8万回/秒照射し，地上からの反射時間により標高を測量できる．測定精度は±20cm(鉛直)，±30cm(水平)である．樹木等の障害物があれば，その高さを計測するが，解析ソフトにより障害物を除いた標高を算出することもできる	航空機等の位置・姿勢は搭載したGPS，IMU(慣性測定装置)と地上のGPS基準局により算出する．地域により航空機の飛行制限がある他，高度1600m以下ではレーザ減衰フィルタの取付義務があり，高度600m以下ではレーザは使用できない．ただし，弱いレーザ光の場合は低空飛行観測が可能である．水面下は測量できない ＊IMU：Inertia Measuring Unit	△
レーザー・プロファイラ (地上可搬型)	基本原理は航空機搭載型と類似である．1kmの範囲を測定でき，測定精度は±1cmである	広い範囲を測定する場合は，航空機搭載型に比べて時間を要する．0.5mコンタの地形図を作成でき，詳細な地形の把握ができる	△
【水中測量技術】 ダムや海岸の地形測量： ナロー・マルチ・ビーム	ソナーから扇状(120度程度)に発射した超音波ビーム(100～600kHz)の反射を受信して，横断方向に水深の2～4倍程度の範囲を測量できる．測深精度は5～10cm程度である	音速は水圧センサ等により補正した値を用いる．船の揺動等による送受信センサの傾きや方向の影響により誤差が生じるので，動揺センサや方位センサにより水深と位置の補正を行う ＊他の測量手法に重錘法やシングル・ビームがある	△
河川や海岸の地形測量： サイド・スキャン・ソナー	最新の3次元サイド・スキャン・ソナー(C3D)では，トランスデューサから発射されたファンビーム(周波数200kHz)が河床や湖底で反射したエコーを受信して，位相差から水深を求める．水深35cm以上で測量可能である	従来のソナー測量に比べて，スワス角を広く(170度)とれるため，300mの範囲を一度に測量でき，測量日数を短縮できる．河川の横断地形をリアルタイムにパソコン画面上で把握することができる．トランスデューサが斜め下に装備されているため，測量船の真下は測深できない	◎／△
【堤体探査技術】 地中レーダ (電磁波探査法)	地中に高周波の電磁波(数十MHz～数GHz)を発射し，堤体内部で反射した波より誘電率分布をとらえて，浅部の構造・空洞・埋設物を探査する．車両でアンテナを牽引して計測する	深度5m程度まで探査(低周波数のアンテナでは10m程度まで探査)できるが，粘性土(低比抵抗)では1m程度の探査しかできない．鉄筋等の金属があれば探査できない	△
表面波探査法	人工震源により発生させた地盤の表面波(レイリ波)を利用し，地震計で得られた伝播速度の波長(周波数)による違いを逆解析してS波速度構造を調べ，堤体地質等の判断指標に用いる	分解能は必ずしも高くないが，深度20m程度までの概略の地質分布を把握するのに適している ＊地盤探査法には電気探査法(比抵抗探査法)，弾性波探査法(浅層反射法)もあるが，堤体等の浅い深度では測定精度が低いため割愛した	△

＊1：太字は各技術のうちの代表的な（多用されている）方式を表している
＊2：データ取得方式：◎リアルタイム，○ロガー等に保存，△データ解析が必要，－その他

(執筆者：末次　忠司)

2.5.2 ダム

　川の流れをせき止めて貯水するダムは，発電や用水補給などいくつかの目的で建設される．国土保全に関るという意味では，洪水防御や従前の河川の機能維持が関連する目的となる．

　ダムの機能は流水を貯留すること，及び貯留した流水を制御して，適切に取水・放流することにある．流水の貯留は主として堤体が受けもち，取水・放流は取水・放流設備が受けもつ．放流設備にゲートが設置されているものは，貯留機能も一部受けもつことになる．

　ダムの堤体はマスコンクリート又は土質・岩石材料により構築され，劣化の影響を受けにくい．安全管理のための定期的な計測・巡視頻度は，①試験湛水中，②ダムの挙動が安定するまでの期間（数年以上），③ダムの挙動が安定した以降の3段階に分けて設定され，時間の経過とともに少なくなっている．一方，洪水時および地震発生時には「臨時点検」が実施され，定期的点検結果との比較により迅速に変状の有無が把握される．2013年の東日本大地震時に停電やアクセス路の被災による点検等に支障が生じた経験を踏まえ，現在，非常用電源の強化などの対策が実施されてきている．

　計測項目はコンクリートダムでは排水量，揚圧力，変形量など，フィルダムでは浸透量，変形量などである．これら計測は従来から行われてきたものであり，技術的にも確立されているが，近年，新たな展開も試みられるようになっている．

　フィルダムの変形量は，堤体表面に設けられた外部標的による外部変形，層別沈下計による内部変形が計測されている．このうち，外部変形については測量による計測が行われているが，近年，GPSによる自動変位計測システムへの切替えが検討されている．GPSを用いることで，計測間隔を短くし，地震時等の即時対応が可能になるとともに，経費削減も可能になる．また，GPSでは水面下の計測ができないため，水面下の斜面の変位を計測する連続変位計の開発研究が進められている．これは，堤体のり面に沿って敷設された測定管中を傾斜計が移動し，傾斜角の変化から変位を計測しようというものである．

　コンクリートダムでは経年劣化が表面から進行すると考えられることから，表面の変状を検査することによる健全度診断が検討されている．ダム堤体面は広大であり，打音検査による全体的な調査は困難である．危険も伴う．そのため赤外線カメラなどによる非接触型の調査方法が検討されており，赤外線カメラを用いる方法では，表面温度分布の把握により，剥離，漏水が判別できることが確認されている（**図 2.5.4**）．

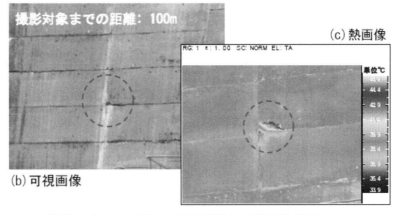

図 2.5.4　赤外線による表面劣化の概査結果例

　ゲートを有する取水・放流設備は鋼構造設備である．ゲートは止水を受け持つ唯一の可動設備であり，劣化の影響を受けやすい．このため，月点検，年点検の「定期点検」や地震時等の「臨時点検」の他，状況把握と長期保守管理計画の資料を得るための「総合点検」，異常又は変化が認められた場合の「精密点検」が

実施されている．また，点検結果等を踏まえ，整備・更新が実施される．重厚設備であり，状態監視は，センサ等を用いたオンラインモニタリングではなく，経年劣化や不具合事象の傾向を把握する傾向（トレンド）管理を主体に行われている．

以上は施設構造に関するものである．ダムがその機能を発揮するには，貯水池が健全に保たれる必要がある．主な視点は二つある．

一は，貯水池の堆砂である．河川は水とともに土砂も通過する．それゆえ，水を貯留すると土砂も貯留される．貯留した水は通過して入れ替わるが，土砂の多くは堆積し，貯水池内に蓄積する．貯水池の堆砂が多くなるとダムの貯水機能が妨げられる．上流の河床上昇の原因にもなる．近年では，河道の土砂管理の観点から，下流への土砂供給も含めた堆砂対策が検討されているが，堆砂は古くて新しい問題である．貯水池の状態確認及び上流河川の安全性確保のため，毎年非出水期に年1度の堆砂測量が実施されてきた．

堆砂測量は従来，数百mの横断面に対し実施されてきた．単なる堆砂状況の把握であればそれでも大きな問題はないが，土砂管理の観点からより精度のよい堆砂形状，堆砂量の把握が求められるようになっている．そのための方法として，陸上部についてはレーザープロファイラ測量が，水中部についてはナローマルチビーム測量の適用が期待され，徐々に実用されるようになっている（**図2.5.5**）．

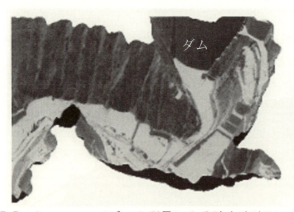

図2.5.5　ナローマルチビーム測量による貯水池地形の測量結果例

河川の土砂管理の観点からは，流送土砂量の把握が欠かせないが，流送状態の土砂量計測は困難である．貯水池の堆砂量はその積分値であり，土砂が移動する出水前後の測量頻度を多くしていけば，水量に応じた流砂量の近似値を得ることができる．レーザープロファイラ等については，経済的な測量方法としての検討も含め，今後の展開が期待されている．

貯水池の健全性に関る視点の二は水温・水質である．近年の多くの貯水池では選択取水設備が設置され，適当な水温・水質層の貯留水を取水できるようになっている．その操作のため，取水位置において鉛直方向の水温・水質（濁度等）が計測されるダムも多い．

選択取水設備により，適当な層の水を取水することができるが，設備が効果を発揮するためには，貯水池内に適当な水温・水質層が確保されている必要がある．そのため，貯水池内の流動現象を制御する方法が検討される例もあるが，その効果を適切に予測するには，貯水池内の3次元的な流動を観測し，精度のよい予測モデルを構築する必要がある．そのため音響ドップラー流速計（ADCP）の適用などが行われているが，労力も費用も負担が大きいのが現状である．貯水池内の広い領域のデータを蓄積していく方法，更にはオンタイムの情報として運用に活用していく方法については，今後の課題となっている．

（執筆者：柏井　条介）

第3章　社会基盤センシングの要素技術

3.1　要素技術の概要

　センシング技術は，実際に起こっているさまざまな現象を定量化する技術であり，現象を分析するための情報に置き換える技術ともいえる．社会基盤センシングにおいては定量化したデータを入手することにより，設計理論の正確さが検証でき，また問題点も明らかになる．もし問題があれば次の理論を構築するために現象が定量化され，こうした改善サイクルを繰り返すことにより，社会基盤を構築し維持管理する技術が高度化されていくといえる．

　センシングシステムは，対象とする情報を収集・処理して有用な情報を提供できるように工夫された計測の体系であり，センサ，信号処理装置，信号伝送装置などのハードウェアと，信号処理のためのソフトウェアから構成される．社会基盤施設においても各種のセンシングシステムが用いられており，施設の状態を知るためのいろいろな情報が得られるように工夫されている．センシングを行うことにより，人間の感覚器官による情報に比べて，はるかに多くの定量的データが得られる．こうしたデータは施設の状態把握に役立てられ，維持管理のための基礎情報として活用されている．

　社会基盤センシングのシステムは，技術区分で大別することができる．情報源にもっとも近いセンサに関連する技術，センサを制御し，その情報を収集するためのネットワーク技術，収集したデータを管理・分析するデータ処理技術，データ処理の目的ともなるが，対象とする構造物の診断技術の4つである．**表3.1.1**に技術区分と現在の技術課題を整理している．これらの項目に関連して本章ではそれぞれの技術の現状を紹介している．

　社会基盤センシングを建築物のセンシングと比較するといくつか特徴的なことがあげられる．建築物の形態はさまざまであるが，木，鉄筋コンクリート，鋼材でつくられた箱型の骨組構造物が基本となる．建築物のセンシング技術は建築研究所を中心として研究報告がなされている．一方，社会基盤の場合には以下の特徴を有しており，使用する材料はコンクリートと鉄が主体で建築物と同じであるが，センシング技術には違いがある．

・対象物の種類が多い
・対象物の設置範囲が広い
・常時も大きく変形する
・自然条件の影響が大きい
・公共物である
・目視点検が困難なケースもある　　　　など

　表3.1.2に社会基盤構造物のセンシングの特性を整理している．社会基盤構造物は材料別に鋼構造物，コンクリート構造物，土構造物他に分けられる．構造物の現在の状態を知るために各種のセンシングが用いられる．計測項目は外力・応答・物性に大別できる．外力は構造物の変形を引き起こす原因であり，重力のほかに地震力や風力などがある．地震動や風速を計測すれば構造物の応答を予測することができる．応答は構造物の変形そのものであるが，社会基盤施設の場合には設置範囲が広いために複数個所での情報が必要とされる．複数個所の計測

結果を総合しなければいけない点が社会基盤センシングの特徴となる．また物性は材料の変化であり，亀裂や材料特性の変化を計測している．構造物の状態把握のための計測項目は多様であり，さまざまな物理現象が利用されている．計測された物理量は構造物の状態に関連する情報に信号変換される．

　計測時間で分類すると，連続計測，定期計測，不定期計測に分けられる．不定期計測には異常発見後の計測も含まれる．また計測量の時間変化で分類すると，動的計測・静的計測に分類できる．動的計測には瞬時の変化を計測するものと，繰り返しのある変動を計測する場合がある．静的計測はトレンド監視に用いられるが，最大値に注目する方法や平均値に注目する方法がある．これらはセンサ特性や通信の制約で仕様が決まることもある．

　システムの形態としては構造物ごとの計測と複数の構造物に共通する広域監視がある．広域監視には国の地震観測ネットワークや雨量観測などがあげられる．複数の施設に関連する情報が提供されている．また電気的特性として，給電の形態と通信の形態で分類できる．電気エネルギーはセンサやシステムを動かす基本的なエネルギーであり，給電のためのネットワークがシステムの形態を左右することが多い．一方で独立型のエネルギー供給の開発も進められており，高機能バッテリーの実用化はセンシングシステムを変える技術となる．

　通信に関しても同様であり，センシング情報を集約する通信ネットワークがシステム形態を左右する．有線方式と無線方式に大別されるが，有線方式ではアナログデータを収集する方式とセンサ部でデジタル値に変換したデータをデジタル通信で収集する方式に分けられる．デジタル方式では，伝送効率が向上し，大量のデータを多重化して収集できる利点がある．無線通信も IEEE で規格化された標準的な無線通信を利用する場合と，短距離無線を利用する場合がある．ごく短距離の無線通信を省電力で行うアドホック通信の技術開発などが進められている．

　社会基盤構造物は広く分布する特性があり，給電と通信がセンサーネットワークの制約となる場合が多い．広範囲のデータを収集するときの分類として，公衆網を利用する場合と，専用のデータ回線を利用する場合に分類することもできる．最近では，センサ部に給電を必要としない光センシングや，通信線を必要としない無線を利用したセンシング技術の開発が進められている．

　表 3.1.3 に本章で紹介している主なセンシング技術をまとめている．従来からのセンシング技術として ひずみゲージや加速度計，変位計があるが，最近では新しいセンシング技術の開発が進められている．3.2 において給電を必要としない光ファイバーセンシング，遠隔非接触な計測ができるレーザ計測，GPS を用いた高分解能の変位計測，MEMS 技術を使った小型センサによる計測，広範な可視情報を利用する画像解析によるセンシングと可視情報の中でも衛星画像を利用するセンシング技術について紹介している．

表 3.1.1 社会基盤センシングの技術区分

技術区分	内容	主な技術課題
センサノード技術	・個々のセンサから情報出力するまでの技術 ・用途に応じていろいろなセンサが開発されている	高感度,高精度化 小型化 省電力化,電源確保 耐環境性,耐久性 設置の作業性,メンテナンス性 データ処理機能
ネットワーク技術	・センサを制御し,センサ情報をセンタに収集するまでの技術 ・複数のセンサをネットワーク化したシステムが開発されている	ネットワーク構築の簡素化 センサの位置情報 時刻同期 センサの管理・制御技術 センサ配置の最適化
データ処理技術	・収集したデータを管理・分析する情報処理技術	センサデータ処理の効率化 データ管理の高度化(パターン認識,データマイニング) セキュリティ
構造物の診断技術	・計測したデータに基づく構造物の管理技術	システム同定 劣化予測 診断の自動化

表 3.1.2 社会基盤センシングの特性

整理区分	種類
対象構造物	鋼構造,コンクリート構造,土構造,その他
計測項目	外力:地震動,風力,水位(水圧),土圧,衝撃力など 応答・変形:加速度,変位,角度,ひずみ,曲率,位置など 物性:亀裂,空隙,含水量,材料劣化など
計測する物理現象	熱,電磁波(X線),音波,光,力,変形,振動,外観
計測時間	定期,不定期,連続,異常時
時間変化	動的:瞬時の変化,繰り返しのある時間変化 静的:トレンド変化
システムの形態	個別計測:常設型,移動型 広域監視
電気的特性	電源:給電型,バッテリー,発電型 有線通信:アナログ方式,デジタル方式,光ファイバー通信 無線通信:IEEE802に規格化された通信,短距離無線 ネットワーク形態:スター,バス,アドホック

表 3.1.3 社会基盤センシングの主な技術内容

項目	基本原理	応用，種類などの KeyWords
ひずみゲージ	伸縮による電気インピダンスの変化を計測	変形計測のスタンダード
加速度計，速度計	振り子の振動を計測	サーボ，MEMS，ピエゾ素子
変位計，距離計	基準位置からの距離の変化を計測	ワイヤ式，レーザ式，LDV
角度計，ジャイロ	角度，角速度の変化を計測	機械式，光学式，流体式
ファイバーセンシング	力学的には，ひずみと反射波の波長のシフト量の比例関係を応用	FBG, BOTDR, BOCDA, 角度計，変位計，加速度計
GPS	人工衛星の電波を使って，3次元座標を計算	RTK 測位，相対測位
画像処理（リモートセンシング）	画像の違いから異常を抽出	マーカー追跡 亀裂など劣化部の抽出 ステレオ視センサ 干渉 SAR 技術

参考文献

1) 建築研究所：ヘルスモニタリング技術利用ガイドライン（建築研究報告 No.142），2004.
2) 土木学会：コンクリート構造物のヘルスモニタリング技術（コンクリート技術シリーズ），2007.
3) 土木学会：橋梁振動モニタリングのガイドライン（構造工学シリーズ No.10），2000.
4) 阪田史郎：センサーネットワーク，オーム社，2006.

（執筆：鈴木　崇伸）

3.2 センサノード技術

3.2.1 これまでのセンサ技術

センサは計測対象とのインタフェースであり，その基本機能は信号変換といえる．システムとして考える場合には，ノイズ識別などの信号処理や表示・送達機能も含めておく方がよいかもしれないが，信号変換の原理はセンサ工学の基礎となっている．たとえばひずみゲージは伸縮による電気抵抗の変化を検出するが，長さの変化という力学現象を電気抵抗の変化に変換していることになる．この場合，電気抵抗値と長さの変化を関連付ける校正係数が既知である必要がある．計測対象の力学量に比例する物理現象を利用して，力学量を定量化する装置がセンサになる．

信号変換に関連してアナログ信号をディジタル化するAD変換もセンサ技術の基礎となる．センサの出力はほとんどアナログ信号であるが，信号処理をコンピュータにより効率的に行うためには，ディジタル化が望ましい．ディジタル化の基本回路はサンプルホールド回路であり，一定間隔のパルスを用いてサンプリング時点の入力信号を取り出して次のサンプリング時まで保持し，AD変換回路で2進数のディジタル信号に変換する．サンプリング間隔とディジタル信号のビット数（データ長）はセンサ信号の品質を決める要素となる．

(1) 力，変位センサ

力学量の変換として最も基本的なものは力やモーメントの変換であり，力やモーメントにより生じる変位を電気信号に変換するものである．弾性変形の変位は加えられた力の大きさに比例し，また弾性体の大きさに比べてごく小さな変位となる．変位が計測できれば，弾性定数をかけることにより力やモーメントに換算できる．力の大きさを電気信号に変える装置を総称してロードセルと呼ぶ．電気信号に変換するためには電力の供給が必要とされ，変形に伴う電気インピーダンスの変化を計測し，校正値により変位に変換する．利用する電気インピーダンスとして抵抗，キャパシタンス，インダクタンスの3種類がある．

(a) 抵抗ひずみセンサ

微小な変形による電気抵抗の変化を計測してひずみに関連する電気信号に変換するセンサをいう．ストレインゲージとも呼ばれる．金属を利用するタイプと半導体を利用するタイプがある．一様な線状の物体の電気抵抗 R は長さを L，断面積を A，比抵抗を ρ として

$$R = \frac{\rho L}{A} \tag{3.2.1}$$

で与えられる．力が加えられた結果，それぞれが微小変化をするときには，各物理量の変化率には

$$\frac{\Delta R}{R} = \frac{\Delta \rho}{\rho} + \frac{\Delta L}{L} - \frac{\Delta A}{A} \tag{3.2.2}$$

という関係がある．右辺の1項めは比抵抗の変化率であり，2項めは縦変形，3項めは横変形の変化率となる．図3.2.1(a)に模式図を示す．

金属の場合，比抵抗 ρ の変化は無視でき，また断面積の変化率はポアソン比 σ により，軸ひずみと比例関係になる．電気抵抗の変化率と軸ひずみの関係式は以下となる．ポアソン比は微小変形の範囲内では一定であるため，電気抵抗の変化が計測できれば，ひずみの大きさに変換できる．比例係数をゲージファクタという．

$$\frac{\Delta R}{R} = (1+2\sigma)\frac{\Delta L}{L} \tag{3.2.3}$$

金属ストレインゲージには細い金属線をプラスチックに貼り付けたワイヤゲージと金属箔を貼り付けたフォイ

ルゲージがある．抵抗線に用いる金属材料には，抵抗値が安定で，抵抗の温度係数が小さい特性をもつ合金が用いられる．

金属の代わりにシリコン半導体を利用できる．半導体の場合，比抵抗の変化が支配的になる．E をヤング率，π をピエゾ抵抗係数として

$$\frac{\Delta \rho}{\rho} = \pi E \frac{\Delta L}{L} \tag{3.2.4}$$

となる．電気抵抗と軸ひずみの関係式は

$$\frac{\Delta R}{R} = (\pi E + 1 + 2\sigma)\frac{\Delta L}{L} \tag{3.2.5}$$

となる．半導体ストレインゲージは金属に比べて感度が高く，圧力センサなどに応用されている．

(b) 容量型変位センサ

コンデンサ容量の変化を計測して変位に関連する電気信号に変換するセンサである．2枚の導体板を平行に置いたコンデンサのキャパシタンス C は比誘電率 ε と板の面積に比例し，電極の距離 d に反比例する．ε_0 を真空中の誘電率とすると

$$C = \frac{\varepsilon_0 \varepsilon A}{d} \tag{3.2.6}$$

$$\frac{\Delta C}{C} = \frac{\Delta \varepsilon}{\varepsilon} + \frac{\Delta A}{A} - \frac{\Delta d}{d} \tag{3.2.7}$$

となる．図 3.2.1(b) に模式図を示す．比誘電率は変化しないので，ずれ変位による対向面積の変化 ΔA または板間距離の変化 Δd により，コンデンサ容量が変化することを利用して変位に変換できる．

(c) インダクタンス型変位センサ

コイルによって磁束を発生させた2つのコアからなる磁気回路を考える．このとき磁気抵抗はコアの長さに比例し，コアの面積に反比例する性質を利用して変位に関する電気信号に変換できる．すなわち磁気抵抗の変化により起電力が発生するために，長さの変化が交流信号に変換される．磁気抵抗 R_m は，透磁率を μ，コアの面積を A，長さ L として

$$R_m = \frac{L}{\mu A} \tag{3.2.8}$$

$$\frac{\Delta R_m}{R_m} = \frac{\Delta L}{L} - \frac{\Delta \mu}{\mu} - \frac{\Delta A}{A} \tag{3.2.9}$$

で与えられる．図 3.2.1(c) に模式図を示す．透磁率を一定とすれば，長さの変化 ΔL，対向面積の変化 ΔA により磁気抵抗が変化するために，起電力が変化することになる．

また2個のコイル間の相互インダクタンスの変化を利用した変位センサとして差動変圧器(LVDT：Linear Voltage Differential Transformer)が広く使われている．コイルとコアの位置により，2次コイルに流れる交流の電圧を計測して変位に変換する方式である．図 3.2.2 に模式図を示すが，1次コイルに交流が流れると，コアの位置により，2次コイルに発生する交流電圧が変化する．コアの変位と電圧が比例する範囲で利用すれば，高精度な変位計測が可能である．

(d) 加速度センサ

力と加速度は質量を介して変換が可能である．加速度センサも力・変位センサの1種と考えられる．振り子をバネとダンパーで固定した振動系の運動方程式は

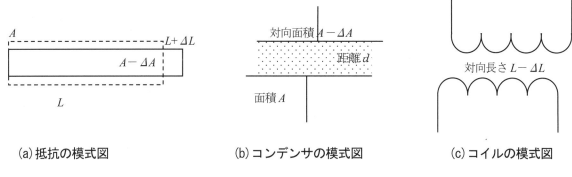

(a) 抵抗の模式図　　　　(b) コンデンサの模式図　　　　(c) コイルの模式図

図 3.2.1　変位センサの原理

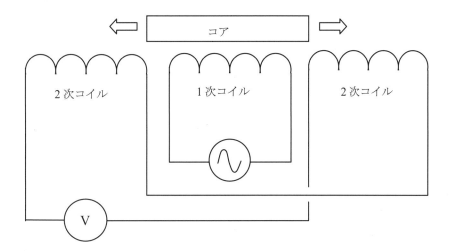

図 3.2.2　LVDT の原理

$$m\ddot{x} + c\dot{x} + kx = F \tag{3.2.10}$$

となる．計測可能量は相対変位 x であり，前述のひずみゲージを用いれば変位に変換できる．ここで振動系の固有振動数は $\omega_0 = \sqrt{k/m}$ であり，減衰定数を h，外力を角振動数 ω の周期外力として方程式を変換する．

$$\ddot{x} + 2h\omega_0 \dot{x} + \omega_0^2 x = A\sin\omega t \tag{3.2.11}$$

ここに外力の振幅 A は加速度振幅となっている．計測される相対変位の振幅 X は

$$X = \frac{A}{\omega_0^2} \frac{1}{\sqrt{\left(1-\left(\frac{\omega}{\omega_0}\right)^2\right)^2 + 4h^2\left(\frac{\omega}{\omega_0}\right)^2}} \tag{3.2.12}$$

となり，$\omega < \omega_0$ の範囲で一定値に漸近する関数となる．減衰を調整すれば，固有振動数以下の振動数では相対変位が加速度に比例する特性が得られ，加速度の計測に利用できる．入力振動数による増幅特性を**図 3.2.3** に示す．
つぎに外力の変位振幅を U とすると，$A = \omega^2 U$ の関係となる．このとき

$$X = \frac{U\omega^2}{\omega_0^2} \frac{1}{\sqrt{\left(1-\left(\frac{\omega}{\omega_0}\right)^2\right)^2 + 4h^2\left(\frac{\omega}{\omega_0}\right)^2}} \tag{3.2.13}$$

となり，$\omega > \omega_0$ の範囲で一定値に収束する関数となる．減衰を調整することにより，固有振動数以上の振動数で相対変位が外力変位に比例する性質が得られ，変位の計測に利用できる．増幅特性を**図3.2.3**に示す．また固有振動数に近い振動数では相対変位が速度に比例する性質もある．計測対象にあわせて，固有振動数と減衰を調節すれば，相対変位を加速度・速度・変位に変換できる．

また振り子の相対変位や速度に比例する電流による力を振り子に戻すことによって，振り子が動かないように制御するサーボ型加速度計も広く用いられている．自動制御の手法を応用したセンサであるが，振り子の特性を電気的に調整できる特徴がある．

その他の振動センサとしてはインダクタンス型変位センサを利用した動コイル型振動計や，ひずみに比例した起電力が発生する材料を応用した圧電素子型加速度センサがある．

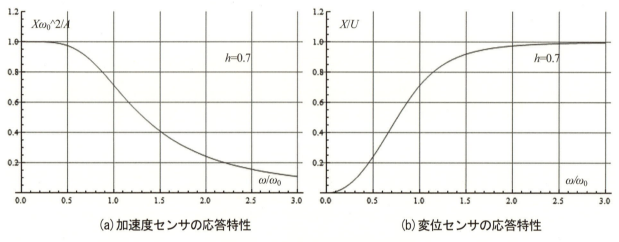

(a) 加速度センサの応答特性　　　　　　　(b) 変位センサの応答特性

図3.2.3　加速度計と変位計の原理

(2) 位置センサ，速度センサ

(a) エンコーダ

位置センサが対象とする長さの変化は弾性変形による長さの変化とは違い，注目点の位置あるいは移動距離であり，より大きな量の計測が必要とされる．そのために1つのモジュール(単位構造)が繰り返される周期構造を利用して，その周期を数えることにより，距離や長さを知る方法がとられる．

目盛りとして周期的な凹凸，光の透過率や反射率の周期的な変化，磁化方位の周期的な変化などが用いられる．周期変化の数を計測することにより長さに変換できる．位置や変位を直接ディジタル符号化するセンサをエンコーダという．エンコーダには初期位置からの絶対変位を計測する絶対値型と，位置の変化分を計測する増分型がある．

周期構造をスケールとして使用して，スケール上のセンサの出力変化の単位時間当たりの回数を計測すれば速度センサとなる．またスケールを円形として回転運動を計測すれば角速度センサになる．角度変化をディジタル値に変換するセンサをロータリエンコーダという．

(b) 波動の利用

波動の伝搬速度が一定であることを利用して，伝搬に要した時間を計測して距離を求めることができる．波動としては音波や電磁波が用いられる．レーダやソナーがその例である．

また光の波長をモジュールとしてその周期性を利用した長さ計測法がある．光の波長は短いため，微小な長さを計測できる．特定の波長を励起させたレーザ光を利用した変位計がある．

波動を利用した速度センサにドップラー型速度センサがある．送信波を運動する物体にあてると反射波の周波数

が変化する．送信波と反射波を同時に観測すると，周波数がわずかに変わっているためにうなりが生じ，うなりの周波数を対象物の速度に変換できる．自動車の速度検知などに用いられている．

(c) その他の力学センサ

変位センサや位置センサの原理を応用すれば，角度センサ，傾斜センサなどをつくることができる．基準となる方向を固定して，そこからの回転変位が決まれば，角度に変換が可能である．鉛直方向や水平方向を測るのに，下げ振りや水準器などの古典的な測定器があるが，変位計と組み合わせて角度や傾斜を直接的に数値化するセンサが開発されている．

また最近では車やカメラなどにジャイロセンサも多く用いられている．ジャイロセンサは角速度を検出するセンサであり，航空機の運航のために高速で回転するこまの運動を利用したジャイロが用いられてきた．角速度を検出する原理としては，こまのほかにコリオリの力を利用する方法，サニャック効果を利用する方法が開発されている．コリオリの力はある速度で運動している物体に角速度が加わると加速度が発生し，物体に力が加わるというもので，力の大きさを角速度に変換する．ガスレートジャイロ，音叉ジャイロ，振動ジャイロなどがある．サニャック効果は光が周回できる光路に角速度が加わると，周回方向によって時間差が生じることを応用したものであり，リングレーザジャイロ，光ファイバジャイロがある．

(3) 温度センサ

物理量や物質の状態は温度特性を持っている．計測に都合のよい温度特性を使えば，温度変化を別の物理量に変換できる．温度変化に伴って変化する物理量として膨張・収縮のほか，電気抵抗の変化，熱電流，熱放射などが計測に向いている．温度による膨張率がわかっている物体の体積を計測すれば温度計となるが，水銀温度計がよい例である．

温度センサは接触型と非接触型に分けられる．非接触型は熱放射量を利用するもので，計測対象に触れる必要がない．一方，電気抵抗，熱電流を用いる場合には，計測対象にとりつけて熱平衡状態にしたうえで温度を計測する．主な温度センサを以下に説明する．

(a) 抵抗型温度センサ

導体である金属は温度が高くなると電子の運動が活発になり，電流が流れにくくなる．すなわち温度が高くなると導体の比抵抗が大きくなる性質を利用して温度を計測できる．金属を抵抗に用いる場合には，抵抗値を高めるために細長い線を用意する必要があることと，外部から力が加わってひずみが発生しないように保護する必要がある．

一方，半導体は温度が高くなると電流が流れやすくなり抵抗が小さくなる．この性質を利用した温度センサをサーミスタという．半導体の温度変化による抵抗変化は金属よりも大きく，温度変化に敏感であり，温度受感部分を小さくできる．そのため温度を乱さない，応答速度が速いというメリットがある．

(b) 熱電型温度センサ

2種類の導体で接続した2点の温度が異なると熱電流が流れるゼーベック効果を利用する計測法で，高温の計測に向いている．回路を途中に電圧計（抵抗）を入れれば，熱起電力が計測できる．熱起電力は2点の温度差に比例するので，一方の温度がわかっていれば，他方の温度を決めることができる．熱起電力を計測する2点を熱電対（サーモカップル）という．

(c) 非接触型温度センサ

すべての物体は熱線を放射し，吸収する性質を持っている．この熱放射を計測すれば物体の表面温度を計測できる．物体から熱的な現象により黒体から発散される放射の法則には，放射エネルギーの大きさが波長ごとにどう分配されるかを示すプランクの分光放射輝度や黒体から放射される全エネルギーは絶対温度の4乗に比例するステ

ファン―ボルツマンの法則がある．熱放射に関する物理法則を利用して，放射エネルギーを計測して温度に変換する．熱放射は紫外線から赤外線におよぶが，ある波長だけをフィルタにより取り出してエネルギーを計測する単色放射温度計と，全放射エネルギーを計測する全放射温度計がある．

(4) 波動現象の応用

波動はいろいろな媒質中を通過し，反射，屈折する性質がある．波動は伝搬する物理量や波長によって音波，超音波，弾性波，X線，電磁波などに分類される．いずれの波動も構造物中を通過して，反射・屈折をする．入射波に対して反射・屈折のパターンを分析することにより，内部の構造が推定できる．表面からみることのできない内部の欠陥探査に応用されている．

音波とは可聴周波数帯の弾性波であるが，物体に衝撃を与えて音により，異常のあるなしを判断する方法が用いられている．打音検査ともよばれている．また超音波とは可聴音以上の周波数の弾性波であり，指向性が高く探査システムとして多く用いられている．超音波探査は超音波を対象物に当ててその反響を映像化する技術であり，超音波の波動的性質を利用して検査システムが構築されている．医療分野のほか建設材料の検査にも用いられている．弾性体中を伝わる波動を弾性波とよぶが，音波も超音波も弾性波の一種となる．音波や超音波は疎密波であるが，弾性波と呼ぶ場合には，せん断波，ねじり波の性質を強調する場合が多い．

一定周波数の超音波を物体に加える方法や，超音波パルスを加える方法などがあり，反射波を信号処理して波の速さを求める，血管部などの内部構造を画像化する技術などが開発されている．

電磁波は電場と磁場の変動によって形成された波であり，電磁誘導によって相互に影響し合って振動が伝わっていく．電波は放送や通信の基礎技術として利用されているが，電波は電磁波の中でも波長の長い波であり，波長の長い順に電波・赤外線・可視光・紫外線・X線・ガンマ線などと呼ばれている．電磁波も物体内部を可視化するのに利用されており，地下のレーダ探査技術が開発されている．コンクリートの場合には導体である鉄筋の状態をみるのに適している．

また物体は破壊する前に亀裂や変形が生じると音波を出す性質がある．音波は物体内を伝搬するが，音波を計測して分析することにより，損傷個所や程度を推定することができる．AE（Acoustic Emission）とよばれているが，構造物の状態把握の方法として研究開発が行われている．

参考文献

1) 山崎弘郎：センシングの基礎，岩波書店，2001．
2) 山本鎮男：ヘルスモニタリング，共立出版，1999．
3) 多摩川精機編：ジャイロ活用技術入門，工業調査会，2002．
4) 土木学会：コンクリート構造物のヘルスモニタリング技術（コンクリート技術シリーズ），2007．

（執筆者：鈴木　崇伸）

3.2.2 新しいセンサ技術

ここでは最近，研究が進められているセンサ技術の概要を紹介する．

(1) 光ファイバを用いた変形計測[1]

(a) 各種光ファイバセンシング技術

都市防災に対する要求の高まりやスマートなセンシングや解析評価および情報通信技術の進歩により，大規模構造物における健全性の実時間的監視を目指した「構造ヘルスモニタリング（Structural Health Monitoring, SHM と略す）」に対する関心が高まっている．SHM のエッセンスは，人的な関与を極力避け，構造システムのセンシング，損傷劣化や構造変化の検出および診断評価を，自動的かつ連続的なベースにて実現しようとする思想であり，的確な事象の把握と予測の基に状況や状態に即した対策を施すことによって，コンクリート構造物の予防的管理の実現が可能となる．このため，計測技術や計測システムのインテリジェント化が追求され，測定対象物の変状を継続的にモニタリングできるスマートな光ファイバセンシング技術の構築が進められている．

光ファイバをセンサとして用いる契機は，1970 年代における光通信用の光ファイバ技術の著しい進展にある．光ファイバセンサは従来のセンサに比べて電気的なノイズに強く，軽量であり，幾何学的には柔軟性があるなどの特長も有している．現在では，構造物のひずみ・変位，温度や湿度，振動・動的ひずみプロファイル，ひび割れの発生・塑性ひずみ・破壊および pH のような化学的諸量などの光ファイバを用いて計測することが可能になっている．光ファイバによる検知原理には，そのファイバ内を伝播する光の偏光，干渉，後方散乱などの現象，あるいはファイバの破損などにより伝播する光が変化する現象が利用されている．これらの現象により構造物の損傷やひずみを検出・計測する光ファイバセンサは分光型，位相型（偏光型，干渉計型など），および光損失計測型の 3 種類に分類できる．一方，これらの光ファイバを用いたセンサの種類として，ポイントセンサ（マルチプルポイントセンサも含む），ロングゲージセンサ（領域センサとも言う），および分布センサの 3 種類で応用的に分類される場合もある（図 3.2.4）．

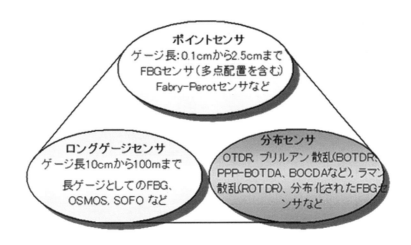

図 3.2.4　光センシング手法の分類

(b) FBG ロングゲージ（領域）センサおよびセンシング技術

分光型センサはセンサ部の間隔および屈折率の変化に応じて反射する波長のシフトからひずみや変形を検出するもので，代表的なものとしてブラッグ格子型光ファイバ（FBG）センサ（ギガ Hz レベルの分光）がある．これは伝統的なセンサであるひずみゲージのようなポイントセンサであり，ゲージ長は 2 ～ 20 mm と短いが，高精

度で動的な計測が実現できる．なお，ブラッグ格子センサはブラッグ波長以外の光は透過させるため，透過した光を利用してセンサを直列に接続した，いわゆる多重化されたマルチプルポイントセンサを構成することも可能になっている．多重化できる個数は，入射する光の帯域とセンサの計測範囲（波長変化範囲）に依存し，実用的なレベルは 10 前後のオーダーである．位相センサはセンシング目的の広範囲な光学現象をカバーしており，その中の干渉型センサによるひずみ計測は，光路差のある 2 つの可干渉拘束を重ね合わせるときに起きる干渉の移動からひずみを求める方法であり，高い感度を持つ．ただし，設置が煩雑であるなどの問題点がある．各種干渉型センサも原則としてポイントセンサの範疇に入るものが多い．一方，単一モードファイバの干渉計（Low Coherence Interferometry）の計測原理に基づき，10cm ～ 1m 程度までのゲージ長を有する領域センサの開発が注目されている．呉らは局所的な損傷やひび割れに対しては，それらの箇所にセンサが配置されていないと検知できないか検知され難いことや，変形など全体構造の同定や損傷評価に対しては点計測では難があることなどの課題を解決するために，FBG 領域センサおよびその連続的な分布計測手法（図 3.2.5）を開発した上，測定した動的マクロひずみ応答により全体構造の階層型損傷同定・構造評価アルゴリズムを提案し，構造物の損傷位置と程度および構造性能を階層的に同定する手法を構築した [2,3]．ただし，周囲の外乱やノイズの影響を受けにくい損傷評価手法の開発や，高精度で長期間の使用に耐え得る高精度・高耐久性センサの開発（図 3.2.6），そして，フィールド実装実験など，実用化に向けた検討が実施されている．通信用の光ファイバをセンサとして用いた場合，被覆－光ファイバ間にすべりが生じてひずみ測定精度や感度，空間分解能が大きく低下するが，未被覆光ファイバ（コアおよびクラッドのみ）を用いたセンシングでは，精度はかなり改善されることがわかっているため，対象構造物と接着する箇所は未被覆光ファイバと接着剤，そしてすべりが生じにくい連続繊維材で補強することにより高精度・高耐久性センサの開発が進められている（図 3.2.7）[4]．

一方，FBG 領域センサの直列配置により得られるひずみ分布の活用による，構造物の損傷状況に対する重要な指標であるたわみ分布の同定や，一定領域の動的ひずみ応答によるモーダルアナリシスやモード解析の実施により損傷検知を実現できると考えられる．また，構造物全体の動的ひずみ応答を取得するために，FBG 領域センサの省力的な配置箇所案が提案されている（図 3.2.8）．動的 FBG 領域センシングは動的負荷応答に対するノイズが少なく，通常の加速度計よりデータの信頼性が高いことから大いに期待されている．

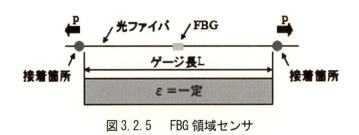

図 3.2.5　FBG 領域センサ

図 3.2.6　光ファイバセンサ定着部のすべり制御構造形式

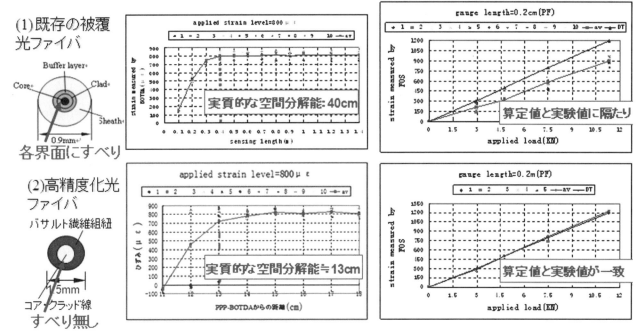

図 3.2.7 センサの構造形式の改良による分布型光ファイバセンシングの高精度化の実現

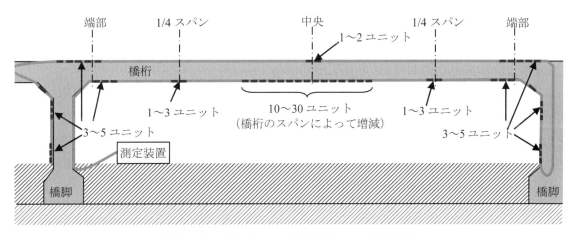

図 3.2.8 FBG 光ファイバ領域センサの配置例

(c) 光損失計測型センサを用いた光ファイバセンシング

光損失計測型センサは光ファイバ経路の任意箇所の曲げやたわみによる光強度損失量の計測から構造物の変形部分を検出する手法である．代表的なものとして OTDR (Optical Time Domain Reflectometer) や Coherent OTDR があり，敷設が容易で，一本の光ファイバケーブルで連続的に計測可能なことから分布計測に向いているが，位相法や分光法と比較すると感度が低く，分解能もかなり長くなっている．OTDR は一応分布センサと考えられるが，変状箇所において光損失が増大し，光ファイバ中を伝播する光量が減衰するので，変状箇所以遠の測定が困難，あるいは不能になってしまう可能性がある．これに対して，ブリルアン散乱やラマン散乱を利用したセンシング技術（前者は日本発の発明）が，より先進的な手法として大きく注目されている．ブリルアン後方散乱を利用した計測技術として，まず，OTDR とブリルアン後方散乱光の分光技術（メガ Hz レベルの分光）を併用した BOTDR (Brillouin Optical Time Domain Reflectometer) も日本や欧州において開発されている．BOTDR では，光ファイバの長さ方向に発生したひずみ分布計測が可能になっている．これらはいわゆる空間的に連続計測となっており，本格的な分布センサと考えられるが，現行の BOTDR 技術では，その最短の空間分解能は 1 m になっている．即ち，あるサン

プル点のひずみ計測結果は，この点から 1m 以遠の範囲内におけるひずみ分布の総合的な結果になる．これに対して，岸田らは，パルス・プリポンプ方式を採用した PPP-BOTDA（Brillouin OpticalTime Domain Analysis）が開発されており，今までに実用的に空間分解能 10cm，ひずみ計測精度±25με，サンプリング周波数 5Hz，そして実験室レベルでは空間分解能 2cm，サンプリング周波数 100Hz を達成し，さらに精度や測定速度の向上が進められ，フィールド実験において車両通行による応答波形を測定するなどの試みも実施されている（図 3.2.9）[5), 6)]．また，東京大学の保立研究グループでは，光損失，位相及び分光技術の三者を組み合わせたブリルアン光相関領域解析法（BOCDA: Brillouin Optical Correlation Domain Analysis）を独自に開発し，ブリルアン散乱の増強などにより，数 mm オーダーの空間分解能を実現しつつある[7)]．さらに，シングルモードの光ファイバ内部に LED を配したセンサを用いた SOFO システムや，光ファイバの屈曲により外部に赤外線が漏洩し，内部の赤外線の減衰を変位に換算する OSMOS システムが構築され，それぞれ 100 を超える構造物に対して導入されている[8),9)]．以上の状況から，今後，光ファイバセンサおよび測定装置の精度や空間分解能，サンプリング周波数等の改良により，例えば鋼材の腐食亀裂の早期検知といったより微細な変状に対してもセンシングシステムの実用化が短期的により大きく推進されていくことが期待できる．

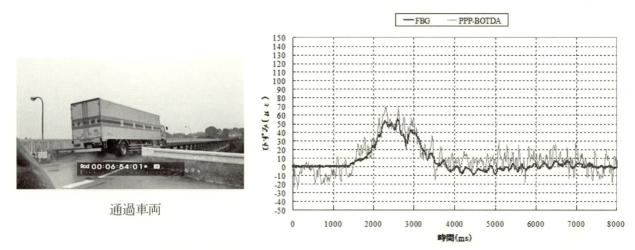

通過車両

図 3.2.9　フィールド実験における高速化 PPP-BOTDA および FBG 領域センサによるひずみ分布測定結果

参考文献

1) 呉智深, 岩下健太郎：光ファイバを用いた構造ヘルスモニタリング，建設の施工企画，日本建設機械化協会，2009.

2) Wu, Z.S., Li, S.Z.: Structural damage detection based on smart and distributed sensing technologies, The second international conference on Structural Health Monitoring of Intelligent Infrastructure（SHMII-2）, Shenzhen, China, 2005 （Keynote paper）.

3) Adewuyi, A.P., Wu, Z.S. and Serker, N.H.M.K.: Assessment of vibration based damage identification methods using displacement and distributed strain measurements, International Journal of Structural Health Monitoring, 2009.

4) 西丸公太, 呉智深：ロングゲージ FBG センサの高感度化に関する研究, 土木学会第 65 回年次学術講演会, VI-072, 2010.

5) 李哲賢，西口憲一，宮武美由紀，牧田篤，横山光徳，岸田欣増，水谷忠均，武田展雄：PPP-BOTDA 測定技術を用いた 2cm 分解能ブリルアン分布計測の実現, 信学技報, 2008-13, 2008.

6) 李哲賢，津田勉，澤貴弘：PPP-BOTDA を用いた高分解能(10cm)かつ高速(10Hz)分布計測の実現, 信学技報,

2008-42, 2008.
7) K. Y. Song, Z. He, and K. Hotate : Distributed strain measurement with millimeter-order spatial resolution based on Brillouin optical correlation domain analysis, Opt. Lett., Vol. 31, No. 17, 2006.
8) Inaudi D.: Application of optical fiber sensor in civil structural monitoring. Proceedings of SPIE Sensory Phenomena and Measurement Instrumentation for Smart Structures & Materials, 4328, 2001.
9) 山内隆寛, 勝木太, 門万寿男, 魚本健人 : PC ホロースラブ上部工の構造ヘルスモニタリングに関する基礎研究, 土木学会第 63 回年次学術講演会, V-524, 2009.

(執筆者：呉　智深)

(2) レーザを用いた変形計測

　レーザ（laser）は Light amplification by stimulated emission of radiation の頭字語から名付けられたもので,誘導放出による光の増幅を用いた可干渉な光を発生させる装置またはその光を意味する.誘導放出によるレーザ光は自然放出光に比べて高いエネルギー密度を有し，可干渉性・指向性・単色性などに優れること，短いパルス光を発振できることなどから,遠隔非接触測定への適用性が高い．レーザによる距離や振動の計測手法の歴史は古く,その原理は必ずしも新しいものではないが,電子・光学部品の高性能・低価格化に伴い，近年，社会基盤構造物の測量や検査に高度なレーザ計測装置が用いられるようになってきた．橋梁などの大型構造物の変形や振動の計測作業では,高所などでのセンサ類の設置と撤去に多大なコストを要しており，レーザによる遠隔非接触計測はその解決手段の一つとして期待されている.

(a) レーザによる距離・変位の計測

　三角測量方式のセンサは，図 3.2.10 に示すように，半導体レーザ等の光源と受光素子で構成される．レーザを測定対象物に投光し,対象物から拡散反射された散乱光の一部を一定方向に設けられた受光レンズで受光素子上に結像させ，三角測量と同じ原理で変位を求める．この方式のセンサは分解能が測定対象との距離の影響を受けるため, 長距離の非接触測定への応用には限界があるが，比較的安価で取り扱いが容易であるため構造実験における計測や検査装置の組込みセンサ等として活用されている. 従来は，受光素子として光のスポットの重心位置を検出する PSD（Position sensitive detector）が使用されてきたが，細分割された画素ごとの光量を検出できる CCD や CMOS の採用により計測精度の向上が図られている（図 3.2.11）．

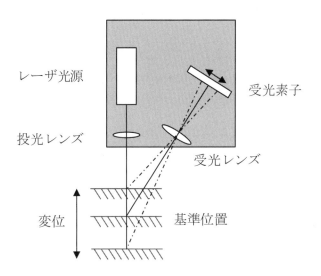

図 3.2.10　三角測量方式レーザ変位計の計測原理

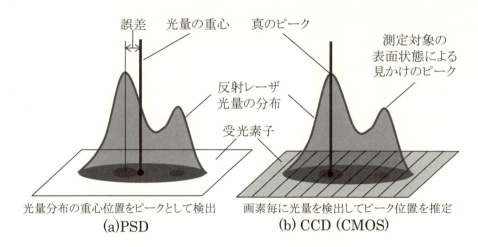

図 3.2.11 CCD 受光素子による検出精度向上

　レーザ測距儀（レーザレンジファインダ）と呼ばれる一連のセンサは発射したレーザが対象物で反射され戻ってくるまでに要する時間から距離を求める．時間差検出（Time of flight）法ではパルスレーザを発射して信号が戻ってくるまでに要した時間Δtから対象物までの距離Lを次式で求める．

$$L = \frac{c \cdot \Delta t}{2n} \tag{3.2.14}$$

ここで，cは光速度，nは大気中の屈折率である．この手法は超短時間のパルス発振により時間測定の分解能を高めて測定する必要があるため超長距離測定に用いられる．一方，多くのレーザ測距儀では，発射レーザを強度変調して反射光の位相遅れから対象物の距離を求める位相差検出（フェーズシフト）法が採用されている．レーザを周波数fで変調する場合，変調信号の波長λは次式で表わされる．

$$\lambda = \frac{c}{n \cdot f} \tag{3.2.15}$$

レーザが対象物で反射して戻ってくるまでにN波長と位相差ϕの半端な波長が発生した場合，対象物までの距離Lは次式で求められる．

$$L = \frac{(N + \phi/2\pi)}{2}\lambda = \frac{c(N + \phi/2\pi)}{2n \cdot f} \tag{3.2.16}$$

Nは変調周波数fを変化させることによって特定できる．現状，構造物の形状・変位の計測では主としてこの位相差検出法によるレーザ測距儀が利用される．水平・垂直角度を測定する経緯儀の機能を付加し，CPUやOSを搭載したトータルステーションシステムは，測量作業の効率化に大きく貢献している．ガルバノミラーやポリゴンミラーをモータで制御してレーザを走査することができる3Dレーザスキャナは，構造物の三次元形状データの取得装置として有用であり，自動車等移動体への搭載による沿線構造物の位置や形状の取得も実施されている．また，高いサンプリング周波数での計測が可能なタイプのレーザ距離計は構造物の変位および振動の非接触計測に活用されている．例えば，**図3.2.12**に示すシステム[1]は，反射材を貼付した階段状のターゲットを用いて変位の方向を変換することにより，1方向から三次元の変位・振動計測を実施することができるよう工夫されている．

　原ら[2]は周波数シフト帰還型（Frequency-shifted feedback：FSF）レーザを用いた非接触計測法を実用化した．この手法では，**図3.2.13**に示すようにレーザ共振器内部の光周波数シフターでレーザに一定の周波数シフトを繰り返し与えて作成した周波数チャープ光（時間経過に伴い周波数が増減する光）を用いる．このチャープ光をプローブ光と参照光に分割し，干渉計光路差を与えて再び合成し，これを光検出器で観測すると，その光路差に比例した

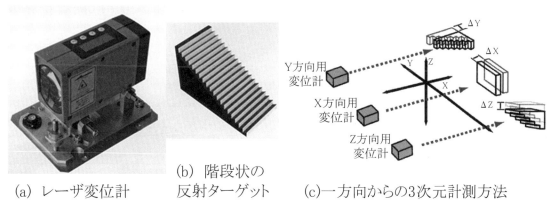

(a) レーザ変位計　(b) 階段状の反射ターゲット　(c)一方向からの3次元計測方法

図3.2.12　構造物測定システムへの応用例（DDシステム）

表3.2.1　DDシステムの仕様

測距方法	位相差測定方式
光源	可視光赤色レーザダイオード
レーザ出力	クラス2
スポット径	約50mm／25m時
計測可能距離	5～150m
繰返し精度	0.5mm
測定確度	2mm
計測速度	最大500点／秒

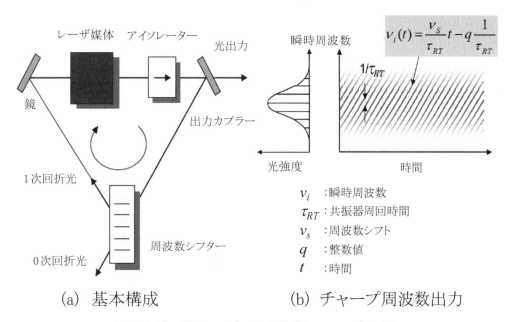

$$v_i(t) = \frac{v_s}{\tau_{RT}}t - q\frac{1}{\tau_{RT}}$$

v_i ：瞬時周波数
τ_{RT} ：共振器周回時間
v_s ：周波数シフト
q ：整数値
t ：時間

(a) 基本構成　(b) チャープ周波数出力

図3.2.13　FSFレーザの基本構成とチャープ周波数

ビート周波数が得られる．実用化の例として，**写真3.2.1**に示すシステムの主な仕様を**表3.2.2**に示す．3Dレーザスキャナとして使用できる他，橋梁等構造物の振動計測への応用も可能であり，高精度な長距離変位計測装置としての活用が期待される．

写真3.2.1 計測システム例（OCM-A）

表3.2.2 OCM-A の仕様

計測用FSFL光源	中心波長1550nm 出力パワー0〜15dBm
計測可能距離	1〜5m（散乱体） 数100m（プリズム使用）
距離精度（±1σ）	±75μm以内／3m時
計測速度	最大1000点／秒
スキャナ角度分解能	±0.75μrad

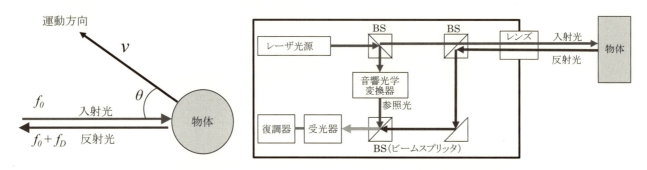

図3.2.14 レーザのドップラー効果　　　　　図3.2.15 LDVの内部構造

(b) レーザによる速度・振動の測定

　レーザドップラー速度計（Laser Doppler velocimeter：LDV）は，移動物体にレーザを照射してその反射光を受光し，ドップラー効果を利用して物体の運動速度を非接触で検出するセンサである．図3.2.14に示すように，ある一定の周波数成分を持つレーザをある速度で移動する物体に照射すると，移動物体の持つ速度成分に比例してその周波数がシフトする．物体に照射するレーザ（入射光）の周波数をf_0，物体の速度をv，照射するレーザの波長をλ_0，照射するレーザを当てる方向と物体の移動方向とがなす角度をθとすると，物体からの反射光の周波数f_rは次式で表される．

$$f_r = \frac{\lambda_0 \cdot f_0 + v \cdot \cos\theta}{\lambda_0 \cdot f_0 - v \cdot \cos\theta} \cdot f_0 \tag{3.2.17}$$

入射光に対する反射光の周波数シフト量は次式で表わされる．

$$f_D = f_r - f_0 = \frac{2v \cdot \cos\theta \cdot f_0}{\lambda_0 \cdot f_0 - v \cdot \cos\theta} \tag{3.2.18}$$

ここで，$\lambda_0 \cdot f_0 \gg v \cdot \cos\theta$ であるので周波数シフト量f_Dは次式で得られる．

$$f_D \approx \frac{2v \cdot \cos\theta}{\lambda_0} \tag{3.2.19}$$

LDVで使用されるレーザの波長λ_0は安定しているため，周波数シフト量f_Dとターゲットの移動速度vは比例関係にある．レーザ光の照射方向と物体の移動方向とのなす角θが得られれば，周波数シフト量f_Dを測定することにより，物体の持つ照射方向の移動速度を求められる．図3.2.15にLDVの内部構造を示す．光源から照射されたレーザはビームスプリッタで2分割され，一方は物体への入射光，他方は参照光となる．周波数がシフトした反射光と参照光の干渉で得られるビート周波数からf_Dを検出し，復調器で振動速度に応じた電圧信号に変換される．

目視検査に大きく依存した我国の現状の構造物検査手法には，検査結果の信頼性や人員不足などの課題があり，客観的かつ定量的な検査手法の開発が望まれている．その一手段として，構造物の振動を計測し，固有振動数などの振動特性から構造物の損傷を同定する手法が着目されている．藤野ら[3)-5)]は，非接触で広範な周波数帯の振動を高い速度分解能で測定できるLDVの特性に着目し，構造物計測への応用に着手し，**図3.2.16**に示す多点計測が可能なスキャング振動計測システム[3)]を構築して構造物の損傷検出への応用を図った．**表3.2.3**に同システムで用いたLDVの仕様を示す．同グループは，LDVを構造物の振動モードや動的外力の同定に応用[4)]するとともに，測定手法の開発[5)]にも取り組み，LDVの構造物検査分野への適用に大きく貢献した．鉄道総研[6),7)]は，**図3.2.17**に示す現場向けの非接触振動計測用LDVを実用化した．システムの仕様を**表3.2.4**に示す．内蔵センサを用いた補正技術[6)]の導入がこのシステムの特徴である．LDVはセンサと測定対象間の相対速度を検出する装置であるため，屋外で微小な構造物振動を測定する場合には，LDVと三脚からなる系の固有振動や地盤に入力される各種ノイズ振動および風等の外乱の影響を無視することができない．このシステムは，測定対象の振動周波数領域においてLDVと等価な感度および位相特性を有する接触型の振動センサをLDV筐体に内蔵して振動速度を記録しており，その記録を用いてLDV本体の揺れの影響を補正することにより，屋外でも常時微動レベルの振動を計測できる．鉄道分野では，すでに構造物検査の実務に活用されており，橋梁，高架橋，架線柱の健全性・耐震性，斜面の落石危険度[7)]などの調査を目的とした振動計測作業の安全化，効率化に寄与している．

LDVによる大型構造物の非接触振動計測では，反射材を測定箇所に設置しなければ十分な測定距離および精度が得られない場合が多く，高所等へのセンサ設置が不要という非接触計測の利点が損なわれてしまっている．鉄道総研は測定対象表面のレーザ反射性向上手法の開発に取り組み[7)]，**図3.2.18**に示すように，半球部のみにアルミ蒸着したガラスビーズを含む塗料を測定対象表面に付着させて再帰反射面を形成し，赤色レーザを用いたLDVの計測可能距離を100m以上に伸ばす手法を開発した．塗料を測定対象に遠隔付着させる装置も開発し，全て遠隔作業での非接触計測を実現した．今後，測定可能距離が長い赤外線LDVも普及する見込みであり，遠隔非接触計測の利便性がより一層向上し，構造物検査への適用が加速するものと期待する．

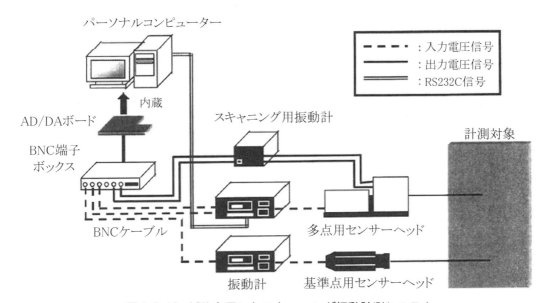

図 3.2.16　LDV を用いたスキャニング振動計測システム

表 3.2.3　スキャニング振動計測システムで用いた LDV の仕様

レーザタイプ	He-Ne レーザ
波長	633nm
レーザ出力/クラス	2.3mW/クラスⅢa
計測可能距離	～100m（反射シート）
分解能	$0.5\mu m/s$
計測可能周波数帯域	0Hz～35KHz
レーザ照射角	－15～15度

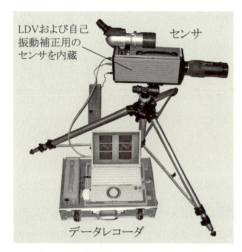

図 3.2.17　現場用 LDV（U ドップラー）

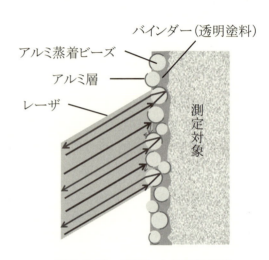

図 3.2.18　塗料による再帰反射

表 3.2.4　U ドップラーの仕様

レーザタイプ	He-Neレーザ
波長	632.8nm
レーザ出力/クラス	1mW以下/クラス2
計測可能距離	～数100 m（反射シート）
測定速度範囲	$0.2\mu m/s$～100mm/s
計測可能周波数帯域	DC～600Hz
電　源	バッテリ駆動（約8時間）

参考文献

1) 大島義信，小曲満，長谷川伸二：レーザー距離計を用いた橋梁振動の簡易計測手法に関する研究，構造物の安全性・信頼性　Vol.6　JCOSSAR2007 論文集，日本学術会議，pp.365-370, 2007.

2) 原武文，Cheikh NDIAYE，伊藤弘昌：周波数シフト帰還型レーザによる超高精度光計測技術，応用物理，第74巻，第6号，pp.697-702, 2005.

3) 貝戸清之，阿部雅人，藤野陽三，木村 均：実構造物の非接触スキャニング振動計測システムの開発，土木学会論文集，No.693／Ⅵ-53, pp.173-186, 2001.

4) 藤野陽三，阿部雅人，Sakada, C.：レーザードップラー速度計を用いた動的外力の実験的同定，土木学会論文集，No.787／Ⅰ-71, pp.57-69, 2006.

5) 宮下剛, 藤野陽三：レーザードップラー速度計を用いた三次元多点振動計測システムの開発, 土木学会論文集A, Vol.63, No.4, pp.561-575, 2007.
6) 上半文昭：構造物診断用非接触振動測定システム「Uドップラー」の開発, 鉄道総研報告, Vol.21, No.12, pp.17-22, 2007.
7) 上半文昭, 太田岳洋, 石原朋和, 布川修, 斎藤秀樹, 深田隆弘：非接触振動計測による岩塊崩落危険度の定量評価手法の検討, 鉄道総研報告, Vol.26, No.8, pp.47-52, 2012.

（執筆者：上半　文昭）

(3) GPSを用いた変位計測

GPS（Global Positioning System）は，現在ではカーナビや携帯電話などの移動体のナビゲーションシステムに広く搭載されており，その他にも一部の測量機器や変位計測装置に用いられている．前者の移動体ナビゲーションにおける測位精度は数m～数十mであり，後者の場合は数mm～数cmの精度となっている．その測位原理は，位置情報が既知である衛星からの電波を地上の受信機により受信し，衛星－受信機間の距離を計測し，それを解析して受信機の位置を同定するものである．両者の精度の違いは，衛星－受信機間の測距精度による．移動体ナビゲーションの場合は，数mの精度で十分であることとハードウェアを小型・低消費電力にする必要があることから，衛星からの距離の情報としてはコード疑似距離を用いる．コード疑似距離の計測精度はおおよそ数m～数十mである．一方，測量や変位計測の場合には，数mm～cmの精度を有する搬送波位相を用いる．搬送波位相を干渉測位解析することで位置を高精度に同定することができる．搬送波位相を精度よく計測するためには，高性能なハードウェア（受信機とアンテナ）を使用する必要があり，移動体ナビゲーションの場合と比較して装置のサイズと消費電力は大きく，高価になる．

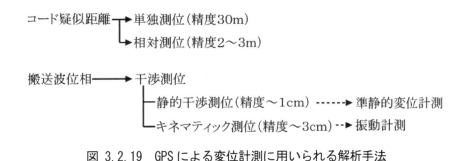

図 3.2.19　GPSによる変位計測に用いられる解析手法

GPSによる変位計測では，基準点と移動点に搬送波位相を出力するGPS受信機を設置し，両点で同時に搬送波位相を計測する．そのデータに干渉測位解析を適用し，基準点からの相対位置を求め，その相対位置の時系列から変位を推定する．その際，基準点は変位しない固定点として扱われる．干渉測位解析には，2点間の相対位置が変化しないことを仮定して解析する静的干渉測位と，エポック毎に相対位置を解析するキネマティック測位がある．地盤などの準静的な変位を計測する場合には静的干渉測位が，構造物の振動を計測する場合にはキネマティック測位が用いられる．

干渉測位解析により受信機間の相対位置が高精度に推定される主な理由として，二重差による観測誤差のキャンセルが挙げられる．式(3.2.20)は，衛星kからの電波を時刻tにおいて受信機iで受信したときの搬送波位相をモデル化したものである[1]．

$$\varphi_i^k(t) = \rho_i^k(t)/\lambda + N_i^k + c\Delta t^k(t)/\lambda - c\Delta t_i(t)/\lambda - \Delta_{ion,i}^k(t) + \Delta_{trop,i}^k(t) + \Delta_{ant,i}^k(t) + \varepsilon_i^k(t) \qquad (3.2.20)$$

ここに，$\rho_i^k(t)$：衛星と受信機間の真の距離

λ：搬送波の波長

N_i^k：整数値バイアス

c：真空中における光の速度

$\Delta t^k(t)$：衛星の時計誤差

$\Delta t_i(t)$：受信機の時計誤差

$\Delta_{ion,i}^k(t)$：電離層遅延

$\Delta_{trop,i}^k(t)$：対流圏遅延

$\Delta_{ant,i}^k(t)$：アンテナ誤差

$\varepsilon_i^k(t)$：ランダム誤差

受信機 j，衛星 k についても同様に式をたて，その二重差を計算すると，観測方程式は次のように整理される．

$$\lambda \varphi_{ij}^{kl}(t) = \rho_{ij}^{kl}(t) + \lambda N_{ij}^{kl} + \lambda \Delta_{ant,ij}^{kl}(t) + \lambda \varepsilon_{ij}^{kl}(t) \qquad (3.2.21)$$

ただし，

$$*_{ij}^{kl} = \left(*_i^k - *_j^k\right) - \left(*_i^l - *_j^l\right) \qquad (3.2.22)$$

である．式(3.2.21)を見ると，アンテナ誤差とランダム誤差以外の誤差はきれいにキャンセルされていることが分かる．一般に，受信機間の基線長が短い場合には，電離層遅延と対流圏遅延の項は二重差によりキャンセルすることができ，これにより変位の解析精度を向上させることが可能となっている．

主に使われる搬送波としては，L1 帯（周波数：1575.42 MHz, 波長：約 19.0cm）と L2 帯（周波数：1227.60 MHz, 波長：約 24.4cm）の 2 種類がある．L1 帯の搬送波のみを出力する受信機は 1 周波 GPS 受信機と呼ばれ，L1 帯の他に L2 帯の情報も出力するものは 2 周波 GPS 受信機と呼ばれている．一般に 2 周波 GPS 受信機の方が高価であり，アンテナも専用のものを使用する必要がある．L2 帯の搬送波位相は，基準点と移動点の距離が数 km 以上となるような基線長の長い場合や，移動点の振動が大きい場合に用いられる．基線長が長い場合は，電離層遅延による誤差を削減するために，移動点の振動が大きい場合には，正しい整数値バイアスを的確に推定するために使用される．逆に，基線長が数百 m と短く，かつ移動点と基準点の相対位置がほぼ変化しないような場合には，1 周波 GPS 受信機のみで十分であり，むしろ，L2 帯の搬送波位相を解析に加えると精度が低下してしまう恐れがある．これは，L2 帯と L1 帯の信号を比較すると，L1 帯の方が Signal/Noise 比が高いためである．

実現場での GPS による変位計測の例としては，高層ビルや橋梁などの振動計測や，ダムや斜面などの安定性モニタリングなどがある．例えば，Brownjohn ら[2]は，2 周波 GPS 受信機をもちいた RTK（Real Time Kinematic）測位により，高さ 280m のオフィスビルの振動を計測している．ビルには，振動を計測するシステムとして加速度計がインストールされているが，加速度計では比較的低振動数の成分を計測することができない．そのため，2 周波の RTK-GPS を設置し，0〜数 Hz 程度までの振動を計測している．これにより，風荷重によりビルが水平方向にドリフトされる様子を捉えている．また，Roberts ら[3]はチョークリングアンテナ接続の高性能な RTK-GPS 受信機 7 台を用いて，供用中の主スパン長 1,005m, 4 車線の吊橋のたわみ量をモニタリングする実験を行っている．この実験では，100ton 及び 2 台の 40ton 車を走行させ，その時に橋梁に生じるたわみを 10Hz のサンプリングレートで

計測している．また，計測結果は有限要素法による解と比較され，両者がおおよそ一致することが確認されている．準静的変位をモニタリングする例としては，Seynatら[4]による火山モニタリングのための安価な変位計測システムがある．比較的安価な1周波GPS受信機と無線装置を用いて，自動的にGPSデータを収集し，各点の変位を解析するシステムを開発している．GPSデータのサンプリングは1または5秒間隔であり，基線長は最長で11kmの実験を行っている．また，Shimizu[5]は，上記と同様に1周波GPS受信機を用いた変位モニタリングシステムを開発し，実際に盛土斜面や採石場に設置し，変位をモニタリングすることで斜面の安定性を評価している．また，このシステムでは，GPSによる測位解析結果のバラつきを小さく抑えるために，トレンドモデルを用いており，これにより変位の推定精度を向上させている．以上に述べてきた様に，GPSを用いて変位を高精度に計測する技術は既に確立されており，また，変位計測システムとして市販されているものも多数存在する．

近年における新しい試みとしては，既存のGPS技術と無線センサネットワークを結合して，地盤などの準静的変位を高密度にモニタリングするためのシステム開発がなされている[6]．従来の変位モニタリングシステムの問題点として，1観測点あたりの設置コストが非常に高価であることが挙げられる．実際の問題として，変位を高密度に計測したくても，高コストのためにセンサーを多点に配置することが困難な場合は多い．高コストの原因は，GPS受信機と専用のアンテナが高価であることの他に，電力供給やデータ回収に要するコストの問題も無視しえない．例えば，観測されたGPSデータを信号ケーブルにより自動回収する場合，信号ケーブルの設置コストが必要となる．これを無線通信装置に置き換えた場合でも，装置の消費電力が大きい場合には，有線により電源供給するか，もしくは大容量のバッテリーと太陽電池を搭載する必要があり，結局のところコスト高の原因となる．すなわち，従来と比較して高密度に地盤の変位をモニタリングできるようにするためには，GPSセンサー自体のコストを抑えるとともに，無線による安価なデータ自動回収方法や，低消費電力化のための研究が必要となる．ただし，安価にするために要求精度を満足しないのでは意味がないため，要求精度を維持しつつシステム全体のコストを低下させる工夫が重要となる．

佐伯ら[6]は，上記の問題を解決して高密度に変位を計測できるように，既存のGPSと無線センサネットワークの技術を結合したGPS無線センサネットワークの開発を行っている．図3.2.20にGPS無線センサネットワークのイメージ図を，図3.2.21にセンサノードの試作機を示す．センサノードは，GPS受信機，カーナビ等に使用される小型のパッチアンテナ，特定省電力無線通信モジュール，マイクロコントローラ，バッテリーから構成されている．制御用PCからのコマンドにより，センサノードはGPSデータを観測したり，観測データを制御用PCに送信したりする．通常は低消費電力化のために常にスリープモードにあり，定期的に無線通信装置の電源を投入することで，制御用PCからのコマンドを受信するよう設計されている．

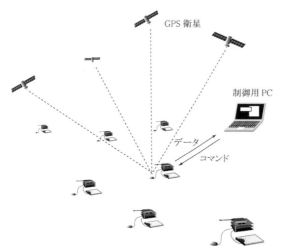

図 3.2.20 GPS無線センサネットワークのイメージ

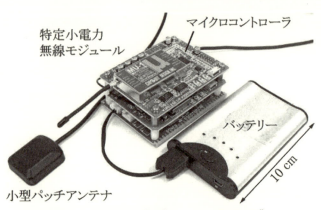
図 3.2.21　GPS 無線センサの試作機[6]

　無線センサネットワークは，次節 3.3 ネットワーク技術において詳しい解説があるが，比較的出力の弱い無線通信装置を用い，極めて低消費電力に無線のネットワークを構築する技術である．通信速度も非常に遅く，そのため，土木工学分野のアプリケーションでは，データ通信に工夫が必要となる．GPS 無線センサネットワークでは，計測対象の変位が準静的である条件を利用して GPS データ量を大幅に圧縮しており，これにより無線通信量を低減し，低消費電力を保っている．また，精度と低消費電力を両立させるために，短い観測時間でも精度が劣化しにくい手法の研究も進められている．

参考文献

1) Hofmann, B., Wellenhof, H. Lichtenegger and J. Collins: GPS, Theory and Practice, Springer Wien NewYork, 2001.
2) Brownjohn, J., Rizos, C., TAN, G.H. and PAN, R: Real-time long-term monitoring of static and dynamic displacements of an office tower, combining RTK GPS and accelerometer data, 1st FIG International Symposium on Engineering Surveys for Construction Works and Structural Engineering, Nottingham, UK, 2004.
3) Gethin Wyn Roberts, Chris Brown, Xiaolin Meng: Deflection Monitoring of the Forth Road Bridge by GPS, ION GNSS 18th International Technical Meeting of the Satellite Division, 13-16, September, 2005.
4) Seynat, C., Hooper, G., Roberts, C. and Rizos, C., Low-cost deformation measurement system for volcano monitoring, Proceedings of the 2004 International Symposium on GNSS/GPS, 2004.
5) Shimizu, N.: Continuous Displacement Monitoring using Global Positioning System for Assessment of Slope Stability, the 2nd Southeast Asian Workshop on Rock Engineering, Hanoi, pp.136-145, 2003.
6) 佐伯昌之，澤田茉伊，志波由紀夫，小國健二：準静的変位モニタリングのための GPS 無線センサネットワーク，土木学会論文集 A2（応用力学），Vol.67, No.1, 25-38, 2011.

（執筆者：佐伯　昌之）

（4）MEMS 技術を用いたセンシング

　MEMS とは，Micro Electro Mechanical Systems の頭文字をとったもので，微小電気機械システムと訳すことができる．特に，センサなどの機械部品と，センサからの出力を検出・加工（増幅・フィルタリングなど）する電子回路を，ひとつあるいは少数の基板上に集積したデバイスを，MEMS センサと呼ぶ．

　社会基盤センシングへの応用を考えた場合の MEMS センサの利点は，そのサイズ・消費電力・価格の低さと，測定精度の高さである．例えば，市場で簡単に入手可能な MEMS 加速度センサの中には，3 軸，±2g の測定レンジ，

5mm×5mm×2mm のサイズ，2.7V の動作電圧で 1.1mA の消費電流，1 個単位の購入でも数百円の価格に対して，ノイズ密度 175μg/√Hz，つまり計測のバンド幅を 100Hz としたときのノイズが 1.75 mg と，低く抑えられているものがある．

MEMS センサ内部では，外界の物理量の変化に応じて状態が変化する機械部品（センサ）と，センサの状態変化を電気信号の変化に変換する仕組みが必要である．これらの仕組みを基板上にできるだけ細かいパターンで集積することにより，MEMS センサの小サイズ化，省電力化が実現される．このような細かいパターンを基板上に大量に自動生産する技術，電子回路の微細加工技術が MEMS センサを低価格で供給することを可能にした基幹技術である．

電子回路のパターンの形成は，削るところと残すところを分けることにより行われる．典型的な方法の一つは，フォトリソグラフィである．フォトリソグラフィでは，感光性物質を基板上に塗布し，電子回路のパターンでマスキングした上で，この基板に光を照射することにより，削るところと残すところを分ける．その後，削るべきところを反応性の気体あるいは液体で削り取る（気体：ドライエッチング，液体：ウェットエッチング）ことにより，微細なパターンが形成される．このような技術を使うことにより，1 枚のシリコンウェハーから，1,000 個程度の微小な基板を切り出すことも可能である．これが，MEMS センサが安価で大量に供給されるようになった理由である．

MEMS センサのうち，社会基盤センシングで特に多く使われるのが MEMS 加速度センサである．ほとんどの MEMS 加速度センサは，1 自由度系のバネ—マスで表現されるシステムのマスと支持点との相対変位を検出することにより，加速度の計測を行っている．この相対変位を電気信号に変換する仕組みが MEMS 加速度センサの中には組み込まれている．MEMS 以外の，通常の大きさの加速度計では，圧電素子を用いてマスと支持点との相対変位を電気信号に変換している．一方，MEMS 加速度計では，櫛の歯状に加工した電極を片方はマスと連動するように，片方は支持点と連動するようにしたうえで，櫛の歯が交互にかみ合うように配置し，マスと支持点の間に相対変位が生じたときの櫛の歯の間の距離の変化を静電容量の変化として検出する「櫛歯型静電アクチュエータ」を用いているものが多い．計測精度の良さと，櫛の歯型の微細加工の容易さが，この方法が多く使われる理由である．以上が，社会基盤センシングに関連した MEMS 技術，MEMS センサの概要である．ところで，なぜ，MEMS 加速度センサは安価かつ大量に市場に出回っているのであろうか．なぜ，MEMS 速度センサや MEMS 変位センサは使われていない（存在しない）のであろうか．ここからは，簡単なモデルを用いて，MEMS 加速度センサのみが存在する理由，MEMS 加速度センサを用いる際の注意点，MEMS 加速度センサの限界，を述べる．

図 3.2.22 の，1 自由度のバネ—質点系を考える．質点の質量を m，バネ定数を k，ダッシュポットの減衰係数を c，とすると，このシステムの支配方程式は，

$$m(\ddot{y}(t)+\ddot{z}(t))+c\dot{z}(t)+kz(t)=0 \tag{3.2.23}$$

となる．いま，支持点が $y(t)=Y_0 \sin\omega t$ で変位したとすると，式(3.2.23)は

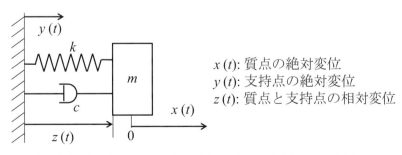

図 3.2.22　自由度のバネ - 質点系（振動計の簡易モデル）

$$\ddot{z}(t) + 2\xi\omega_0 \dot{z}(t) + \omega_0^2 z(t) = \omega^2 Y_0 \sin\omega t \tag{3.2.24}$$

となる．ここで，$\omega_0^2 = k/m$，$\xi = c/\sqrt{4mk}$ である．これを $z(t)$ について解くと，

$$z(t) = \frac{(\omega/\omega_0)^2}{\sqrt{\left[1-(\omega/\omega_0)^2\right]^2 + (2\xi\omega/\omega_0)^2}} Y_0 \sin(\omega t - \phi), \quad \phi = \tan^{-1}\left(\frac{2\xi\omega/\omega_0}{1-(\omega/\omega_0)^2}\right) \tag{3.2.25}$$

が得られる．

今，支持点の変位の角振動数 ω と，バネ―質点系の固有角振動数 ω_0 との間の大小関係に従って，

  Case 1: $\omega_0 \ll \omega$
  Case 2: $\omega_0 \fallingdotseq \omega$
  Case 3: $\omega_0 \gg \omega$

の，3つのケースを考える．

Case 1 では，$\left[1-(\omega/\omega_0)^2\right]^2 \cong (\omega/\omega_0)^4 \gg (2\xi\omega/\omega_0)^2$ であり，かつ，$\phi = \pi$ なので，

$$z(t) \cong Y_0 \sin(\omega t - \pi) = -Y_0 \sin\omega t = -y(t) \tag{3.2.26}$$

となる．つまり，$\omega_0 \ll \omega$ ならば，計測される相対変位 $z(t)$ の符号を変えた $-z(t)$ が支持点の変位 $y(t)$ と一致する．従って Case 1 の条件が満たされるとき，この1自由度振動系の質点と支持点との間の相対変位を何らかの方法で電気信号に変えれば，支持点の変位を計測できる変位センサになる．

Case 2 では，$\omega/\omega_0 \cong 1$ であり，かつ，$\phi = \pi/2$ なので，

$$z(t) \cong \frac{1}{2\xi\omega_0} Y_0 \cos\omega t = \frac{1}{2\xi\omega_0} \dot{y}(t) \tag{3.2.27}$$

となる．つまり，$\omega_0 \fallingdotseq \omega$ ならば，計測される相対変位 $z(t)$ は，支持点の速度 $\dot{y}(t)$ に比例する．そして，このときの比例定数は $1/(2\xi\omega_0)$ である．従って Case 2 の条件が満たされるとき，この1自由度振動系の質点と支持点との間の相対変位を何らかの方法で電気信号に変えれば，支持点の速度を計測できる速度センサになる．

Case 3 では，$\omega/\omega_0 \cong 0$ であり，かつ，$\phi = 0$ なので，

$$z(t) \cong \frac{1}{\omega_0^2} \omega^2 Y_0 \sin\omega t = -\frac{1}{\omega_0^2} \ddot{y}(t) \tag{3.2.28}$$

となる．つまり，$\omega_0 \gg \omega$ ならば，計測される相対変位 $z(t)$ の符号を変えた $-z(t)$ が支持点の加速度 $\ddot{y}(t)$ に比例する．そして，このときの比例定数は $1/\omega_0^2$ である．従って Case 3 の条件が満たされるとき，この1自由度振動系の質点と支持点との間の相対変位を何らかの方法で電気信号に変えれば，支持点の加速度を計測できる加速度センサになる．

ここで，図 3.2.22 の自由度のバネ―質点系がそれぞれの Case に当てはまることの物理的意味を考える．Case 1 の変位計の場合，$\omega_0 \ll \omega$ である．つまり，ω_0 は小さくなければならない．$\omega_0^2 = k/m$ なので，ω_0 が小さいということは，m が大きく，k が小さいということになる．これは，変位計として機能する1自由度振動系は，とても重い質点をとても柔らかいバネで支える，とてもデリケートな，しかも大きい装置になるということを意味している．これが，MEMS 変位計が存在しない理由である．

Case 2 の速度計の場合，$\omega_0 \fallingdotseq \omega$ である．つまり，ω_0 と ω とが一致するように，うまく調整された装置でなくてはならない．したがって，速度計は極めて精密な装置となり，一律の微細加工による大量生産には不向きなものとなる．これが，MEMS 速度計が存在しない理由である．速度計については，ひとつ補足事項がある．前に述

べたように，速度計を構成する支持点の速度と質点の変位とを結ぶ比例定数は$1/(2\xi\omega_0)$である．通常，ξは，0.05程度の非常に小さい値であることが多いため，比例定数，すなわち速度計の倍率は非常に大きな値になる．精密な地震計に速度計が多い理由は，この高い倍率である．支持点の変位が大きく増幅されて，支持点と質点との相対変位に現れるのが速度計の特徴である．

Case 3 の加速度計の場合，$\omega_0 \gg \omega$である．つまり，ω_0は大きくなければならない．$\omega_0^2 = k/m$なので，ω_0が大きいということは，mが小さく，kが大きいということになる．これは，加速度計として機能する1自由度振動系は，とても軽い質点をとても硬いバネで支える，頑丈で小さい装置になるということを示している．装置を小さく硬くすればするほど，性能のよい加速度計になる．これは，一律の微細加工による大量生産にとても適した性質であり，MEMS加速度計が大量に安価で供給されている最大の理由である．

加速度計についても，ひとつ補足事項がある．前に述べたように，加速度計を構成する支持点の速度と質点の変位とを結ぶ比例定数は$1/\omega_0^2$である．ω_0が大きいというのが加速度計の特徴であるため，支持点の加速度が支持点と質点との相対変位に現れる際の倍率は極めて小さいということになる．したがって，MEMS加速度計の中には，電気信号を増幅する装置が必ず入っている．MEMS加速度計の精度の限界は，この増幅回路の精度の限界による制約を受ける．この限界が，冒頭に述べたノイズ密度となる．現在市販されているMEMS加速度センサのノイズ密度は，最も低いもので数十$\mu g/\sqrt{Hz}$程度，つまり，計測のバンド幅を100Hzとして計測を行うと，1gal程度のノイズが入ることは避けられないということになる．MEMSではない通常のサイズの加速度計では数mgal程度の精度を持つものが多くある．これらと比較すると，MEMS加速度計の計測精度には不満が残るが，1gal程度のノイズが入ることは，MEMS加速度計を使う限り，避けられないことのようである．

（執筆者：小國　健二）

(5) 画像解析を用いたセンシング

コンピュータとその応用技術の近年における進歩・発展は目覚ましく，従来では扱うことのできなかった大容量の画像データをパソコンレベルでも容易に扱えるようになってきている．画像は，空間的・時間的に分布する可視情報を取得することができるため，従来では観測のみに留まっていたものを定量的に把握することが可能となる．このことより，画像によるセンシング技術の応用は極めて多くの分野に及んでいる．以下では，画像を用いたセンシング技術を，特に土木工学への応用を中心に紹介する．

(a) 画像解析を応用した固体の変形の計測

鋼材やモルタル材料からなる平面的な物体（板材等）に，点などを記し，変形が進む過程を，カメラやビデオ等の機器（一台）で画像記録して，ひずみを計測する技術が固体分野では広く利用されている[1),2)]．これらの手法では，基本的に点などのマーカーを予め対象に規則的に（格子状など）記しておき，それをラグランジュ的に追跡する技術である．粒子を追跡することにより変位場を把握し，その後，有限要素法などに用いられる形状関数[3)]を用いて点が記されてない箇所の変位場を内挿して，ひずみを算出している．また，規則的な点を記す代わりに，スプレー等でランダムな模様を描き，その模様を追跡することで，変形を把握している事例もある[4)]．図3.2.23は，積層ゴム支承の載荷試験において，支承表面にスプレーでランダムな模様を描いて変位を計測し，そこからせん断ひずみ場を算出している事例である．

一方，複数のカメラを用いて，平面形状以外の物体の変形を3次元的に計測している事例もある．文献5)では，円柱形状をした鉛の試験片にランダムな模様を描いて，くびれが発生し破断に至るまで引張り変形を与え，その状態を3台のカメラで時々刻々画像計測し，その結果を統合・解析して正確な応力-ひずみ関係を把握している．写

真 3.2.2 は，この研究で用いた試験片の画像解析のための模様を示している．また，図 3.2.24 に，画像解析により得られた鉛の 3 次元的な引張りひずみ場を示す．

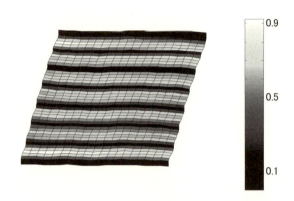

図 3.2.23　画像計測により得られた積層ゴムのせん断ひずみ場[4]

写真 3.2.2　鉛の引張り試験片と画像解析のためのランダム模様[5]

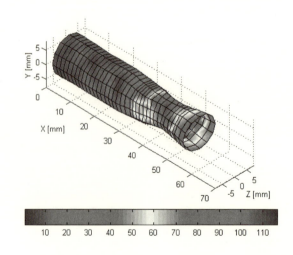

図 3.2.24　画像解析により得られた鉛の引張りひずみ場 [%][5]

(b) 画像解析を応用したクラックの検出

コンクリートを用いた構造において，クラックは，耐荷力や耐久性の低下，水密性や防水性の低下など，構造物の安全性や機能性に悪影響を及ぼす可能性を有している．このことから，画像によりコンクリート表面を撮影し，それを分析することで表面にあるクラックの位置・長さ・幅などを定量的に把握する技術が開発されている[6)-9)]．実構造物を対象とする場合に，クラックの検出で特に困難なことは，汚れや手書きの文字などがあることがあり，これらとクラックを自動で区別することである．文献9)では，遺伝的プログラミング[10)]を応用して，撮影条件や表面状態の異なる様々なコンクリート画像からクラックを検出する汎用的な並列型画像フィルタ[11)]を構築し，かつクラックの幅，方向などを特定する画像解析手法を開発している．この方法では，画像中で視認できる微細なクラックまで検出可能であり，かつ汚れや手書きの文字などとクラックを区別できる．また，将来的に検出困難なクラック画像があった場合でも，並列型画像フィルタを改良することで容易に対応できるという特徴を有している．図3.2.25，図3.2.26に，文献9)での手法によるクラックの検出例を示す．

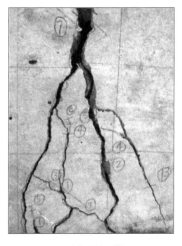 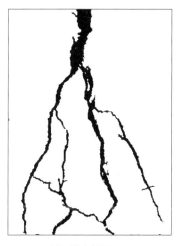

(a) 原画像　　　　　　　　(b) 検出結果

図3.2.25　手書きの文字が含まれている画像からのクラックの検出例[9)]

 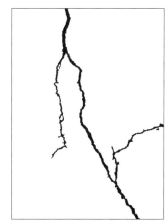

(a) 原画像　　　　　　　　(b) 検出結果

図3.2.26　汚れが顕著な画像からのクラックの検出例[9)]

(c) その他の応用事例

土木分野における画像解析の応用としては，上記以外に，車両や歩行者を画像中で認識する技術などが挙げられ

る．文献 12)では，市街を撮影した動画像から車両を高精度で自動認識するアルゴリズムを提案している．また，文献 13)では，歩道橋を歩行する群集を撮影した動画像から人間の頭部を検出し，歩行経路や歩行周期を算出している．

　その他の工学分野で広く利用されている画像解析の技術としては，流れの可視化，ロボットのナビゲーション（ロボットビジョン），文字や人物の認識，医療画像分析，工場等での品質検査，軍事諜報など，多肢に及んでいる．これらの応用分野の具体的な内容については，文献 14)～18)等を参照されたい．

参考文献

1) 吉田秀典，新村達也：モルタル材料の破壊と変形の局所化に関する研究，構造工学論文集，土木学会，Vol.44A, pp.409-416, 1998.

2) 舘石和雄，荒木昭利：写真測量を用いた鋼材座屈部のひずみ計測，土木学会第 53 回年次学術講演会，1-A130, pp.260-261, 1998.

3) 久田俊明，野口裕久：非線形有限要素法の基礎と応用，丸善，1995.

4) 吉田純司，阿部雅人，藤野陽三，Chamindalal S.L：画像解析を利用した連続体の変形場の計測法，土木学会論文集，No.710/I-60, pp.165-179, 2002.

5) 吉田純司，阿部雅人，Beghini, A，藤野陽三：画像解析を利用した鉛の力学特性の把握，土木学会論文集，No.724/I-62, pp.127-139, 2003.

6) 高室裕也，安東克真，河村圭，宮本文穂：コンクリート表面におけるひび割れ認識への画像処理技術の適用，土木情報利用技術論文集，土木学会，Vol.12, pp.187-198, 2003.

7) 小出博，外川勝，村山隆之，勝野壽男，村井亮介：デジタル画像によるコンクリート構造物ひび割れ認識アルゴリズムの開発，土木学会年次学術講演会講演概要集第 1 部(A), Vol.55, pp.620-621, 2000.

8) Chen, L.C., Jan, H.H. and Haung, C.W.: Measuration of Concrete Cracks Using Digital Close-Range Photographs, Proceedings of the 22th Asian Conference on Remote Sensing, Singapore, pp.1248-1253, 2001.

9) 西川貴文，吉田純司，杉山俊幸，斉藤成彦，藤野陽三：木構造状フィルタを用いたコンクリート構造のクラック抽出のための画像処理システム，土木学会論文集A, Vol.63, No.4, pp.599-616, 2007.

10) 伊庭斉志：遺伝的プログラミング，東京電機大出版局，1996.

11) 青木紳也，長尾智晴：木構造状画像変換の自動構築 ACTIT，映像情報メディア学会誌，Vol.53, No.6, pp.888-894, 1999.

12) 布施孝志，清水英範，前田亮：高度撮影時系列画像を用いた車両動体認識手法の構築，土木学会論文集，IV-60, No.737, pp.159-173, 2003.

13) J. Yoshida, Y. Fujino and T. Sugiyama: Image Processing for Capturing Motions of Crowd and its Application to Pedestrian-Induced Lateral Vibration of a Footbridge, Journal of Shock & Vibration, Vol.14, No.4, pp.251-260, 2007.

14) 可視化情報学会編：PIV ハンドブック，森北出版，2002.

15) D.A., Forsyth, J., Ponce, 大北剛　訳：コンピュータビジョン，共立出版，2007.

16) 谷口慶治　編：画像処理工学　応用編，共立出版，1999.

17) 谷口慶治，長谷博行　編：画像処理工学　応用事例編，共立出版，2005.

18) 石田隆行編：C 言語で学ぶ医療画像処理，オーム社，2006.

（執筆者：吉田　純司）

(6) 衛星画像を用いたセンシング

わが国のように成熟期を迎えた国においては,国土の様々な開発や利用に伴う保守管理の観点からリモートセンシングの活用が期待されている.一方,発展途上国においてはこれまでのわが国のインフラストラクチャア技術の一つであるリモートセンシングのような広範囲を俯瞰できる技術の活用によって,当該国の発展に寄与することが求められている.

技術面では,リモートセンシングデータの価値の3軸である解像度,スペクトルおよび経時変化において,大きな技術発展が見られる.現状での民用衛星の最高解像度は40cm余りであり.一般航空写真の解像度25cmにほぼ肩をならべるまでになっている.スペクトル属性でも,数十から百超のバンドによるハイパースペクトルセンサによる観測が始まろうとしている.併せて複数の衛星による協調運用や可変観測角機能の搭載で1回／日の高頻度観測計画も進められている.一方,光ではなく,電波を用いるレーダリモートセンシングも大きな変革期にある.一つは送受信の偏波を変えることによって,対象物の偏波属性を得ようとする技術体系の進展である.もう一つがここでも取り上げる干渉SAR技術である.これは,従来の画像観測的色彩の強いリモートセンシングと異なり,センサと対象物の距離計測に基づく測距技術と言える.

本稿では社会基盤のマネジメントに資するモニタリングに最も関連があると考えられる光学ステレオ視センサによる土砂災害発生時の土砂量把握並びに干渉SARによる長期地盤微細変動計測の実例を紹介する.

(a) 光学ステレオ視センサによる地震・豪雨直後の斜面崩壊の検出および土砂量把握

本例は,高解像度の光学センサを用いた,土砂災害発生時の斜面崩壊の検出および土砂量把握への適用事例である.大規模かつ多発する斜面災害の被害は,急峻な山地で広域に分布するため,現在,広域に対応した災害調査技術の実現が期待されている.災害発生時には,復旧計画策定のための現地測量や航空測量を用いた調査が行われているが,大地震や台風に伴う広域災害では全体を網羅するために多くの時間と費用が必要であり,また,海外では調査の実施が困難であるという問題があった.その解決のためにリモートセンシングの活用が期待されている.リモートセンシングは,数百km^2以上に及ぶ情報の広域性と,数日～数十日間隔の情報の周期性に利点があり,この2つの利点は災害監視への応用に適合するが,従来,衛星リモートセンシングを用いて取得される情報の多くは2次元情報であり,3次元的な地形情報が精度良く取得できないため,復旧計画策定で用いる崩壊土量や危険度評価で用いる斜面形状等の取得が困難であった.

最近のリモートセンシングでは,画像センサの高解像度化,および,衛星自体の軌道と姿勢制御が高精度化し,その結果,画像上の地上位置が高精度で特定できるようになった.そして,2枚以上の異なる方向から撮影された衛星画像（ステレオ衛星画像）を用いれば,視線の方向差（視差）を画像処理により解析して,対象物の3次元位置座標を計測して数値標高モデル（DEM：Digital Elevation Model）を作成できる.衛星画像は,安定したプラットフォームからの高々度撮影のため歪みが少なく,地上補正点を使用しないかあるいは少数の補正点のみで精度良く計測できるという特徴を有する.高さ精度は,主に,撮影モデルの復元精度や画像センサの解像度に依存し,例えば,我が国のALOS（だいち）衛星やフランスのSPOT衛星等の2.5m解像度の衛星画像の場合は,約3～5m程度の誤差で高さを推定できる.そして,災害前後に撮影された2組のステレオ衛星画像を用いれば,斜面崩壊に伴う地形変化を解析し崩壊土砂量を推定することが可能である.

六川らは,上述の光学ステレオ視センサを用いた崩壊土砂量の把握技術を研究し,2004年新潟県中越地震や2004年台湾中部でのミンドリ台風災害などの地震・豪雨に伴う土砂災害での土砂量把握に実証的に適用してきた.図3.2.27に2005年台風14号による宮崎県鰐塚山の土砂災害による地形変化の解析事例を示す.マイナス方向の変化が斜面崩壊を示し,プラス方向の変化が土砂堆積を示している.2.5m解像度の衛星画像を使った実験では,大規模崩壊領域の平均深さは約2m,体積は約$100\ m^3 \times 10^3$の精度で推定可能であった（図3.2.28）.一般に,大規模

崩壊では数10万～数100万m³の土砂体積が発生するため，衛星画像はこれらの評価に適用できるのではないかと考えている．また，前述のように光学センサの高解像化は進んでおり，今後，より高解像度の光学センサ画像を入手しやすくなるため，より小さな規模の土砂災害を対象とした技術活用の展開が期待される．

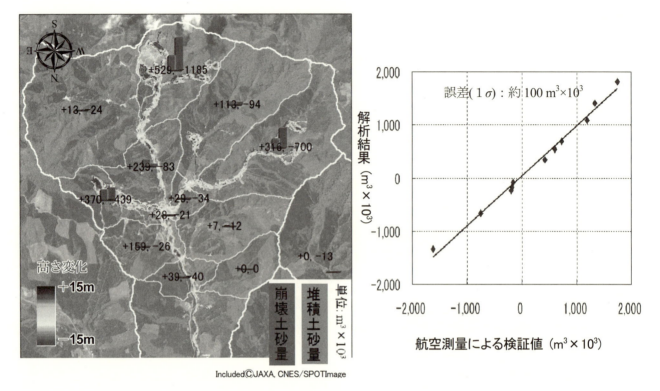

図 3.2.27 2005年台風14号宮崎県鰐塚山の土砂量解析事例

図 3.2.28 光学センサを用いた土砂量の推定精度

(b) 干渉SAR技術による長期微細地盤変動計測例

　干渉SAR技術は測定目標とレーダアンテナとの距離を前後2回測定し，その差から測定箇所の微細な変動を検出しようとする一種の測距技術である．この際，測定のものさしとして発信レーダの波長を用いるという点に特徴がある．代表的衛星で用いられる波長は欧州ENVISATのCバンドが約5.8cm，わが国のPALSARのLバンドが約23.5cmである．測定は，これを何度も折り返しながらセンサと観測対象との距離を測り，最終的にはこの"折り返し回数と最後の余り"として示される．実際に得られるのは前後2回の距離測定の"余り同士の差"になるため，変動が大きい場合には"折り返し回数（Wrapping）"が不定になり，波長の倍数の誤差が生ずることになる．通常，距離の差は，長さの単位ではなく，波長を基準とする位相差(ラジアン)で表現される．

　測距の視点でみれば，前後2回測定時（マスターとスレイブ）の衛星の位置と測定目標が正確にわかれば，相互の距離は決まる．SARは，地上を一定間隔で測定する画像センサでもある．従って測距の構図で考えれば，2つの軌道と無数に近い地上点の測定からこれらの位置関係を最も的確に表せる位置モデルを導出する手法と見ることができる．このため，干渉SARは，地表および地下で発生する諸現象を反映した地上点の変化を精密に測定でき，しかも画像という面的な拘束によって論理性を担保された位置決め手法という意味では，この技術的可能性は大きい．

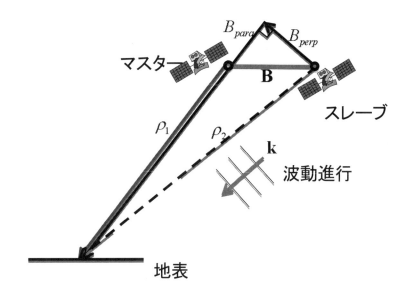

図 3.2.29　干渉 SAR における位相差導出の原理

　実際の干渉 SAR 処理では，位相差の導出に波動論を用いる（図 3.2.29）．波動論によれば，波の位相の進行は，波数ベクトル **k** によって任意の直交 2 成分に分けて考えることができるので，軌道間距離を表すベクトル **B** をマスターから地上点に沿った成分 B_{para} とそれに直交する成分 B_{perp} に分けて考えるとより簡単になる．スレーブ衛星と目的地上点間の波動の往復を，スレーブからマスターへの鉛直軌道間距離（B_{perp}）に沿った進行，そこからマスターを経て地上点への進行（$B_{para}+\rho_1$）およびその逆経路と考えることができる．衛星軌道の高さが数百 km に対し，軌道間距離が高々 2〜3km であること考慮すれば，位相差は結局，軌道間の直交成分と垂直成分に沿った波の進行の位相変化に帰着させることができる．大気他の要因による位相誤差を考えないとすれば，実観測位相差から上記の Φ を減じた残りが求めたい観測点の変動を表す位相差となる．

　図 3.2.30 は，千葉県九十九里地域における長期地盤変動を 2003 年から 2008 年に渡って計測した結果である．左図は公表されている水準測量による累積変動量の結果，右図は同時期に取得された 10 数枚の複素 SAR 画像から干渉 SAR 処理及び変動量を計算するインバージョン処理によって導出された累積変動量の結果である．右図下のカラーバーの 1 サイクルが 4cm の地盤変動に対応している．八街，成東，大網付近の沈下パターンをはじめ，両図の全体的傾向は極めてよく一致しており，長期地盤変動計測手法としての干渉 SAR の可能性を示唆している．しかしながら，図下部の植生域においては地盤変動量が導出されていないことも見て取れる．これは，使用レーダが C バンドで波長 (5.8cm) が短いため，表面状態が変化しやすい植生域では，画像同士が干渉しないためである．この点，わが国が打ち上げた衛星だいちに搭載された L バンド SAR では，波長は 23.5cm と長いため，地盤変動の検出能力は C バンドに劣るものの，植生域でも概ね良好な干渉を示しているようである．今後，変動検知分解能の高い C バンドと植生域でも比較的干渉の良好な L バンドを組み合わせて活用する技術を進展させることで干渉 SAR の活用域がさらに拡がるものと考えられる．

(c) 干渉 SAR 技術の可能性

　地上数百 km 上空から，cm オーダーの地盤変動を検知できる干渉 SAR 技術は，多方面での応用の可能性がある．まず，この最も基本的な活用は，地図作りの基本となる水準測量の準代替が挙げられる．水準測量そのものの 2 点間の測定の精度は高いものの，広域展開の課題，不動点の課題等，近代技術としてはやや問題がある．一方，GPS は測定のシステムおよびソフトウェアの改良により，実用上の精度も向上しているが，面的カバーの面では限界がある．従って今後の SAR の可能性としては GPS と干渉 SAR の協調によって，水準測量を代替していくこ

とが考えられる．我々のこれまでの経験から，現状の技術でも，おおよそ，1.5等水準点相当の測量は十分可能ではないかと考えている．

次に防災面を考える．干渉SARでは，欧州の観測衛星ERS1,2, ENVISAT及びわが国のJERS,PALSAR等による継続的観測によって最近10年程度の変動履歴を得ることが可能である．衛星データの広域の俯瞰性，同一基準性などの特徴を生かし，わが国主要首都圏の変動ベースマップを整備することなどは実利用の端緒としては重要であると考えられる．この種のデータは平面変動の時系列変化を表す3次元データとなるため，今後の観測を積み上げれば過去も含めた変動履歴の精度が改善されることになる．

また，資源エネルギー問題では，油田開発における地下の流体挙動モニタリング，鉱山開発における採掘マネジメントなど，直接的な経済活動に有効活用できる可能性も高く，関連の試行が始まっている．一方，より国家的視点では，世界各国の代表的な油田に対して，過去10年程度の地上変化と生産ヒストリーのマッチングにより，マクロな油田枯渇の指標が得られる可能性も示唆されており，いわゆるエネルギー地政学（ジオポリティクス）上の貢献も考えられる．

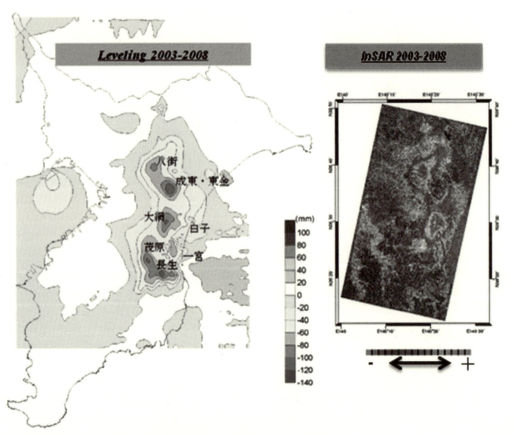

図3.2.30　2003年から2008年の地盤変動量図．左図は水準測量結果から作成した6年分の地盤変動量図，右図は干渉SAR解析結果から導出した同時期の地盤変動量図．

（執筆者：六川　修一，筒井　健）

3.3 ネットワーク技術

3.3.1 国土センシングの情報システム

我が国は，地震，津波，火山噴火，台風，豪雨，豪雪，洪水などによる自然災害が発生しやすい国土であるため，災害対策を目的とした国土センシング情報システムが整備されている．例えば，地震の情報に関しては下記の通りである．
(1) 気象庁：全国約 600 地点に震度計と約 180 地点に津波地震観測施設を設置してオンラインで地震の観測データを収集．地震活動等総合観測監視システム(EPOS)，地震津波監視システム(ETOS)により処理・解析して，津波警報・注意報や地震・津波情報を発表する．
(2) 消防庁：震度情報ネットワークシステム整備事業により，全国の都道府県，市町村の約 3,400 地点に設置した震度計から観測される震度情報を消防庁へ即時に情報収集し，広域応援体制確立の迅速化等に利用する．
(3) 独立行政法人防災科学技術研究所：全国約 1,000 地点に強震計を設置し，地震情報を通信ネットワークで収集・配信するための設備の整備を図り，地震発生時の初動対応等に活用する．

また，雨量・風速等の情報については下記の通りである．
(1) 気象庁：局地的な気象情報の観測を行う地域気象観測システム(AMeDAS)，降水の強さ・風の 3 次元分布を観測する気象ドップラーレーダー，衛星を利用して雲の分布・高度などを観測する静止気象衛星を活用して観測データを収集し，気象資料総合処理システム（COSMETS）により解析，予測等を行う．気象庁で処理・解析により作成された情報は，気象庁本庁に設置された気象情報伝送処理システムを介して，内閣府，防衛省，消防庁，海上保安庁等の中央府省庁とともに，国土交通省地方整備局，地方公共団体に伝達される．
(2) 国土交通省：一級河川等を対象として，雨量・水位テレメータ，レーダ雨量計及び情報処理設備からなる河川情報システムを整備して雨量・水位の情報を収集する．

その他にも，災害発生時の応急対策を迅速・的確に行うために，情報処理技術及び情報通信技術の高度化と普及を背景として，例えば，**表 3.3.1** に示すような様々な災害情報システムが開発されている．また，実用的なリアルタイム地震防災システムが鉄道，ガスといった社会インフラに対して開発され，実際に運用されている．鉄道では，被害を及ぼすような地震が発生した場合，それを早期に検知し，列車の運行を制御して事故を未然に防ぐことが求められる．新幹線の速度向上にともなって，警報をより早く発信する必要性が求められ，鉄道総合技術研究所により「ユレダス(UrEDAS)」が開発された．これは一観測点単独の P 波初動部数秒間のデータから，地震の位置やマグニチュードを推定し，その後の主要動による影響範囲を判断するシステムである．ユレダスは，1992 年の時速 270km で走行する「のぞみ」の導入に合わせて実用化され，現在では新幹線を中心に全国約 20 観測点で稼働している[1),2)]．東京ガスでは，地震の揺れを高密度に観測し，危険と判断すれば広域にわたってガス供給を停止するシステム(SIGNAL)を 1994 年から実用化している．このシステムでは，360 台程度の地震計を首都圏に設置して，それらの情報を防災・供給センターに収集し，コンピュータによる被害予測に応じて警報を発令する仕組みである．近年，新しい制御用地震計の開発と通信網の増強に合わせて，3,700 カ所の全ての地区のガス変圧施設において遠隔操作でガス供給遮断が行える新システム(SUPREME)へと発展させた[2),3)]．これらは目的が限定されており，一般的な災害対策としての利用が想定されているものではないが，極めて実用的で実績のある災害情報システムである．

各種センサについては，前述のように，例えば，全国約 1,000 地点に強震計が設置されているが，25km メッシュ程度をカバーするに過ぎず，各市区町村に 1 台の強震計も設置されていないのが現実である．一方，センサネットワークによってより高密度な計測が可能になろうとしている．また，仮に高密度にセンサが設置されたとしても，

表 3.3.1　災害情報システムの例

種別	システム	組織
観測	震度情報ネットワーク	都道府県，消防庁，気象庁
	強震観測網	防災科学技術研究所
	ドップラーレーダー，アメダス	気象庁
情報収集予測	被害情報収集システム	消防研究センター，東京消防庁他
	防災 GIS・リアルタイムハザードマップ	国土交通省，産業技術総合研究所等
	被害予測システム	内閣府
	簡易型予測システム	総務省消防庁
	フェニックス防災情報システム	兵庫県
	高密度強震計ネットワーク	横浜市
	リアルタイム災害情報システム	国土総合技術研究所等
情報共有	災害対応管理システム	防災科学技術研究所
	広域災害救急医療情報システム	厚生労働省
	災害・救急医療情報システム	都道府県
	災害用伝言ダイヤル 171	NTT 東日本・西日本
	災害用伝言板	各携帯電話会社
情報伝達	緊急地震速報	気象庁
	全国瞬時警報システム（J-ALART）	総務省消防庁
	防災情報のページ（Web）	内閣府
	防災気象情報（Web）	気象庁
	防災情報提供センター（Web）	国土交通省
	災害情報（Web）	総務省消防庁
	エリアメール	NTT DoCoMo
	防災メール，防災ネット	都道府県・市町村
	地上波デジタル放送による情報提供	各放送局

センサの台数が増えるほど，センシングデータ収集と維持管理のコストは増大するため，これらを解決するためのスマートなセンサネットワークシステムが必要となる．

3.3.2　センサ情報収集のためのネットワーク技術

(1) 有線 LAN (Local Area Network)

一般家庭や企業のオフィス，研究所などで多く利用されるコンピュータネットワークであり，様々な方式の LAN があるが，現在ではイーサネットと TCP/IP を組み合わせるタイプが普及している．

イーサネットは 7 層ある OSI 参照モデルの下位 2 層，物理層，データリンク層について，IEEE802.3 およびその拡張版として定義されている．通信速度は初期の 10Mbps の 10BASE-T から，1Gbps の 1000BASE-T，さらに 10Gbps の 10GBASE-T 規格まで決定されている．更に 100Gbps の通信規格も IEEE で調整段階である．物理層では元の通信データをまず一定の長さ以下に分割し，MAC フレームと呼ばれる塊にして通信を行う．複数の端末が接続されていてほぼ同時に送信が行われる場合衝突・データ損失が生じる場合があり，物理層でこれを制御している．データリンク層では，送信 MAC フレームの作成や受け取った MAC フレームの再構築をする．

TCP/IP (Transmission Control Procotol/Internet Protocol) は物理・リンク層，ネットワーク層，トランスポート層，アプリケーション層からなる 4 層モデルで構成される．物理・リンク層は多くの場合イーサネットを利用して MAC フレームの送受信を行う．ネットワーク層では IP アドレスを利用してパケットを特定の IP アドレス端末に送受信する．トランスポート層では，TCP, UDP などのプロトコルを利用してパケットをどのホスト，アプリケーションに届けるかを制御する．また，送受信のデータ量を調整することにより通信の品質や信頼性を向上させることが可能である．UDP (User Datagram Protocol) は転送速度を高める一方，データ欠損を許容するプロトコルである．

図 3.3.1　OSI 参照モデル

図 3.3.2　TCP/IP 4 層モデル

アプリケーション層は SMTP,HTT, FTP などアプリケーションが利用するプロトコルである．

　有線 LAN の伝送距離は，光ファイバーを利用した 10GBASE-E などのように 40km 程度の伝送距離を持つものもあるが，ツイステッドペアケーブルのように一般に利用されているケーブルの多くは 100m 程の伝送距離である．ハブなどを接続し，1 つのネットワークに接続できる端末の数を増やす多段接続（カスケード接続）も可能であるが，中継器が多数あると，端末同士の通信で信号が次第に減衰したり，遅延が生じたりして正しくデータが送れなくなってしまう．何段階の接続ができるかも規格によって定められている．パケットの宛先には関知せず，受け取ったデータを全ポートに転送するリピーターハブは 10BASE-T では最大 4 台，100BASE-T では最大 2 台と決まっている．スイッチングハブは該当する宛先にのみデータを送信するブリッジ機能を持っており，理論上はカスケード接続数に制限がないものの，遅延の累積などが問題となり現実には 7 段程度が最大である．多段階接続数と伝送距離により，有線 LAN ネットワークの物理的範囲が決まる．

　一般的な有線 LAN ではハブでの遅延などにより，ネットワーク接続された機器の正確な同期は一般的には難しく，例えば，Network Time Protocol（NTP）は一般に時刻同期に使用されるが，その精度はおよそミリ秒単位である．そこで，IEEE1588 で Precision Time Protocol （PTP）が提案され，ネットワーク全体でマイクロ秒以下の精度で時刻同期が可能になる．高精度な計測/制御に利用されている．

(2) 無線 LAN

　無線通信を利用してデータの送受信を行う LAN であり，IEEE802.11 に規格が規定されている．利用している周波数帯域は多くの場合 2.4GHz 帯であり，IEEE802.11b/g の規格では，1 つのチャンネルあたり 22MHz，5MHz 間隔で 13 チャンネルを使用している．ただ，互いに重なり合わないように選ぶと 1ch,6ch,11ch などのように 3 チャンネルのみ同時に利用できる．周波数帯域の重なるチャンネルがある場合や同周波数帯域を利用する機器がある場合は干渉により通信速度の低下につながる．

　物理層のプロトコルとして，CDMA（Code Division Multiple Access, 符号分割多元接続）方式，データリンク層の MAC（Media Access Control 媒体アクセス制御）プロトコルとしてとして CSMA/CA（Carrier Sense Multiple Access with Collision Avoidance, 搬送波感知多重アクセス・衝突回避）方式を採用し 標準化が進んできた．802.11 には様々な規格が策定されており，公称速度が 11Mbps の 802.11b，54Mbps の 802.11a，802.11g などが普及している．公称速度が 600Mbps で前述の 3 つの規格との相互接続も可能な 802.11n も普及しつつある．

　無線 LAN の通信距離は，一般に数 10-100m 程度であるが，周囲の状況やアンテナなどに依存する．指向性アンテナなどを利用して離島間や山岳施設間通信に無線 LAN 通信が行われることもある．通信距離が 30km 程度になる事例も報告されている．

マルチホップ通信を利用すればより広範囲で更新することも可能となる．現在普及している無線LANはその殆どがアクセスポイント方式であり，アクセスポイントから通信半径内に存在する端末と交信できるのみである．アクセスポイント間の通信も無線LANを利用したり，端末が中継局としても機能する方式をとったりするマルチホップ通信は，有線による通信基盤の整備を行わなくとも広大な領域で通信が可能となるとの期待が大きい．しかしながら接続ノード数や転送データ量が増加した場合には通信スループットが低下するといった問題があり，普及するには至っていない．

無線LANを利用して正確に時刻同期することは一般に容易でない．特に，複数のアクセスポイントから構成されるネットワークやマルチホップネットワークにおける時刻同期は難しく，研究が進められている．有線LANと同様にNTPなどを利用することが考えられるが，その精度はミリ秒単位である．無線LANにPTPを実装する研究では，マイクロ秒から数十マイクロ秒の精度での同期も報告されている．消費電力に関しては，低消費電力化が進んでいるものの，送受信にそれぞれ数100mA程度必要とすることが多い．

(3) IEEE802.15.4

転送距離が短い代わりに安価で消費電力が少ない特徴を持ち，主に無線センサネットワークでの利用を想定して策定された規格である．家電向けの無線通信規格の一つのZigbeeにも利用されている．Zigbeeは，物理層，データリンク層にIEEE802.15.4を使用し，ネットワーク層以上の通信プロトコルとして主にZigbee Allianceの仕様を利用している．

無線周波数帯域は2.4GHz，915MHz，868MHzの3つで，互いに重なりのない合計26チャンネルを使用することができる．日本国内では電波法の制約から2.4GHz帯の計16チャンネルを利用可能である．データ転送速度は3つの周波数帯域でそれぞれ250kbps，40kbps，20kbpsとなっており，通信速度は必ずしも速くない．

通信距離は環境にも依存するが20-100m程度であることが多い．IEEE802.15.4のRFチップの受信感度は-90dBm程度であるが，Bluetoothや無線LANの最低受信感度はそれぞれ-70dBmと-76dBmとなっている．IEEE802.15.4に必要な電波強度はBluetoothの100分の1程度と言え，低消費電力化を念頭においた技術である．一方で，携帯電話の受信感度は-110dBmであるため，携帯のおよその100倍の電波強度が必要とも言える．受信感度が高い場合RFチップの製造コストも高くなるため，IEEE802.15.4は安価でかつ低消費電力であるという特徴を持つ．

無線LANやBluetoothと比べてIEEE802.15.4は物理層，データリンク層へのアクセスが容易であることが多く，比べて多くの時刻同期法の実装が報告されている．いずれも無線パケットの送受信タイミングを正確に記録することで同期を行うのであるが，数10マイクロ秒精度での同期が報告されている．

消費電力は一般に極めて小さく，送受信時に10-20mA程度，待機時で1μA以下の電流を必要とすることが多い．

Bluetooth

数mから数十m程度の距離での通信に利用される．IEEE802.15.1で規定されている．2.4GHz帯が利用され，マウス，キーボード，携帯電話等の比較的低速のデジタル通信に用いられている．2.4GHz帯を79のチャンネルにわけ，利用する周波数をランダムに変える周波数ホッピングを行いながら通信する．これにより干渉には強い規格といえる．マスターとスレーブ間に通信リンクを確立した上でデータパケットを転送する．1台のマスター機器に対して7台までのスレーブ機器を同時接続でき，これをピコネットと呼ぶ．ピコネットを順につないでいくことで，多数の機器によるネットワークを構成することができる．Bluetooth2.0では通信速度が最大3Mbps，Bluetooth3.0では24Mbpsである．またBluetooth 4.0では通信速度は1Mbpsであるものの省電力化が進んだ．消費電力は送受信時に数10mAから200mA程度である．Bluetoothを利用した時刻同期の試みも報告されている．

(4) 携帯ネットワーク 3G・WiMax・LTE

3G 携帯ネットワークは，日本では CDMA2000 と W-CDMA の 2 種類の規格が利用されている．それぞれに複数のバージョンが存在するが，現状では通信速度はいずれも 1.8-7.2Mbps 程度である．使われている周波数帯域は国・地域によって異なり，主に，2100MHz,1900MHz,850MHz，900MHz である．通信端末毎に通信料金が発生することや，多数端末を利用すると通信トラフィックが特定の基地局に集中しスループットが低下することから，センサネットワークの各ノードに 3G 無線端末を利用することはほとんど行われてこなかった．3G 回線を利用したモバイル無線ルーターが市販され始めたことから，無線 LAN や IEEE802.15.4 などと組み合わせて，センサネットワークのアクセスポイントやゲートウェイとして利用される可能性は大きいといえよう．

WiMax（Worldwide Interoperability for Microwave Access）は中長距離エリアをカバーする無線通信規格で，比較的高スループットで，高速移動体での通信も想定されている．固定区間に用いられる方式（IEEE802.16-2004）と移動端末に用いられる方式（IEEE802.16.e）の 2 種類がある．国内では 2.5GHz 帯で後者の方式を採用したサービスが開始されている．最大下り 40Mbps, 上り 10Mbps のデータ通信速度である．近年では LTE（Long Term Evolution）も高速通信に利用できるようになりつつある．数 10-200Mbps 程度の通信が可能である．3G ネットワークと同様にモバイル無線ルーターとしてアクセスポイント化・ゲートウェイ化しての利用が増えると考えられる．

3.3.3 超高密度センシングのための無線センサネットワーク技術

(1) 無線センサネットワークの概要

次世代の超高密度なセンシングシステムのためには，膨大な台数のセンサを管理し，センシングデータを安定的に収集できるスマートなセンサネットワーク技術が必須である．1980 年代~1990 年代初めにマークワイザーや坂村健により提案された「ユビキタス・コンピューティング」に端を発し，あらゆるモノや空間を構成する要素にユニークな ID やセンサを埋め込んで，スマートなネットワークで情報を収集し，状況を認識して，便利なサービスを提供するための研究開発が精力的に行われている（図 3.3.3[4]）．ユニークな ID を付与して，モノや人を識別するためのデバイスには，RFID（Radio Frequency Identification）技術が開発されている．RFID はメモリとアンテナからなるシンプルなパッシブ型が一般的であり，最も著名なものがミューチップ[5]である．パッシブ型に電源を持たせて無線通信距離を伸ばしたアクティブ型 RFID，センサを付けたセンサつきアクティブ型 RFID など，用途に応じた様々なバリエーションがあり，メモリ，アンテナ，電源，センサ，CPU，無線チップを搭載したものが，無線センサネットワークのモジュールとなる．無線センサネットワークの特長は，マルチホップ通信とアドホック・ネットワーク機能である．すなわち，「自動的・自己組織的に無線マルチホップに基づく相互接続性を確保するノード群」であり，メッシュネットワークと称することもある[5]．これらの機能を有することで，初めて「あらゆるモノや空間を構成する要素にユニークな ID やセンサを埋め込んで，スマートなネットワークで情報を収集し，状況を認識する」ことが可能となる．また，膨大な台数のセンサを管理し，センシングデータを安定的に収集できる次世代の超高密度なセンシングシステムを実現するための技術となる．

(2) スマートダストプロジェクトと MOTE

無線センサネットワークが注目を集めるきっかけは，米国国防総省高等研究計画局（DARPA : Defense Advanced Research Project Agency）の MEMS（Micro Electro Mechanical Systems）関連研究プロジェクトで，カリフォルニア大学バークレー校の Pister 教授により提案された「スマートダスト（Smart Dust）」[6]である．図 3.3.4 に示すように，1mm 角のサイズで，センサ，電源，無線通信モジュール，マイクロプロセッサ等が搭載された無線センサネ

ットワークデバイスであり，戦場の状況把握などの軍事用に提案されたコンセプトである．未だ完成してはいないが，無数のスマートダストが空中に散布され，アドホックにネットワークを形成しながらセンシング情報を収集するというコンセプトは，究極のセンサネットワークを提示しており，情報通信分野に大きな影響を及ぼした．その後，軍事目的だけでなく，一般的な商用利用も図られ，Crossbow Technology 社より，MOTE と称する一連の商品群が開発・販売されている．無線センサネットワークのプラットフォームは，多くの大学や企業で開発が進められているが，最も著名で広く使われているものが MOTE である．国内では，表 3.3.2 に示すような無線モジュールがクロスボー社[7]より販売されている．また，無線モジュールに装着するセンサボードが提供されている．例えば，MICAz 及び IRIS 用のセンサボードとして，表 3.3.3 に示すようなバリエーションがあり，任意のセンサを接続するためのボードもある．MOTE は大学の研究プロジェクトから生まれたものであるため，オペレーティングシステムである TinyOS がオープンソースとして公開され，ウェブ上のコミュニティフォーラム等[8]を通じて技術的な情報が提供されている．

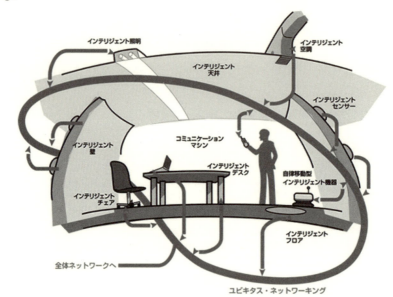

図 3.3.3 ユビキタス・コンピューティングのイメージ[4]

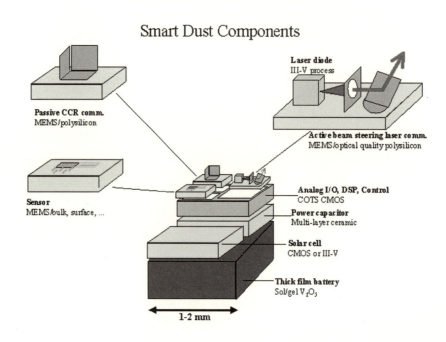

図 3.3.4 スマートダスト[6]

表 3.3.2 無線モジュール MOTE

	MICAz	IRIS	Imote2
CPU コア	ATMega128L	ATMega1281	PXA271
クロック周波数(MHz)	7.37	7.4	13-416
プログラム用フラッシュメモリ	128 kB	128 kB	32 MB
SRAM(Kb)	4	4	256
消費電力（スリープ／アクティブ）	<15μA／8mA	8μA／8mA	390μA／31-66mA
無線通信モジュール	CC2420	RF230	CC2420
無線周波数(GHz)	2.4	2.4	2.4
最大データ速度(kbps)	250	250	250
ログ用フラッシュメモリ	512 kB	512 kB	32 MB

表 3.3.3 MICAz/IRIS 用センサボード

温度・光センサ 汎用外部センサ入力ボード	アナログセンサ 5ch 接続可能
光・温度・音センサ，圧電スピーカ付ボード	
2 軸加速度・2 軸磁気・光・温度・音センサ，圧電スピーカ付ボード	生態系観測等に応用
2 軸加速度・気圧・光・湿度・温度センサ付ボード	環境計測等に応用
GPS，2 軸加速度・気圧・光・湿度・温度センサ付ボード	人の位置把握等に応用
外部センサ万能ボード	任意のセンサ（アナログ 3ch，デジタル 4ch 入力）を接続可能
汎用外部センサ入力ボード	アナログセンサ 5ch 接続可能

(3) 無線通信規格

無線センサネットワークで用いられる代表的な通信方式と規格について表 3.3.4 に示す．表 3.3.4 中で ZigBee は，近距離無線ネットワークの標準規格の一つであり，低消費電力・低コストの無線通信として，2001 年に設立された ZigBee Alliance[9]が中心になって標準化が進められ，国内では ZigBee SIG ジャパン[10]が普及促進のための活動を行っている．低速で転送距離が短いが，安価で消費電力が少ないという特徴を持つ．基礎部分の仕様は IEEE 802.15.4 として規格化されている．論理層以上の機器間の通信プロトコルについては ZigBee Alliance が仕様の策定を行っている．ZigBee のネットワーク・トポロジーには，スター型とピアツーピア型があり，前者に親子関係を持たせたツリー型ネットワーク，及び後者によるメッシュ型ネットワークを構築できる（図 3.3.5）．Bluetooth は，携帯情報機器などで数 m 程度の機器間接続に使われる無線通信技術の一つであり，音声情報等の低～中速度のデジタル情報の無線通信を行う用途に採用されている．微弱無線方式は，電界強度が規定されたレベルより低いものであれば，無線局免許や技術適合認証を必要とせず，周波数や用途などの制限もないため，簡易な無線システムに使われている[11]．また，特定小電力無線では，テレメーター用，テレコントロール用及びデータ伝送用等の用途で，使用する周波数等，一定の条件を満たしていれば無線局免許も不要であるが，技術適合認証を取得して，無線機に表示（いわゆる「技適マーク」）を付す必要がある[12]．

表3.3.4 無線通信モジュールと規格

名称	ZigBee（TI CC2420等）	Bluetooth	微弱無線モジュール（TI CC1000等）	特定小電力無線モジュール
周波数帯	2.4GHz帯（868MHz帯, 915MHz帯）	2.4GHz帯	300〜900MHz帯	400MHz帯等
規格	IEEE802.15.4	IEEE802.15.1	微弱無線	特定小電力無線
最大チャネル数	16チャネル	32チャネル	〜数十チャネル	数十チャネル
最高通信速度	250 kbps	1M bps	150 kbps	2400 bps
最大通信距離	約30m	約10m	約10m	約百m
センサネットワークへの適用例	MICAz MOTE, Telos, Imote2	Intel MOTE, SmartIts	MICA2 MOTE	国内メーカの製品

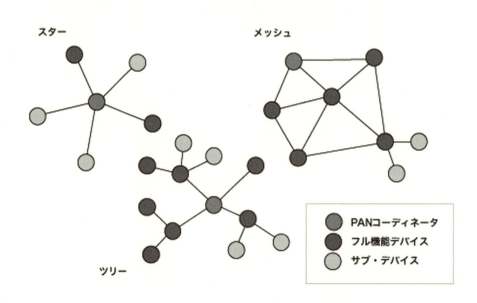

図3.3.5 ZigBeeのネットワーク・トポロジー[10]

(4) 無線センサネットワークの課題

　無線センサネットワークに活用される技術は，外界の認知に用いるセンサ自体の技術，情報を伝達するためのセンサ同士やセンサと既存のネットワークを結ぶネットワーク技術，得られた情報を活用するためのデータ整理やアプリケーションなど上位システムの技術に大別される．それぞれの課題を表3.3.5にまとめた．無線センサネットワーク技術は無限に広がる可能性を有するものではあるが，応用範囲が広すぎるため，アプリケーションごとに個別にデータ処理手法を開発し，データベースを構築することを強いられる．様々なセンサからの情報取得やデータの扱い等が難解であるため，現状では，アプリケーション開発に多くの専門的知識を必要とする．その為，土木・建築分野の研究者，技術者がセンサネットワーク技術を用いたアプリケーションを開発することが極めて困難な状況である．これを解決するために，センサノードより上位の層での処理やアプリケーションとの統合を実現するミドルウエアが必要となる．

表 3.3.5　無線センサネットワーク技術の課題

センサノード	センサ技術	多様な使用目的に対応するための高感度化
	プロセッサ技術	認識率向上
		自己メンテナンス技術
		耐環境
		小型化
	電源	電源の効率化，低消費電力化
ネットワーク	センサノード制御技術	時刻同期
		位置検出
		最適ノード配置
		大規模ノード管理
	ネットワーク制御技術	無線制御
		アドホック・マルチホップ技術
上位アプリケーション	ミドルウエア	センシングデータ処理
		データ保管・マイニング
		セキュリティ
	システム運用	ノード管理
		遠隔保守運用
	アプリケーション開発	開発環境・ツール
		アプリケーション連携

3.3.4. ミドルウェアの開発・適用事例

ミドルウェアとは，OSとアプリケーションの間に位置づけられるソフトウェアで，様々なアプリケーションに汎用的に使える機能を実現したり，OSの機能拡張をしたりする．多くのアプリケーションに共通して必要とされるが，OSには含まれない機能をミドルウェアとして用意すれば，各アプリケーションでの個別開発を省略できる．無線センサネットワークに利用されるOSは多数あるが，ミドルウェアのアプリケーション側インターフェースを共通にすれば，アプリケーションには大きな変更を加えないまま，異なるプラットフォーム上で利用できる．一般のPC上で利用される代表的なミドルウェアとしてはデータベース管理システムが挙げられる．無線センサネットワークでは，パケット欠損補償通信，マルチホップ経路探索，時刻同期などのミドルウェアが利用される．

無線センサノード Imote2 上で，パケット欠損補償通信，同期計測などのミドルウェアを開発した事例を紹介する[13]．

(1) 欠損補償通信

無線通信においてパケット欠損の発生は避けられずその対策として欠損補償通信が挙げられる．通信距離が長くなるに従い信号雑音比が低下しパケット欠損が発生しやすくなる．また，周囲に無線センサや他の無線機器がある場合，電波干渉によりパケット欠損が生じる．振動モニタリングなどのアプリケーションでは多くの場合，計測データの欠損が許容されない．そこでパケットを冗長に送信し，受信側で欠損パケットデータを復元する末梢符号方式が採用される．一方で，干渉などで多量データが一度に失われる場合にはデータ復元が出来ないため，確認応答

の利用が必要になる．

　欠損補償通信は一般に，確認応答の送受信を頻繁に行うため通信速度が遅い．これは，多量データの転送が必要な，振動計測等のアプリケーションでは大きなデメリットである．そこで，この事例では全データの転送後に1パケットのみ確認応答を送受信するSelective Nack方式の欠損補償通信を実装している．Imote2上の32MBのRAMを利用することで，数MBに及ぶデータでも一括して送信し，欠損パケットのみを再送信するものである．250kbpsのIEEE802.15.4無線チップを利用し，80kbps以上のデータ転送速度を実現している．確認応答を利用しない場合の転送速度とほぼ同じであり，欠損補償による速度低下は極めて小さいと言える．

　限られた通信速度で効率的にデータ転送を行うために，マルチキャストパケット欠損補償通信も実装されている．送信されたパケットは特定ノードのみならず，送信ノード近隣のノードにも到達する事を利用し，1対多通信すなわちマルチキャスト通信にもパケット欠損補償通信を実装している．これにより，同じデータを多数ノードに転送したい場合，ノード毎に転送するのではなく，全ノードへの一括転送が可能となる．

(2) 同期計測

　複数の計測点や計測チャンネルのデータを用いて，振動など動的現象を解明する場合，正確な同期計測が行えれば，位相分析などの情報抽出が可能となる．同期誤差の影響はデータ処理方法により異なるが，例えば，振動モード形位相の推定誤差やコヒーレンス関数，クロススペクトルの過小評価につながる．数々のノード間同期手法が提案されており，数10μs程度の同期に成功した例が多く報告されている．ところが，ノード上の時計が同期されてもそれに基いて計測タイミングを緻密に制御することは容易でない．厳密な実装はこれまでのところ極めて限られている．

　本事例では計測タイミングを緻密に制御する代わりに，計測データに正確なタイムスタンプを付与し，これをグローバル時間に換算した上でリサンプリングすることで数10μs程度の同期計測を実現している．まず，FTSP (Flooding Time Synchronization Protocol)を利用してノード間の同期を行い20-30μs程度の精度で時計を合わせる．次にこのグローバル時計に基づいて計測開始時間を指定し，サンプリングを始める．計測開始タイミングは必ずしも正確に制御しないが，計測が始まった場合にはそのタイミングを正確に記録する．計測時間を正確に合わせるためには，必要となる時間精度毎に割り込み処理によりサンプリング有無を判断する必要があるが，計測タイミングの正確な記録のためには，サンプリングのある時間のみ割り込み処理で判断すれば済むため，実装が容易である．計測後には，リサンプリングによりサンプリング周波数のずれ，サンプリングの遅れを修正する．リサンプリング理論に基づいてアップサンプリング，フィルタリング，ダウンサンプリングを組み合わせれば，信号を全く歪めることなくこれらの修正を行うことができる．このアプローチによりおよそ30μsの精度で同期計測を実現している．

3.3.5　無線センサネットワークの事例

　無線センサネットワークを構造ヘルスモニタリングや振動計測に応用した研究開発が進められている．

(1) Xuらは，Wisdenと称する構造モニタリング用の無線マルチホップ・センサネットワークシステムを開発し，病院の天井を模擬した試験体に10台のMICA2 MOTEを設置して，加速度データを収集する実験を行った[14]．Wisdenは，自律的なルートの構築，無線通信によるデータロスの補償，ウェーブレット圧縮による短時間でのデータ転送，時刻同期の機能を備えている．しかしながら，実験結果では，100Hzのサンプリングレートでの計測で，1サンプル程度（8ms）の遅れが見られており，時刻同期は十分とは言えない．

(2) Kimらは，ゴールデンゲートブリッジに64台のセンサノードを設置し，常時微動計測を目的として46ホップ

のマルチホップ通信による無線センサネットワークシステムを構築した[15]．1kHz のサンプリングレートでの計測で，10μs 未満のサンプリングジッタを実現した．高精度な MEMS 加速度センサ Silicon Design 1221L を搭載したセンサボードによる加速度計測の精度は 30μG である．これに MICA2 MOTE あるいは MICAz MOTE を接続して無線ネットワーク化している．課題は，パケットサイズが小さいためにデータの収集に時間がかかりすぎることである．また，トラフィックの増加によりノイズレベルが上がり，リンク評価の精度が低下するため，すべてのデータを収集する前に，ルーティングツリーがフリーズしてしまうことである．

(3) Kurata らは，地震後の構造健全性評価を目的として，アドホック・ネットワーク，マルチホップ通信機能を有する無線センサネットワークによる構造モニタリングシステムを開発し，31 階建ての超高層ビルに設置している[16]．サンプリングレート 100Hz での揺らぎのない正確な加速度計測，無線ネットワーク内の 1ms 以内の時刻同期，無線によるパケットロスを補償する全サンプリングデータの収集を実現している．2009 年 4 月〜2010 年現時点に渡り，震度 1 以上の地震に対して，アドホックなマルチホップ通信により時刻同期を取りながら，計測データを収集している．地震後のデータ収集中にも，電波状況により，動的に通信経路を変えて，確実にデータを収集することができる．この事例では，ビル内オフィス空間において，四隅の天井と床に合計 8 台のセンサノードが設置され，各部の層間変形角を評価することにより，地震後のビルの安全性評価（損傷評価）が行われている．

(4) Lynch らはマイコン，無線チップ，ADC などを組み合わせ独自の無線センサハードウェア，ソフトウェアを構築し，構造物のモニタリングシステムを開発している．センサノードの改良を重ねており，無線チップでは Zigbee 機器や 900MHz 帯の長距離通信無線モジュールを，演算装置では 8 ビットや 32 ビットのマイコンを利用してきている．開発したセンサノードでインフラ構造物の動的応答を計測する数々の試みがある．韓国の高速道路橋や台湾の斜張橋，米国デトロイトの劇場の張り出し席の振動計測などを通して，有線センサとの性能比較，無線計測データの解析，ノード上へのデータ処理実装を行っている．数ミリ秒と評価されている同期計測性能の向上や，同期やデータ転送のマルチホップネットワークへの拡張が今後必要になると考えられる．[17)-19)]

(5) MicroStrain 社は 2.4GHz 帯 IEEE802.15.4 の通信規格を利用して，歪計測を主なターゲットとした無線センサシステムを開発，販売している．1με 程度の歪分解能を持ち，1 チャンネルであれば 4KHz までのサンプリング周波数で計測し，リアルタイムでデータ転送を行えるシステムである．複数チャンネルで計測する場合は最高サンプリング周波数が低下するが例えば 8 チャンネルでも 500Hz でのリアルタイムデータ収集が可能である．無線センサノードに個別の無線チャンネルを割り当て，複数のセンサノードが互いに干渉せずにデータ収集ができる仕組みも構築している．マルチホップでの欠損補償データ転送や同期が今後必要になると考えらえる[20]．

(6) Cho らは，朝鮮半島とその南西の島 Jindo とを結ぶ斜張橋 Jindo 橋に 70 個の無線センサノードを設置し，1 年余りにわたり，桁・主塔・ケーブルの振動を計測した．インターネットに接続された基地局を介して遠隔操作・監視できる．Imote2 に，カスタマイズした加速度センサボードやソーラーパネル，リチウムイオン電池を接続したシステムで，ソフトウェアには TinyOS を利用している．2 つの基地局を利用し，その設置位置を工夫することにより，全センサノードがいずれかの基地局からシングルホップで交信可能なセンサ配置としている．過去に有線センサを利用して計測した振動特性との比較を通して，無線センサシステムの有効性を示している．シングルホップ通信を仮定するためにセンサ設置位置が限定される，計測ノードの長期安定性などの問題への取り組みが始まっている[21),22)]．

(7) 牛田らはレインボーブリッジの主径間歩道上に 49 個の無線センサノードを設置し，その加速度応答を計測し

た．設置，計測，撤去を，3人で6時間以内に済ませており，無線センサにより計測が簡易に行えることを示している．キャンバーがついていることから，桁上に設置したノードも互いを直接見通せるとは限らず，シングルホップでの交信は難しい．末端ノードから基地局まで7ホップを経由してデータ収集している．マルチホップネットワークで多点同期計測，データ収集をしているが，必ずしも全てのノードが動作していないなど，その安定性の向上が期待される[23]．

(8) 1つの基地局やゲートウェイに依存する中央集中的なシステムでは，集めるデータ量が膨大となり，センサノード数の増大とともにデータ収集が非現実的となるため，長山らはクラスタ内のデータ処理を利用した分散システムを提案している．近隣センサノードがクラスタを構築し，各クラスタ内で処理をした後，結果のみを基地局・ゲートウェイに伝えるのである．この分散センサネットワークシステムの適用アプリケーションとして，ランダム加振されたトラス構造物の振動計測から損傷部材を推定している．トラスの格点に設置した無線センサノードは近隣ノードとクラスタを構築し，クラスタ内で振動計測，モード解析，損傷部材推定のデータ処理を行う．推定結果を隣接クラスタと共有，整合性の確認をとった後，基地局には最終結果のみ転送する．データ転送量は小さく抑えられ，センサ数の増加に対応出来る仕組みとなっている．マルチホップ通信を利用した実構造物への適用への取り組みが始まっている[24]．

参考文献

1) 鉄道総合技術研究所：http://www.rtri.or.jp/rd/rd_J.html
2) 菊地正幸：リアルタイム地震学，東京大学出版会，2003．
3) 岡田恒男，土岐憲三：地震防災のはなし-都市直下地震に備える-，朝倉書店，2006．
4) 坂村健：ユビキタスとは何か―情報・技術・人間，岩波書店，2007．
5) 日立製作所：ミューチップシリーズ，http://www.hitachi.co.jp/Prod/mu-chip/jp/
6) J. M. Kahn, R. H. Katz and K. S. J. Pister: Mobile Networking for Smart Dust, Proceedings of the 4thh International Conference on Mobile Computing and Networking (MobiCom99), 1999.
7) クロスボー社：http://www.xbow.jp/motemica.html
8) TinyOS Community Forum：http://www.tinyos.net/
9) ZigBee Alliance： http://www.zigbee.org/
10) ZigBee SIG ジャパン： http://www.zbsigj.org/
11) 総務省，微弱無線局：http://www.tele.soumu.go.jp/j/ref/material/rule/index.htm
12) 総務省，特定小電力無線局：http://www.tele.soumu.go.jp/j/adm/system/ml/small.htm
13) 長山智則，Spencer, Jr., B. F.，藤野陽三：スマートセンサを用いた多点構造振動計測のためのミドルウェア開発，土木学会論文集，65(2) pp.523-535，2009．
14) N. Xu, S. Rangwata, krishna Kant Chintalapudi, D. Ganesan, A. Broad, R. Govindan and D. Estrin: A wireless sensor network for structural monitoring, Proceedings of the 2nd International Conference on Embedded Network Sensor Systems, Baltimore, Maryland, pp. 13–24, 2004.
15) S. Kim, S. Pakzad, D. Culler, J. Demmel, G. Fenves, S. Glaser and M. Turon: Health monitoring of civil infrastructures using wireless sensor networks, Proceedings of the 6th International Conference on Information Processing in Sensor Networks, pp. 254–263, 2007.
16) N. Kurata, M. Suzuki, S. Saruwatari and H. Morikawa: Application of Ubiquitous Structural Monitoring System by Wireless Sensor Networks to Actual High-rise Building, Proceedings of the Fifth World Conference on Structural Control

and Monitoring, 2010.

17) Jerome P. Lynch, Yang Wang, Kenneth Loh, Jin Yi, Chung-Bang Yun: Performance Monitoring of the Geumdang Bridge using a Dense Network of High-Resolution Wireless Sensors, Smart Materials and Structures, IOP, 15(6):1561-1575, 2006.

18) Jerome P. Lynch: Design of a Wireless Active Sensing Unit for Localized Structural Health Monitoring, Journal of Structural Control and Health Monitoring, John Wiley & Sons, 12(3-4): 405-423, 2004.

19) Chin-Hsiung Loh, Jerome P. Lynch, Kung-Chun Lu, Yang Wang, Ping-Yin Lin: Output-only Modal Identification of a Cable-stayed Bridge using Wireless Monitoring Systems, Engineering Structures, Elsevier, 30(7): 1820-1830, 2008.

20) http://www.microstrain.com/

21) Soojin Cho, Hongki Jo, Shinae Jang, Jongwoong Park, Hyung-Jo Jung, Chung-Bang Yun, Billie F. Spencer, Jr., and Ju-Won Seo: Structural health monitoring of a cable-stayed bridge using wireless smart sensor technology: data analyses, Smart Structures and Systems, Int'l Journal Vol. 6 No. 5, 461-480, 2010.

22) Shinae Jang, Hongki Jo, Soojin Cho, Kirill Mechitov, Jennifer A. Rice, Sung-Han Sim, Hyung-Jo Jung, Chung-Bang Yun, Billie F. Spencer, Jr., and Gul Agha: Structural health monitoring of a cable-stayed bridge using smart sensor technology: deployment and evaluation, Smart Structures and Systems, Int'l Journal Vol. 6 No. 5, 439-460, 2010.

23) 牛田満士，長山智則，藤野陽三: スマートセンサを用いた多点同期振動計測のためのマルチホップ通信システムの開発，第65回土木学会年次学術講演会概要集，2010.

24) Nagayama, T. and Spencer, Jr., B. F.: Structural health monitoring using smart sensors. Newmark Structural Engineering Laboratory Report Series 001, http://hdl.handle.net/2142/3521, 2007.

（執筆者：長山　智則，倉田　成人）

3.4 データ貯蔵管理技術

データをコンピュータに単なるファイルとして貯蔵しておくと，後から利用しようとするとき，ソフトウェアのバージョンが変わり読めなくなる，ファイルのデータ量が大きすぎて開かない，ファイル毎に形式が異なりデータ抽出に時間がかかる等，種々の問題が発生し，利用できなくなる可能性がある．そこで，データを数学的なモデルに従ってデータベースとして貯蔵し，適切なデータベース管理システムを使用して，データ操作を行う必要がある．データベースの必要性は以下のように整理できる．

① データを一元的に管理することにより，複数の異なるデータが散在することを防ぐ．
② データを個人あるいは少数のみで利用するのではなく，共有する．
③ データを特定のプログラムから独立させ，ポータブルにする．
④ データの重複がなく，一貫性，整合性，完全性を維持する．
⑤ データの破壊，間違った書き換え，遺漏などの危険から保護し，安全性を確保する．

本節では，データ貯蔵管理技術としてデータベース，データモデリングおよびデータの高度利用技術について記述する．

3.4.1 データベース技術

本項については，文献[1]を参考に記述した．

(1) データベースの設計
(a) データモデル

データベースを設計する際は，対象世界の情報構造を抽象化，体系化して，データモデル化する．データモデルとしては，

- 概念モデル
- 論理モデル
- 物理モデル

の3つのモデルがある．

概念モデルは，対象世界の事物などを言葉で表わし，それらの関係などの概念を表わす一般化されたモデルである．代表的な概念モデルは，後述するE-R図である．

論理モデルは，実際にデータベースを実現するために必要な論理的なモデルで，階層モデル，ネットワークモデル，関係モデルが代表的である．最近は，オブジェクト指向モデルやオブジェクト関係モデルが提案され，利用され始めているが，最も一般的に広く使用されているのは関係モデルである．

物理モデルは，コンピュータのハードディスクやテープなどにどのようにデータを書き込んだり，読み出したりするかといったハードウェアに依存した構造を示すモデルである．

(b) 3層スキーマ

こうしたデータモデルを具体的に定義したものをスキーマと呼ぶ．1978年にANSI/SPARC（American National Standards Institute：米国規格協会, Standards Planning And Requirements Committee：標準化計画・要件委員会）は，以下に記す3層スキーマを提案した．

- 概念スキーマ：データベースの対象データを，データモデルに従って定義したもので，関係モデルに基づく関係データベースでは，表あるいは関係する表の集まりが概念スキーマになる．

- 外部スキーマ：アプリケーションプログラムやユーザから見たデータベースの定義．関係データベースでは，ビューが外部スキーマになる．
- 内部スキーマ：概念スキーマをハードディスクなどのハードウェアで実現させるためのデータの定義．メディア，編成方法，バッファ長などのデータが内部スキーマとなる．

(c) 論理モデル

前述のように，論理モデルとしては以前より，階層モデル，ネットワークモデル，関係モデルがある．以下，これらのモデルについて概説する．

① 階層モデル

階層モデルでは，データを親と子に分け，親子関係を階層（ヒエラルキー）で表現する．階層モデルでは，一つの親データに対して，1つまたは複数の子データが付くが，子データに対しては一つの親データが付くだけで，複数の親が付くことはない．すなわち，親データと子データは，1対多（1:N）の関係になっている．階層モデルは，単純でわかりやすいが，このような単純なモデルで表現できる現実情報には限界があり，現在ではほとんど使われていない．

② ネットワークモデル

ネットワークモデルは，階層モデルと異なり，親データと子データが1対多ではなく，多対多（M:N）の関係になっている．このモデルは，関係データベースが広まるまでは使われたが，現在ではあまり使われない．

③ 関係モデル

関係モデルは，データを行と列からなる表で表現したもので，現在最も一般的に使用されているデータモデルである．関係モデルでは，関係するデータをいくつか選び，表の列とする．各行にはデータそのものを記述する．列はカラムあるいはアトリビュート，行はタプルあるいはレコードとも呼ぶ．表の例を**表3.4.1**に示す．関係モデルでは，各表に名前を付ける．例では，「橋梁の表」という名前を付けている．この表では，列は，「橋梁ID」，「橋梁名」，「橋長」，「施工会社」の4つである．第1行目のタプルには，「00001」，「玉野井橋」，「50.00m」，「美山建設株式会社」というデータが記述されている．ここで，橋梁IDに下線が引いてあるが，これはこの表の列の中で，タプルを一つだけ選択することができる項目であることを示している．すなわち，橋長や施工会社は例のように複数の橋梁レコードに出現する可能性があるが，橋梁IDは一つの橋梁に一つだけであるから，表には1回しか現れない．このようなデータ項目を主キーという．

表 3.4.1 橋梁の表（例）

<u>橋梁 ID</u>	橋梁名	橋長	施工会社
00001	玉野井橋	50.00m	美山建設株式会社
00002	筏流れ橋	70.00m	株式会社御影組
･･･	･･･	･･･	･･･

(d) E-R モデルと関係モデル

データベースを構築するためには，まず現実世界をよく観察し，情報構造を抽象化して，体系化した概念データモデルを作成することが重要である．その際，関係データベースの表形式でいきなり表現しようとすると，うまくいかないことがある．現実世界のデータ構造を，できるだけ忠実かつ柔軟に表現するための手法としてE-Rモデルが開発されている．E-RのEはエンティティ，Rはリレーションシップを意味する．エンティティは実体という意味で，橋梁，道路事務所，施工会社といった対象とする世界の「モノ」であり，リレーションシップは

関係という意味で，例えば，道路事務所は橋梁を「管理する」，あるいは，建設会社が橋梁を「施工した」といった実体同士の「関係」を表現するものである．実体と関係には，それぞれ構成する要素として属性がある．橋梁の属性には，橋梁ID番号，橋梁名称等があり，「施工した」の属性には，施工開始年月日，施工終了年月日等が考えられる（**図3.4.1**）．

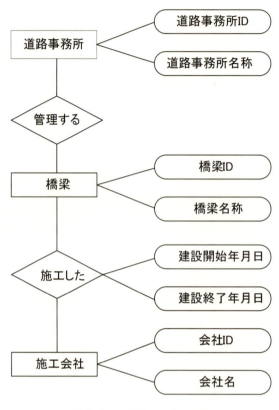

図3.4.1 E-Rモデルの例

E-Rモデルは，E-R図によって表現される．E-R図には規約があり，上図に示すように，実体は長方形，関係はひし形，属性は長円で表し，中に文字を書く．また，E-R図では，「1つの道路事務所には複数の橋梁が管理下にある」という1対多（1:N）の関係を**図3.4.2(a)**のように表す．一方，ある橋梁を施工したのは一つの施工会社だけではなく複数の施工会社であることがあり得る．また，一つの施工会社は複数の橋梁を施工している．このような多対多（M:N）の関係は**図3.4.2(b)**のように表す．

(a) 1対多対応 　　　　　　　　　　　(b) 多対多対応

図3.4.2　E－R図の例

E-R図ができたらば，関係モデルとして表現し，関係データベースを構築する．但し，E-R図から直接的に関係モデルに変換できるわけではなく，以下のような作業が必要となる．

E-R図として先の施工会社と橋梁の施工関係の図が得られたとする．各エンティティと関係の属性を各々，表にすると，**図3.4.3**にようになる．しかし，この状態では，橋梁表，施工表，施工会社表は何ら関係がない．

そこで，橋梁表と建設会社表から，それぞれ主キーである橋梁 ID と会社 ID を建設表に項目として加える．これにより，図 3.4.4 に示すように，3 つの表は関連付けることができ，関係モデルとなったのである．

図 3.4.3　関連のない 3 つの表

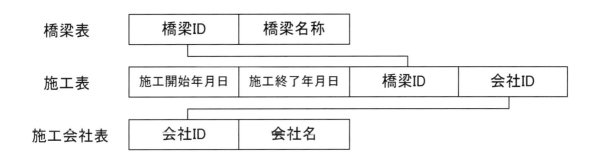

図 3.4.4　関連づけた 3 つの表

(2) 関係データベース
(a) 関係データベースの概要

関係モデルに基づいたデータベースを関係データベースと呼ぶ．関係データベースは，表によって構成され，データの整合性を保つために厳密な理論によって構築されている．

関係データベースは，一つあるいは複数の表によって構成される．表は行と列によって構成される．表の各行は，主キーによって一意的に識別される．従って，主キーによって一つの行が定まり，重複する行は存在しない．主キーは，一つまたは複数の列によって構成される．例えば，橋梁 ID は主キーになり得る．橋梁 ID は，各橋梁に一つしか存在しないはずである．もし同じ橋梁 ID が 2 つの行にあり，異なる橋梁を表わしていたら，そのデータベースは全く意味をなさない．そのようなことが起こらないように主キーを定めるのである．各列の項目の下にある値や言葉は，定義域と呼ぶ．

関係データベースは，複数の表によって構成することができる．その際，ある表の中のある列が他の表のある列を参照する関係にある場合，必ず参照する側に外部キーを設定する．外部キーをある列に設定すれば，参照している表の列にある値しか，その列に入力することができない．

(b) 正規化

正規化とは，データの一貫性と整合性を保つために，データを決められた方法によってグループ分けし，データの重複（冗長性）を排除することである．正規化は関係データベースを構築する上で非常に重要である．

正規化されていない表の形を非正規形といい，これを第 1 正規化によって第 1 正規形に，さらに第 2 正規化によって第 2 正規形，第 3 正規化によって第 3 正規形にしていく．

① 非正規形

非正規形とは，項目を単純に並べたために，繰返し項目を含んだ状態である．例えば，図3.4.5の表の例では，ある橋梁の管理事務所と施工した建設会社の情報が一つの表に記されている．主キーは明らかに「橋梁ID」である．ここで，一つの橋梁でも複数の建設会社によって，施工されることから，「建設会社ID」「会社名」「売上高」が繰返し並べられている．

図3.4.5　重複がある表

② 第1正規形

そこで，非正規形から繰返し項目を除外した状態を第1正規形という．例では，「建設会社ID」「会社名」「売上高」を1回だけ現れるようにした．しかし，一つの橋梁に，建設会社は複数あり得るから，この形の表では，橋梁IDが主キーになりえなくなる．そこで，「橋梁ID」と「建設会社ID」の二つを併せて主キーとする（図3.4.6）．

| 橋梁ID | 橋梁名 | 管理事務所ID | 管理事務所名 | 建設会社ID | 会社名 | 売上高 |

図3.4.6　第1正規形

③ 第2正規形

しかし，第1正規形の「売上高」は，主キー（「橋梁ID」と「建設会社ID」）に従属しておらず，「建設会社ID」のみに従属している．同様に，「管理事務所ID」と「管理事務所名」は，「建設会社ID」には従属していない．このように主キーの一部にしか従属していない項目を部分関数従属と呼ぶ．主キー全体に従属している項目は，完全関数従属と呼ぶ．第2正規形では，部分関数従属の項目を，図3.4.7のように分離する．

| 橋梁ID | 橋梁名 | 管理事務所ID | 管理事務所名 |　| 橋梁ID | 建設会社ID |　| 建設会社ID | 会社名 | 売上高 |

図3.4.7　第2正規形

④ 第3正規形

第2正規形からさらにキー項目以外のデータ項目に関数従属しているものを分割したものを第3正規系と呼ぶ．第3正規形では，主キー以外の項目の重複がなくなる．データの冗長性を省くことができる．また，分割された表は，必要に応じてキー項目で結合すれば，もとの情報を得ることができる（図3.4.8）．

| 橋梁ID | 橋梁名 | 管理事務所ID |　| 管理事務所ID | 管理事務所名 |　| 橋梁ID | 建設会社ID |　| 建設会社ID | 会社名 | 売上高 |

図3.4.8　第3正規形

(c) データベース言語

データベースを作成する際，スキーマを定義する必要がある．スキーマを記述する言語をデータ記述言語（DDL）と呼ぶ．関係データベースでは，SQL-DDL として規定されている．また，データベースを操作するための言語をデータ操作言語（DML）と呼ぶ．

① SQL によるデータ定義

テーブルの定義は，CREATE TABLE 文によって行う．SQL の文法では，CREATE TABLE 文は，

```
CREATE TABLE 表名（
    列名1  データ型, 列名2  データ型, ・・・, 列名N  データ型,
    PRIMARY KEY  列名,
    FOREIGN KEY  列名  REFERENCES  別の表名）
```

となる．

また，ビューと呼ばれる仮想的な表を作成するためには，CREATE VIEW 文を用いる．

例として，前述の第3正規形の最初の表と次の表のテーブル名をそれぞれ「橋梁表」，「管理事務所表」として，橋梁表については，以下のように定義する．

```
CREATE TABLE   橋梁表（
    橋梁 ID           CHAR(4) NOT NULL,
    橋梁名            CHAR(30) NOT NULL,
    管理事務所 ID     CHAR(4) NOT NULL,
    PRIMARY KEY    橋梁 ID,
    FOREIGN KEY    管理事務所 ID    REFERENCES    管理事務所表）
```

② SQL によるデータ操作

データの操作には SQL-DML を用いる．主なデータ操作には，追加，更新，削除，問合せがある．各々の SQL 文の書き方は以下のようになっている．

追加　　　INSERT INTO 表名 VALUES（列のデータ）
更新　　　UPDATE 表名 SET 列名＝式 [WHERE　条件]
削除　　　DELETE FROM 表名 [WHERE　条件]
問合せ　SELECT 列名 FROM 表名 [WHERE　条件]

以下に例を示す．

```
INSERT INTO 橋梁表 VALUES ('0001', '玉野井橋, 'AB05')
UPDATE 橋梁表 SET 橋梁名＝'新玉野井橋'  WHERE 橋梁名＝'玉野井橋'
DELETE FROM 橋梁表 WHERE 管理事務所 ID＝'AB05'
SELECT 橋梁名 FROM 橋梁表 WHERE  橋梁名＝'玉野井橋'
```

SQL 文は，英語の命令文と似た形式であり，WHERE は，英語の関係副詞と同じような役割である．

問合せ文（SELECT 文）では，ある行や列を選択させたり，列の値がある値以上のものを選択させたり，2 つ以上の条件を WHERE 以下に書けば，複雑なデータ検索の問合せができる．関係データベースでは，関係演算と集合演算という数学の演算に基づいてデータを取り出すようになっている．関係演算には，選択（行方向に取り出す演算），射影（列方向に取り出す演算），および結合（2 つの表をつなぎ合わせる演算）がある．また，集合演算には，和（2 つの表に含まれる行をすべて取り出す演算），差（1 つの表にあって，もう一つの表にない行を取り出す演算），積（2 つの表に共通する行のみを取り出す演算）がある．WHERE 以下の条件には，論理演算子である AND，OR，NOT がある．AND は「かつ」，OR は「または」，NOT は「ではない」という意味である．この他にも，集計（COUNT, SUM, AVG, MAX, MIN）したり，グループ化（GROUP BY）したり，並べ替え（ORDER BY）たりするための言葉がある．

(3) データベース管理システム

データベース管理システム（DBMS）は，データベースを管理するソフトウェアである．DBMS には，SQL 言語を処理する機能の他，トランザクション管理，排他制御，障害管理等の機能がある．

(a) ACID 属性

データベースとのやり取り，例えば，データの追加，削除，更新，問合せ等をトランザクションという．トランザクションは，一連の動作が確定する（コミット）か，全く実行されない（ロールバック）かのいずれかでなければならず，途中で終了した状態になると，データベース内のデータに何らかの矛盾が生ずることになる．トランザクションには，データベースを保護するために，ACID 属性と呼ばれる，守るべき 4 つの属性がある．

- Atomicity（原子性）：データベースのトランザクションを最小単位まで細分化し，処理は各単位において操作するかしないかのいずれかのみで，途中で終了することはない，という属性．
- Consistency（一貫性）：データの追加，更新，削除などのトランザクションの後も，データベースの一貫性は，損なわれず，矛盾が生じないという属性．
- Isolation（分離性）：複数のトランザクションが同時に実行されても，互いに干渉せず，順番をつけて実行した場合と結果は変わらないという属性．
- Durability（持続性）：一度トランザクションが完了すれば，データベースの内容が消失することはないという属性．

(b) 排他制御

飛行機や特急列車などの座席予約や銀行の口座への振込などで，データベースに同時に似たような複数の更新要求を行うと，矛盾を生ずることがある．そこで，DBMS では，排他制御を行って，矛盾が生じないようにする．通常，排他制御として，ある処理が行われている間は，そのデータに関してロックをかけることが行われる．実行が終了したらアンロックする．但し，A，B 二人がほぼ同時にトランザクションを要求した場合，互いにロックをかけてしまい，片方が終了しないと自分のトランザクションが終了できないという現象に陥ることがある．これを「デッドロック」と呼ぶ．デッドロックがかからないよう，避ける処理が必要となる．

(c) データベースの障害管理

停電やハードディスクの故障などの障害によって，データベースに矛盾やデータの欠損が生じたら大変深刻な影響を及ぼす．そこで，DBMS では，システム障害が発生した際，ログ（ジャーナル）を確認し，途中まで実行していたトランザクションについては，ロールバック（後退回復）する．ハードウェアが故障して，データがバックアップしてある時点以降，消えてしまった場合は，バックアップした時点で，実行途中だったトランザクシ

ョンをログからもう一度実行させるロールフォワード（前進回復）を行う．

(d) 分散データベース

　ネットワーク上に分散配置された複数のコンピュータにデータベースを分散配置して，まるで1台のコンピュータにあるように動作させるデータベースを分散データベースと呼ぶ．全コンピュータに指令を送り，問題なければコミットさせ，1台でも問題があれば，ロールバックさせることにより，矛盾が生じないようにする「2層コミット」が一般に採用されている．

参考文献

1) 矢吹信喜，蒔苗耕司，三浦憲二郎：工業情報学の基礎，理工図書，2011．

　　　　　　　　　　　　　　　　　　　　　　　　　　　　　　　　　（執筆者：矢吹　信喜）

3.4.2 データモデリング

　今後は，ユビキタス社会の実現に向け，相当数のセンサがあらゆる環境に設置され，大量のセンサデータがデータベースに蓄積されるようになると予想される．しかしながら，これらのデータを無計画に貯蔵していたのでは，データベース内のデータ量が増えれば増えるほど目的のデータを見つけ難くなってしまう．従って，データを検索し易い形でデータベースに貯蔵するためには，メタデータ，すなわち，データに関するデータを付加する必要がある．メタデータを付加することで，データの中身を一つ一つ人間が確認する必要がなくなるため，データ検索が可能となる．データとメタデータの関係はデータモデルとして定義される．データモデルを開発することはデータモデリングといわれ，かなり高度なスキルが要求される．

　国際的に標準化が進められているデータモデルはいくつかあるが，製品や構造物に関しては，ISO（International Organization for Standardization）の STEP（STandard for the Exchange of Product model data：ISO-10303）[1]，buildingSMART（旧 IAI（International Alliance for Interoperability））の IFC（Industry Foundation Classes）[2] などがあり，センサデータについては，OGC（Open Geospatial Consortium）の SWE（Sensor Web Enablement）[3] および O&M（Observations & Measurements）[4] などがある．また，地震工学の実験に関するデータ及びメタデータのために開発されたデータモデルとしては，NEES Reference Data Model[5] と EDgrid データモデル[6] がある．

(1) ISO の STEP

　ISO の STEP は，自動車，船舶，航空機などの工業製品のライフサイクル全般にわたるデータ及び表現方法，さらにそのデータの交換・共有を実現する方法を規定する国際規格である．STEP は，概要及び基本原理，記述法，実装法，適合性試験の方法及び枠組み，統合総称リソース，統合アプリケーションリソース，アプリケーションプロトコル（AP），抽象試験スイート（Suites），アプリケーション翻案構成体から構成され，さらにこれらの内部は目的や用途に応じて細分化されている．

　特に，製品のモデル表現に直接的に関する規定として，幾何形状（Part42）や，製品構成（Part44），材料（Part45）等の製図の表現に必要な要素が統合総称リソース内に規定されている．さらに，3次元/製図（AP202），3次元モデル（AP203）や，自動車設計（AP214），電気電子（AP210，AP220）等の各分野に特化した規定等がアプリケーションプロトコル内に多数定義されている．

(2) buildingSMART（旧 IAI）の IFC

　buildingSMART（旧 IAI）は，建設業界を中心とした非営利団体であり，1990 年代半ばに，米国で建設業界に携わる 12 社によって IAI として設立された．IAI の設立目的は，建物のライフサイクルを通じて用いる各種ソフトウェア間でデータの相互運用を可能とすることであり，業界標準として IFC を構築している．

　IFC では，建物を構成する要素（壁，梁，柱など）毎に，形状，位置，材質などの情報の表現方法が定義されている．IFC を用いることで，施主，建築家，構造技術者，設備業者，施工業者等の間で，建設プロジェクトに関する情報の共有が可能となることから，ライフサイクルを通じた各種業務の大幅な効率化が期待されている．近年，建築分野では，3次元の建物モデルを中心に，意匠，構造，設備，生産設計を協調的に進め，効率的に建物の設計を行う BIM（Building Information Modeling）が注目を浴びており，IFC は BIM を実現するための標準データモデルであり，2013 年 3 月，ISO の正式な国際標準（International Standard）ISO 16739 として登録された．

　IFC に関する国際的な動向として，米国の大規模発注者やフィンランドの大手不動産管理会社が IFC の活用を開始しているほか，デンマークでは 2007 年 1 月から公共工事で IFC の活用が求められるようになった．

一方，社会インフラストラクチャである土木構造物に関するプロダクトモデルの構築に関しては，橋梁とトンネルについて，各々IFC-BridgeとIFC-Tunnelが研究として開発されたが，まだ市販の3次元CADが対応していない状況である．2010年から欧米を中心として土木構造物用のIFCを開発することを目的に，buildingSMARTの下部にOpenINFRAなるコンソーシアムが発足し，道路，橋梁，水路，地下構造物等のプロダクトモデルを2013年から数年の間で開発すべく活動している．なお，アジアからは日本と韓国が参加している．

(3) OGCのSWE

OGCは，地理空間情報の相互運用性の向上を目的として設立された非営利団体であり，現在，企業や政府機関，大学など約400の組織が参加している．OGCは，地理情報を記述するための仕様であるGML（Geography Markup Language）及びKML（Keyhole Markup Language）の策定や，地理情報のウェブサービスの規格であるWMS（Web Mapping Service）やWFS（Web Feature Service）等の提案を行っている．

OGCのSWEは，ネットワークに接続されたセンサへの自由なアクセスや遠隔操作を可能とするためのフレームワークであり，ウェブサービスに関する4つの仕様と，センサに関する3つの仕様によって構成される．SWEのSensorML（Sensor Model Language）は，計測項目や位置情報等のセンサに関する情報を記述するための標準モデルであり（図3.4.9），O&M（Observations & Measurements）は，計測値や時刻情報等の計測に関する情報を記述するための標準モデルである（図3.4.10）．

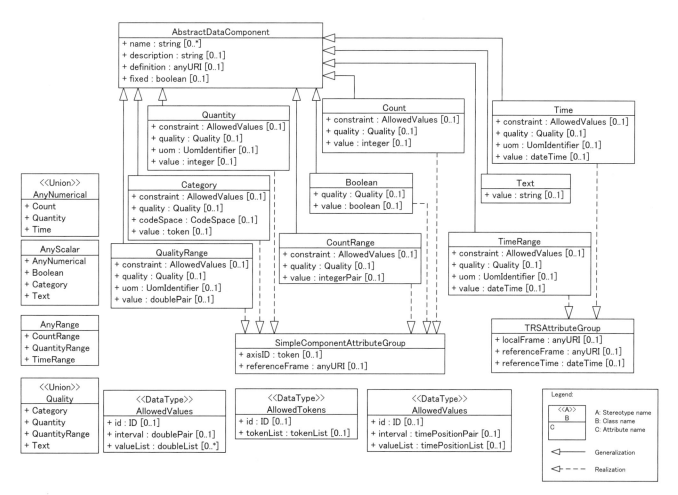

図3.4.9　SensorMLの一部

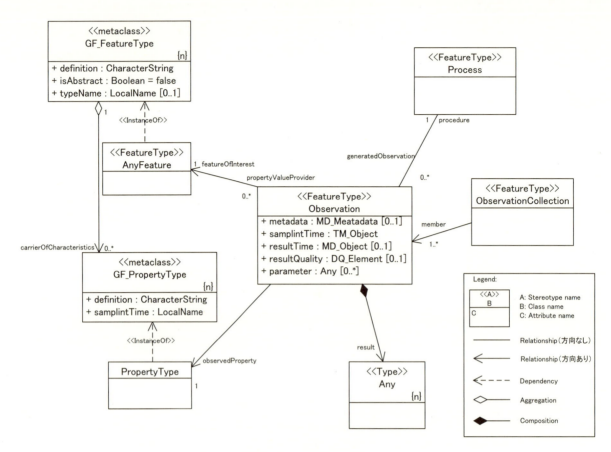

図 3.4.10　O&M の一部

(4) NEES Reference Data Model

　NEES は，全米に広がる 14 箇所の実験施設，共同で使用できるツール類，中央データリポジトリ，及び地震シミュレーションソフトウェアによって構成され，NEES の実験施設を使用した実験データは，中央データリポジトリに貯蔵される．NEES の目的は，全米各地に散らばる実験施設や実験データへ地震工学研究者らが自由にアクセスして，実験設備を遠隔制御したり，実験データを利用したりするための仕組みを構築することである．NEES には，振動台実験，津波実験，遠心載荷実験など，地震工学に関する様々な実験を行うための実験施設が含まれるため，多種多様なデータがリポジトリ内に貯蔵されることとなる．

　NEES Reference Data Model は，NEES の実験施設を使用した実験データ及びそのメタデータを，利用者が検索し易い形で貯蔵することを目的として開発されたデータモデルであり，ネットワーク化された実験施設の連携や機器同士の接続関係を表現することが可能である（**図 3.4.11**）．

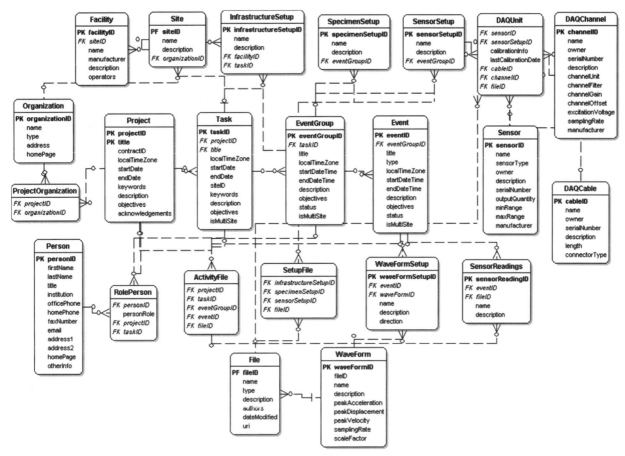

図 3.4.11　NEES Reference Data Model

(5) E-Defense の EDgrid データモデル

　E-Defense は，独立行政法人防災科学技術研究所が，1995 年の阪神・淡路大震災の教訓から，兵庫県三木市に建設した実大三次元震動破壊実験施設である．E-Defense では，土木・建築構造物の実物大の模型を作成し，非常に強い震動を三次元的に与えて実際に破壊させ，その過程を調査することができる．こうした実験を通して，現状の耐震設計基準や解析手法，解析ソフトウェア，入力データ等の検証ができ，大地震から構造物被害軽減に貢献することが期待されている．E-Defense の大型震動台を利用して得られる貴重な実験データは，各プロジェクト参加関係者のみの狭い範囲で利用するのではなく，実験終了後の一定期間後には，他の地震工学研究者らに公開される．

　EDgrid データモデルは，E-Defense の実験で生成される膨大で多種のデータを，系統的に貯蔵するために開発されたデータモデルであり，「イベント」に基づくスタースキーマを利用して開発された（図 3.4.12）．イベントとは，データモデルの中心に配置されたイベントテーブルを介して，イベント周囲に配置されたテーブルを関連付けることを意味する．スタースキーマとは，次元テーブルが事実テーブルの周囲に放射状に配置された星型のデータモデルであり，全ての次元テーブルは事実テーブルとのみ関係している．スタースキーマを利用することで，データモデル全体の構造が単純であり，かつ，変更が容易な柔軟性に優れたデータモデルを作成することが可能である．従って，EDgrid データモデルは，特にデータ管理者側にとって使い易いデータモデルであるという特徴を持つ．

　しかし，EDgrid に関する予算が大幅に削減されたため，現実にはデータモデルを用いてデータを貯蔵するのではなく，プロジェクト毎にファイルをそのままハードディスクに記録する方法になってしまった．

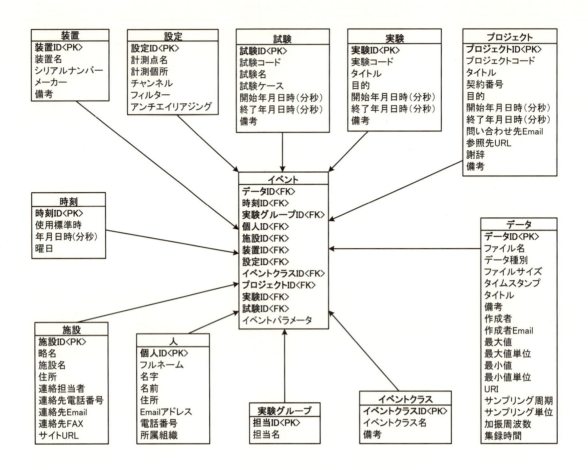

図 3.4.12 EDgrid データモデル

参考文献

1) ISO 10303: Automation systems and integration - Product data representation and exchange.
2) buildingSMART International Alliance for Interoperability: http://www.buildingsmart.com/bim
3) SensorML: http://www.ogcnetwork.net/SensorML
4) O&M: http://www.opengeospatial.org/standards/om
5) Peng, J. and Law, K.H.: A Brief Review of Data Models for NEESgrid, NEESgrid TR-2004-01, 2004.
6) 矢吹信喜,吉田善博:EDgrid (E-Defense Grid) におけるデータモデルの開発,土木情報利用技術論文集,Vol.15, pp.111-118, 2006.

(執筆者:矢吹 信喜)

3.4.3 データの高度利用技術

ユビキタス社会の実現により，相当数のセンサがあらゆる環境に設置され，大量のデータが蓄積されたとしても，そのデータを有効に活用しなければ意味がない．大容量の記憶装置が開発され，ネットワーク環境が整備されたことにより，「データを集める環境と蓄積する環境」が整い，従来は，利用されることなく捨てるしかなかったデータが保持できるようになった．しかしながら，実際はデータを有効に活用する以前に膨大なデータに埋もれてしまい，結局はデータが氾濫しているだけで情報が存在しない状態に陥る可能性がある．ここでは，データマイニングやパターン認識を中心に大量のデータから，意味のある情報を抽出する手法について記述を行う．

(1) データマイニング

データマイニングは，Data Mining(DM)やKnowledge Discovery in Database(KDD)とも呼ばれ，統計学やパターン認識，人工知能等のデータ解析技術を用いて大量のデータから意味のある情報や知識を取り出す技術をである．一般には，データ選択や前処理，後処理にあたる可視化，意志決定までの一連の流れをまとめてデータマイニングと呼ぶ場合が多い．一般的なデータベースからの知識発見のプロセスを図3.4.13に示す．

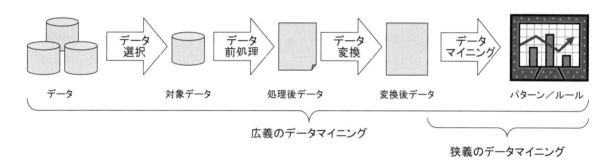

図3.4.13　データベースからの知識発見のプロセス

一般にデータマイニングで使用されるデータは，厳選して集めた信頼性の高いデータではなく，どちらかと云えば勝手に集まってきたデータが多い．これらのデータは，数が膨大で，質が悪く，バラバラでそのままでは解析に使えない．そこで解析に使える良質なデータにするため，前処理や変換が必要となる．前処理や変換では，「データ形式の統一」，「欠損値の補完」，「誤り値の補正」，「正規化」，「異常値処理」等が行われる．

データマイニングは大量のデータから意味のある情報を抽出するもので，その分析の種類と代表的な手法を表3.4.2に示す．

(a) 相関ルール（アソシエーションルール）抽出

データマイニング技術の重要な手法の一つとして相関ルール抽出がある．相関ルール抽出とは，データの中から，同時に生起する事象同士の関係を相関ルールとして抽出するものである．代表的なものとしてアソシエーション分析（バスケット分析）がある．例として橋梁点検をイメージした架空のデータを表3.4.3に示す．一般的にはこのようなデータをマーケット・バスケット・トランザクションと呼び，表3.4.3の各行をそれぞれ一つのトランザクションと呼ぶ．例えば橋梁点検を行った際には，損傷部位の組み合わせに何らかの関連，あるいは規則を持つ場合は少なくない．このとき，トランザクションデータベースに頻出するアイテム間の何らかの組み合わせの規則を相関ルールと呼び，「部位Aが損傷していると部位Bも損傷している」といったルールを簡単に{A}⇒{B}と表すことにする．相関ルールの「⇒」の左辺は条件部であり，右辺は結論部である．このような相関ル

表 3.4.2 分析の種類と代表的手法

分析の種類	概要	代表的手法
相関ルールの抽出	頻繁に同時生起する事象同士を相関の強い関係,相関ルールとして抽出.アソシエーション分析やバスケット分析と呼ばれる.	■Apriori ■FP-growth
分類 (クラス判別)	複数の属性を持つデータにおいて,ある属性を目的属性,それ以外を従属属性として,従属属性だけから目的属性を決定する.	■判別分析 ■単純ベイズ分類器 ■サポートベクターマシン(SVM) ■決定木(デシジョン・ツリー) ■ニューラルネットワーク ■自己組織化マップ(SOM) ■記憶ベース推論
クラスタリング (グループ化)	数値やカテゴリからなる多次元ベクトルを対象とし,類似度に基づいたグループ分けを行う.	■階層的クラスタリング 　●NN(Nearest Neighbar)法,最短距離法 　●K-NN(K Nearest Neibhbar)法 　●Ward(ウォード)法 　●MST(Minimum Spanning Tree)法 　●DBSCAN(Density Based Spatial Clustering)法 ■非階層的クラスタリング 　●K-means法 　●EM法 ■ニューラルネットワーク ■自己組織化マップ(SOM)
異常検出	一般的なデータが従う規則的なパターンから外れた異常や変化を検出する.	■MT(マハラノビス・タグチ)法 ■統計的検定 ■単純ベイズ分類器 ■ナイーブベイズ法 ■ベイジアンネットワーク ■サポートベクターマシン(SVM) ■自己組織化マップ(SOM)
時系列分析・予測	時間ごとに記録されたデータから,将来の予測を行う.	■回帰分析 ■指数平滑法 ■Holt-Winters法 ■ARMAモデル,ARIMAモデル ■ニューラルネットワーク ■モンテカルロフィルタ(粒子フィルタ)

表 3.4.3　橋梁点検の損傷部位の例（架空のデータ）

トランザクション ID	損傷部位のアイテム集合
1	{主桁, 支承, 伸縮装置, 排水装置}
2	{主桁, 床版, 舗装, 伸縮装置, 高欄, 排水装置}
3	{支承, 伸縮装置, 排水装置}
4	{床版, 舗装, 伸縮装置}
5	{舗装, 伸縮装置, 高欄, 照明, 排水装置}

ールを抽出する最も広く知られているアルゴリズムはApriori[1]やFP-growth[2]である．AprioriはIBMアルマデン研究所のRakesh Agrawalらによって開発されたアルゴリズムで，ユーザが最小確信度と最小支持度を与えて，それ以上の確信度，支持度を持つ相関ルールを全て発見する効率的なアルゴリズムである．Aprioriでは，相関ルールの評価指標として，確信度(confidence)と支持度(support)が用いられる．

確信度(confidence)とは，ルールの条件部と結論部との結びつきの強さを表すもので，アイテム集合XとYを含むトランザクション数を条件部Xを含むトランザクション数で割った値である．この値が大きいほど，ルールの条件部と結論部との結びつきが強い．次に支持度(support)は，ルールそのものの出現率で，条件部であるアイテム集合Xと結論部であるアイテム集合Yを同時に満たすトランザクションが全トランザクション数Mに占める割合である．例えば表3.4.3で条件部のアイテム集合X={舗装, 伸縮装置}，結論部のアイテム集合Y={排水装置}とした場合には，確信度は0.666 (2/3)であり，支持度は0.6 (3/5)となる．ルールの価値を判断するうえで，確信度が高いことが重要なのは当然であるが，支持度も一定の高さが必要である．支持度が低いというのは，そのルールが滅多に起こらないことを意味している．

トランザクション数が多い場合に，支持度の低いルールを含めてすべてを探索しようとすると膨大な量の処理を行う必要がある．そこで，Aprioriアルゴリズムでは，確信度と支持度に閾値を設け，それを超える確信度と支持度を持つルールを見つけるようになっている．なお，これらの手法は，トランザクション数が極めて大きく，アイテム数が小さいデータを効率的に処理することは出来るが，アイテムの組合せを探索するため，アイテム数が大きいデータでは，抽出されるパターン数が膨大となり，結果が冗長になってしまうという問題がある．そのため，パターンの冗長性を削減した極大頻出パターン[3]や飽和頻出パターン[4]を抽出手法も提案されている．

(b) 分類（クラス判別）

分類（クラス判別）とは，複数の属性を持つデータにおいて，ある属性を目的属性，それ以外を従属属性として，従属属性だけから目的属性を決定する問題である．例えば橋梁の点検では，複数ある点検結果から橋梁の健全度クラス（カテゴリ）を予測したりする場合に用いられる．

古典的な統計学では，判別分析と呼ばれる手法が用いられるが，データによっては分類性能が良くない場合がしばしばある．そこで，ベイズ法による判別分析，機械学習の一種であるサポートベクターマシン，決定木など，多くの分類方法が提案されている．

サポートベクターマシン[5],[6] (Support Vector Machine: SVM) は，1995年にAT&TのV.Vapnikによって提案されたパターン認識の教師あり学習モデルの一つであり，2クラスの識別器を構成する手法である．サポートベクターマシンは，本来線形の識別器であるが，カーネル関数と呼ばれる非線形関数を導入することによって線形分離可能でない場合に対しても高い識別が可能である．サポートベクターマシンの学習は，凸二次問題を解くことによって行うことができ，パーセプトロンなどに見られる局所解などの問題も存在しないため，学習が簡便に行える．

決定木（Decision Tree）は，データの分類，パターン認識などに使われ，データの中にあるパターンやその階層関係を樹木の形で抽出するための技術で，CHAID, CART, C4.5[7]などのアルゴリズムが有名である．

(c) クラスタリング（グループ化）

クラスタリング(Clustering)とは，データの集合をクラスターという部分集合に分割することで，統計分野では，クラスター分析と呼ばれ，パターン認識の分野では，教師なし自動分類と呼ばれる．要するに似たもの同士をまとめる処理をクラスタリングと呼ぶ．クラスタリング手法は大きく，最短距離法などの階層的手法とK-meansなどの非階層的手法に分けられる．また，ニューラルネットワークや自己組織化マップなどもある．

自己組織化マップ[8],[9] (Self-Organizing Map: SOM)は，ヘルシンキ大学のT.Kohone博士によって提案されたニューラルネットワークの一種で，与えられた入力情報の類似度をマップ上での距離で表現するモデルである．自己組織化マップでは，多次元データを予備知識（教師）なしでクラスタリングできる．

(d) 異常検知

異常検知とは，通常のデータが従う規則的なパターンから外れた異常や変化を見つけることで，セキュリティ，障害検知，故障診断，マーケティング，不正検出などに用いられる．異常検知には，外れ値検出や変化点検出，異常行動検出などがある．外れ値検出はデータ群から著しく離れた異常値をとるデータを検出することであり，変化点検出は時系列データから急激に変化する時点を検知する．また，異常行動検出は行動履歴パターンから異常行動パターンを検出することである．外れ値検出では，MT（マハラノビス・タグチ）法[10]が有名である．

(e) 時系列分析・予測

時系列分析・予測では，リアルタイムに発生するデータを分析し，時々刻々と変化する傾向を抽出する．センサで得られるデータから異常を検知したり，製造現場では，未来のセンサ値を予測して，それに対する最適な制御を行う等が考えられる．時系列データから将来値を予測する際に用いられる時系列分析法としては，指数平滑法やHolt-Winters法[11]がある．Holt-Winters法は，トレンドや季節性を有する系列に有用な指数平滑法の一つである．

(2) センサネットワークとデータマイニング

センシング技術の発達および高速ネットワークの普及により，社会のあらゆるところで様々なデータが計測されている．センサでは，時間的に変化する大量のデータが終わりなく計測され，特に各種の物理センサで計測されたデータは，実数値の時系列データとなる．センサデータへのデータマイニング応用の一例を以下に示す．

・構造物のヘルスモニタリング，劣化診断
・生活空間の省エネ
・自然災害（地震，津波等）の発生検知
・火山活動の監視
・大気，海洋，河川等の汚染監視
・交通制御
・各種プラントの監視，運転最適化

センサデータからの知識発見において最も重要な事項は異常検出である．従来の方法では，単純にセンサで計測された値の上限と下限を定め，この範囲を逸脱した場合を異常であると判断していた．しかしながらセンサで計測される値はセンサが付加された環境や状況に大きく依存するため，上限と下限を規定するだけでは，異常を見逃す可能性がある．そこで，最近ではデータマイニング手法を用いて，異常を検出する方法が研究されている．例えば，井手ら[12]は，近傍保存原理と名づけた単純なアイディアに基づいて，動的なシステムからの異常検出を

行う手法を提案している．また，久保田ら[13]は決定木と重回帰クラスタリングを用いてプラントセンサデータから異常を検出する手法を提案している．

参考文献

1) R. Agrawal and R. Srikant : Fast Algorithms for Mining Association Rules, Proceedings of the International Conference on Very Large Data Bases, pp. 487-499, 1994.
2) J. Han, J. Pei and Y.Yin : Mining frequent patterns without candidate generation, Proceedings of the ACM SIGMOD Conference on Management of Data, pp.1-12, 2000.
3) J.Pen, J.Han and R.Mao : CLOSET:An e±cient algorithm for mining frequent closed itemsets, DMKD'00, 2000.
4) Gosta Grahne and Jianfei Zhu : Efficiently Using Prefix-tress in Mining Frequent Itemsets, Proceeding of the First IEEE ICDM Workshop on Frequent Itemsets Mining Implementations, 2003.
5) Cortes, C. and Vapnik, V.: Support-Vector Networks, Machine Learning, Vol. 20, pp.273–297, 1995.
6) 津田宏治：サポートベクターマシンとは何か，電子情報通信学会誌, Vol. 83, pp460–466, 2000.
7) Quinlan, J. R. : C4.5 Programs for Machine Learning, Morgan Kaufmann, San Mateo, California , 1992.
8) T. Kohonen : Self-Organizing Maps, Springer, 2000.
9) T.コホネン著，徳高平蔵，堀尾恵一，大北正昭，大薮又茂，藤村喜久郎訳：自己組織化マップ，シュプリンガーフェアラーク東京，2005．
10) 鴨下隆志，矢野耕也，高田圭，高橋和仁：おはなしMT（マハラノビス・タグチ）システム，日本規格協会, 2004.
11) Bermúdez, J.D., Segura, J.V. & Vercheri, E. : Bayesian forecasting with the Holt–Winters model, Journal of the Operational Research Society, 61, pp.164 -171, 2010.
12) Tsuyoshi Ide, Spiros Papadimitriou, Michail Vlachos, : Computing Correlation Anomaly Scores Using Stochastic Nearest Neighbors, ICDM, pp.523-528, 2007 Seventh IEEE International Conference on Data Mining, 2007.
13) 久保田和人，森田千絵，波田野寿昭，仲瀬明彦，渡辺経夫，岩本撤也，大滝裕樹，大森和則，大谷圭子，河井研介：データマイニングを用いたプラントセンサデータの異常発見，The 20th Annual Conference of the Japanese Society for Artificial Intelligence, pp.1-4, 2006.

（執筆者：中村　秀明）

3.5 データ解析・プロセス技術

　本節ではセンサを用いて構造物の応答や状態を測定する技術の概要を説明する．計測工学やモニタリング技術に関する教科書は土木分野に限らず多く出版されており，ISOなどの基準も整備されている．モニタリングの対象の特性や測定しようとする物理現象の特性に応じて，データ解析ではさまざまな方法が選択され得る．例えば橋梁の振動計測では，橋梁振動研究会編「橋梁振動の計測と解析」[1]は橋梁の振動測定とデータ分析，数値解析手法などを詳細に解説している．土木学会橋梁振動モニタリング研究小委員会による「橋梁振動モニタリングのガイドライン」[2]は現在でも比較的入手しやすい．また，土木学会橋梁振動モニタリングとその標準化小委員会による「モニタリングによる橋梁の性能評価指針（案）」[3]は関連するISO規格と整合性させた技術指針である．

3.5.1 データ取得

(1) 目的に応じたセンサと測定器の選択

　モニタリングは，構造物などの対象への入力やその応答を定量的に測定して安全性や余寿命などについて工学的な評価や判断を行うことである．センサやそのほかの測定機器は，定量的な評価を行うために用いられ，これが一般的な目視による点検とは大きく異なる点である．何を評価するのかという目的によって測定対象の設定や用いる機器は異なるので，目的を明確にした計画の策定が必要であり，測定結果に対する評価や判断を行うためには，要求性能やあるべき目標値を事前に明らかにしておく必要がある．

　例えば，供用中の橋梁で安全性の確認を直接的に行うことを目的とする場合は，着目する部材の応力度が設計で想定した応力度や許容応力度を超過しないことを確認することになる．着目する部材はその橋梁で応力状態が最も厳しい部材であり，一方，設計図書に基づく解析や設計基準から指標となる応力度が明らかになる．応力の測定にはひずみゲージなどのセンサが用いられ，測定点数，測定時間やサンプリング周期が所与の制約条件を考慮して決定され，計画が定められる．

　土木分野で使われるセンサとしては，前出の**表3.1.3**のようなものがある．それぞれの物理量に対応して複数のセンサが存在するが，それぞれの性能や価格，取り扱いのしやすさに応じて選択する必要がある．また，センサに接続するアンプやシグナルコンディショナと呼ばれる測定器も機能や性能によっても測定精度や測定のし易さ，あるいは測定の可否そのものが決定されるので注意が必要である．例えばひずみの測定を行う場合，現象が静的で時間によってほとんど変化しないのであれば，静ひずみ測定用の測定器を用いるが，衝撃や振動を測定する場合には動ひずみ計が必要になる．一般に単位チャンネル当たりのコストは動ひずみ計の方が高く，標準的な測定可能点数は静ひずみ計の方が多い．想定したデータを収録する記録器は，最近ではコンピュータを利用することが多い．しかし，長期間の常時測定や遠隔測定では，ソフトウェアやオペレーティングシステム，機器本体の安定性を十分に確保する必要がある．このような場合には専用のデータロガーの利用も検討される．一度の測定で，構造物の応答加速度と支点の変位，部材の応力など複数の物理量を測定することもしばしばある．この際には，同一の測定器にセンサを接続したり，測定開始時にマーカーとなる信号を入力したりしてデータの同期が確実に取れるようにすることが望ましい．

(2) センサ配置の検討

　使用する機器の構成が決定したら測点の配置を決定する．測定しようとする対象や現象に応じてセンサの配置を決定する．例えば橋梁の振動であれば，観測しようとする振動モード次数とその形状に応じて加速度計や速度

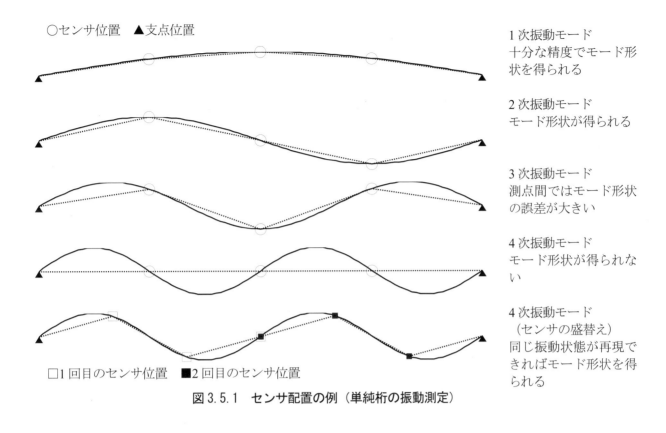

図 3.5.1 センサ配置の例（単純桁の振動測定）

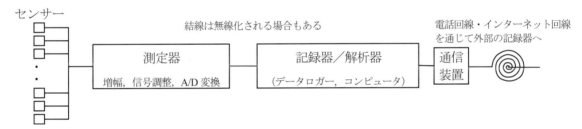

図 3.5.2 典型的なモニタリングシステムの構成

計の位置と方向を決める．モードの腹と節を捉えるような測点配置にするが，支点上など振幅が生じない点にもモード形状の確認のためセンサの設置を考慮するのがよい（図 3.5.1）．

実際の測定ではセンサの個数に制約があり，十分な測点を設けることができない場合がある．同一の条件を再現して測定できる場合には，センサの設置位置を移動させながら繰り返し測定を行うことでセンサ個数の制約を補うことができる（盛替え）．なお，これらの計画では，センサの設置作業に要する時間や安全性の問題，対象の利用を阻害しないことも考慮する必要がある．

(3) 測定器・記録器の設置と設定

図 3.5.2 に典型的なモニタリングシステムの構成を示す．測定器や記録器の設置場所は対象の近傍や内部とすることが多い．遠隔計測を行う場合でも測定器や通信機器の設置が必要である．設置場所の決定は安全性や作業の効率を考慮して行われるが，以下に述べるような諸条件も大きな要因となる．

測定器や記録器を動作させるには電源が必要である．一時的な測定ではバッテリーやエンジン発電機を利用するが，長期間に及ぶ測定の場合は商用電源を引き込むことが必要になるので，測定器の設置箇所の決定に影響する．センサに関しては，有線センサは電源が不要であったり測定器から供給されるが，無線センサは電池などが

必要になるため，長期にわたる場合は電池の交換を考慮する必要がある．近年は太陽電池が利用される場合もある．電源に関しては接地（アース）も重要である．電源電圧の接地側の電位が変動すると測定結果に悪影響を与えるため，接地電極となる鉄棒などを地中に十分深く打ち込んでおき各機器の接地端子や躯体を接続する．接地電極を地中に打ち込むことができない場合は，大地に接地させず電源と機器の接地端子を接続して基準電位を等しくする場合もある．

従来型の測定では機器はケーブルで接続される．設置時にはケーブルの取り回しに労力を割かれるので，綿密で効率的な作業計画を定めるとともに，ケーブルの総延長が短くなるよう測定器を配置する．ケーブルが長くなりすぎるとケーブルの抵抗により信号強度が低下し，長いケーブルが電磁的ノイズの影響を受ける場合もある．一方，無線センサを用いる場合は電波の到達範囲が問題となる．現地の天候や電波状況，橋梁や道路では車両の通行状況によっても通信状況は変化するので，図上での検討に加えて現地調査も重要である．

機器およびデータ収録ソフトウェアの設定では，入力電圧の上下限となるレンジの設定，電圧を物理量に変換するための較正係数の設定，ゼロ点の調整，サンプリング振動数の設定とアンチエイリアシングのためのローパスフィルタのカットオフ周波数の設定，A/D（アナログ-デジタル）変換器のビット長の確認が必要である．A/D変換器は連続的に変化するアナログ信号を一定の時間間隔でサンプリングし，デジタルデータに変換する．時間軸においてはサンプルする間隔を決めるサンプリング周期（逆数はサンプリング振動数）が重要で，現象の卓越振動数よりサンプリング振動数が十分に高くないと，偽の振動波形が発生するエイリアシングと呼ばれる現象が発生する．ナイキスト定理によれば，サンプリング周波数は卓越振動数の2倍以上である必要があるが，精度の良い測定をするには10倍程度が良い．サンプリング周波数を十分高く設定するとともに，予期しない高振動数成分を取り除くローパスフィルタをあわせて用いる．また，測定物理量の精度については，A/D変換器のビット長と測定レンジの関係が重要である．常時微動などの微小な振幅を測定する際は，十分なビット長を持つA/D変換器を用いるか，測定レンジを低く設定する．較正係数の設定は動ひずみ計で行う場合やソフトウェアで設定する場合がある．

3.5.2 データ処理

(1) 時刻歴波形の表示と検討

通常の測定では，まず物理量は時間に対して記録される．これを時刻歴データや時刻歴応答などと呼ぶ．横軸を時間，縦軸を測定物理量として図化するのが一般的で，グラフは時刻歴波形とも呼ばれる．まずこの時刻歴データを読み取ることで測定結果の基本的な検討が行われる．横軸（時間軸）の範囲は通過車両や地震による構造物の振動現象であれば数秒から数十秒程度であり，潮汐や温度変動の影響などを検討する場合には数日から数年の範囲となる．グラフに図示した場合，時間軸に対して構造物の振動や温度変化のように0軸を中心として周期的に変動するようなデータと，損傷によってひび割れが拡大するような時間によって値が一方向へ変動するようなデータがあり，両者が重ね合わさって記録される場合も多い．

図3.5.3は振動現象を測定した時刻歴波形のイメージ図である．時刻0では測定値は0軸上にある．0軸上に無い場合は0点の補正を行う．測定中に剛性や質量の変化が無く，単一の振動形状（振動モード）のみが発現していれば，振動の周期は一定である．入力がセンサや測定器の測定範囲（レンジ）を超えると，測定値は測定範囲の上限で頭打ちとなる．最大応答量が得られなかったり，後の振動数範囲での解析にも悪影響を与えたりするので，測定値は測定範囲内に収まるようにレンジを調整する．加速度の測定では振動が収まると測定値は0軸上で一定となるが，変位やひずみの測定では0にならない場合もある．測定開始前の状態をよく把握しておき，正

常な測定結果が得られたことを確認する必要がある．

実際の測定では，ノイズ（雑音）が多少なりとも混入する．まず時刻歴波形でノイズが十分に小さいことを確認する．ただし，測定対象そのものに高頻度に変化する現象（高次振動モードなど）が含まれる場合は時刻歴波形からはノイズと信号の区別がつかない場合がある．そのため，後述する振動数領域でのスペクトルの確認や，事前に行った数値解析との比較が重要となる．ノイズが大きい場合は，接地が確実に行われているかどうかや増幅器のローパスフィルタの設定を確認する．

以上の確認で適切な測定が行われたと判断できたら，時刻歴波形から基本的な測定結果を確認する．物理量の最大値や最小値，卓越周期，現象の継続時間などがわかる．

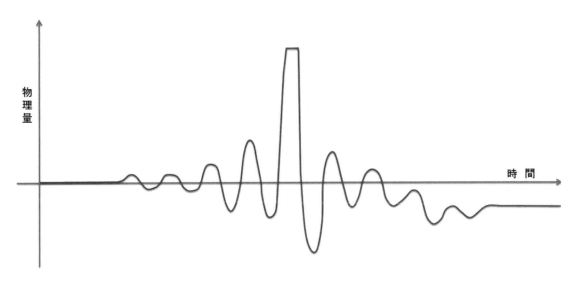

図 3.5.3　時刻歴データのイメージ

(2) 相関関数とフーリエ変換

データ取得後には，測定したデータから対象の状態を把握するためのデータ処理が行われる．この作業は大きく分けて時間領域で行う方法と振動数領域で行う方法があるが，両者は密接に関連している．データ処理の結果から，現象の周期や測点ごとの変動の状況などを把握することができる．構造物の振動現象では固有振動数や減衰定数，振動モード形状が相当し，これらを明らかにすることはシステム同定と呼ばれる．データ処理手法やシステム同定については，すでに多くの教科書や参考書が出版されており，それらを実現するソフトウェアも充実している．そこで，本節ではこの分野で使われる一般的な理論や技術を紹介し，おのおのの詳しい理論的解説やより高度なシステム同定の手法は参考文献に譲る．本項ではこれらの技術に共通して重要な相関関数とフーリエ変換について簡単に述べる．

橋などの土木構造物に作用する荷重は不規則に変動するもので，それによって引き起こされる構造物の加速度，速度，変位などの時刻歴データ $x(t)$ も不規則振動となる．その平均値 μ_x は確率論における期待値と同様の表現で以下のように表わせる．

$$\mu_x = E[x] \tag{3.5.1}$$

不規則外力による一つの振動応答をサンプルと呼び，無限個のサンプルからなる集合をアンサンブルと呼ぶ．確率的に平均を求めるには無限個のサンプルを平均したアンサンブル平均を求めることが必要だが，現実には無限個のサンプルを得ることは不可能である．そこで一つのサンプルの時間を無限大とした時間平均を考え，アンサンブル平均が時間平均と等しいとするエルゴード性を仮定する[4]．実際には時間を無限大にすることも不可能

なので，データ収録時間を十分に長く設定しておくこととする．

橋の振動加速度を測定するような場合，振幅に係らずその平均値は0となるため，平均値では振動の大きさを把握できない．そこで，2乗平均やその平方根を用いる．2乗平均は確率論における分散に対応し，2乗平均の平方根は標準偏差に対応して実効値あるいはRMS（Root Mean Square）と呼ばれる．実効値は時刻歴データの振幅を表わす指標としてよく使われる．

$$\psi_x = \sqrt{E[x^2]} \tag{3.5.2}$$

ところで，同じ時刻歴データの中で時間差τを与えたときの期待値を自己相関関数と呼ぶ．

$$R_{xx}(\tau) = E[x(t)x(t+\tau)] \tag{3.5.3}$$

これはある時刻における時刻歴応答がτだけ前の応答とどれだけ関係があるかを示しており，振動データの特性を表わすものである．例えば時刻歴データが周期的であれば自己相関関数も周期関数となり，時刻歴データが完全にランダムなノイズであれば自己相関関数はデルタ関数となり$\tau=0$以外では0になる[4]．

これに対して2つの時刻歴データの間で時間差τを与えたときの期待値を相互相関関数と呼ぶ．

$$R_{xy}(\tau) = E[x(t)y(t+\tau)] \tag{3.5.4}$$

相互相関関数は後述するフーリエ変換とともに，振動数領域でクロススペクトルやコヒーレンス関数として観測点間のデータの関係性を表わすために主に使われる．また，ある構造物上の2点で測定された加速度データの相互相関関数は，1点に衝撃加振を与えたときの他点における自由振動波形となることが知られている[5]．

時間によって変動する物理量の分析では，振動数領域での分析が非常に重要である．これは，グラフの横軸を時間から周期（単位：秒(s)）や振動数（単位：Hz(=1/s) または rad/s）に変換することを意味する．時刻歴データを振動数領域に変換するにはフーリエ変換を用いる[6]．

$$X(\omega) = \int_{-\infty}^{\infty} x(t)e^{-i\omega t}dt \tag{3.5.5}$$

振動数領域への変換によって，時刻歴データはフーリエスペクトルと呼ばれる複素関数に変換される．ある（円）振動数ωにおけるフーリエスペクトルの大きさ$|X(\omega)|$はその（円）振動数での振動の強さを表わす．すなわち，時刻歴データが円振動数ωの振動波形の場合，フーリエスペクトルの$|X(\omega)|$にピークが現れる．フーリエスペクトルに以下のフーリエ逆変換を行うことで時刻歴データを得ることもできる．

$$x(t) = \frac{1}{2\pi}\int_{-\infty}^{\infty} X(\omega)e^{i\omega t}d\omega \tag{3.5.6}$$

フーリエスペクトルは複素関数で複素数部分の取り扱いが煩雑になることや，振動振幅は上述の実効値のように2乗平均が重要な意味を持つことから，以下のようなパワースペクトル密度関数（単にパワースペクトルと呼ぶ場合もある）を用いる．式中の*は複素共役を表す．

$$S_{xx}(\omega) = \lim_{T\to\infty}\frac{X(\omega)^*X(\omega)}{2\pi T} = \lim_{T\to\infty}\frac{|X(\omega)|^2}{2\pi T} \tag{3.5.7}$$

上記のフーリエ変換は連続で無限長のデータに対する定義であるが，実際の振動測定データは一定の時間間隔で測定された離散化データであり，またその長さも有限である．このような有限離散データに対しては，多くの振動解析ソフトウェアで計算順序を効率化した高速フーリエ変換（First Fourier Transform, FFT）が使われている．なお有限離散データに対するフーリエ変換アルゴリズムは，その有限長のデータが前後でも繰り返す，すなわちデータ点数をNとすると，$x(1)=x(N+1)$という前提がある．この前提が崩れると，本来のピーク以外の振動数にもピークが生ずるスペクトルの漏れ（Spectrum leakage）が発生する．この漏れを最小限にするために，波形データには窓関数をかけてデータの最初と最後の値を一致させることが一般的である．なお，有限離散フーリエ変換は

教科書やソフトウェアで係数の定義が異なることがあるので結果を比較する場合には確認が必要である[7]．なお，自己相関関数のフーリエ変換はパワースペクトルとなることが知られている．

$$S_{xx}(\omega) = \int_{-\infty}^{\infty} R_{xx}(\tau)e^{-i\omega\tau}d\tau \tag{3.5.8}$$

また，2つの時刻歴データのフーリエ変換からクロススペクトルが求められ，これは相互相関関数のフーリエ変換となることも知られている．

$$S_{xy}(\omega) = \lim_{T \to \infty} \frac{X(\omega)^*Y(\omega)}{2\pi T} \tag{3.5.9}$$

$$S_{xy}(\omega) = \int_{-\infty}^{\infty} R_{xy}(\tau)e^{-i\omega\tau}d\tau \tag{3.5.10}$$

これらの関係を用いて，高速フーリエ変換を利用して自己相関関数や相互相関関数を高速に求めることができる．

(3) 時間領域の振動特性の同定

　以上のように，センシングデータから現象の卓越周期などを同定することは，時間領域，振動数領域のいずれでも求めることができるが，時間領域では，時刻歴データは複数の周期成分が重なりあっているため，フィルタを使って1つ1つの成分を抽出する．フィルタには抽出する振動数領域によってローパスフィルタ，ハイパスフィルタ，バンドパスフィルタなどがある[8),9)]．

　1つの振動成分のみが抽出されると，そのピーク値からピーク値までの時間周期や0軸を通過する時間の間隔から振動周期を計算することで卓越周期を求めることができる．対象の特性が時間によって変化しない線形現象であれば測定中に周期が変化することが無いので，データ処理の過程で得られるフーリエスペクトルのピーク値から卓越周期（卓越振動数）を読み取るほうが簡便である．一方、測定中に損傷などによって構造物の固有振動数が変化するなど，対象が非線形な場合には時間領域で卓越周期とその変化を求めたほうが良い場合がある．

　対象に複数の測点を設けた場合，測定値がピーク値に達した時点での各測点の値の比や時間差（位相差）も重要な情報となる．測点間で値の大きさを比較することで損傷や外的作用の影響範囲を調べたり，時間差から伝播速度や発生源を求めたりすることができる．構造物の動的現象では振動モード形状が相当する．いずれの場合でもセンサ間の比較をするには，各センサから出力された電気信号が物理量に正しく変換される必要がありセンサの較正は極めて重要である．また，センサが無線で接続される場合などには，各センサの時計が正しく時刻合わせされていることも必須である．なお，構造物の振動モード形状に関しては，通常の土木構造物は減衰が小さいので測点間の振動の位相差は0°か180°となり，測点間の振幅比は1周期中で一定である．しかし高減衰支承やダンパーを有する構造系の場合は，180°未満の位相差が生じモード形状が変化するので注意が必要となる．

　振動現象に関しては，図3.5.4のように一般に振動を繰り返すことによって振幅は減少する．この振幅の減少度合いは減衰定数であらわされる．減衰定数は時刻歴振動波形から1周期分の対数減衰率を求めることで算出することが基本的な方法である．(3.5.11)式および(3.5.12)式のように周期ごとのピーク値から対数減衰率を算出し，1周期に相当する2πで除することで減衰定数を得る．実際の減衰自由振動データは雑音の影響やフィルタリングによる波形の歪があったりするため，1周期のみではなく複数周期の平均値を求めるなどの工夫を行う．また，構造物の振動は振動振幅が大きい場合は減衰が大きく，振幅が小さいと減衰が小さい傾向があるので，振幅レベルに応じて減衰定数を求めることも検討する．なお，土木構造物で減衰自由振動波形を直接的に記録することは，供用前に起振器を利用することができた場合などに限られる．この場合，常時微動波形などの不規則応答から減衰自由振動波形を得る方法があり，RD法（Randam Decrement Technique）や相関関数を用いる方法（Natural

Excitation Technique) が知られている [2),5)].

$$\delta = \ln\left(\frac{x_{i-1}}{x_i}\right) \tag{3.5.11}$$

$$h \approx \left(\frac{\delta}{2\pi}\right) \tag{3.5.12}$$

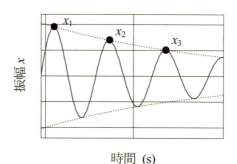

図 3.5.4 減衰自由振動波形

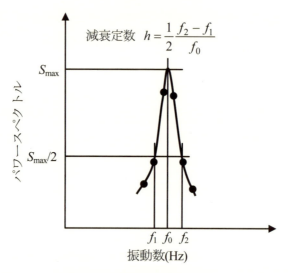

図 3.5.5 ハーフパワー法

(4) 振動数領域での振動特性の同定

　時間領域と同様，振動数領域でも卓越周期（卓越振動数）や減衰定数を同定することができる．卓越振動数については，フーリエスペクトルやパワースペクトルのピーク値を用いる方法がもっとも基本的な方法である．一般的に実データから得られたスペクトルは，ノイズや有限長のデータに起因するスペクトルの漏れによる激しい凹凸を有する．これを緩和して明瞭なピークを得るため，上述のように窓関数を用いてデータの始端と終端を 0 にするとともに，同一条件で繰り返し測定を行った波形の積算平均を求める．一連のデータを N 点ずつ M 組のサンプルに分割した上で各組のデータに窓関数をかけて，M 組の平均値を求めることもできる．この場合の振動数分解能はサンプリング振動数を f とすると，$\Delta f = f/N$ (Hz) となり，元のデータの振動数分解能 $\Delta f_0 = f/NM$ (Hz) より低下するので注意が必要である [6)].

　減衰定数の計算にはハーフパワー法が用いられる．これは図 3.5.5 のようにパワースペクトルの値がピーク値の 1/2 となる振動数を読み取り減衰定数を計算する方法である [10)].

　測定対象に設置したセンサからの情報（応答）のみならず，対象への作用（外力，入力）も測定できる場合には入力のフーリエスペクトル $F(\omega)$ と応答のフーリエスペクトル $X(\omega)$ の比から伝達関数を求め，それを利用するこ

とができる．例えば，建築物の各階に加速度センサを設置すると同時に，地盤での地震動を測定するような場合が挙げられる．

$$H(\omega) = \frac{X(\omega)}{F(\omega)} \tag{3.5.13}$$

雑音が混入するデータでは，雑音が入力および応答に無相関であると考え，クロススペクトルから伝達関数を求めることができる．

$$H_1(\omega) = \frac{S_{fx}(\omega)}{S_{ff}(\omega)} \tag{3.5.14}$$

$$H_2(\omega) = \frac{S_{xx}(\omega)}{S_{xf}(\omega)} \tag{3.5.15}$$

ノイズが存在しなければ H_1 と H_2 は一致するので，その比は得られた伝達関数の確からしさを示す指標となる．これをコヒーレンスと呼び0から1の間の値を取る[2]．

$$\frac{H_1(\omega)}{H_2(\omega)} = \frac{S_{fx}(\omega)S_{xf}(\omega)}{S_{xx}(\omega)S_{ff}(\omega)} \tag{3.5.16}$$

伝達関数の振幅と位相を各測点で比較すれば，時刻歴データで各測点の観測値を直接比較する以上に有意義な結果を得ることができる．入力が得られない場合は応答を測定した観測点のうち適当な1つを参照点として選び，この参照点と各観測点間で伝達関数と同様にクロススペクトルの比やコヒーレンスを計算する方法が考えられる．すなわちコヒーレンス値が1となる振動数をモードと考え，その振動数におけるクロススペクトルの比から振幅比を求めモード形状とする方法である．

(5) ウェーブレット変換

振動数領域のデータ解析でしばしば使われるフーリエ解析は波形を三角関数の重ね合わせと考えるが，要素となる振動波形の振幅や振動数が時間によって変化する非定常な場合には対応できない．これに対して短区間フーリエ変換やウェーブレット変換は非定常な波形を取り扱うことができる．理論を解説した教科書も多く，現在ではMatlabなどの科学計算用ソフトウェアに解析ツールが含まれている[11]-[14]．

3.5.3 システム同定による構造特性の同定

橋や建築物の地震応答シミュレーションなどで行われるモデル化は第一原理モデルと呼ばれる方法で，既知の部材データから構造物を表現する質量，減衰，剛性の各マトリクスを組み立て運動方程式を解く．一方，センシング結果に基づいて構造物を表現することをシステム同定と呼ぶ．システム同定は航空工学や宇宙工学など機械系の分野で盛んに研究が進んでいるが，橋梁などの社会基盤構造物をシステムとみなし，入力である外力と出力である振動応答を測定して，構造物の特性を表わすシステム行列を同定し，システム行列に対する固有値解析から固有振動数，減衰定数などの固有振動特性を得ることができる．

「橋梁振動モニタリングのガイドライン」[2]では，橋梁などの建設分野における構造同定について解説している．運動方程式を構成する質量，減衰，剛性マトリクスといった特性行列を同定するための方法として，「モード特性の同定結果から特性行列を得る方法」と「実験で得られた振動データから直接同定する方法」に分類し，後者についてシステム同定の考え方を説明している．これによると，システム同定問題は，実験データ，システムの数学モデル，実システムとモデルの近さについての評価基準（関数）の3要素から構成される．実験データは振動実験により収集する．数学モデルは，建設系の構造物では物理的な意味が明確な運動方程式そのものを数学

モデルとして採用することが多いが，運動方程式を1階常微分方程式で表現した状態方程式などで表現する方法もしばしば用いられる．数学モデルで表現されたものの中から，実システムの出力である実験データをもっともよく説明するモデルを推定，選択する必要があり，推定の根拠となるのが評価基準である．

具体的な手法を列挙すると，ARモデルや多次元ARモデルを用いたもの，ERA法やサブスペース法を用いたものなどがあり，橋梁の振動特性同定でも使用されている[15),16)]．

システム同定の研究が先行する宇宙工学の分野などと比較して，社会基盤構造物は非線形性が強いのでシステム同定の適用が難しい場合が多いが，最近のセンサ技術や数値解析技術の進展と低価格化に伴って，今後の発展が期待される．この分野においても，情報や機械工学分野を中心として教科書は充実してきている[4),17)-19)]．

参考文献

1) 橋梁振動の計測と解析編纂グループ：橋梁振動の計測と解析，技報堂出版，1993．
2) 土木学会構造工学委員会橋梁振動モニタリング研究小委員会：橋梁振動モニタリングのガイドライン，土木学会，2001．
3) 土木学会構造工学委員会橋梁振動モニタリングとその標準化小委員会：モニタリングによる橋梁の性能評価指針〈案〉，土木学会，2006．
4) 山口宏樹：構造振動・制御，共立出版，1996．
5) 長山智則，阿部雅人，藤野陽三，池田憲二：常時微動計測に基づく非比例減衰系の非反復構造逆解析と長大吊橋の動特性の理解，土木学会論文集，No.745, pp.155-169, 2003．
6) 南茂夫：科学計測のための波形データ処理―計測システムにおけるマイコン・パソコン活用技術，CQ出版，1986．
7) 小松敬治：機械構造振動学 - MATLABによる有限要素法と応答解析，森北出版，2009．
8) 西原主計、山藤和男：計測システム工学の基礎 第2版，森北出版，2005．
9) 電子情報通信学会：ディジタル信号処理ハンドブック，オーム社，1993．
10) 小坪清真：土木振動学，森北出版，1995．
11) 金井浩：音・振動のスペクトル解析，コロナ社，1999．
12) チャールズ K. チュウイ著，桜井明，新井勉共訳：ウェーブレット入門，東京電機大学出版局，1993．
13) イヴェス・ニイベルゲルト著，松本忠，雛元孝夫，茂呂征一郎共訳：ウェーブレット変換の基礎，森北出版，2004．
14) The MathWorks, Inc.: Wavelet Toolbox 概説書, http://www.mathworks.com/tagteam/58032_TT031_Wavelet_Tlbx_Manual.pdf, 2009.
15) 岡林隆敏，中忠資，奥松俊博，郝 婕馨：多次元ARモデルを用いた常時微動による橋梁振動特性推定法と推定精度の検討，土木学会論文集A, 64巻2号 474頁-487頁, 2008．
16) Nagayama T, Abe M, Fujino Y, Ikeda K.: Structural identification of a nonproportionally damped system and its application to a full-scalesuspension bridge, Journal of Structural Engineering (ASCE), 131(10), 1536–45, 2005.
17) 足立修一：システム同定の基礎，東京電機大学出版局，2009．
18) 片山徹：システム同定-部分空間法からのアプローチ，朝倉書店，2004．
19) 大住晃：構造物のシステム制御，森北出版，2013．

(執筆者：宮森　保紀)

3.6 情報の信頼性

センサを利用して，対象物の状態を調べる場合，センサ誤作動の扱いが重要となる．警報を発するシステムの場合，監視対象が正常な場合に警報が発生する誤報と，監視対象が異常な場合に警報が発生しない欠報の2種類の誤作動が考えられる．誤報が多い場合には，誤報の度にシステム停止，点検などの必要が生じ運用コストが増大したり，監視対象に異常が生じてもユーザーがいわゆる警報慣れしたりする恐れがある．例えば，地震津波警報の外れが頻発すると，避難の切迫度が低下することが考えられる．警報が出た場合に実際に異常がある，条件付き確率が低下することを意味する．一方で，欠報が多い場合には，そもそも監視対象の異常を検知できず，警報の意味をなさない．誤報，欠報は，計測機器のシステム上の問題から生じることもあるが，計測量に含まれる誤差に依存することも多い．ここでは，まず計測誤差の伝搬について述べ，次に各センサの信頼度がセンサシステム全体の信頼度にどのように影響するか説明し，最後に誤報・欠報の扱いについて述べる．

3.6.1 計測誤差の伝播

複数の計測量 $x_1, x_2, \ldots, x_n$ にそれぞれ測定誤差が $\delta x_1, \delta x_2, \ldots, \delta x_n$ が含まれる場合，計測量を用いてある関数 $f(x_1, x_2, \ldots, x_n)$ を計算すると関数 f の誤差 δf は，計測量誤差が互いに独立かつランダムであるとすれば，次のように表される．

$$\delta f = \sqrt{\left(\frac{\partial f}{\partial x_1}\delta x_1\right)^2 + \left(\frac{\partial f}{\partial x_2}\delta x_2\right)^2 + \ldots + \left(\frac{\partial f}{\partial x_n}\delta x_n\right)^2} \tag{3.6.1}$$

で与えられる．また，誤差 δf の上限は次式により与えられる．

$$\delta f \leq \left|\frac{\partial f}{\partial x_1}\right|\delta x_1 + \left|\frac{\partial f}{\partial x_2}\right|\delta x_2 + \ldots + \left|\frac{\partial f}{\partial x_n}\right|\delta x_n \tag{3.6.2}$$

これらの式により，互いに独立な計測量を組み合わせて警報関数などに利用する場合の誤差が表現される．

3.6.2 センサの冗長性と信頼性

1つのセンサの故障がセンサシステム全体の機能停止の原因となるとき，その信頼性は，各アイテムを一直線に並べた，冗長性のない直列系で評価できる．一方で，同じ機能を有するセンサが複数あり，それらが全て故障したときに初めてシステム全体が機能停止する場合は，並列系で評価できる．

図 3.6.1 直列系

直列系：図 3.6.1 は信頼度 R_1 と信頼度 R_2 の2要素からなる直列系を表す．ここで，n 要素直列系の場合には，i 番目の要素の信頼度を $R_i(t)$ 列系とし，すべての故障が互いに独立であるとすると，システム全体の信頼度 R は各要素の信頼度の積となり次式で表される．

$$R = \prod_{i=1}^{n} R_i \tag{3.6.3}$$

並列冗長系（並列系）：図 3.6.2 は n 要素の並列冗長系を表す．同じ機能を持つ n 個のセンサで構成される並列

系では，各センサの故障が互いに独立であるとき，少なくとも1つのセンサが作動していればシステム全体の昨日は維持される．システムの信頼度 R は i 番目の要素の不信頼度を F_i とする時，

$$R = 1 - \prod_{i=1}^{n} F_i = 1 - \prod_{i=1}^{n}(1-R_i) \tag{3.6.4}$$

となる．

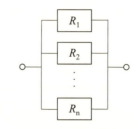

図3.6.2　並列冗長系

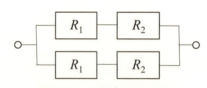

図3.6.3　系並列冗長系

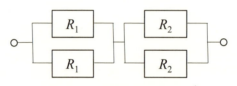

図3.6.4　要素並列冗長系

　直列系，並列系を組み合わせることで，様々な系を構成できる．例えば，図3.6.3と図3.6.4はそれぞれ系並列冗長系と要素並列冗長系を示している．上述の信頼度算出式を組み合わせると，それぞれの系の信頼度 R_s と R_e は次のように表される．

$$R_s = 1 - (1 - R_1 R_2)^2 \tag{3.6.5}$$

$$R_e = \left\{1 - (1-R_1)^2\right\}\left\{1 - (1-R_2)^2\right\} \tag{3.6.6}$$

これら2つの系の信頼度を比較すると以下のように，要素並列冗長系の方が高い信頼度を示す事がわかる．

$$R_e - R_s = 2R_1 R_2 (1-R_1)(1-R_2) > 0 \tag{3.6.7}$$

この他にも，多数決冗長系と呼ばれる系も構成できる．n 個のセンサの内，m 個以上の要素が機能しているとき，システムの機能が保たれるような冗長系を多数決冗長系（m/n 系）という．図3.6.5に2/3多数決冗長系を示す．

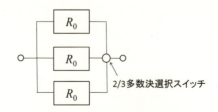

図3.6.5　2/3多数決冗長系

信頼度 R_0 の n 個のセンサからなる系において，各センサの故障が互いに独立であるとする．N 個のうち，r 個は故障せず，$n-r$ 個が故障する確率を P とすると

$$P = \binom{n}{r} R_0^r (1-R_0^r)^{n-r} \tag{3.6.8}$$

である．このシステムが機能するのは，n 個のセンサのうち，m 個以上のセンサが機能している場合であるので，その信頼度 $R_{m/n}$ は，m 個以上のセンサが機能する確率の和により表される．

$$R_{m/n} = \sum_{r=m}^{n} \binom{n}{r} R_0^r (1-R_0^r)^{n-r} \tag{3.6.9}$$

m および n が大きいほど，信頼度が高くなる．なお，2/3 多数決冗長系の信頼度 $R_{2/3}$ は次式のように表される．

$$R_{2/3} = \binom{3}{3} R_0^3 + \binom{3}{2} R_0^2 (1-R_0^r) = 3R_0^2 - 2R_0^3 \tag{3.6.10}$$

3.6.3 誤報と欠報

センサの監視対象が正常にも関わらず，センサが警報を発生していれば誤報である．センサ i の誤報確率は次の条件付き確率で定義する．

$$a_i = \Pr\{y_i = 1 | x = 0\} \tag{3.6.11}$$

ここで y_i はセンサ i が誤報故障しているときに 1，その他は 0 である．x は監視対象に異常が発生しているときに 1，それ以外は 0 である．複数のセンサ $y = \{y_1, y_2, \ldots y_n\}$ からなるセンサ系の警報関数を $\Psi(y)$ とする．$\Psi(y)$ はセンサ系が警報を出しているときに 1，その他は 0 である．センサ系の誤報確率 a_S は，次のように表される．

$$a_S = \Pr\{\psi(y)=1|x=0\} = E\{\psi(y)|x=0\} = \sum_u \psi(u) \prod_{i=1}^n a_i^{u_i}(1-a_i)^{1-u_i} \tag{3.6.12}$$

次に，センサの監視対象が異常にも関わらず，センサが警報を発生していなければ欠報である．欠報確率を次のように定義する．

$$b_i = \Pr\{y_i = 0 | x = 1\} \tag{3.6.13}$$

ここで y_i はセンサ i が欠報故障しているときに 1，その他は 0 である．センサ系の欠報確率 b_S は，次のように表される．

$$b_S = \Pr\{\psi(y)=0|x=1\} = E\{1-\psi(y)|x=1\} = \sum_u \left(1-\psi(u)\right) \prod_{i=1}^n b_i^{u_i}(1-b_i)^{1-u_i} \tag{3.6.14}$$

例として，3 個のセンサからなる系の誤報確率と欠報確率を考える．3 個のセンサからなる系の警報発生関数は**図 3.6.6** に示した 5 種類がある．これらの誤報確率，欠報確率を上式に基づいて計算すると**表 3.6.1**，**表 3.6.2** のようになる．各系を比べると，誤報確率は表中で右に行くほど，欠報確率は左に行くほど大きい．誤報確率が特に重要な場合と欠報確率が特に重要な場合は，それぞれで直列，並列を選択することになる．誤報も欠報も重要な場合は 2/3 系が採用されることが多い．また，冗長なセンサ数に自由度がある場合にはより多くのセンサを利用することで信頼度の向上が期待できる．ただし，これらはいずれも各センサが互いに独立であることを仮定しており，センサ異常の種類によってはセンサが独立であるとは限らない点に注意が必要である．また，各センサの信頼度は必ずしも定数ではなく，経時劣化により次第に低下することにも注意が必要である．

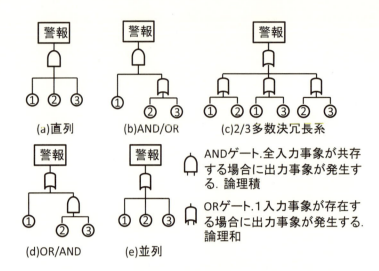

図 3.6.6　3 センサによる警報発生関数の種類

表 3.6.1　3 センサ系の誤報確率と欠報確率（センサが異なる場合）

パラメータ	直接	AND/OR	2/3 多数決冗長系	OR／AND	並列
a_S	$a_1 a_2 a_3$	$a_1 a_2 + a_1 a_3 - a_1 a_2 a_3$	$a_1 a_2 + a_1 a_3 + a_2 a_3 - 2 a_1 a_2 a_3$	$a_1 + a_2 a_3 - a_1 a_2 a_3$	$a_1 + a_2 + a_3 - a_1 a_2 - a_1 a_3 - a_2 a_3 + a_1 a_2 a_3$
b_S	$b_1 + b_2 + b_3 - b_1 b_2 - b_1 b_3 - b_2 b_3 + b_1 b_2 b_3$	$b_1 + b_2 b_3 - b_1 b_2 b_3$	$b_1 b_2 + b_1 b_3 + b_2 b_3 - b_1 b_2 b_3$	$b_1 b_2 + b_1 b_3 - b_1 b_2 b_3$	$b_1 b_2 b_3$

表 3.6.2　3 センサ系の誤報確率と欠報確率（センサが同一の場合）

パラメータ	直接	AND/OR	2/3 多数決冗長系	OR／AND	並列
a_S	a^3	$2a^2 - a^3$	$3a^2 - 2a^3$	$a + a^2 - a^3$	$3a - 3a^2 + a^3$
b_S	$3b - 3b^2 + b^3$	$b + b^2 - b^3$	$3b^2 - 2b^3$	$2b^2 - b^3$	b^3

参考文献

1)　福井泰好：入門　信頼性工学，森北出版，2006.
2)　熊本博光：モダン信頼性工学　－リスクの数値化と概念化－，コロナ社，2005.

（執筆者：長山　智則）

第4章 社会基盤のモニタリング ―センシングによる診断と評価―

4.1 センシングによる診断と評価

4.1.1 センシング，モニタリングと社会基盤技術の役割

センサー技術は，社会基盤のモニタリングの鍵となる役割を担うが，一方で，それを目的に応じて効果的に使用するための技術も重要である．図 4.1.1 は，モニタリングの中での，センサー技術の位置づけを示している．まず，モニタリングのサービスが，誰の，どのような目的のために行われるのか，明確にする必要がある．そして，その目的のために，現地のどのような現象を捉える必要があるかが選択される．さらに，構造物や自然環境の中のどの部分で，どのような物理量を測定するか，具体的な計測項目が決められる．この過程で，捉えたい現象のメカニズムを正しく理解し，対象の性質をうまく利用することが求められる．これは，社会基盤技術者が担うべき部分である．

測定すべき物理量が決まれば，それに適したセンサーの種類と仕様が決められる．センサーの機能は，内部の機構上の物理量を，電気的に測定しやすい電圧，電流，周波数などの物理量に変換することであり，センサーのメーカーによって，正確で安定な変換ができるように作られている．従って，測定すべき物理量を，正しくセンサー内部の機構上の物理量に連動させるように，センサーを適切に設置することが重要である．ここにも，測定対象の特性についての正しい理解が必要であり，社会基盤技術者が担うべき部分である．

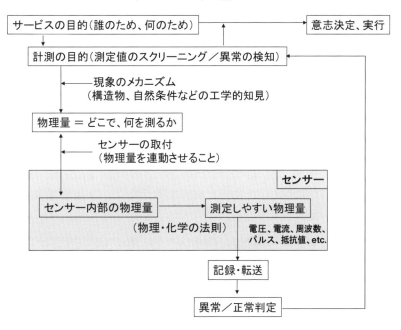

図 4.1.1 モニタリングサービスでのセンサーの位置づけ

図 4.1.2 は，センサーが有効に機能し，効果的なモニタリングが行われるための要因を示している．まず，センサー自体が，目的にかなった性能を持つことが必要である．ここには，センサーの物理量変換器としての特性（精度，ノイズ，分解能，耐久性など）に加えて，ユーザーにとっての使い勝手（価格，市場での入手のしやすさ，消費電力，インターフェースの仕様など）も，技術の普及のために重要な要因となる．

社会基盤技術者には，上記の役割を考えると，これらのセンサーを使うユーザーとしての技術力が問われる．目的を果たすために，対象のどの位置で，何を測定すればよいのか，要求される精度，信頼性，作業性，費用などを勘案した計画を立てなければならない．また，実施においては，センサーの固定や養生の方法，故障時の対応や，従来からの点検・監視技術との組み合わせなど，多くの問題を解決して，誰が使っても同じように目的を果たせるような技術を確立しなければならない．

さらに，上記のように，モニタリングの目的を明確にし，そのために何を測って，データをどう使うのかというマネジメントの設計が，モニタリングの成否を決める大きな要因となる．それを支えるのが，社会基盤技術者のもつ対象への正しい知識と深い理解である．

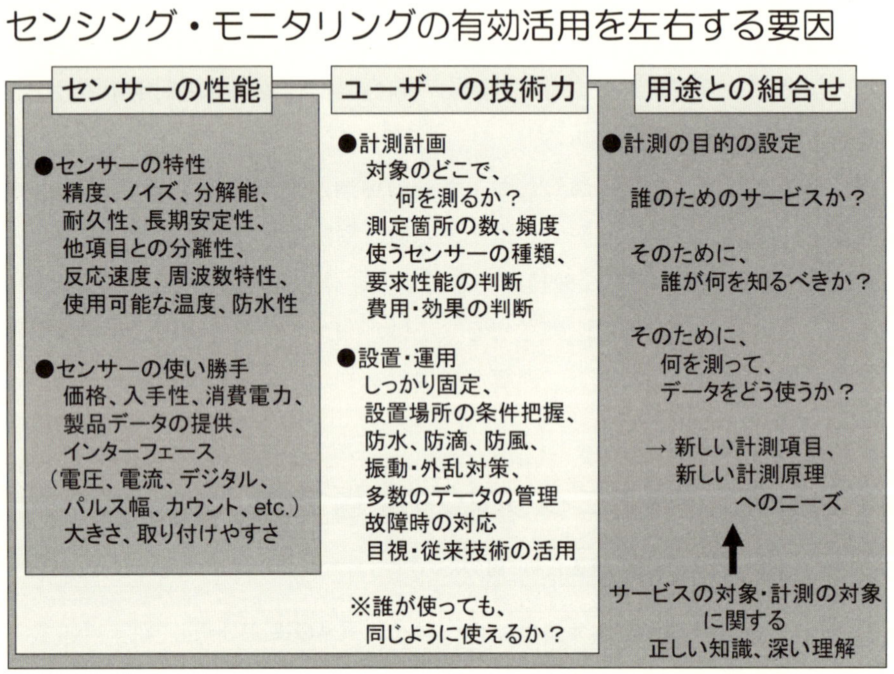

図 4.1.2　センシング・モニタリングの有効活用を左右する要因

4.1.2　社会基盤のモニタリング技術の展望

第 4 章では，現在，実施されている社会基盤のモニタリング技術を，いくつか紹介する．平常時に継続的にセンシングを行い，長期にわたる劣化や異常を検出する技術と，災害や事故などの突発的な非常時にセンシングを行い，状況の把握と適切で迅速な対応を行う技術とに大別した．

モニタリング技術のもっとも単純な適用は，従来は人手に頼って測定やデータ回収，目視点検などを行っていた項目を，センサーや情報通信機器に置き換えて，自動化，省力化するものである．これは，社会基盤の状態把握の低コスト化，精度の向上，迅速性の向上などを目指すものである．しかし，もともと社会基盤施設の点検や計測には，少ない予算しか与えられないか，そのような業務そのものを行わないことが多い．従って，作業を単純にセンサーに置き換えるだけでは，そのコストに見合った付加価値を持つモニタリング

のしくみを作り出すことはとても難しい．

　次世代の社会基盤のモニタリング技術は，施設の老朽化，予算と人手の制約，災害や事故の切迫性などの条件のもとで，センサーや機器の低コスト化，自動化，多点での同時計測，危険な場所への適用性，これまでにない測定項目や測定原理の適用，などの特徴を活かして，新しい付加価値を創出するものでなければならない．測定そのものが，いつでも正確で安定して行われるという機器の信頼性も，重要なポイントである．

　本章では，そのような新しい価値を生み出す試みや，実用化された事例を紹介する．

（執筆者：内村　太郎）

4.2 構造物の健全性 ―ストックマネジメントのためのモニタリング―

4.2.1 橋梁の診断技術と事例

(1) 概要

　橋梁は，設計段階における応力やひずみ，振動などの予測を土木構造物の中では比較的精度良く行うことができるので，それと比較するための竣工時の測定もしばしば行われる．近年では，供用中の構造物の維持管理や健全性の診断のために測定もしばしば行われている．また，振動などの測定データから損傷位置や程度を同定して維持管理に役立てようとする構造健全度診断に関する研究も盛んに行われている．さらに，橋梁の構造部材に発生するひずみなどを測定することで，作用する交通荷重を推定するWIM（Weigh-in-Motion）が行われるようになっている．

　この項では橋梁におけるモニタリングのいくつかの事例を紹介する．

(2) 変状・劣化した鋼橋のRC床版のモニタリングと補強工事施工管理マネジメントへの応用事例[1]

　床版下面に激しい変状・劣化した鋼橋のRC床版を持つ供用下の橋梁について，床版取替えを踏まえたリニューアル工事の実施までの期間に，安全な供用を確保する目的でモニタリングを実施した．この床版は既に50mmの増厚コンクリートで補強されていたが，今後も健全度を維持し続けることは困難であるとの判断がなされ，リニューアル工事実施までの約2年間と1年間に及ぶ工事中および完成時の健全度確認を行った．モニタリング結果の検討から工事工程や架設計画の策定を実施した．工事完了後，リニューアルされた橋梁の性状を計測し，新橋梁の健全度の初期値とした．モニタリング中にはコンクリート塊の落下による桁たわみの変動など，リアルタイムに対策に反映できたことなど多くの知見を得ることができた．

　対象橋梁は，鋼3径間連続非合成鈑桁（図4.2.1，2車線，橋長94.500m，4主桁，上下線分離構造）である．モニタリング・計測は床版たわみ，ひび割れ開閉量，温度を対象とし，床版たわみ等の常時監視測定を約3年に渡って実施した．

　モニタリングシステムは，現地のパソコンで常時計測（静的計測，動的計測）を行い，幾つかの構造検討から得た管理値と比較し，管理値を越えるような床版たわみ値が測定された場合は，道路管理者，点検者の携帯電話に緊急メールが入るようにした．また，計測データについてはインターネット回線を介して遠隔地

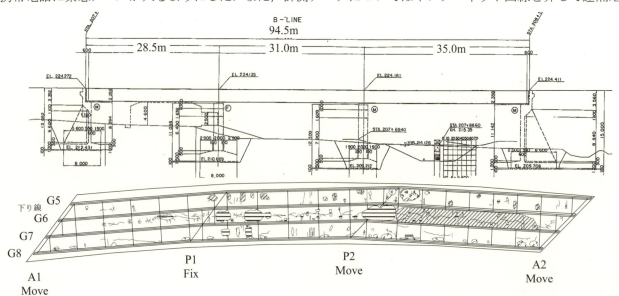

図4.2.1　橋梁の概要[1]

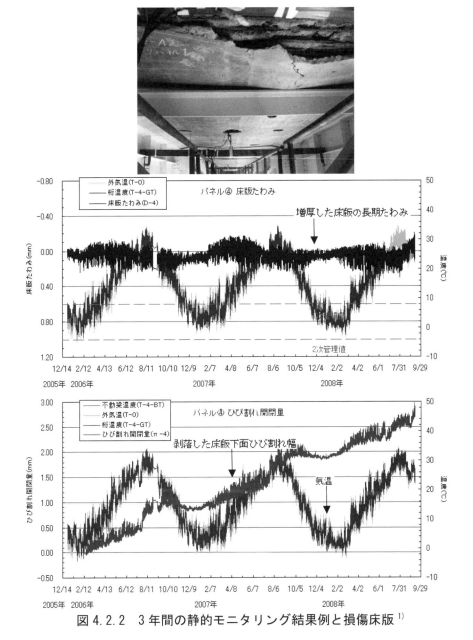

図 4.2.2 3年間の静的モニタリング結果例と損傷床版 [1]

のパソコンより監視，遠隔操作できるシステムを構築した．モニタリングは気温などの影響（静的）によるものと，過積載車を含む走行車両の影響（動的）を考慮して実施した．静的モニタリング計測結果より，路面や増厚床版のたわみが累積的に増加する（床版が塑性変形する）現象は無く（図 4.2.2 上図）耐荷性能が低下する傾向は認められず供用を続けた．一方，床版下面の剥離コンクリート部分では，全体的にひび割れ開閉量が増加する傾向が認められ（図 4.2.2 下図）最後に落下した．2006 年には，当初 1mm 程度のひび割れ幅が約 2.5〜3.0mm まで広がり，下面コンクリートの剥落を予知し，事前に撤去した．一方，活荷重たわみから，増厚補強した床版の弾性復元特性を把握した．床版たわみの弾性復元特性は，載荷される荷重によって大きさが異なるが，一般的に走行している活荷重による床版たわみの発生傾向を経時的に観察し，大幅な発生たわみ量の差異が認められなければ弾性復元特性に変化はないものとして健全性は保たれていると考えた．床版たわみ振幅の経時変化をモニタリングした結果（図 4.2.3），床版たわみに大きな変化はなく，床版の耐荷性能が低下しているような傾向は認められなかった．ただし，気温の上昇する時期においては床版たわみ振幅が増加する傾向が確認されたが，これは気温上昇にともないアスファルト舗装の剛性が低下し，この影響が

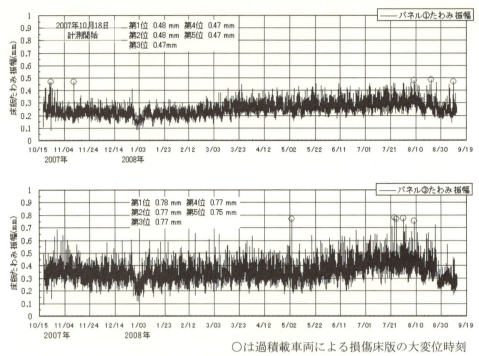

○は過積載車両による損傷床版の大変位時刻

図 4.2.3　　動的モニタリング計測結果[1]
（活荷重たわみ振幅の経時変化）

現れたものと考えられる．3年間にわたるモニタリングと多くの技術者の議論により，損傷床版の健全性を評価することが出来た．このモニタリングにより床版取替え工事を無事故で完成に導くことが可能となった．

(3) 座屈した主構造部材の取替えと健全構造部分の再利用に伴うモニタリングと補強工事施工管理マネジメントへの応用事例[2]

　座屈した主構造部材の箱横梁を撤去し，新しい健固な部材に取替え，下部構造と一体化した構造形式に変更する工事を実施した．この際，上部構造鈑桁を再利用し3径間の連続した立体ラーメン橋にリニューアルした．横梁に座屈損傷が発見されてから，リニューアル工事を完了するまで約5年間が必要であった．この間，10万台の日交通量の安全を確保するため，24時間横梁の変形や発生応力などの挙動をリアルタイムに観測し，予測観察を続けた．この間で得られた発生応力を評価して本工事が始まるまで座屈部分への「予防保全:緊急処置」対策を行った．特に，本工事に於いては再利用桁のコンクリート床版の点検も実施し，新設構造との応力伝達が正確に行われていることをモニタリング計測で確認した．モニタリングを開始した1999年当時はインターネット回線が現在のように普及していなかったが，急速な普及と共に2001年頃からインターネットを介して計測結果をモニターできるシステムを採用し，計測結果だけではなく、CCDカメラをストリーミングさせて現地の状況をも同時に把握できるようにした．

　損傷が発見されてから座屈部材の変形，発生応力の観察を続け，1999年春に危険と予知した時点でダイアフラムに補強部材を追加する緊急処置を実施した．**図 4.2.6**に示すようにその時点で発生応力が緩和され，本工事までの3年間を無事維持することができた．この間，多数の技術者がモニタリング結果を観察し，多くの意見を得られたことは，モニタリングの重要性と利点を十分に活用できたといえる．主桁応力のモニタリング計測結果として，**図 4.2.7**に示す主桁応力の経時変化は各工事に伴って変動しており，当該橋梁は工事着手前から工事完了までの期間の主桁応力変動をモニタリングすることで，補強工事による死荷重応力への影響を確認した．この結果，既設主桁を仮吊り（支保工による支持）することにより主桁の支間長が短くなるため，支間中央断面における死荷重応力が低減されることを確認した．また，横梁と剛結した後に仮吊

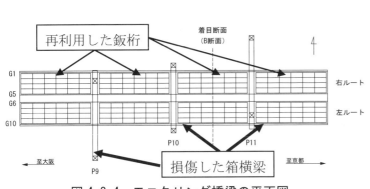
図 4.2.4　モニタリング橋梁の平面図

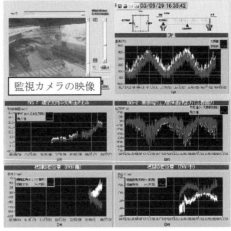
図 4.2.5　モニタリング画面

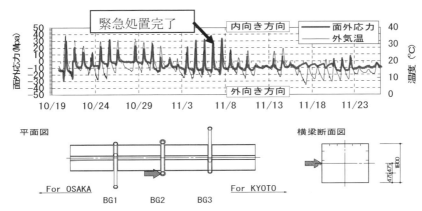
図 4.2.6　緊急処置をした箱横梁の応力変動

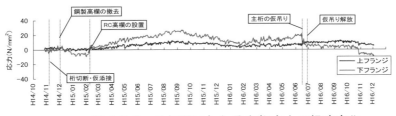
図 4.2.7　2年間にわたる主桁応力の経時変化

りを開放しても，主桁応力にそれほど大きな変動はなく，完成構造系で応力がスムースに伝達されたことが明らかとなった．加えて，モニタリングにより車両走行や対策工事の安全確保がなされ，無事故でリニューアル工事がなされたことも大きな成果である．

(4) ASR 損傷を受けた構造物への長期モニタリングによる管理マネジメントへの応用事例

　ASR 損傷を受けたコンクリート構造物の長期モニタリングは，コンクリートの膨張進展状況が大変ゆっくりとした変動のため数十年にわたるモニタリングとなる．長期ゆえ人為誤差や計測器の劣化が発生するので，これらの累積誤差を最小限にしなければならない．こうした誤差を低減できる手法として，ASR モニタリングはひび割れへのマーキングによる目視が最も重要な手段である．しかし，ミクロな観察には有効であるが，躯体全体のマクロな膨張量や，躯体内部の変化を知るためにはどうしても「目視」だけでは困難である．30年を越える変位観測（ひび割れ幅の変動）には電気的な手段では計器の寿命などで困難なため，1/1000mmの精度を目視で得ることが可能な「コンタクトストレインゲージ：Contact St（写真 4.2.1）」を用いて観測を続けている．この手法は 300mm 間隔に設置した直径 1mm 程度の鉄球間隔を計測するもので，コンクリートの

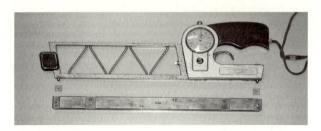

写真 4.2.1 コンタクトストレインゲージ

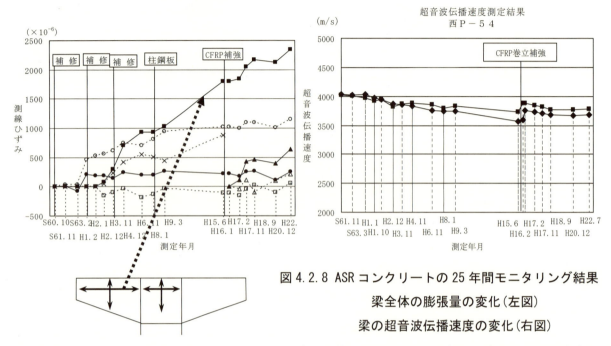

図 4.2.8 ASR コンクリートの 25 年間モニタリング結果
梁全体の膨張量の変化（左図）
梁の超音波伝播速度の変化（右図）

膨張量を計測するものである．また，コンクリート内部の変化は 50kHz の超音波を透過させ伝播速度を継続的に計測し，30 年間の内部変化を推測している．こうしたモニタリング結果から補修手法や補修時期を決定し，高架橋の安全な供用を続けている．図 4.2.8 は約 25 年間分のモニタリング結果を示したもので，左図は躯体をマクロに見た膨張量を示し，2000μ strain に近づいた時の調査で鉄筋損傷が発見されたことから CFRP の巻き立て補強を実施している．右図ではコンクリート内部の状態を伝播速度の変化で示したもので，徐々に伝播速度が減少しており，内部に微細なひび割れが存在することが推測される．CFRP の補強後も膨張が続いていることから今後もモニタリングを継続することが必要である．

CFRP 補修時に図 4.2.9 のような「面状光ファイバーセンサー（100×80cm）」を補強面上に貼り付け，Contact St による計測と共にモニタリングを続けている．図 4.2.10 では 6 年間で部分的に応力状態が変化した箇所が赤色で示され，図 4.2.11 では梁の水平方向では変化が少なく，PC 鋼棒で拘束されていることも影響していると推測される．梁上下（断面）方向は膨張を続けていることが示されている．面状光ファイバーセンサーの計測分解能は 100 μ strain であり，Contact St の 3 μ strain より分解能が低く微細な変動を検知しにくい．また，数十年にわたる計測結果が無いため，長期モニタリングに適しているかは今後の追跡調査が必要である．一方，このセンサーは面状に計測可能であるため，予測できない新たな損傷を検知することが可能といえる．

(5) BWIM による活荷重推定

BWIM(Bridge Weigh-in-Motion)とは，橋梁にセンサーを設置しその応答から通過する自動車の重量を逆算する仕組みのことである．

橋梁に作用する自動車などの移動荷重を活荷重と呼ぶが，設計においては車両制限令などにおける自動車

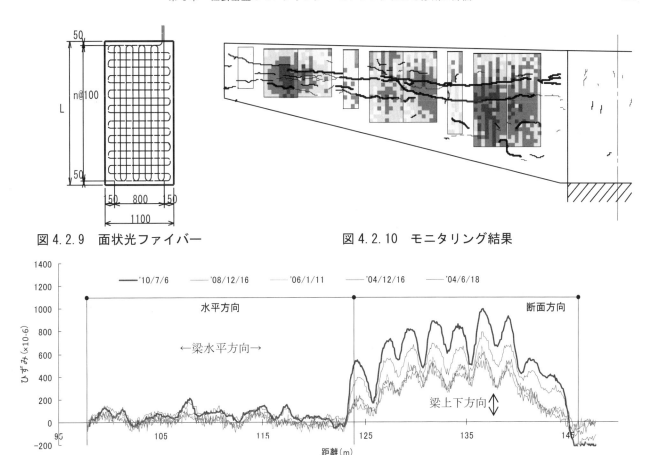

図 4.2.9　面状光ファイバー　　　　図 4.2.10　モニタリング結果

図 4.2.11　方向別モニタリング結果

の総重量の制限値（25 トン）に大型車の通行状況を加味して設定されている．一方で，実際には積載物の重量が制限を超える過積載車が存在する．一台の過積載車の通行が即座に橋梁を破壊することは無いが，荷重の繰り返しにより部材が劣化する疲労現象においては，過積載車の影響が大きいことが知られている．

BWIM は橋梁を通過する自動車の重量を把握し，橋梁の疲労損傷度を評価したり，活荷重の実分布を全国的に測定して設計基準に反映したりするために用いられている[3]．直接的に過積載車を把握，警告するために用いられる例もある．したがって，BWIM は個別の橋梁におけるストックマネジメントにも，より広範なマネジメントにも用いられているセンシング技術と解釈することができる．

BWIM のシステムにおける一般的な実現方法を説明する．車両が通過することによってひずみや応力が変動する部材にひずみゲージなどのセンサーを取り付ける．開発当初は桁の下フランジにひずみゲージを設置するほか，金属片の接触を利用したテープスイッチを橋面上に設置して軸間距離と速度を測定する必要があり，さらに車両の接近や軸数はスイッチによって人間が入力していた[4]．現在では各種の方法が提案されており，床版にセンサーを設置するものでは，コンクリート床版のひび割れを用いる方法や鋼床版の縦リブを用いる方法がある[5]．主桁や縦桁の下フランジにひずみゲージを取り付ける方法も一般的で，国土技術政策総合研究所では橋の支間中央の主桁下フランジ上面と車両の進入，退出側の床版下面にひずみゲージを貼り付ける方法を提案している[3]．

測定したデータから車両の重量を計算する方法も種々提案されているが，その概要は以下のようなものである．まず，2 箇所に設置したセンサーの波形のずれから走行速度を計算し，1 つの波形におけるピークの間隔と速度から軸間距離を求める．さらに波形の面積，走行速度，事前に測定した重量既知の車両の波形から車両の総重量を求める．

事例として四日市高架橋での適用例がある[5]．総延長 1.5km の高架橋のうち，スパン 30m の鋼単純プレー

トガーダー橋を測定対象としている．ひずみゲージは車線下にある縦桁の支間中央下フランジに4箇所貼り付けられた．まず，車両総重量が既知の3軸貨物トラックを走行させてキャリブレーションを行っている．測定値に対しては，橋梁の疲労に影響のある大型車両だけを選んで測定するため測定器にトリガ値を設定している．1週間の自動測定により55438台分の測定車両を選定して分析を行っている．その結果，トラックが空車になる100kN，積載になる200kNに重量のピークがあった．また，過積載車両については，全測定車両の約26%が制限値を超過しているとの結果が得られた．また，疲労損傷との関連では，それぞれの車種における満載以上の積載車両が疲労損傷に対して大きな影響を持っていることを示した．

(6) まとめ

　供用中の実構造物モニタリングの目的は，構造物の健全性維持と走行車両の安全性確保である．担当する橋梁技術者が判断資料にするだけでなく，多くの技術者が意見を出し合える環境を作ることが，情報開示としてのモニタリングにつながり，より安全性の向上が得られるものである．

　これら構造物のモニタリングにあたって，その手段は構造物の変位，歪，画像，音などを，インターネットを介して遠隔地からリアルタイムで確認する環境を構築し，モニタリングの労力，コスト削減を大幅に実現することができた．また，事前の載荷試験などから得られた発生応力や変形から「管理値」を設定し，危険度に応じて管理者の携帯電話にメールを送るシステム構築を施した．こうした，よりユビキタスな計測環境を整えることで安全で低コストのモニタリングが期待できる．今後はより高度化されたセンサーシステム，無線通信システムを利用することで高度なユビキタス環境が構築されるものと考えられる．一方，変化がゆっくりとした対象のモニタリングに当たっては，長期間でのドリフト変動(計測基準値の変動)を除去する手法が必要である．このためにも，計測機器はよりシンプルな構造を有する機器であるべきである．モニタリングで得られた計測値はその大きさやスペクトル，相関係数などのデータ処理技術を用いて，過去のデータとの比較により，安全性，健全性などの予測結果が必要となる．計測機器の進歩は必要であるが，モニタリングには「息の長い技術者と，それを支えられる研究機関(企業)」が必要である．このためにも長期にわたって従事する「モニタリング技術者」を育成する必要がある．モニタリングで大切なことは，高度な環境で得られたデータの判断は，技術者が精度の高い判断を行うための補助として使われるべきである．計測するだけでなく，技術者の適切な判断がなされてこそ「モニタリング」といえる．

参考文献

1) 松田哲夫，西山晶造，松井繁之，元井邦彦，村山康雄，薄井王尚：鋼橋RC床版のモニタリングによる安全管理と健全度評価，土木学会第64回年次学術講演会講演概要集，I-623, pp.1245-1246, 2009.

2) 室井智文，小松悟，吉岡博幸，杦本正信，池田光次，濱博和：名神高速道路下植野高架橋のリニューアル計画，橋梁と基礎，第38巻，第12号，pp.26-32, 2004.

3) 玉越隆史，中洲啓太，石尾真理，中谷昌一：道路橋の交通特性評価手法に関する研究-橋梁部材を用いた車両重量計測システム(Bridge Weigh-in-Motion System)-，国土技術政策総合研究所資料，No.188, 2004.

4) Fred Moses: Weigh-in-Motion system using instrumented bridges, Transportation Engineering Journal of ASCE, Vol.105, No.TE3, pp.233-249, 1979.

5) 小塩達也，山田健太郎，深津伸：BWIMによる大型車両の実態調査と橋梁の疲労損傷度評価，構造工学論文集，Vol.48A, pp.1055-1120, 2002.

(執筆者：杦本　正信，宮森　保紀)

4.2.2 建築のモニタリング

(1) はじめに

建築は，人々の生命と生活，あらゆる活動を支える社会基盤であり，2.3 で示したように，計画・構造・環境（設備）のそれぞれの面から果たすべき機能がある．ここでは，センシング・モニタリング技術の適用・活用が進められている事例について紹介する．

(2) 建築計画に関する事例

建築計画の面から建築構造物が果たすべき機能は，建築空間での人の動きに関わるものである．**写真 4.2.2** に示すような実際の住宅に適用された行動計測と，温熱環境測定の事例[1]を紹介する．行動計測のため，床下に 300mm メッシュで RFID(Radio Frequency Identification)タグが敷き詰められ，スリッパ型 RFID リーダを用いて，人間の歩行行動を計測している．スリッパ型のリーダを利用するため，床下の RFID タグに埋め込まれたユニーク ID を確実に読み取れることと，建築空間内の居住者が無意識のうちに歩行動作の計測ができることが特長である．得られた情報を元に，歩行行動を3次元座標上に表示した計測データの例を**図 4.2.12** に示す．こうした計測結果から，人の位置情報と時間の相関関係を読み取ることができ，建築空間の機能の検討に用いることができる．

写真 4.2.2　住宅の外観

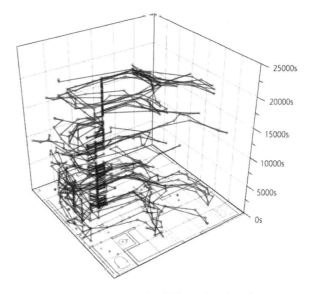
図 4.2.12　行動計測データの例

この住宅では，23℃と 32℃附近で状態変化する硫酸ナトリウム 10 水塩をアルミでパッケージし2層に重ね，その間にすだれ状の配管を通して，夏には冷水，冬には温水を流すことにより，快適な温度域で長時間作用する潜熱蓄熱式床冷暖房が設置されている．そのヒートポンプ処理熱量と蓄熱量，床放熱バランスを確認するために，ヒートポンプの処理熱量，各室の温湿度，床および天井表面温度，外気温度を計測している．**図 4.2.13** に室内温度変化の計測例を示す．電力が安価な深夜電力を利用しているため，熱源は 23 時から翌朝の 7 時まで運転を行っている．日中の外気温は 12℃程度，床暖房に入る不凍液の往き温度は 42℃程度，戻り温度は 35℃前後で，温度差 7℃という結果からヒートポンプの運転効率が高いことが確認できる．また，床表面温度がヒートポンプの運転開始時は 25℃であったが，運転を停止する頃には 30℃となっており，温度上昇を快適と感じる範囲に抑えることができていることがわかる．

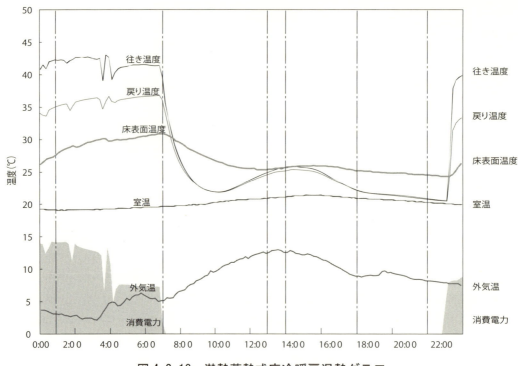

図 4.2.13　潜熱蓄熱式床冷暖房温熱グラフ

オフィス空間においても，行動計測が行われている事例がある．赤外線センサ，3軸加速度センサ，マイクセンサ，無線通信デバイス，小型電池を搭載した名札型のセンサノードをオフィスワーカーが身につけ，赤外線ビーコンとの連携により，個人個人の活動度，知的生産性の度合いから，オフィスワーカー同士のコミュニケーションまでを計測している（**写真4.2.3**）[2]．組織内のコミュニケーション頻度や活動状況を測定し，データを表示する組織活動可視化システムとして活用されている．**図 4.2.14** に，組織の活動状況を表したネットワーク図を示す．対面コミュニケーションによる組織の繋がりが把握でき，グループ間の壁やグループ間の繋がり，リーダーの位置，負荷が集中している人物などの視点から組織全体の実態が分析できる．組織内のコミュニケーション状況をセンシングして可視化することで，組織運営の円滑化や生産性向上などに活用している．

　　名札型センサノード　　　赤外線ビーコン

写真 4.2.3　名札型センサノードと赤外線ビーコン

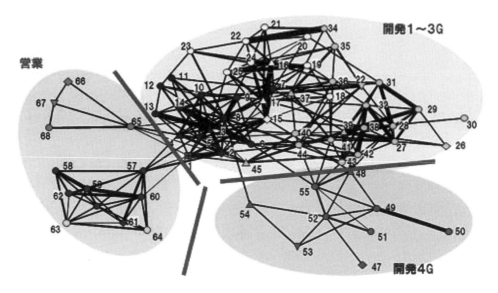

図 4.2.14　組織ネットワーク図

(3)　建築構造に関する事例

　建築構造の面から建築構造物が果たすべき機能は，自然災害，人的災害に対する構造安全性の確保である．2.3 で述べたように，建築構造物の地震時の振動性状を確認し，その結果を構造設計に反映することを目的とした地震観測は，事例としては膨大な数がある[3]．しかしながら，「地震による損傷」や「老朽化・劣化による損傷」等の検知を目的とした構造ヘルスモニタリングの事例は極めて少ない[4]．その中で，現実的なシナリオが構築され，実際に適用が行われた事例が「損傷制御設計」[5]である．適用対象である日本女子大学百年館の外観を**写真 4.2.3** に示す[6]．地上 12 階，地下 1 階の CFT 構造で，層間変形を抑制するために間柱が柱間に用いられており，さらに間柱と梁との交点の部材に極低降伏点鋼製の制震ダンパを設置し，制震ダンパに地震時の変形を集中させ，エネルギーを吸収するメカニズムの制震構造である．この事例では，制震ダンパが地震のエネルギー吸収能力を保持しているかどうかを把握することが，すなわち，この建築物の構造安全性のモニタリングとなる．その為，制震ダンパの変形をセンシングするために，FBG 方式の光ファイバセンサ（FBG センサ）と変形量を緩和するバネを組み合わせて筒状の容器に収めた FBG 変位計が用いられている．この事例では，4～6 階部分に設置した制震ダンパのうち，各階から 2 箇所，合計 6 箇所選び，各制震ダンパ両面に FBG 変位計が 2 台ずつ，合計 12 台設置された（**写真 4.2.4**）．また，補助的なセンシングとして，建物の柱，梁，床などの躯体各所に，FBG ひずみ計と FBG 温度計を 52 箇所設置している．さらに，建物全体の振動性状，地震時の振動をセンシングするために，建物内 4 箇所にサーボ型加速度計が設置されている．

写真 4.2.4 日本女子大学百年館外観

写真 4.2.5 FBG 変位計の制震ダンパへの設置状況

　また，上記の例と同様に，地震時の構造物の変形を制震ダンパに集中させて，その部分の変形を計測するシステム（図 4.2.15）が，8 階建ての建築構造物にも適用されている[7]．図 4.2.15 に示すように，剛性の高い RC 造外壁柱を建物周囲に配置し，壁柱同士は，四隅を除き，制震ダンパを有する境界梁で連結している．制震ダンパとして梁中央部ウェブに極低降伏点鋼材を使用し，壁柱に埋め込んだ鉄骨ブラケットとボルト接合することで，交換可能な方式とし，大地震により損傷が生じても制震ダンパのみを交換することで構造安全性を維持できる構造としている．その上で，制震ダンパ部分に変形計測装置（ひずみ計）を設置するとともに，床に加速度計を設置し，建物全体の健全性と制震ダンパの状態を常にモニタリングできるシステムを構築している．この事例では，ひずみ計が両方向の 2〜6，8 階鉄骨梁ウェブ部に設置され，加速度計が 1，3，6，8 階床に設置されている．センシングしたデータは，1 階管理室の収録装置に記録され，社内ネットワークシステムを介してアクセス可能となっている．

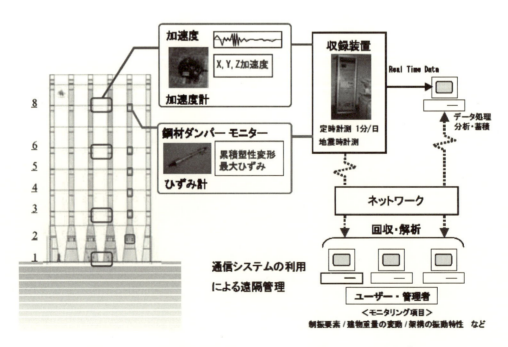
図 4.2.15 損傷制御構造のモニタリングシステムの例[7]

また，45階建て鉄骨構造物の制震ブレースに最大ひずみ記憶型センサを取り付けて，損傷の有無を検知し，地震後のブレース交換の要否を判断している事例[8]もある．この例でも，センシング情報に基づいて制震デバイスの交換要否を判定するためのメンテナンスマニュアルを整備して，システム実装後の運用が明確な基準で進められるように計画されており，センシングにより構造性能の確認が行われている．

損傷制御設計を前提とせず，構造ヘルスモニタリングによる価値を探求しながら，データを蓄積している事例もある．例えば，文献9)では表4.2.1に示すような建物で長期計測が行われ，3年3ヶ月にわたる計測データを分析して，固有振動数，温度の掲示変化が報告されている．柱頭免震構造の例では，微弱ではあるが気温と固有振動数の間に相関が見られたり，地震後の免震部の残留変位が確認されている．こうした例では，モニタリングシステムの導入事例としては，「建築構造物の地震時の振動性状を確認し，その結果を構造設計に反映することを目的とした地震観測」を超える付加価値が明確になってはいないが，年単位のデータを蓄積し続けていき，かつ，全く異なる種類のセンシング結果と組み合わせることで新たな展開が見られる可能性もある．さらに，適用事例ではないが，それに近い取り組みとして，Eディフェンスによる実大建築構造物でセンサを設置し，構造損傷評価手法の検討が進められている[10]．

表4.2.1 構造ヘルスモニタリングシステムを適用した建物

	A建物	B建物	C建物	D建物
所在地	東京都港区	東京都江東区	神奈川県横浜市	神奈川県横浜市
構造様式	制震（X方向のみ）S造 地上24階，地下3階	柱頭免震，S造 地上6階	耐震，S造 地上12階，地下2階	基礎免震，CFT柱 S造，地上7階
竣工年	1991年	2003年	1989年	2002年

(4) 建築環境（設備）に関する事例

建築環境（設備）の面から建築構造物が果たすべき機能は，環境性能に関するものであり，特に，省エネルギーCO_2削減のためのモニタリングとエネルギーマネジメントについては，2009年4月より施行された改正省エネ法により，重要度が極めて高くなっている[11]．コンビニエンスストアのローソンでは，2008年6月より，店舗におけるCO_2削減に向けて，エネルギー・モニタリング・システムを導入し，自動解析・自動制御の取り組みを進めている．複数の店舗でのエネルギー利用実態を把握し，省エネルギー対策の効果を検証しつつ，店舗の設備改善，運用改善だけではなく，建物外部からの影響も視野に入れた対策を実施している．モニタリングシステムにより，店舗毎に利用実態に応じた最適なエネルギー使用状況が把握でき，効果的なCO_2削減を可能としている[11),12]．フィールドでの実証試験により，統合的エネルギーマネジメントにより小型複数店舗（管理者不在）においても，省エネルギーCO_2削減に寄与するエネルギーマネジメントを導入し，エネルギー使用量を自動分析，自動制御による最適効率化を実施することで，年間エネルギー消費を10％以上抑えることができることを実証している．その他にも，横浜市における公共建築（磯子区役所，泉区総合庁舎），パシフィコ横浜などでも取り組みが進んでいる．横浜市では，CO_2削減のための脱温暖化行動により2050年までに2004年比で一人当たりのCO_2発生量を30％削減，2060年までに60％削減を掲げている．パシフィコ横浜においても，CO_2削減目標として横浜市同様2025年までに30％削減，2009年比で2014年までの5年間で10％削減目標を設定した．

住宅では，図4.2.16に示すようなスマートハウスの取り組みが進められているが，家電や設備機器から情報を収集・制御する共通のセンシングシステムが必要であり，実際の住宅を利用して様々な実証が進められ

ている[13]．2010年4月に経済産業省が「次世代エネルギー・社会システム実証地域」として，豊田市，横浜市，北九州市，けいはんな学研都市を選定したが[14]，豊田市内（高橋地区・東山地区）で一般向けに新築分譲された約70戸に，環境センサによるエネルギーのモニタリング・制御システム，蓄電器，PHV，省エネルギー制御機能付きネットワーク家電（TV，エアコン，LED照明等）が提供され，家庭内エネルギーのモニタリング・制御による有効利用が実証が進められている．

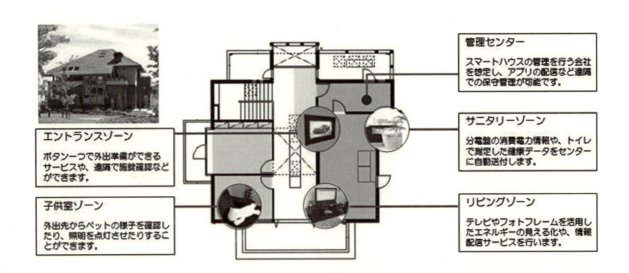

図4.2.16　スマートハウスのイメージ
(http://www.daiwahouse.co.jp/release/20100219101523.html)

(5)　まとめ

人々の生命とあらゆる活動を支える社会基盤である建築について，計画・構造・環境（設備）のそれぞれの面から果たすべき機能と対応して，センシング・モニタリング技術の適用・応用事例について紹介した．現段階では，建築でもその中の分野ごと，すなわち計画・構造・環境（設備）それぞれに適用・応用が進んでいる．これらはやがて情報基盤を連携して使い，導入時やメンテナンスにかかるコストを合理的なものとしながら，分野を超えて魅力的なサービスを生み出すことが期待されている．

参考文献

1) 中川純：GPLの家，2010年度日本建築学会大会（北陸）情報システム技術部門研究協議会資料「スマートな情報通信技術で実現する建築性能モニタリングの未来像」，日本建築学会情報システム技術委員会，pp.29-36, 2010.

2) 日立ハイテク：ヒューマンビッグデータサービス，
http://www.hitachi-hitec.com/jyouhou/business-microscope/

3) 強震観測事業推進連絡会議：記念シンポジウム「日本の強震観測50年―歴史と展望―」講演集，防災科学技術研究所研究資料，第264号，2004.

4) 中村充：SHM技術の現状と課題，2008年度日本建築学会大会（中国）構造部門（振動）パネルディスカッション資料「構造ヘルスモニタリングがつくる安全・安心な建築空間」，日本建築学会構造委員会振動運営委員会，pp.15-24, 2008.

5) 岩田衛，黄一華，川合廣樹，和田章：被害レベル制御構造「Damage Tolerant Structure」に関する研究，日本建築学会技術報告集，第1号，pp.82-87，1995．

6) 石川孝重，岩城英朗：実建物での構造ヘルスモニタリングの実例—日本女子大学百年館における構造ヘルスモニタリングシステムの構築・運用—，2007年度日本建築学会大会（九州）情報システム技術部門研究協議会資料「ユビキタス技術で実現する性能モニタリングの展望」，日本建築学会情報システム技術委員会，pp.41-44，2007．

7) 征矢克彦，小室努，藤野宏道，欄木龍大，河本慎一郎，谷翼：エネルギー吸収集約型制振システムにおける構造ヘルスモニタリング，日本建築学会大会学術梗概集（東北），B-2, pp.715-716, 2009．

8) 川合廣樹：性能目標設計としての損傷制御構造，2003年度日本建築学会大会（東海）構造部門（振動）パネルディスカッション資料，日本建築学会構造委員会振動運営委員会，pp.32-37, 2003．

9) 岡田敬一，白石理人：構造モニタリングシステムを導入した建物の長期観測による振動特製の評価，日本建築学会大会学術梗概集（中国），B-2, pp.255-256, 2008．

10) 平田悠貴，飛田潤，福和伸夫：強震計と光ファイバセンサによる鋼構造試験体の地震応答と損傷の評価，日本建築学会大会学術梗概集（東北），B-2, pp.543-544, 2009．

11) 馬郡文平，野城智也，迫博司，藤井逸人：省エネルギーCO_2削減のための建築性能モニタリングによる視える化—ＡＩコントロールを活用した統合的エネルギーマネジメントに関する研究—，2010年度日本建築学会大会（北陸）情報システム技術部門研究協議会資料「スマートな情報通信技術で実現する建築性能モニタリングの未来像」，日本建築学会情報システム技術委員会，pp.37-53, 2010．

12) ローソン：省エネルギー対策，http://www.lawson.co.jp/company/activity/environment/shop/energy.html

13) スマートハウス情報活用基盤整備フォーラム：平成21年度スマートハウス実証プロジェクト報告書，http://www.jipdec.or.jp/dupc/forum/eships/results/h21report_dl.html

14) 経済産業省：「次世代エネルギー・社会システム実証地域」の選定結果について，http://www.meti.go.jp/press/20100408003/20100408003.html

15) Japan Smart City Portal: http://jscp.nepc.or.jp/

（執筆者：倉田　成人）

4.2.3 橋梁における地震や風に対する長期モニタリング

わが国の橋梁では地震の作用により橋脚や基礎の設計が決まる場合が多い．実際にも地震による被害も多く，1995年の兵庫県南部地震はその代表的な例と言える．長大橋においてもその傾向は変わらないが，極めて長大な橋になると桁などの上部工は風の作用が支配的になる．

地震では，地震動そのものに加えて地盤との相互作用の問題や橋脚の非弾性応答など未知の部分が多く，かなり前から常時計測が行われてきた．いわゆる強震観測である．土木構造物ではダム（猿谷ダム（奈良））の方が早く，強震観測が始まったのが今から50年以上前の1958年3月，橋梁では安治川橋（大阪）で1961年3月といわれている[1]．1980年の段階ではSMAC強震計（一部電磁式強震計）による橋梁の応答を計測しているのは100箇所を超えている[1]．その後，長大橋が数多く建設され，それらの多くに強震計が設置されている．免震橋が1990年以降，多く建設されたが，これは免震支承による動特性を利用したものであり，その効果の確認には強震観測が不可欠であり，いくつかの橋梁において実施されている[2]．

橋梁における風の影響が懸念される長大橋では，小型模型を用いた風洞実験が行われるのが普通であり，そこでは設計風速以下での発散型フラッター振動の発現可能性がないことと設計風速域内での渦励振は有意な振幅以下になることを確認しており，この種の振動に対するモニタリングの意味は明確ではない．風の乱れによるランダム応答であるガスト応答は長大吊橋では安全性を左右する要素になり，このモニタリングは強震観測のような意味をもつ．ただ，風と応答との入出力関係には非線形性が強く，未知な部分も多い．また，渦励振やフラッターの発現は構造減衰に極めて敏感であり，モニタリングによるデータの蓄積は橋梁空力弾性学の発展に大きく貢献する．

ここでは，地震や風およびそれに対する応答をモニタリングしている例をいくつかを紹介する．

(1) 一般橋における強震観測モニタリング

一般橋の強震観測は地盤と橋脚に地震計を設置するのが普通である．その2つの記録から地震入力と構造出力が議論され，設計モデルの妥当性が検討される．免震橋では，そこでは加えて桁の振動も観測し，免震効果を確認する．図4.2.17には阪神高速道路の松が浜高架(免震)橋における地震計の典型的な配置を示す．ここでは1995年の兵庫県南部地震における地震応答が観測され，その結果から設計で想定された免震効果が表れていることが確認された[3]．

北海道初の免震橋である温根沼大橋（根室）でも強震観測が行われていたが，図4.2.18の地震記録をみると桁の動きと橋脚の動きがほぼ一体化していること，すなわち免震支承の役割を果たしていないことが示

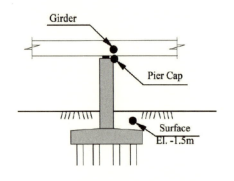

図4.2.17 免震橋における地震応答計測の例

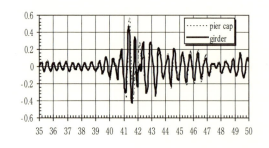

図4.2.18 温根沼大橋での橋脚天端と桁の地震応答

唆された[4]．現場で免震支承を調べるとサイドブロックにより橋軸方向の桁の動きが拘束されていることが確認された．これもモニタリングしていることによって初めてわかったことである．

このほかにも免震橋の地震観測モニタリングが行われ，有用な情報が得られている[例えば5)-9)]．

(2) 横浜ベイブリッジの地震応答モニタリング

1989年に完成した横浜ベイブリッジはセンタースパン460mを有するダブルデッキ形式のわが国を代表する長大斜張橋である．極めて軟弱な地盤なために特殊な基礎形式を採用したこともあって，地震時の橋全体の挙動を知る目的で，図4.2.19に示すように高密度な地震応答計測システムが導入された．具体的には，地中やタワー橋脚桁などに30を越える加速度計が設置され，80成分を越える地盤の揺れや応答を計測する．20年以上経過した今でも計測密度の点からは世界一といえる．1989年以来，中小地震を中心に地震記録が得られ，その記録から固有周期，減衰，モード形が十数次のモードまで同定することができた[10]．

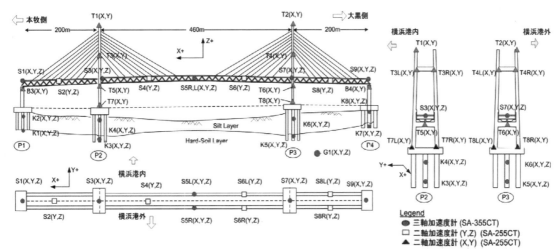

図4.2.19 横浜ベイブリッジにおける高密度地震モニタリング

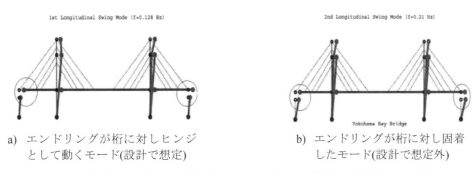

a) エンドリングが桁に対しヒンジとして動くモード(設計で想定)

b) エンドリングが桁に対し固着したモード(設計で想定外)

図4.2.20 中小の地震記録から同定された橋軸方向振動モード

1995年兵庫県南部地震では東神戸大橋（1994年完成）の端橋脚のウィンドシューが橋軸直角方向の大きな揺れで破損し，その結果，端リンクと桁との結合部が外れるという損傷が発生し，桁が40cmほど上がってしまった．想定外の被害パターンであった．横浜ベイブリッジも同様に桁は端橋脚においてリンク構造により結合しているが中間脚はないため上揚力（アップリフト）を支えるのは端リンクのみである．端リンクの橋軸方向の動きを過去の地震応答記録から見ると，設計で想定している，端リンクが桁に対してヒンジではなく，固着して動く場合が多いことが応答記録から明らかにされた．このことは端橋脚には設計では考慮していない大きな曲げモーメントを発生させることにつながり，想定外であり，極めて危険な現象と判断される．

2000年以降に同橋の耐震補強検討が行われ，そこでは，モニタリングから判明した固有振動特性から検討モデルの妥当性が検証された．また，エンドリンクと桁端部との剛結による端橋脚の損傷を危惧し，端橋脚の基部と桁端をPCケーブルでつなぎ，fail-safeな構造とする補強策が採用された．

地震計測モニタリングにより設計では想定していない，すなわち想定外の動きが確認され，それを考慮して耐震補強を施された．このことはモニタリングの効用を示すものといえる．

横浜ベイブリッジ[10]のほかにも米国Vincent Thomas吊橋[11]，Cape Girardeau橋[12]，十勝大橋[13]，東神戸大橋[14]，かつしかハープ橋[15]，レインボーブリッジ，鶴見つばさ橋[16]などが挙げられる．Vincent Thomas橋では1987年のWhitter Narrows地震や1994年のNorthridge地震において，東神戸大橋では1995年の兵庫県南部地震[17] において地震応答記録が得られ，地震時の非線形応答[11]や地盤と上部構造との相互作用[14]，構造連結部の性能[10]，動的解析モデルによる地震応答の再現性[18]などに関する理解を深めることに貢献している．東神戸大橋では，1995年1月17日の兵庫県南部地震の際には，桁や塔の上での加速度計が作動しなかったことは極めて残念なことである．

(3) 風を対象とした橋梁での応答モニタリング

風応答を中心としたモニタリングを行っている長大橋としては，世界最長の吊橋である明石海峡大橋（1998年完成）が代表的な例として挙げられる．動態観測システムの概要を図4.2.21に示す．強風時の桁の橋軸直角方向変形やその振動を分析し，耐風設計の合理性妥当性が検証されてきており，その価値が十分に説明されているといえよう[例えば19)-21)]．

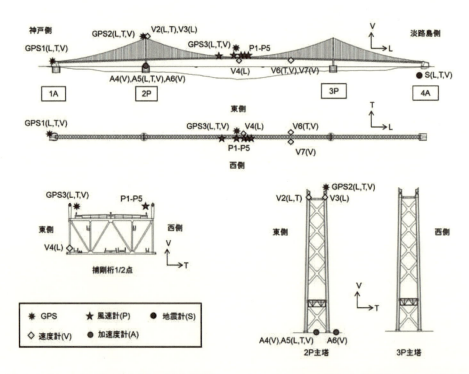

図4.2.21 明石海峡大橋の動態観測システム（本州四国高速道路株式会社提供）

もっとシンプルであるが，1998年に完成した白鳥大橋（室蘭市）にも動態観測システムが設置されている．過去の強風時の応答モニタリングデータから橋軸直角方向に近い風により，ある風速域では主塔の面内，すなわち風向方向に極めて調和的なきれいな振動の発生が確認された[22]．このようなきれいな振動が風向方向

で観測された例は完成した吊橋で初めてであり，貴重なデータを橋梁空力弾性学に提供している．

なお，通信技術の進歩ととともに，遠隔でのモニタリングも容易になっており[例えば 23]，その活用が期待される．

(4) 終わりに

長期観測モニタリングは，地震や強風による応答特性を調べるには不可欠のやり方である．計測器の設置コストの問題もあるが長年にわたって計測を行うため，その管理や手間も大きな課題となる．このような理由で必ずしも長期観測モニタリングが広まっているわけではなく，モニタリングしている場合も機器の更新が行われずに中止される例もある．いくつかの例を本稿でも記述したが，実橋の実荷重による実応答を知るという意味では極めて重要な情報を提供しうるものである．計算機が発達し極めて高度な解析やシミュレーションが可能になっているが，それだけに，モニタリングの価値も高まっている．シミュレーションで使われるモデルは検証されない限り信頼度は低いわけで，長期観測モニタリングは検証の有力な方法であることをわれわれは認識すべきであろう．

参考文献

1) 建設省土木研究所地震防災部振動研究室：土木構造物に対する強震観測，土木研究所資料，土研資料第1734号，ISSN 0386-5878，pp.1-33，1982．
2) 道路橋の免震構造研究委員会：わが国の免震橋事例集，財団法人土木研究センター，2011．
3) 吉田純司，阿部雅人，藤野陽三：兵庫県南部地震における阪神高速湾岸線松の浜免震橋の地震時挙動，土木学会論文集，No.626，pp.37-50，1999．
4) Chaudhary, M.T.A., Abe, M. and Fujino, Y.: Investigation of atypical seismic response of a base-isolated bridge, Journal of Engineering Structures, Vol.24, No.7, pp.945-953, 2002.
5) 川島一彦，増本秀二，長島博之，原広司：強震記録からみた宮川橋(免震橋)の振動特性，橋梁と基礎，pp.34-36，1992．
6) 建設省土木研究所 地震防災部耐震研究室：実測記録に基づく免震橋の地震時振動特定に関する研究，土木研究所資料，1995．
7) Chaudhary, M.T.A., Abe, M., Fujino, Y. and Yoshida, J.: System Identification of Two Base-Isolated Bridges Using Seismic Records, Journal of Structural Engineering, ASCE, Vol.126, No.10, pp.1187-1196, 2000.
8) Chaudhary, M.T.A., Abe, M. and Fujino, Y., Identification of soil-structure interaction effect in base-isolated bridges from earthquake records, *Soil Dynamics and Earthquake Engineering,* vol.21(8), pp713-725, 2001.
9) Chaudhary, M.T.A., Abe, M. and Fujino, Y.: Performance evaluation of base-isolated Yama-age bridge with high damping rubber bearings using recorded seismic data, Engineering Structures, Vol. 23, No. 8, pp. 902-910, 2001.
10) Dionysius M. Siringoringo, Yozo Fujino, Observed dynamic performance of the Yokohama-Bay Bridge from system identification using seismic records, Journal of Structural Control and Health Monitoring, 13 (1), 226-244, 2006.
11) Smyth A.W, Jin-Song P., Masri S.F. : System identification of the Vincent Thomas Suspension bridge using earthquake records, Earthquake Engineering & Structural Dynamics, 32 (3), pp.39-367, 2003.
12) Celebi M : Real-time seismic monitoring of the new Cape Girardeau Bridge and preliminary analyses of recorded data: an overview, Engineering Spectra, 22, pp.609-630. 2006.
13) 川島一彦，萩本英典，渡邊学歩，西弘明：強震記録に基づくPC斜張橋の減衰特性，土木学会論文集A，

Vol.65, No.2, pp.426-439, 2009.

14) Ganev T., Yamazaki F., Ishizaki H., Kitazawa M. : Response analysis of the Higashi-Kobe Bridge and surrounding soil in the 1995 Hyogoken-Nambu Earthquake, Earthquake Engineering & Structural Dynamics, 27, pp.557-576. 1998.

15) Siringoringo D.M., and Fujino Y. : Dynamic characteristics of a curved cable-stayed bridge identified from strong motion records, Engineering Structures, 29 (8), pp. 2001-2017, 2007.

16) Siringoringo D.M., and Fujino Y. : System identification applied to long-span cable-supported bridges using seismic records, Earthquake Engineering & Structural Dynamics, 37, pp. 361-386, 2008.

17) 阪神・淡路大震災調査報告編集委員会：阪神・淡路大震災調査報告-土木構造物の被害-橋梁，1.5.1東神戸大橋、pp.313-324, 1998.

18) 山本泰幹，藤野陽三，矢部正明：地震観測された長大吊構造系橋梁の動的特性と動的解析モデルによる再現性，土木学会論文集A，Vol.65, No.3, pp.738-757, 2009.

19) 勝地弘，宮田利雄，山田均，秦健作，楠原栄樹:常時微動データによる明石海峡大橋の固有振動特性，構造工学論文集，50A, 2004.

20) 勝地弘，宮田利雄，山田均，田中裕明，楠原栄樹:長大橋ガスト応答評価のための平均化時間，構造工学論文集，48A, 2002.

21) 勝地弘, 山田均, 楠原栄樹:動態観測データに基づく明石海峡大橋の減衰評価, 構造工学論文集, 52A, 2006.

22) Dionysius M. Siringoringo and Yozo Fujino: Alongwind Vibration of a Suspension Bridge Tower, Journal of Wind Engineering and Industrial Aerodynamics, Vol.103, 107-121, 2012.

23) 奥松俊博, Jawaid Bashir Ahmad, 岡林隆敏, 下妻達也: 遠隔モニタリングによる離島架橋の風速と振動数推定精度の検証, 構造工学論文集, Vol.55A, pp.275-283, 2009.

（執筆者：藤野　陽三）

4.2.4 米国の道路橋の検査と長期橋梁性能プログラム

橋梁のライフサイクルは長期にわたるために，不確定性が大きく，設計や性能予測では，室内実験や解析の結果を外挿し，推測せざるを得ない．維持管理においても，真の荷重や性能が掴みきれないことは大きな悩みである．この問題に対して，米国交通省連邦道路局 (Federal Highway Administration: FHWA) では，2006 会計年度から，20 年間の研究開発プロジェクトである「長期橋梁性能プログラム (Long Term Bridge Performance Program: LTBPP)」を発足させた[1]．詳細検査，モニタリング，および廃棄時調査を三本柱として，データを系統的に管理し，実態に基づいた定量的な性能指標の確立と予測モデルの画期的な向上を目指すものである．本節では，米国の道路橋検査[1)-3)]を概観し，LTBPP の意義と今後の動向を整理する．

(1) 米国の道路橋検査制度

FHWA では，1971 年から全米橋梁検査プログラム (NBIP: National Bridge Inspection Program) が実施されている．NBIP は，1967 年に死者 46 名を出したウェストバージニア州ポイント・プレザントにおけるシルバー橋の落橋を契機に発足したもので[4)]，橋梁マネジメントの第 1 世代と言えよう．**写真 4.2.6** に示したシルバー橋は，アイバーを用いた吊橋であったが，アイバーの応力腐食割れによって橋が崩壊したものである．この事故を受けて，FHWA は，2 年に一度連邦議会に対して全国の橋梁の状態を報告する法的義務を負うこととなった．それ以前は，少なくとも連邦レベルで橋梁の状態を把握する手段が存在していなかったが，NBIP により，全米橋梁台帳 (NBI: National Bridge Inventory) が整備されるとともに，最低 2 年に一度の検査が義務付けられたため，情報の取得と集計が系統的に行われるようになった．全米約 60 万橋に対してそれぞれ 119 項目からなるデータを取得し管理しており，1971 年から現在まで 35 年間の蓄積を有している．

NBIP は，事故をきっかけにスタートしたことからも伺えるように，欠陥橋を無くすことを主目的としたものであり，検査結果は，連邦政府の道路橋更新・修繕プログラム (HBRRP: Highway Bridge Replacement and Rehabilitation Program) において，各州に予算を配分するための基礎資料として用いられている．このように，NBIP は，連邦政府レベルで全国の橋梁の状態を把握するためのものである．維持管理に関わる技術的な観点というよりは，全国の社会資本のマネジメントという観点から開始されているところが興味深く，また，情報管理に重点があることが特徴であると言える．

(a) 全景　　　　　　　　　　　　　　(b) 事故時

写真 4.2.6　シルバー橋

一方,実際に橋梁の維持管理にあたる州における道路ネットワークレベルの橋梁群のマネジメントには,NBI データのみでは不十分であることが指摘されるようになり,1990 年代より,州レベルの管理者のマネジメント支援のためのデータ整備と検査手法が新たに開発され,実施されるようになった.それを,具体化したものがより詳細な部材レベルの検査と劣化予測を含む PONTIS として知られる橋梁マネジメントソフトウェアである.それにより,米国の橋梁マネジメントは,第 2 世代に入ったと考えられる.検査の高度化と情報管理が同時に進展している.1983 年のマイアナス橋の落橋をはじめとして,1980 年代に社会資本の荒廃が進んだこともこのような展開の背景にあると考えられる.

NBI状態等級	NBI使用性等級	維持管理等級
9:秀	9:所要基準以上	9:補修不要
8:優	8:所要基準程度	8:補修不要:次回注意項目有
7:良	7:最低基準以上	7:即時補修不要:検査水準要検討
6:充	6:最低基準程度	6:次期までに補修
5:可	5:維持許容限度以上	5:当期計画で実施
4:劣	4:維持許容限度充足	4:優先:当期計画の調整
3:劣悪	3:許容不可:是正措置優先度高	3:高優先:可及的速やかに
2:重大	2:許容不可:取替優先度高	2:最優先:緊急的対応
1:危険	1:(欠番)	1:補修のため閉鎖
0:破壊	0:閉鎖	
(a)状態評価	(b)使用性評価	(c)維持管理判定

図 4.2.22　米国道路橋の検査基準 [2]

健全度	措置等
A	損傷が認められないか,損傷が軽微で補修を行う必要がない
B	状況に応じて補修を行う必要がある
C	速やかに補修等を行う必要がある(おおむね5年以内)
E1	橋梁の構造安全性の観点から,緊急の対応の必要がある
E2	その他,緊急対応の必要がある
M	維持工事で対応する必要がある
S	詳細調査の必要がある

(a)道路橋 [5]

健全度		措置等
A	AA	緊急に措置
	A1	早急に措置
	A2	必要な時期に措置
B		必要に応じて監視等の措置
C		次回検査時に必要に応じて重点的に調査
S		なし

(b)鉄道橋 [6]

図 4.2.23　日本の橋梁検査基準

米国の橋梁検査は,構造物の劣化状態と,現行設計基準に照らした機能陳腐化の度合いからみた使用性の評価を基本としており,それぞれ図 4.2.22(a)(b)のような等級分類に拠っている.図 4.2.23 に示した日本の検査基準と対比すると,直接対策要否を評価するものではなく,構造物の性能を評価する形式になっており,マネジメントを経て対策を実施するプロセスが前提とされていると考えられる.ヤネフの定義 [2] に従え

ば，米国の検査は性能に着目した「評価／記述法」に，日本は評価と意思決定が一体的な「欠陥／対策法」を基本においているといえる．なお，米国では，近年，図 4.2.22(c)のような対策に関する等級も提案されているが，評価等級とは別個のものであり，一体化はされてはいない．このように，性能を対策と独立して評価するという考え方の延長上に，LTBPP があるものと考えられる．

(2) 橋梁長期性能プログラム（LTBPP）

アメリカの橋梁マネジメントは，検査技術と情報管理を両輪として発展してきたが，近年，その基盤をなす目視検査自体や，それに基づく劣化予測の精度や信頼性が問題視されるようになった．NBIP における状態等級・使用性等級のいずれも「良好」「劣った」などの主観的判断に依存する 10 段階の定性的判定である．そのため，維持管理の実態は，"Ugly Bridge Contest"（性能ではなく見た目で判断）であって有効性が低いとされている．検査直後に事故が発生する例も見られ，Hoan 橋（1974 年供用）では 2000 年に主桁が破断したが，その 2 週間前に検査が行われていた．2007 年には，疲労破壊の懸念から，重点的に検査されていたミネソタ州 I-35W 橋（1967 年供用）が崩壊し，13 名の死者を出している[7]．

(a) 全景

(b) 事故時

写真 4.2.7　I-35W ミシシッピ川橋梁

このように目視検査による定性的な性能評価の限界が明らかとなり，合理的な維持管理と事故の防止に寄与する技術開発が強く求められるようになった．LTBPP では，データ品質（Data Quality）という言葉がキーワードとなっており，定量的な基盤に基づいた性能評価の実現を意図したものである．LTBPP は以下の 3 つのアプローチを基本としている．

①詳細検査：代表的橋梁（全米約 60 万橋の内，数千橋程度）を対象とした，定期的な定量的詳細検査（損傷やき裂，腐食劣化に関わる塩化物イオン濃度や中性化度など）．検査の品質保証の確立．

②モニタリング：代表橋中数百橋程度を対象とした，劣化状態，ハザード（地震・強風・洗掘・火災など），環境条件（活荷重・塩分濃度など），供用時の性能の継続的な監視．全米で欠陥があるとされる 16 万橋のうち半数が機能陳腐化によるが，建築限界や幅員などの基準の根拠は薄弱であることから，荷重，事故，交通遅延，混雑などの機能面などを含む連続モニタリングも実施する．

③廃棄時調査：廃棄・更新される橋の徹底的な解剖的(forensic)調査．廃棄橋は，10 年程度から 200 年に及ぶ幅広い経年を持つことから，強度，腐食，PC 抜け等の劣化現象や，杭・非合成桁の合成効果など諸説があ

る問題について，実態に基づいた議論が可能となる．

　これにより，予測モデルの精度を画期的に向上させるとともに，既存のNBIデータの信頼度を評価することで，より合理的なマネジメントを実現しようとするものであり，NBIP，PONTISに続く，橋梁マネジメントの第3世代を切り開くプロジェクトと位置付けられる．LTBPPによって，連邦レベルの資源配分に関わるマネジメントからはじまった合理的橋梁マネジメントが，PONTISによる州レベルのマネジメントの合理化を経て，個別橋梁レベルまで適用される段階に入ったといえよう．また，20年間という長期間のデータが整備されれば，合理的な定量的性能評価と維持管理が可能となるばかりでなく，設計・施工へフィードバックすることで高耐久性の新構造の開発も推進され，橋梁工学の革新に大いに貢献することが期待される．

　現在，LTBPPは，データ取得計画の策定段階であり，各州道路管理者に対するヒアリング調査を経てニーズを同定するとともに，モニタリングやデータ処理のあり方が議論され，一部試行が開始されている[8]．対象とされている橋梁の性能とその要因を**表4.2.2**に示す．また，重点的に取り組むべき具体的な性能に関する課題として，以下の20項目が指摘されている．

- 未対策のコンクリート床版の性能
- 床版の処理（膜，増厚，コーティング，止水）の性能
- プレキャスト鉄筋コンクリート床版の性能
- 鉄筋代替材の性能
- 高強度コンクリート床版の使用性に対するひび割れの影響
- 橋梁用ジョイントの性能，メンテナンス，補修
- ジョイントレス構造物の性能
- 鋼上部構造の塗装の性能
- 耐候性鋼材の性能
- 無塗装，塗装，防水コンクリート上下部構造の性能（飛沫域，土中，凍結防止剤暴露）
- 埋め込みあるいは管内プレストレス鋼線およびポストテンション鋼棒の性能
- プレストレストコンクリート桁の性能
- 支承の性能
- 直接的で信頼性と適時性に優れた洗掘評価法
- 洗掘防止策の性能
- 基礎形式不明
- 基礎形式
- 新材料・新設計の性能
- リスクベースのマネジメント法
- 機能的に陳腐化した橋の供用性能

このように，構造物のハードウェアとしての性能のみならず，対策の有効性や費用，また，利用者に関わる機能までをカバーしており，保有性能に加えて要求性能も定量化しようという試みになっている．

　現在，実橋における試験的モニタリングが順次開始されており，既往のセンシング・モニタリング技術を基盤として，LTBPPの目的に沿った自動化やシステム化が進められている．今後，LTBPPが，新たなセンシングやモニタリング技術発展の推進力となるとともに，そのテストフィールドとしての活用も期待される．

表 4.2.2　LTBPP の対象性能

構造状態—耐久性と使用性
・構造形式
・構造材料・材料仕様
・竣工時の材料品質と現在の状態
・竣工時の施工品質と現在の状態
・トラック荷重および他の活荷重
・環境—気候，大気質，海洋大気
・雪氷除去対応
・予防保全の種別，時期，有効性
・事後保全，小規模ならびに大規模修繕の種別，時期，有効性
・洪水，水理設計および洗掘防止対策
・土質—沈下
機能性—利用者安全と交通サービス水準
・幾何構造—有効幅員，斜角，接続道路との連続性
・路面の滑り抵抗性および乗り心地
・建築限界—上方および下方
・交通量および大型車混入率
・規制速度
構造健全性—あらゆる破壊モードに対する安全性と安定性
・地震時性能
・ハリケーンならびに洪水時の性能
・衝突，爆破衝撃
・耐火性能
・構造冗長性と荷重冉分配
費用—利用者と管理者
利用者費用
・事故費用
・迂回および遅延費用
管理者費用
・初期建設費用
・メンテナンス，補修，修繕の費用
・交通メンテナンス費用

参考文献

1) 藤野陽三，阿部雅人：橋梁マネジメントにおけるアメリカでの新たな挑戦，土木学会誌，Vol.92, No.6, pp.70-73, 2007.

2) B.ヤネフ（藤野陽三ほか訳）：橋梁マネジメント，技報堂出版，2009.

3) 阿部雅人，阿部允，藤野陽三：我国の維持管理の展開とその特徴—橋梁を中心として—，土木学会論文集 F, Vol.63, No.2, 2007.

4) R.F.Weingroff: Highway existence:-100years and beyond, a peaceful campaign of progress and reform: the federal highway administration at 100, Public Roads, Vol.57, No.2, 1993.

5) 国土交通省道路局：橋梁定期点検要領（案），2004.

6) 鉄道総合技術研究所：鉄道構造物等維持管理標準・同解説（構造物編）鋼・合成構造物，丸善，2007.

7) 藤野陽三，阿部雅人：米国ミネソタ州での落橋事故，土木学会誌，Vol.92, No.10, 2007.

8) D.M.Frangopol, R.Sause, C.S.Kusko, eds.: Bridge Maintenance, Safety, Management and Life-Cycle Optimization, Taylor& Francis, 2010.

（執筆者：阿部　雅人）

4.2.5 ロンドン地下鉄のライニングのモニタリング

(1) はじめに

ロンドンの地下鉄は，大規模な路線ネットワークを擁するとともに，その中には75年～100年前に建設されたセクションが多く含まれる．特に，古い時代の地下鉄トンネルは，断面が小さく，ライニング表面と車両との距離が近いため，トンネルの老朽化のリスク管理が重要である．ロンドンの地下鉄網を運営するLondon Underground Ltd. (LUL)と，施設を管理するTube Line Ltd. は，ケンブリッジ大学と共同で，トンネルのライニングの長期的な変状をリアルタイムで連続的に測定し監視するためのセンサーネットワークを試作した．

ここでは，1970年代に建設されたJubilee Line の Baker Street 駅とBond Street 駅の間にある44.4m の区間での実証試験を紹介する[1]．この区間は，土被り約30m の硬質粘土層内のシールドトンネルで，1つのリングが600mm角の正方形のコンクリートのセグメント20枚で構成されている（**図4.2.24**）．

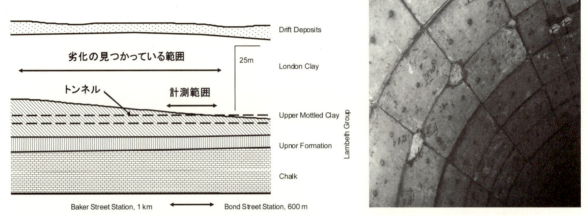

図4.2.24 London 地下鉄 Jubilee Line のモニタリング位置（WSN と表示された区間）

(2) 計測器の種類と配置

図4.2.25 に示すように，4箇所のリング(1640, 1641, 1689, 1714)のセグメントに，傾斜計と変位計を設置し，セグメントの傾斜およびセグメント同士の継ぎ目の変位，セグメント上の亀裂の変位を計測した．CrossBow 社のセンサーネットワーク機器MicaZ シリーズを使い，各センサーの電圧出力を10bit の ADC（変換器）で読み取って，2.4GHz 帯の無線を使って，中継器を経由してゲートウェイに集約した．ゲートウェイに集約されたデータは，有線LAN で地上に送り，ここから携帯電話回線でサーバーへ送信し，Web で閲覧できるようにした．

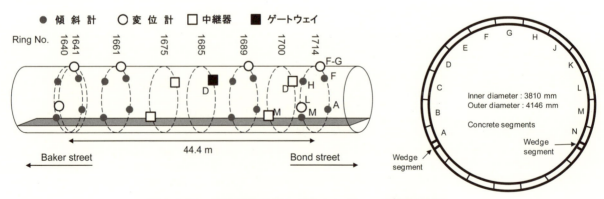

図4.2.25 計測対象のリングとセンサー，機器の位置
（アルファベットは，セグメントの番号：右図参照）

無線通信に用いた 2.4GHz 帯の周波数は，イギリスでは無免許で自由に使える．その代わり，他者が同じ周波数を使っていた場合に干渉する恐れがあるが，管理されたトンネルの中なのでその心配はない．トンネル内の細長い境界条件での電波の伝播特性についても，現地で実測している[2]．図 4.2.26 の (a) の範囲ではデータを受信するのに十分な電波強度があり，(b) の範囲では，条件によって一部のデータをロスする可能性がある．(c) の範囲では，通信できない可能性が高い．上記のセンサーおよび中継器の配置では，2～3 回のマルチホップが生じ，図 4.2.27 のように，列車運行時には 25%，夜間の運転休止時には 10%程度のデータロスが生じていた．

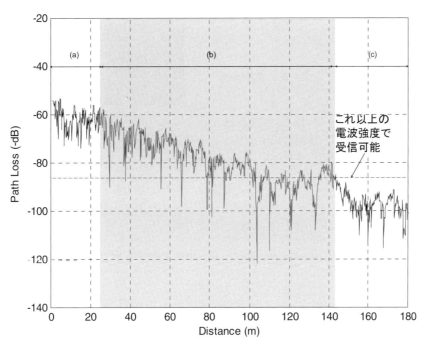

図 4.2.26　トンネル内の通信距離と電波強度の減衰[2]

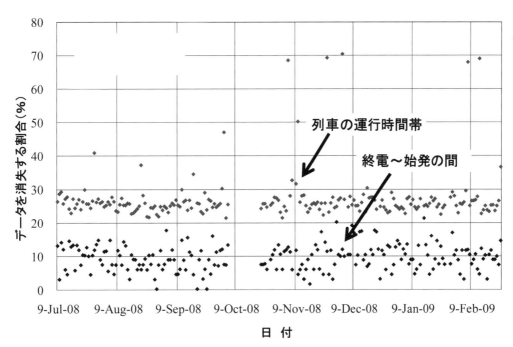

図 4.2.27　計測データの消失率（センサーノード 16593）

傾斜計は，VTI Technology 社の MEMS 傾斜計 SCA1003T-D04 (分解能 0.001 度，レンジ±15 度)を用いて，各セグメントの傾斜変位を測定した(図 4.2.28).

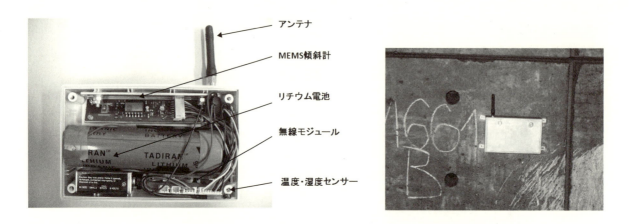

図 4.2.28　傾斜計のセンサノードの内部と設置状況

変位計は，Techni Measure 社のポテンションメータを 2 個使い，一つをセグメント間の開き，あるいは亀裂の計測に用い，もう一つを温度と湿度の変化によるドリフトをキャンセルするためのダミーとした(図 4.2.29).これを ADC で読み取ることで，変位の分解能は 0.012 mm となる．

そのほか，温度，湿度を測るためのセンサーも付加したが，いずれも小さな電力で動作するセンサーであり，リチウム電池 1 本で，理論上 2 年近く動作させることができる．

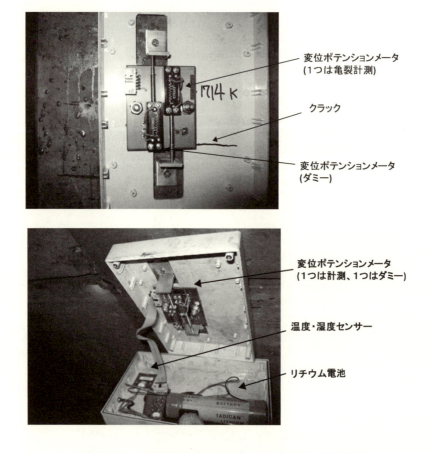

図 4.2.29　変位計のセンサノードの内部と設置状況

(3) 計測データの例

　図4.2.30は，リング1714に配置された傾斜計，変位計のデータの約半年間の変化である．セグメントA, F, H, Mに傾斜計，セグメントLの亀裂，および，セグメントFとGの間に変位計が設置してある．いずれも，時間に対してほぼ一定の速度で変化している．他のリングでも同様の計測を行った結果，図4.2.31のように，各リングの変形の傾向を把握できた．

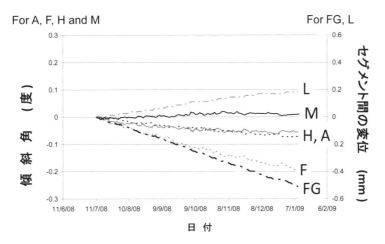

図4.2.30　リング1714のセグメントの傾斜，変位の経時変化

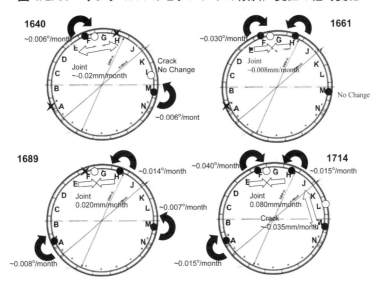

図4.2.31　各リングのセグメントの傾斜と変位の変化速度

(4) まとめ

　ロンドン地下鉄のトンネルの老朽化したライニングを，長期間継続的に監視する試みを紹介した．地下鉄は，使用できる空間が狭く，また設置運用の作業が行える夜間の時間も限られているので，無線を用いたモニタリング機器の設置が適している．長期の安定した計測により，ライニングの変状の傾向を把握できた．

参考文献

1) P. J. Bennett, Y. Kobayashi, K. Soga, and P. J. Wright: Wireless sensor network for monitoring London Underground tunnels, Proceedings of the Institution of Civil Engineers, Geotechnical Engineering 163, PP. 1-10, 2010.

2) Wu Y and Wassell IJ: Modified 2D finite-difference time-domain technique for tunnel path loss prediction. Proceedings of the 2nd International Conference on Wireless Communication in Underground and Confined Areas, Val-d'or. 2008.

（執筆者：曽我　健一，内村　太郎）

4.2.6 常時微動定点計測に基づいた構造診断

加速度計，ひずみゲージなどを設置し，構造物の状態量を把握することで損傷など構造物に生じる異常を検知・評価する試みが多く報告されているが，損傷・劣化などは一般に希少で進行も遅いため，実測で捉え検証する機会は少ない．そこで，撤去前の実橋梁に意図的に損傷を与え，状態量の変化を詳細に調べることで，モニタリングによる異常検知・評価を模擬する試みが近年複数報告されている[1),2)]．ここではオーストリアの Vienna Consulting Engineers (VCE) 社が 2008 年 12 月に行った高速道路にかかる 3 径間 PC 橋の臨床試験について述べる．

(1) 対象橋梁

対象橋梁はオーストリア Reibersdorf の幹線高速道路にかかる跨道橋 S101 橋である（図 4.2.32）．ポストテンション式の 3 径間連続 PC 橋で主径間 32m，側径間がそれぞれ 12m，幅員は 6.6m である．跨道橋に構造的な問題が見つかっているわけではないが，高速道路の拡幅に伴い，撤去架け替えが行われる事となった．撤去にあたり VCE 社により臨床試験が行われ，東京大学橋梁研究室と共同で計測・分析を実施した．

図4.2.32　S101橋と臨床試験

3 軸サーボ型加速度計を計 6 個利用して，2 日間にわたり常時微動を計測した．図 4.2.33 に示す 6 つのセンサ配置を利用したが，図中の A,B で示した 2 つの加速度計はレファレンスとして常時同じ場所で計測を行なっている．損傷を与える前には図 4.2.33 中の 1,2,3 の 3 種類の配置で，損傷後は 4,5,6 の 3 種類の配置で計測を行った．跨道橋下の高速道路は規制を行っておらず，その交通振動が主な加振源である．計測期間中，温度はほぼ一定で平均気温は氷点下 2 度であった．

(2) 損傷シナリオ

図 4.2.34 に示すように脚の下端を切断し，沈下量を段階的に増加することで，複数パターンの損傷を与えた．損傷 1 で，脚の下端を切断し，損傷 2 ではおよそ 5cm の隙間ができるよう更に下端を切断した．脚隣には鉛直荷重を受けるために H 鋼を設置している．H 鋼下端には水圧ジャッキを設置しておりこれを上下することで，沈下量を制御できる．損傷 3,4,5 ではそれぞれ水圧ジャッキを 1,2,3cm 下げている．ただし，損傷 3 では脚の最大沈下

量は 2.7cm であり，浮いている状態である．その後，損傷 6 では，水圧ジャッキを元の位置（0cm）に戻し，鋼製プレートを脚の隙間に入れている．ここでは便宜的にこれを補修後の状態と呼ぶ．

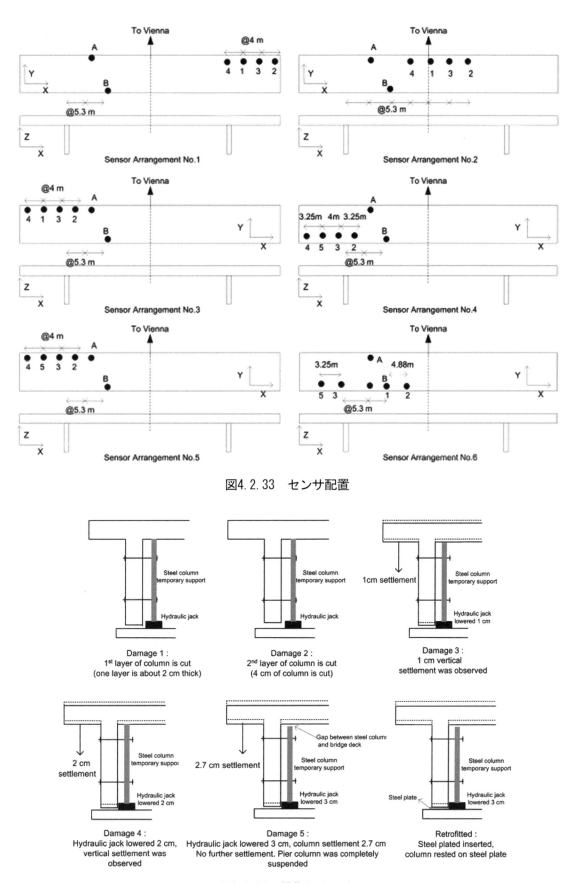

図4.2.33　センサ配置

図4.2.34　損傷シナリオ

(3) 振動データの分析

図4.2.35にレファレンス加速度計Aのスペクトログラムを示す．計37個の時刻歴フレームそれぞれについてパワースペクトル密度関数を推定し，その最大値に関して正規化したものである．フレーム1から10までが損傷前,11以降が損傷付与後に相当する．損傷前の状態で，4Hz, 6Hz, 9Hz, 13Hz近辺に卓越周波数が確認できる．損傷後にはこれらの卓越周波数が左側にシフトしている．フレーム20では沈下量2cmの損傷4の状態となっており，大きな周波数変化が確認できる．フレーム35は沈下量0cmの補修後の状態であり，周波数が増加していることが確認できる．これらの結果から，橋脚沈下の影響はスペクトログラム上で卓越周波数の変化として現れることが確認された．

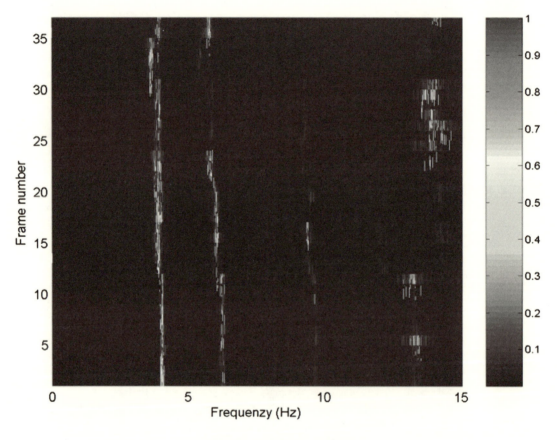

図4.2.35　スペクトログラム

全体系のモード特性をNatural Excitation Technique（NExT）[3]とEigensystem Realization Algorithm[4]により推定した．同定値にはばらつきがあるため,その信頼区間を,ブートストラップ法[5]により評価した．表4.2.3に4次モードまでの振動数，減衰比の同定値を信頼区間と共に示す．表中では損傷3,4（フレーム番号16-29），損傷5（フレーム番号30-33），補修後（フレーム番号34-36）の3ケースについて表示している．図4.2.36は対応するモード形である．図4.2.37はブートストラップ法による,95%信頼区間を，表4.2.4は同定された周波数変化を示す．損傷3,4では2,3,4次固有振動数の変化は信頼区間と比べて十分に大きく，有意な変化といえる．一方で1次モードはその変化は有意とは言えない．より大きな構造変化である損傷5では4つの固有振動数の変化は全て有意である．減衰比は損傷によりその値がわずかに増加したが，減衰推定値の信頼区間は大きく，推定値の変化は有意なものとは言えない．図4.2.38に示すようにモード形もそれぞれの損傷状態で同定し，その変化を信頼性区間と比較した.脚と桁の接合部のモード形振幅とその信頼性区間を図4.2.39に示すが,明らかに有意な変化と言える．

表4.2.3 モード振動数と減衰比
（括弧内の値はブートストラップ法による95%信頼区間）

Mode	Frequency (Hz)		
	Damage 3&4	Damage 5	Retrofitted
1st Bend	3.90 (0.13)	3.65 (0.05)	3.94 (0.07)
1st Tor	5.84 (0.08)	5.22 (0.20)	5.76 (0.05)
2nd Bend	9.21 (0.13)	8.16 (0.39)	9.04 (0.06)
2nd Tor	11.76 (0.307)	10.28 (0.16)	11.06 (0.44)

Mode	Damping Ratio (%)		
	Damage 3&4	Damage 5	Retrofitted
1st Bend	1.98 (3.19)	2.10 (1.31)	2.76 (2.62)
1st Tor	2.14 (1.23)	2.72 (2.54)	1.93 (1.05)
2nd Bend	2.12 (1.25)	1.93 (3.91)	2.13 (0.63)
2nd Tor	1.49 (3.07)	1.23 (2.29)	1.48 (3.65)

表4.2.4 モード振動数変化

Mode	Frequency Change (%)		
	Damage 3&4	Damage 5	Retrofitted
1st Bending Mode	-3.01	-9.23	-2.01
1st Torsion Mode	-7.49	-17.31	-8.76
2nd Bending Mode	-4.51	-15.40	-6.27
2nd Torsion Mode	-12.02	-23.09	-17.26

Natural Frequency =4.0139 (Hz)

Natural Frequency =6.3865 (Hz)

Natural Frequency =9.6672 (Hz)

Natural Frequency =13.1403 (Hz)

図4.2.36 非損傷時のモード形

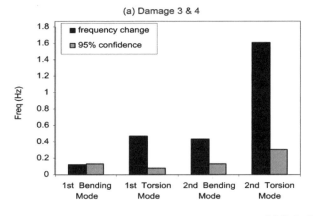
(a) Damage 3 & 4

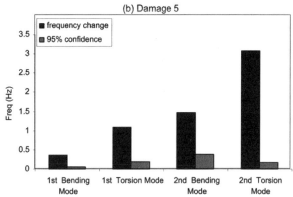
(b) Damage 5

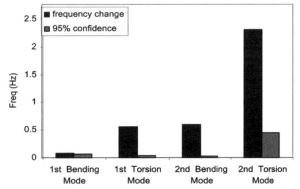
(c) Retrofitted

図4.2.37 固有振動数の信頼区間

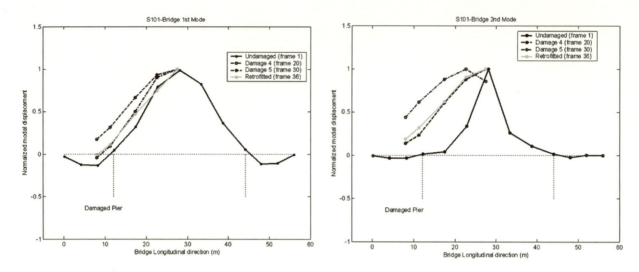

図4.2.38　鉛直1次モード形

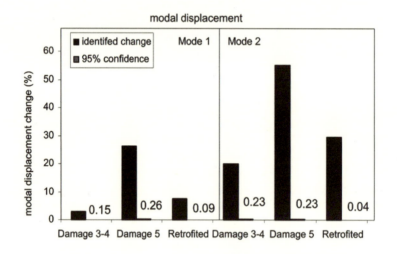

図4.2.39　モード形とその信頼性区間

(4) まとめ

　臨床試験中に常時微動を連続計測し，そのモード特性の変化を分析した．スペクトログラムからは橋脚沈下量の変化に伴う振動数の変化が明らかに読み取れた．動特性変化を統計的に分析したところ，固有振動数とモード形変化が有意であることが確認された．ただし，損傷レベルによっては必ずしも全ての固有振動数に有意な変化が現れるわけではない．また減衰比には顕著な変化は見られなかった．本試験中には大きな温度変化は観測されなかったが，一般には温度変化による影響も考慮する必要がある．損傷など構造変化の検知は，その程度にも依存するため，感度解析などを通じて，検知の可否・擬似陽性・擬似陰性についてより詳細な検討が必要と考える．

参考文献

1) Farrar C.R., Baker, W.E., Bell, T.M., Cone, K.M., Darling, T.W., Duffey, T.A., Eklund, A., and Migliori, A.: Dynamic characterization and damage detection in the I-40 bridge over the Rio Grande, Los Alamos National Laboratory Report LA-12767-MS, 1994

2) Siringoringo, D.M., Nagayama, T., Fujino, Y., and Tandian, C.: Observed dynamic characteristics of an overpass bridge during destructive testing, Proc. 5th International Conference on Bridge maintenance, Safety, and Management, Philadelphia, USA, 2010.

3) James G, Carne T.G.,, Lauffer J.P. : The Natural Excitation Technique (NExT) for Modal Parameter Extraction from Operation Wind Turbines, Sandia Report SAND92-1666.UC-261, 1993.

4) Juang JN, Pappa RS,: An Eigensystem Realization Algorithm For Modal Parameter Identification And Model Reduction, Journal of Guidance, Control, and Dynamics, Vol. 8(5): 620-627, 1985

5) Efron B., and Tibshirani R.J.. An Introduction to the Bootstrap, volume 57 of Monographs on Statistics and Applied Probability, New York: Chapmann & Hall, 1993.

（執筆者：長山　智則）

4.2.7 コンクリート橋梁の塩害モニタリング事例

コンクリート構造物の塩害は，図4.2.40に示すように，コンクリートに内在あるいは外部から侵入した塩化物イオン（以下，塩分と称す）によりコンクリート内部の鉄筋あるいはPC鋼材が腐食し，コンクリートのひび割れと剥落を招き，さらには，写真4.2.8のような鋼材の破断までに至る劣化現象である．この劣化の特徴は，コンクリート表面に劣化が現れた時点では既に手遅れとなることであり，したがって，予防保全的な対策を行う上では，内部鋼材の腐食モニタリングが重要となる．ここでは，新北九州空港連絡橋でのモニタリング事例を示す．

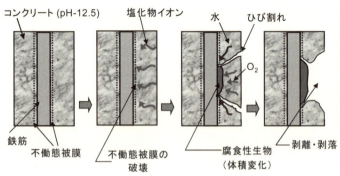

図4.2.40 塩害によるコンクリート構造物の劣化過程

写真4.2.8 コンクリート構造物における塩害発生状況の例

(1) 塩害モニタリング実施構造物の概要[1),2)]

新北九州空港連絡橋は，東九州自動車道苅田ICから空港に至る全長約8kmの高規格道路の一部をなす海上橋（橋長2,100m）である．その概要は，図4.2.41に示すように，上部工は鋼モノコードバランスドアーチ橋と連続鋼床版箱桁橋より構成され，下部工は橋脚と橋台あわせて25基からなっており，何れも鉄筋コンクリート製であり，そのうちの22基が海洋橋脚となる．

この連絡橋は，空港への唯一の連絡施設であり重要度が極めて高い．一方で，特に橋脚は，飛沫帯またはそれと同等の非常に厳しい塩害環境条件下にある．このため，劣化が生じた場合の橋脚部の補修の難易度や将来における維持管理費用の縮減等も考慮し，これらの橋脚においては，建設段階において予防保全を前提とした維持管理を行うことを決め，「新北九州空港海上橋橋脚部維持管理指針（案）」[3)]（写真4.2.9）

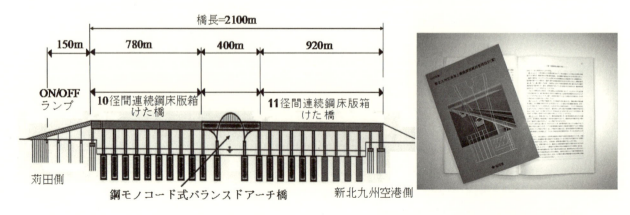

図4.2.41 新北九州空港連絡橋の概要

写真4.2.9 新北九州空港海上橋橋脚部維持管理指針（案）[3)]

を作成するとともに，橋脚中には，コンクリート中の塩分浸透状況ならびに内部鉄筋の腐食開始時期や腐食状況を常時監視できる塩害モニタリングシステムを組み込んだ．このようなコンクリート構造物に対して建設段階から予防維持管理を前提とした取組みは，この橋梁が我が国で初の試みであった．

(2) 導入した塩害モニタリングシステム

新北九州空港連絡橋橋脚に導入された塩害モニタリングシステムは，以下の示す2種類である．

(a) 塩分浸透状況の把握を目的としたモニタリング装置とその概要

海洋環境下のコンクリート構造物において塩害を引き起こす元凶は，海洋環境下からコンクリート内部に浸透・拡散する塩分である．このため，塩害を未然に防ぐ予防保全的な対応として，塩分浸透状況の把握は重要であり，本橋梁では，図4.2.42に示すセンサでこれをモニターすることにした．

このセンサは，円筒状のモルタル基材側面の4か所に0.1mm径の極細鉄線をリング状に巻きつけたもので[4),5)]，図4.2.43のように，この本体端面をコンクリート表面に合わせるようにして設置することで，コンクリート表面から塩分が浸透した場合，表面に近い鉄線から順番に塩分が到達し，鉄線は腐食し始める．鉄線の腐食開始したことを鉄線の電位変化や電気抵抗の変化により読み取ることで，腐食限界量を超える塩分がその鉄線位置まで到達したことを把握できる．さらに，一般のコンクリート中の塩分浸透状況は，拡散則に基づいて予測できることから，鉄線が腐食した時期からより内部にある鉄筋が腐食する時期の予想も可能となる．

(b) 鉄筋の腐食状況の把握を目的としたモニタリング装置の概要

図4.2.44はコンクリート中の鉄筋で発生する腐食反応を模式的に示したものである．コンクリート中は高アルカリ性の環境であるため，鉄筋は不働態化していて腐食が生じにくい．しかし，コンクリート中に塩分が侵入すると，不働態が破壊され，鉄筋の腐食が始まる．この時，鉄筋がコンクリート環境で有する

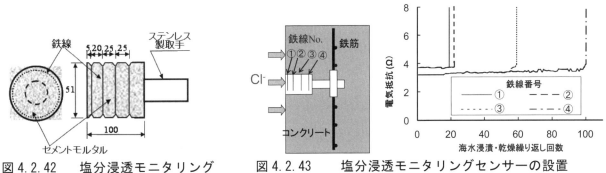

図4.2.42 塩分浸透モニタリングセンサーの概要

図4.2.43 塩分浸透モニタリングセンサーの設置概要とその性能確認試験結果の例[4)]

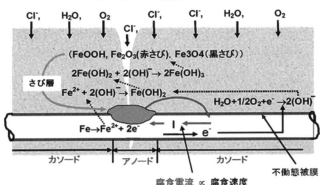

図4.2.44 コンクリート中の鋼材腐食の概念図

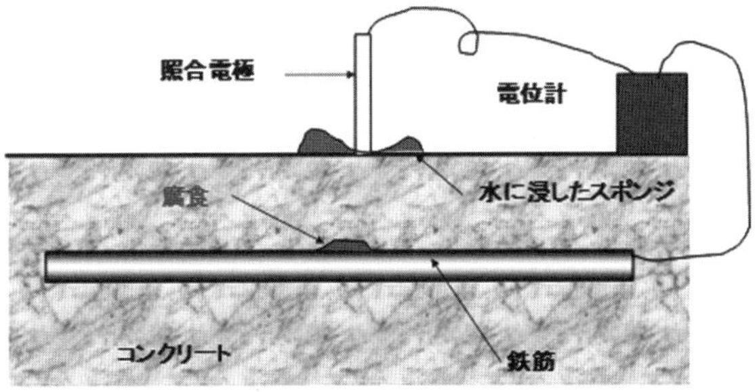

図4.2.45 コンクリート表面において内部鋼材の自然電位を測定する方法

電位, すなわち自然電位にも変化が生じる. したがって, コンクリート中の鉄筋の自然電位を継続して測定することで, 腐食発生の判定や腐食範囲の推定が可能となる. このため図4.2.45に示すように, コンクリート表面に設置した照合電極によってその直下の鉄筋電位分布を測定する方法も規定されている[例えば6].

この橋脚では, コンクリート中に埋設可能な照合電極を鉄筋周辺の複数個所に設置し, 鉄筋自然電位の経時変化を連続してモニターすることで, 鉄筋腐食の発生に関する情報も収集することにした.

(3) モニタリングシステムの設置概要

新北九州空港連絡橋下部工の海洋部に建設されたP5およびP20 橋脚において, それぞれ, 上記した塩分浸透ならびに鉄筋腐食のモニタリングシステムを図4.2.46に示す8か所に設置し, 維持管理に資するデータを収集することにした. なお, P5橋脚は2002年7月に, また, P20橋脚は2003年8月にそれぞれコンクリートが打設され, その後ただちに計測を開始した.

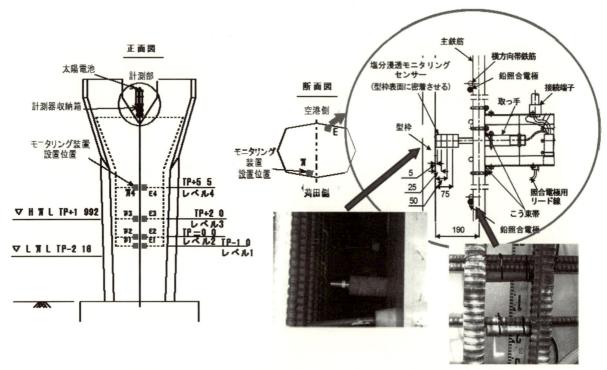

図4.2.46　モニタリング装置の設置位置および設置状況[2]

(4) モニタリング結果から明らかになったこと

図4.2.47には, 20P橋脚コンクリート中の最小かぶり位置 (175mm) にある鉄筋について, 2002年8月から2012年10月までのおよそ10年間にわたる自然電位の測定結果について[7], これを整理した一例を示す. また, 図中には, 測定開始からおよそ1年間の電位経時変化を拡大して示している. 橋脚中のいずれの箇所においても, コンクリート打設直後の鉄筋電位は-500～-550mV (飽和銀塩化銀電極規準：以下同様のため省略) であり, その後, 徐々に貴変 (電位がプラス方向に変化すること) する傾向が見られた. ところが, 図4.2.48に示すように, コンクリート打設後の養生期間を終え橋脚周辺の矢板を除去してコンクリート表面が直接, 海水と接した後の鉄筋電位は, 測定位置によって, 以下のように異なった.

(a) 平均水面より5.0m以上の位置：矢板除去後も海水に直接触れない部位. 電位は徐々に貴変し, -200mV以上の電位となった.

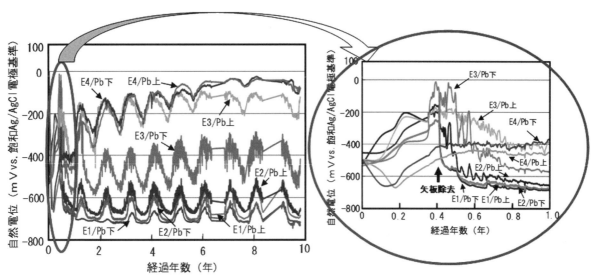

(a) 2002年8月～2012年10月までの結果　　(b) 2002年8月～2003年8月までの結果の抜粋

図4.2.47　20P橋脚東側に埋設された照合電極（E1～E4）により測定された鉄筋自然電位の経時変化

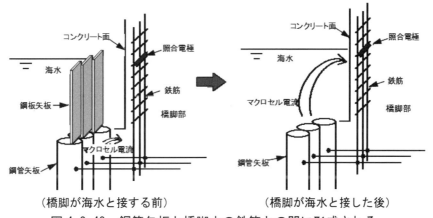

（橋脚が海水と接する前）　　　　　　（橋脚が海水と接した後）

図4.2.48　鋼管矢板と橋脚中の鉄筋との間に形成される
マクロ腐食セルの概念図[5]

表4.2.5　コンクリート中鉄筋の自然電位による腐食判定基準の例

自然電位[注1] （mV：飽和銀塩化銀電極規準）	鉄筋腐食可能性[注2]
−80＜E	90％の確率で腐食ない
−80≧E＞−230	不確定
E≦−230	90％の確率で腐食あり

注1）飽和同硫酸銅電極規準を飽和銀塩化銀電極規準に換算して標記
注2）ASTM C876に準拠

(b)　平均水面より0～2.5mの範囲の位置：満潮時に海水中に沈むことがある部位．矢板除去後，電位は徐々に卑変（マイナス方向への変化）する．また，この変化は，より低い位置で海水に浸かる時間が長いほど早く起こる傾向にあった．

(c)　平均水面より低い位置：1日の半分以上海水中に沈む部位．矢板除去後，ただちに卑変して-600～-700mVの電位で安定した．

表4.2.5に，自然電位の測定値から鉄筋の腐食発生を判定するASTM規準を示す．これに基づくと，上記（a）の場所の鉄筋は，建設後10年が経過する時点で腐食していないと推定されるのに対して，（b）お

および (c) の箇所では，海水接触後すぐに腐食が発生したと判定される結果となる．

一方，図 4.2.49 には，20P 橋脚において測定されたコンクリート中の塩分浸透モニタリング結果の一例を示す．モニタリング装置を設置した全ての箇所において，矢板を取り外して橋脚が海水と接するまでの間は，特にセンサに変化は認められなかった．しかし，海水と接触した後は，数日でコンクリート表面から深さ 5mm 位置鉄線に図 4.2.49 に示すような電位の変化が認められ，鉄を腐食させるに足る塩分がこの位置まで浸透したものと判断された．その後は，図 4.2.49(b) に示す E4 位置を除いては，約 10 年が経過する現在まで，今だ 5mm 以深への浸透が確認された箇所はない．なお，唯一，深さ 25mm までの塩分浸透が確認された E4 位置は，上記①に相当する海水の影響を直接は受けない場所であるが，このモニタリング結果に基づき，鉄筋（かぶり 175mm 位置）の腐食開始時期を予測すると建設後約 270 年後と推定され，本橋脚の設計耐用期間 100 年は十分に確保されていると予想された．

なお，海水に接する部位では，塩分浸透モニタリング結果から鉄筋は腐食していないと予想されるにも関わらず鉄筋の電位が急激に低下した原因は，図 4.2.48 に示すように，橋脚基礎部にある鋼管矢板との橋脚中の鉄筋との間でマクロセルが形成され，鋼管矢板が腐食することでコンクリート中の鉄筋を防食する，所謂，電気防食と同様の回路が形成されたことによると，考えられた．このような状況が，具体的に確認された事例は過去にはほとんどなく，本モニタリングの成果の 1 つといえる．

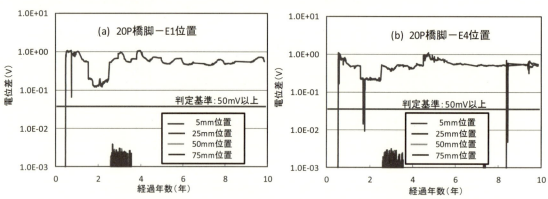

図 4.2.49　20P 橋脚に埋設された塩分浸透モニタリングセンサ中の鉄線の電位変化状況の例

参考文献

1) 松下博通，田口松義，堀切忠久，龍良平：新北九州空港連絡橋コンクリート橋脚の耐久性設計および維持管理計画，コンクリート工学，第 37 巻 10 号，pp.34-39，1999.
2) Koji Takewaka: Maintenance Plan for 100 years of service life on a newly constructed structures, Proceedings of the International Workshop on Service Life of Concrete Structures - Concept and Design Sapporo, Japan, 2005.
3) 福岡県：2002 年版　新北九州空港海上橋橋脚部維持管理指針（案），2002.
4) 武若耕司，山本悟：コンクリート中の塩化物浸透過程非破壊モニタリングシステムの開発研究，コンクリート工学年次論文報告集，Vol.23.No.1, pp.1183-1188, 2001.
5) 山本悟，田代賢吉，多田茂雄，武若耕司：コンクリート構造物の耐久性モニタリング用腐食センサ，材料と環境講演集 2002, pp.35-38, 2002.
6) 土木学会規準：JSCE-E 601-2007 コンクリート構造物における自然電位測定方法
7) 福岡県京築県土整備事務所行橋支所工務課資料

（執筆者：武若　耕司）

4.2.8 橋梁モニタリングシステムによる道路橋の状態監視

本節では，㈱NTTデータが開発した橋梁モニタリングシステム BRIMOS®（BRIdge MOnitoring System）の概要および BRIMOS® を例とした，橋梁モニタリングの現状と利用者ニーズを鑑みた場合の課題について述べる．

(1) BRIMOS® の概要

一般に，インフラモニタリングシステムとは，構造物の状況を各種センサで計測した科学的数値データにより把握するためのシステムで，その計測対象，計測内容，計測手段は多岐にわたる[1]．システムで収集したデータは，適切な解析・分析処理を経た後，老朽化した社会インフラの適切な維持管理手法の導入や，維持管理・更新のトータルコストの縮減・平準化に資することが期待されている．

筆者らは，2007年度より2年半をかけ，科学技術振興機構における独創的シーズ展開事業・委託開発プログラムを活用して，東京工業大学，横浜国立大学，首都高速道路㈱との共同研究を経て，橋梁モニタリング技術を開発した[2]．この技術とノウハウをベースに構築されたシステムが BRIMOS® である．BRIMOS® の概要を図4.2.50に示す．

BRIMOS® は，道路橋に設置した各種センサにより橋桁や橋脚の段差，間隔，振動，傾斜など橋梁の動きおよびその動きの原因となっている交通状態や気象等に関する様々なデータを連続的かつ継続的に収集・解析するシステムで，道路橋の異常や損傷の検知の支援を目指すとともに，道路橋の損傷の主要因となっている通行車両の車重データを自動収集する機能を備えている．

これまで筆者らが構築してきたシステムは，一般的に下記の5つの機能で構成されている．

① センサ計測機能
② データ伝送機能
③ データ加工・解析機能
④ データ蓄積・検索機能
⑤ データ活用支援機能

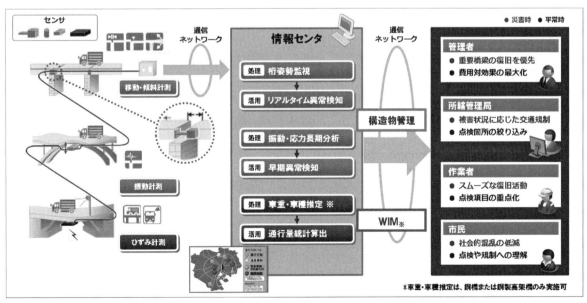

図4.2.50　BRIMOS® の概要

センサ計測機能は各種センサで橋梁の状態の計測する機能，データ伝送機能はセンサで計測したデータを橋梁から情報センタへ伝送，あるいは情報センタで加工・解析した結果を利用者へ伝送する機能，データ加工・解析機能 は伝送されてきたセンサデータを情報センタで加工・解析する機能，データ蓄積・検索機能はセンサデータおよび加工・分析データを蓄積する機能，データ活用支援機能は情報センタで加工・解析した結果を画面表示などを用いて利用者が確認するための機能である．

なお，BRIMOS®の核となる部分は，様々なセンサデータを連続的かつ継続的に収集・解析するソフトウェア群であり，センサ種類やデータ伝送形式は，計測ニーズに合わせて様々な形態の導入が可能である．

(2) BRIMOS®の適用例

BRIMOS®の技術とノウハウを活用したモニタリングシステムの一例として，ベトナムカントー橋に設置されたシステムを紹介する．

ベトナムカントー橋は，ベトナム南部のヴィンロン省とカントー市とを結ぶメコン川最大の支流であるハウ川にかかる東南アジア最長の斜張橋（主橋部2,750m）で，2010年に日本ODA事業により開通したものである．

このカントー橋には，日本の建設コンサルタントが設計した構造的健全性のモニタリングを目的としたインフラモニタリングシステムが設置されている．システムの稼働は2012年12月31日からで，**表 4.2.6** に示すセンサで収集したデータを，**図 4.2.51** のような情報として提供している．このような情報を継続的に橋梁管理者に提供することにより，適切な維持管理や，維持管理等のトータルコストの縮減・平準化に資することが期待されている．

表 4.2.6 カントー橋モニタリングシステムの計測項目

Measurement Sensors/Device	Measurement items	location	purpose
Anemometer	Wind Velocity / Directions	Center of the Deck The South Pylon	Traffic Control
Rain Gauge	Amount of Rain Fall	Center of the Deck	Traffic Control
GPS	Displacement	Each the Pylon Top Center of the Deck PC Deck Pier 8, 24, 31	Sinkage Monitoring Bridge Deformation
Monitoring Camera	Traffic Condition Bridge Condition	Both the Pylon	Traffic Control Bridge Deformation
Thermometer	Air Temp.	Center of the Deck	Bridge Deformation
Thermometer	Inside Temp. of the bridge	Center of the Deck Junction PC Deck South Pylon	Bridge Deformation
Thermometer	Temp. of the Dummy Cable	Center of the Deck	Cable Deformation
Strain Gauge	Strain on the Steel Deck	Center of Steel Deck	Deck Deformation
Fixed Accelerometer	Cable Vibration	Longest Cables	Cable Deterioration
Portable Accelerometer	Cable Vibration Deck Vibration	(anywhere)	Cable Deterioration Deck Deterioration

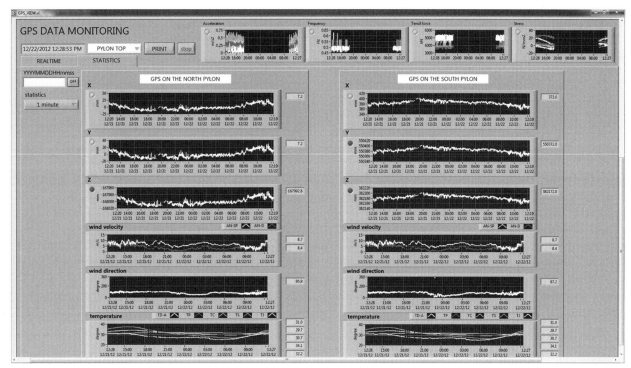

図4.2.51 カントー橋モニタリングシステムの情報提供画面(サンプル)

(3)システム設計に関する現状の課題と対応策

近年,国内外において様々な機関により,上記と類似したモニタリングシステムが構築・運用されるようになってきた.国によっては,一定の条件を満たした橋梁については,モニタリングシステムの設置が義務付けられるケースも見られるようになってきた.しかしながら,運用が進むにつれて,システム設計に関して,いくつかの課題が明らかになってきている.

【システムの課題】

システム的には一般に以下の点で課題が指摘されている.

(ア)導入コストに関する課題

モニタリングの目的は,橋梁の構造,使用条件,立地条件,交通環境などにより異なる.そのため,橋梁ごとにモニタリングシステムに求められる要件が異なることから,多くの場合個別設計・開発となり高コストとなりやすい.また,従来から採用されている有線式センサの場合はセンサ設置工事費用も高コストになりやすい.さらに,導入後,継続的に発生する保守・運用コストも課題である.

(イ)データのハンドリングに関する課題

長期計測を目的とする場合,収集するデータ量が膨大となることから,データベースに蓄積したデータの検索が困難になる等,データハンドリングに問題が発生している場合がある.

【データ活用の課題】

データ活用の観点からは以下の課題が指摘されている.

(ア)データ品質に関する課題

一般に,計測データには不要なノイズやセンサ特有の特異値が含まれているため,目的の情

報を導き出すためには様々な前処理によってノイズや特異値の除去が必要となる．しかしながら，この前処理には高度なノウハウが必要となる場合があり，取得したデータが有効に活用できないケースが発生している．

(イ) データの閲覧容易性に関する課題

収集した膨大なデータからモニタリング目的の情報を導き出すための分析手法を確立する必要があるが，分析に先立って，収集した膨大なデータを閲覧する作業が困難であるという指摘がある．また，複数種類の多くのセンから収集したデータを効果的に閲覧する方法がないため，分析手法の確立に作業が及ばないケースがある．

【課題に対するシステム改善】

上記の課題に対し BRIMOS®では次に示すような改善を実施している．

A) ソフトウェアのコンポーネント化

Component-based software engineering (CBSE)という設計技法を採用し，センサデータの処理における様々な機能を細分化しコンポーネント化することで，再利用可能な標準ソフトウェア群を構築し，低コスト化を実現している．

B) センサ依存性のないソフトウェア設計

また上記のソフトウェアのコンポーネント化により，インターフェース部分のみの改造でどのようなセンサにも適用可能なようにソフトウェア設計を行っている．これにより，低コストのセンサの導入やセンサ設置工事費を抑えることができる無線センサの導入も可能としている．

C) ノイズ除去機能の設計

センサデータに生じるノイズや特異値の傾向を統計的に処理し，自動的に除去する機能を実装している．ノイズや特異値の発生にはいくつかの特徴があるため，それぞれに対応すべく複数の除去機能を持ち，各モニタリングにおいて適切な機能を選択できる仕組みを導入している．

D) 長期計測用リアルタイムデータベースの設計

長期観測を目的とする場合，収集した膨大なデータを長期間データベースに保存してそれを一覧出来ることが望ましい．そのため，計測データだけではなく，その統計データや特徴量データをリアルタイムで作成しデータベースに格納できる標準設計を採用している．また，併せてデータのバックアップや退避運用に関する標準設計も行い，長期間のデータを蓄積するだけでなく，データベースが長期間にわたって健全に動作し，ユーザがデータにアクセスしやすい環境を確立している．

E) ユーザフレンドリなデータの可視化

ユーザが蓄積したデータを容易に閲覧できる仕組みとして，これまで，いくつかの標準画面設計を行い，ユーザのニーズに応じて選択できる仕組みを構築した．しかしながら，モニタリングシステムはまだ発展途上にあり，ユーザが閲覧したい情報もシステムの運用が進むにつれて次第に変わっていく可能性が高く，また収集した膨大なデータを現在の機能ですべて有効に閲覧できているとは言い難い．本件については，引き続き，課題として解決に向けて努力していく必要がある．

(4) まとめ

各橋梁は，それぞれの生まれ（設置環境，設計，施工，等）とそれぞれの歴史（使用条件，交通荷重，補修歴，等）を経て今日に至っているため，各橋梁に対して計測すべき項目や方法は異なる．そのため，一般にはモニタリングシステムは1つ1つがオーダーメードと言っても過言ではない．しかしながら，インフラモニタリングシステムが真に社会のために活躍するためには，そのシステム設計においては，共通のノウハウをうまく活用すべきと考えている．

このような課題を解決するために，BRIMOS®では，そのシステム設計において，

- A) ソフトウェアのコンポーネント化
- B) センサ依存性がないソフトウェア設計
- C) ノイズ除去機能の設計
- D) 長期計測用リアルタイムデータベースの設計
- E) ユーザフレンドリなデータの可視化

等の工夫を行い，インフラモニタリングシステムの普及に努めてきた．しかしながらに，D), E)については，まだ改善余地があり，今後も引き続き検討していく必要があると考えている．

また，さらなる課題としては，分析機能の取り込み，すなわち収集した膨大なデータからモニタリング目的の情報を導き出すための分析手法の開発とシステムへの取り込み，特に専門家ノウハウをいかに一般化してわかりやすく導入するかが課題であると認識している．近年のビックデータ解析技術の進展と合わせてこの課題の解決に向けた研究開発が必要である．

参考文献

1) 国土交通省：社会インフラにおけるモニタリング技術の活用に向けた取組事例，第1回社会インフラのモニタリング技術活用推進検討委員会参考資料3，2013.
   <http://www.mlit.go.jp/tec/monitoring_131018.html>

2) S. Miyazaki, Y. Ishikawa, N. Ito, K. Izumi, E. Sasaki and C. Miki: Effective Design of Automatic and Real-time Bridge Monitoring System, 33rd International Association for Bridge and Structural Engineering Symposium, 2009.

（執筆者：宮崎　早苗）

4.2.9 新幹線の軌道における状態監視

東海道新幹線では，走行安全性と良好な乗り心地確保のため，軌道部分に関しては，地上での検査に加えて列車上からも状態監視を行っている．ここでは，列車上からの状態監視システムについて紹介する．

(1) 軌道狂いの状態監視

軌道の形状（軌道狂い）に関する状態監視は，「ドクターイエロー」[1]（正式名称：新幹線電気・軌道総合試験車，**写真4.2.10**）と呼ばれる検査専用車両および「営業列車軌道監視システム」[2]（**図4.2.52**）を搭載したN700系営業列車数編成で実施している．

写真4.2.10 ドクターイエロー

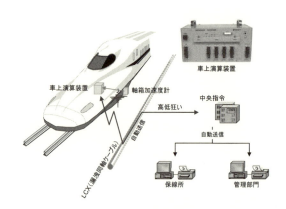

図4.2.52 営業列車軌道監視システム

ドクターイエローは約10日に1度の頻度で東海道・山陽新幹線全線を走行する．現在のドクターイエローは700系車両を基本に開発されたもので，最高速度270km/hで走行しながら光切断法によるレーザー変位計やリングレーザージャイロを内蔵した運動計測装置などを用いて0.1mm以下の精度で軌道狂いを計測することができる．東海道新幹線の軌道管理目標値とドクターイエローのチャート出力項目を**表4.2.7**に示す．

表4.2.7 軌道管理目標値とドクターイエロー出力項目

目的	軌道狂い	単位	仕上り目標値	保守計画目標値	予防管理目標値	徐行管理目標値			
						230km/h	170km/h	120km/h	70km/h
走行安全性	10m弦高低	mm	4	6	10	15	18	22	27
	10m弦通り		3	4	6	8	10	12	14
	軌間		2	+6,-4	+6,-4	—	—	—	—
	水準		3	5	5	—	—	—	—
	平面性		3	4	5	—	—	—	—
乗り心地	40m弦高低	mm	5	7	—	—	—	—	—
	40m弦通り		3	6	—	—	—	—	—
	車体上下動	G	—	0.25	0.25	—	—	—	—
	車体左右動		—	0.2	0.2	—	—	—	—

ch	測定項目	記事
1	10m弦高低（右）	
2	10m弦高低（左）	
3	10m弦通り（右）	
4	10m弦通り（左）	
5	軌間	
6	水準	
7	平面性	
8	20m弦高低（右）	10m弦から倍長演算
9	20m弦高低（左）	
10	40m弦高低（右）	
11	40m弦高低（左）	
12	40m弦通り（右）	
13	40m弦通り（左）	
14	車体動揺（左右）	最後尾車両で測定
15	車体動揺（上下）	
16	長波長高低	
17	床下騒音レベル	

鉛直方向および水平方向の軌道狂い（それぞれ高低狂い，通り狂い）は，日本では古くから図4.2.53に示す「10m弦正矢」と呼ばれる方法で測定・評価されており，現行ドクターイエローでは図4.2.54に示すように4軸のうち3軸を検出点とし，2.5m（車軸間距離）と17.5m（台車間距離）の不等間隔で測定系が構成される「偏心矢法」で測定した結果を演算処理して10m弦を求めている．20m弦および40m弦の項目は乗り心地に関係する長波長軌道狂いを把握するためのもので，10m弦の測定データを演算することで算出される．車体動揺は，編成中最も振動加速度が大きい最後尾の車両で測定されている．また，床下騒音レベルは，検測車床下に設置されたマイクが検出した転動音を処理したもので，レール頭頂面の凹凸の状態把握を目的としている．測定の結果，設定値を超えた箇所はシステムによって補修が指示され，計画的に軌道整備が投入される．次回の測定では補修箇所の仕上がり度合いが判定され，施工会社への支払いに反映される．

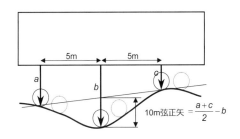

図4.2.53　10m弦正矢（高低狂い）

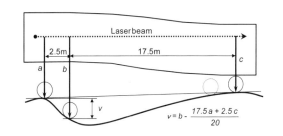

図4.2.54　現行ドクターイエローの偏心矢

営業列車軌道監視システムは，軌道の検測装置を複数の営業列車に搭載することで監視の高密度化を実現したものである．測定されたデータは付加情報（速度，対向列車の有無）とともにLCX（漏洩同軸ケーブル）方式によるデジタル列車無線システムを通じて中央指令・現業事務所・管理部門にリアルタイム送信される．当初は上下・左右方向の列車動揺測定が主体で，基準値との比較により調査・処置に関する手配を行うものであったが，2009年に高低狂いの計測装置が付加された．営業列車軌道監視システムにおける高低狂いの測定原理は「慣性測定法」を採用し，軸箱（車軸を支持する箱）に取り付けた加速度センサーの信号を2階積分することで軸箱の軌跡（＝高低狂い）を求めている（図 4.2.55）．これにより，従来はドクターイエロー走行後でないと取得できなかった軌道狂いデータの一部がほぼ毎日複数得られることになり，補修を迅速かつ柔軟に計画・実施できるようになった．特に，図 4.2.56 に示すような軌道弱点箇所の軌道狂い進み[3]は10日毎のドクターイエローのデータでは把握困難であり，リアルタイムに近い状態監視が可能となったことで迅速な対応が可能となった．軌道狂いに関する状態監視の全体概要を図4.2.57に示す[4]．

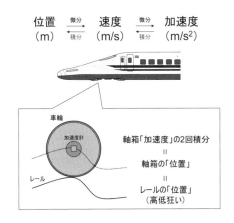

図4.2.55　慣性測定法による高低狂い測定

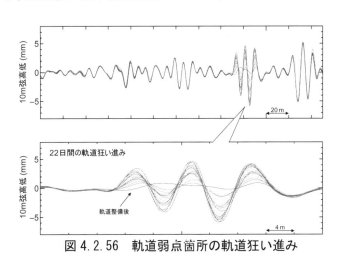

図4.2.56　軌道弱点箇所の軌道狂い進み

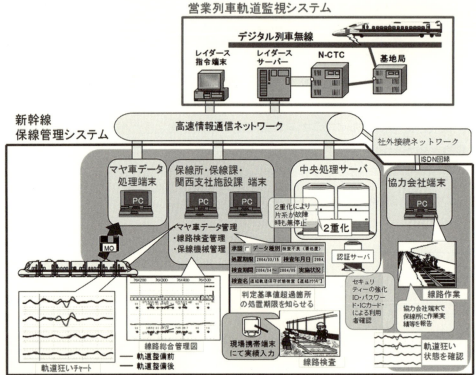

図 4.2.57 東海道新幹線の軌道の管理システム

図 4.2.58 超音波レール探傷車とセンサー配列

(2) その他の状態監視

軌道狂い以外の車上状態監視として，レールの折損事故を未然に防止するための監視を行っている．図4.2.58 に超音波レール探傷車を示す．この車両は約 30km/h で走行しながら超音波によりレールの内部傷の探傷を行うことが可能で，探傷車下部にはレール頭部に接触走行する超音波センサーが装着されている．このセンサーからあらゆる方向に超音波パルスを入射し，その反射エコーによってレール欠陥部を発見する．発見された欠陥箇所は検査員が手動により再度精密検査を行い，必要に応じてレール交換作業を行っている．また，レール断面形状（摩耗）測定およびレール頭頂面凹凸測定も実施することができる．

参考文献

1) 永沼泰州：270km/h で線路を測る，精密工学会春季大会学術講演会，2002.
2) 永沼泰州，中川正樹：新幹線営業列車での軌道検測，JREA，Vol.51，No.11，2008.
3) 平尾博樹，渡邊康人：防災への軌道状態データ活用の検討，JREA，Vol.53，No.6，2010.
4) 高見沢実：新幹線の保線関係システム，新線路，2007.

（執筆者：松田 猛，内藤 繁）

4.3 突発的な事象の検知

4.3.1 都市ガスのリアルタイム地震防災システム

(1) はじめに

都市ガスは，快適な都市生活のために重要なエネルギー源であるが，可燃性であるが故に地震等により施設に損傷が発生した場合は火災・爆発等の二次災害の危険性も併せ持っている．1995年阪神・淡路大震災において都市ガス業界においても過去最大の被害が発生し約86万件の供給停止を余儀なくされた．災害が大きくなればなるほど緊急措置の重要性が高まるが，阪神・淡路大震災においては緊急措置の迅速・的確な実行において多くの教訓が得られた．

以上のような阪神・淡路大震災の経験を活かし，今後の都市ガス防災レベルの一層の向上を図るため，世界一高密度なリアルタイム地震防災システム SUPREME (Super-dense Realtime Monitoring of Earthquakes)を開発した．

(2) 都市ガス供給の概要

まず，LNG（液化天然ガス）バリューチェーン，すなわち天然ガス産出から需要家までの都市ガスの流れについて述べる．

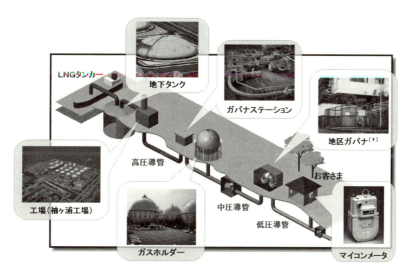

図4.3.1　都市ガス供給システム

海外のガス田で採掘された天然ガスは，氷点下162℃以下まで冷却されてLNGとなる．LNGはタンカーにより運ばれ東京湾内にある3箇所の製造工場に荷下ろしされ，地下式LNGタンク等に貯蔵される．製造工場において気化されて再びガスとなり，熱量調整・付臭工程を経て，都市ガスとして送出される．都市ガスは，**図4.3.1**のように高圧，中圧，低圧と3段階の圧力で供給されている．

まず，製造工場から7MPa〜2MPaの高圧で送出されたガスは，東京ガスの供給エリアをループ状に囲うように建設された高圧ガス導管を通じて供給される．さらにガバナステーションで1MPa以下の中圧に圧力調整された中圧ガスは，工業用・商業用に利用されると共に，一部のガスは昼夜間の需給調整のために球形ガスホルダーに貯蔵される．そして中圧ガスは，地区ガバナで2.3kPaに減圧されて低圧ガスとなり，網の目のように埋設された45,000km超に及ぶ低圧ガス導管網を通じて，オフィス，店舗や一般需要家へと供給される．

本項で述べるSIセンサは約4,000基ある地区ガバナに全箇所に設置され，供給指令センタ（浜松町本社）にてSUPREMEにより常にモニタリングされ，地震発生に伴う初動措置に備えている．ほぼ全ての需要家に設置され

ているマイコンメータは，震度5程度の地震動によりガスの供給を遮断する機構を備えているがモニタリングは行っていないので，本項では省略する．

(3) センシングデバイス SIセンサ

現在，東京ガスでは，図4.3.2に示すSIセンサ，防災テレメータ装置(以下防災DCXと略す)を約4,000箇所の地区ガバナに設置しており，これらの機器と供給指令センタを通信で結ぶことにより，非常に高密度($0.9km^2$に1箇所)でのSI値（kine），最大加速度（gal），圧力，ガバナ遮断状況，液状化警報状況等の観測および供給指令センタからの遠隔監視・制御が可能となる．

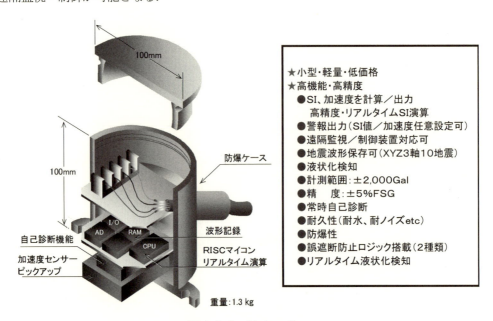

図4.3.2 SIセンサ

なお，ここで用いるSI値とは，式（4.3.1）に示す地表面観測波形の20%減衰速度応答スペクトルの周期0.1から2.5秒の平均値で，最大加速度よりも被害と相関が高い指標と言われる．

$$SI = \frac{1}{2.4}\int_{0.1}^{2.5} S_v(T)dT \tag{4.3.1}$$

ここで，SIはSI値(cm/s)，Tは周期(s)，$S_v(T)$は20%減衰速度応答スペクトル(cm/s)を示す．

個々の地区ガバナでの感震遮断機能(SI値がある閾値を超えると自動的に低圧への供給を停止する)を持つとともに，観測記録に基づく液状化の検知を行う機能等も備えている．内部にSI値を計算する機能を有しており，0.01秒間隔で随時計算，時間ウインドウは10～20秒(可変)としている．式（4.3.1）の計算周期Tは7ポイント(0.1, 0.4, 0.7, 1.0, 1.5, 2.0, 2.5秒)で，各々，水平8方向の最大値を$S_v(T)$として計算している．

(4) モニタリングシステム SUPREME

(a) SUPREMEの概要

SUPREMEは約4,000箇所ある地区ガバナの情報を極めて短時間（1～2分）で集約し迅速な緊急措置（遠隔遮断）および被害推定を行うシステムである．SIセンサで測定されるSI値・加速度について主要ガス供給設備（ガバナステーション等）25局は自営無線を通じ，その他の局はNTTドコモのFOMAデータ通信網を使用して送受信される仕組みになっている．個々の地区ガバナと供給指令センタの一般回線は災害時優先指定回線の認定を受け，地震時の通信の輻輳に対処している．

(b) 都市ガス供給の遠隔遮断

都市ガスの低圧供給網は阪神・淡路大震災で大きな被害を受けたが，首都圏でも大地震が発生した際は同様の事態が起こると想定している．都市ガス漏洩による二次災害防止のためには，ガス導管の被害が大きい地区では即時にガス供給を停止しなければならない．このため，東京ガスでは地区ガバナの個別の感震自動遮断機能と併せて，SUPREME により地区ガバナを強制的に低圧ブロック単位で遠隔遮断する．遠隔遮断の仕組みを図4.3.3に示す．

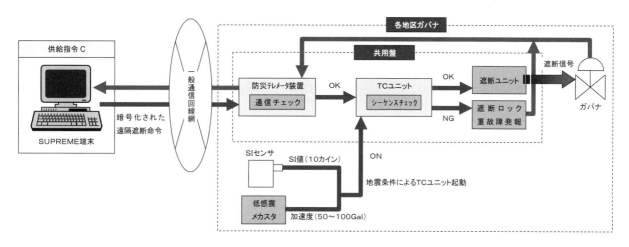

図4.3.3　地区ガバナの遠隔遮断機構

地区ガバナを遠隔遮断することにより人員を地区ガバナに巡回させることなく供給停止を極めて短時間で実施できるため被害箇所からのガス漏洩を大幅に減少でき，二次災害の発生を最小限に抑えることが可能となっている．

(c) 低圧ガス導管の被害推定

大地震が発生した際には的確な緊急措置のため，地震動観測値とそれに基づく緊急に供給停止すべきエリアの把握と各種の推定が必要となる．SUPREME ではそれをサポートするための地震動分布推定，導管被害の推定を行う．そのフローを図4.3.4，図4.3.5に示す．

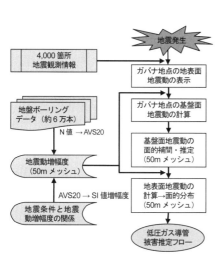

図4.3.4　地震動分布推定フロー

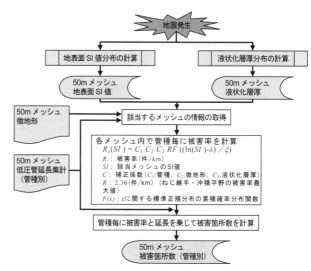

図4.3.5　低圧導管被害推定フロー

この中核をなすのはデータベース部分であるが，供給施設の情報としては4,000個所の地区ガバナはもちろん中圧管についてはベクターデータとして，低圧管については50m単位のメッシュに集約し，管種，管径ごとの延長が入っている．各種推定を行う上で地盤情報は1つの大きな重要要因となるが，SUPREMEには東京ガスが独自に作成した「東京ガス地質分類図」と供給エリア内の約6万本のボーリングデータが収納されている．このデータにより，ボーリング1本単位でのマイクロゾーニングが可能となっている．

低圧管の被害推定については，東京ガスが，阪神・淡路大震災のガス管被害データを中心に，地震動分布，液状化分布，微地形分布，管種とガス管被害との要因分析を行い，被害推定式を作成している．（図4.3.5 中式）SUPREMEでは，この被害推定式を活用し低圧管被害推定を行う．この低圧管被害推定では，地表面SI値，液状化層厚，微地形，管種といったデータが必要だが，SUPREMEではこれら全てについて50mメッシュで整備し，この単位で演算を行う．サンプルとして立川断層帯地震における標準管種($C1=1.0$)の低圧管被害率分布を図4.3.6に示すが，この分布に各管種の補正係数$C1$と50mメッシュ延長集計を乗じることにより，管種ごとの50mメッシュ被害箇所数分布が作成できる．

また，東京ガスでは，効果的な緊急供給停止及び迅速な復旧を行うため，供給エリア内のガス導管網に対し，Kブロック(大)，Lブロック(中)，Mブロック(小)といった複数段階のブロック手段を持っている．SUPREMEでは，50mメッシュと各ブロックの対応テーブルも整備しており，50mメッシュ単位で計算した延長集計や推定被害箇所数は，各ブロック単位に再集計可能である．一例として，ブロック最小単位であるMブロック（導管復旧作業の最小単位）ごとの再集計結果を図4.3.7に示す．

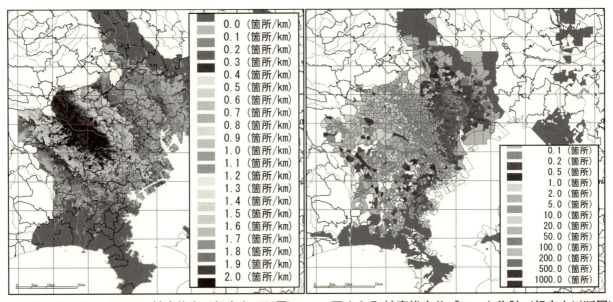

図4.3.6 50mメッシュ被害推定（想定立川断層）　　図4.3.7 被害推定Mブロック集計（想定立川断層）

(5) まとめ

以上のように東京ガスでは高密度に配置されたSIセンサにより地震動をいち早く検知し，二次災害防止のため感震自動遮断，SUPREMEによる被害推定，遠隔遮断を行っている．都市ガス供給という公益性の高い事業における災害時の二次災害の防止をこのようなセンシング・モニタリング技術により確立している．

参考文献

1) 清水善久,石田栄介,磯山龍二,山崎文雄,小金丸健一,中山渉:都市ガス供給網のリアルタイム地震防災システム構築及び広域地盤情報の整備と分析・活用,土木学会論文集,738号,PP283-296,2003.
2) 坂口央一,萬來雄一:都市ガス事業における事業継続について,土木学会論文集F,65号,PP59-72,2009.

(執筆者:乗藤　雄基)

4.3.2 地震の早期検知と警報

(1) 新幹線における早期地震検知

(a) はじめに

　日本は世界で有数な地震国であり，全国に展開された鉄道網は常に地震の脅威に晒されている．このような状況の下，鉄道の地震被害を低減するためには，あらかじめ構造物の耐震性を高め，同時に軌道・車両に地震対策を施すことが基本となる．さらにこれらの準備を行った上で，地震発生直後，大きな揺れが到達する前に列車を速やかに停止させることができれば，地震時における鉄道の安全性はさらに高まると考えられる．これを目的として，日本の鉄道分野では，地震動を常時監視し鉄道の安全が懸念される場合に直ちに列車の停止を行う早期地震検知システムが開発，運用されてきた．ここでは，新幹線を対象とした早期地震検知システムの変遷を概観し，現行のシステムの概要，現行システムで利用されている警報ロジックの内容，またシステムの今後に関して報告する．

(b) 新幹線の早期地震検知システムの変遷

　新幹線は在来線に比べ高速に走行するため，より効果的な地震対策が望まれた．これを受け新幹線開業直後の 1965 年に地震に対する自動警報システムが導入された．これは沿線に約 20km 間隔で配置される変電所内に地震計を設置し，地震計で記録された加速度が規定値を超過した際に，速やかに列車へのき電供給を停止し，列車の非常ブレーキを動作させるシステムである[1]．このシステムは，沿線で地震動の大きな揺れを捉えて警報を出力するものであるため，余裕時間（警報を出力してから大きな揺れが到達するまでの時間差）を稼ぐことは原理的に困難であるが，実測された揺れに基づき制御を行うため，揺れに対して確実に対応することができるシステムと言える．写真 4.3.1 にこのシステムで利用された制御用地震計を示す．

　1982 年からは，海域で発生する大地震に対してより早期に警報を出力することを目的とした海岸線検知システムが東北新幹線に導入された．このシステムは海岸に 100km 以内の間隔で設置された地震計が大きな揺れを観測した際，対象とする沿線に警報を出力するものであり[2]，前線検知型の早期警報システムの一種である．このシステムは地震の位置と規模を推定する機能を持たないため，地震動の影響範囲を地震ごとに予測することはできない．したがって，事前に各地震計が受け持つ制御範囲を想定する必要がある．海岸線検知システムは，海岸に設置された地震計と沿線との距離に応じて余裕時間を確保することが可能であり，最初の早期地震検知システムと定義できる．

写真 4.3.1　制御用地震計

写真 4.3.2　ユレダス地震計（処理部）

さらに，余裕時間を増加させより効果的な制御を行うため，P波初動から地震の位置と規模を推定し，地震動の影響範囲を瞬時に把握し警報を出力するユレダス(Urgent Earthquake Detection and Alarm System)が1992年より導入された[2),3)]（**写真4.3.2**）．ユレダスは，単独観測点のP波データより地震の規模と位置を推定し，この情報から運転制御範囲を求め，警報を出力するものであり，地震波のP波を利用した早期地震検知システムの先駆けとなった．ユレダス地震計はP波検知後3秒以内の卓越周波数よりマグニチュードを推定し，観測された振幅を利用して距離減衰式から震源距離を推定する[4)]．これらの推定情報から運転制御が必要な領域を求め，その領域に対して警報を出力した．単独の地震計で上記の処理を実施できることがこのシステムの特徴である．ユレダスの実用化により鉄道の早期地震検知システムは大きな進歩を遂げた．

(c) 現行の早期地震検知システム

ユレダス導入以降，2000年頃より地震学や信号処理技術の新しい知見を反映させた早期地震検知システムの開発が開始された．ユレダスでは，P波データを用いたマグニチュード推定をP波検知後1回のみ行うため，時間をかけて破壊が拡大する大地震の際，マグニチュードを過小評価する可能性が指摘されていた．この課題を克服するため，マグニチュード推定とは独立した形でP波データから震央距離を推定する手法が提案された[5)]．この手法を用いて地震諸元の推定を行い，さらにノイズ除去の性能を向上させるなどし，システム全体の改良が行われたものが現行の早期地震検知システムである[6)]．システムの構成を**図4.3.8**に示す．このシステムは沿線検知点，海岸検知点，中継サーバ，監視端末から構成され，それぞれブロードバンドのネットワークで接続されている．沿線検知点は新幹線沿線付近の地震，海岸検知点は海域の地震を対象としており，ユレダスの設計思想を引き継ぎ，検知点に設置された地震計単独で警報出力が可能であるが，中継サーバを経由して送信された他の地震計の情報により警報出力することも可能であり，より早く広域に警報を出力することができる．このシステムは2004年より九州新幹線に新規に導入され，2005年以降，他の新幹線も同システムに更新された．地震計の設置状況を**写真4.3.3**に示す．

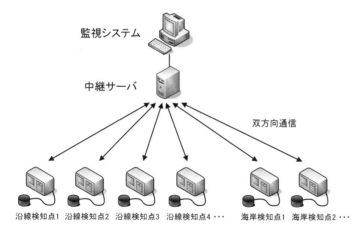

図4.3.8 現行の早期地震検知システムの構成

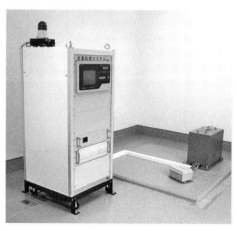

写真4.3.3 地震計の設置状況

(d) 現行システムの警報ロジック

現行のシステムは2種類の警報ロジックを持つ．ひとつは加速度の規定値超過に基づくもの，もうひとつはP波から推定された地震諸元に基づくものである．前者は，事前に加速度規定値と制御範囲を定めて，観測された加速度が規定値を超過した際に運転制御を行うものである．後者に関しては以下詳細に記述する．

各地震計は，P波検知後，初動部の波形データから震央距離，震央方位，マグニチュードの推定を行う．

はじめに,震央距離の推定手法に関して述べる.この手法は,P波初動部における加速度振幅の高周波成分の形状が,震央距離とマグニチュードの影響を強く反映することに着目したものである.具体的には,P波検知後2秒の加速度振幅絶対値の包絡線に(4.3.2)式で示す近似式をフィッティングさせ(図4.3.9(a)),包絡線の傾きを支配する係数Bと震央距離の相関関係(図4.3.9(b))から震央距離を推定する[5].

$$y(t) = B\, t \exp(-A\, t), \tag{4.3.2}$$

ここで,tはP波検知後の経過時間,$y(t)$は加速度振幅絶対値,A,Bはフィッティングにより定まる係数である.本手法による震央距離の推定誤差は対数値で0.313(RMS)である[7].

次にP波初動部の変位の振動方向から震央方位を推定する.震央方向の決定には主成分分析法[8]を用い,P波到達後1.1秒の変位データを対象とし解析が行われる.求められた震央方位の平均推定誤差は43.0度である[9].

さらに,フィッティングから求められた係数Bと観測された変位を利用して,次に示す(4.3.3)式よりマグニチュードを推定する.マグニチュードの推定は,P波到達後10秒の間継続的に実施され,大地震時におけるマグニチュードの成長が追尾できる.

$$M = 0.7387 \log_{10}(D) - 1.02 \log_{10}(B) + 7.07, \tag{4.3.3}$$

ここでMは気象庁マグニチュード,Dは最大変位,Bは(4.3.2)式で定義された係数である.

一旦,地震諸元(震央,マグニチュード)が推定されると,震央距離,マグニチュードと地震動の影響範囲を示す経験的関係[10](図4.3.10)に基づき,運転制御範囲が決定される.自機あるいは他の地震計の情報により運転制御範囲に含まれると判断した沿線地震計は,き電停止の信号を変電所に出力し,直ちに運転制御を行う.

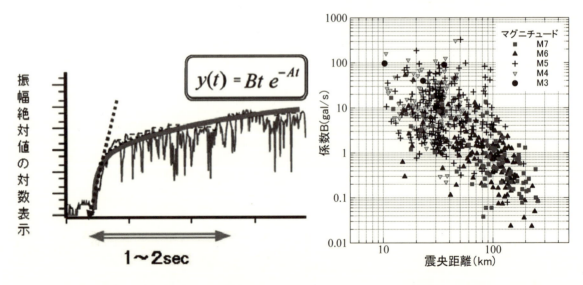

(a) P波初動部に対する(4.3.2)式のフィッティング　　　　(b) 係数Bと震央距離の関係

図4.3.9　現行の早期地震検知システムにおける震央距離推定手法

(e) システムの今後

現行の早期地震検知システムは,警報ロジックやハードウェア構成,地震計の配置などに冗長性を持たせており,総合的なシステムとして高い信頼性を有していると考える.一方,ノイズ除去,P波検知,地震諸元推定などに関する個別の機能に関しては改善の余地があり,現在もその高度化のための研究開発が行われている.また,新たな警報ロジックや新しいセンシング技術などに関する検討も併せて行われている.さらに地震時に新幹線を安全に止めるだけではなく,その後の効果的な運転再開も視野に入れたシステム開発が

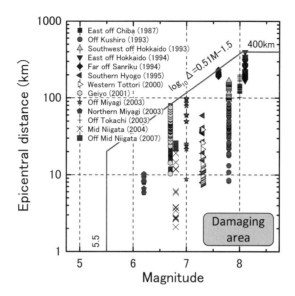

図 4.3.10 震央距離，マグニチュードと地震動影響範囲の経験的関係

必要と考える．

鉄道は数多くの旅客が利用する重要なインフラであると同時に，早期地震警報を効果的に活用できる分野である．今後も鉄道の特徴を利かしつつ安全性のさらなる向上を目指した技術開発が期待される．

参考文献

1) 中村豊：国鉄における地震警報システム，鉄道技術，Vol.42，No.10，1985．
2) 中村豊：ユレダスとヘラス　地震災害軽減のためのリアルタイム防災情報システム，鉄道総研報告，Vol.10，No.3，1996．
3) 佐藤新二：地震計と警報システム，RRR，Vol.70，No.1，2012．
4) Nakamura, Y. : On the urgent earthquake detection and alarm system (UrEDAS), Proceedings of Ninth orld Conference on Earthquake Engineering, Vol. VII, 1988.
5) Odaka, T., Ashiya, K., Tsukada, S., Sato, S., Ohtake, K., and Nozaka, D. : A new method of quickly estimating epicentral distance and magnitude from a single seismic records, Bulletin of Seismological Society of America, Vol.93, No.1, 2003.
6) 岩橋寛臣, 岩田直泰, 佐藤新二, 芦谷公稔：早期地震警報システムの実用化，鉄道総研報告，Vol.18，No.9，2004．
7) 山本俊六, 野田俊太, 是永将宏：P波初動部の立ち上がり特性に着目した震央距離推定手法，鉄道総研報告，Vol.26，No.9，2012．
8) 気象研究所地震火山部：自動検測手法の研究，気象研究所技術報告，No.16，1985．
9) 野田俊太, 山本俊六, 佐藤新二：早期地震検知における地震諸元推定方法の精度および即時性向上，Vol.25，No.7，2011．
10) 中村洋光, 岩田直泰, 芦谷公稔：地震時運転規制に用いる指標と鉄道被害の統計的な関係，Vol.19，No.10，2005．

（執筆者：山本　俊六）

(2) 地震早期検知の新展開

(a) はじめに

　地震防災の基本が耐震強化にあることはいうまでもない．しかし，予想される地震動に対して十分な強さをもった住宅や施設であっても，その機能はさまざまな状況下で発揮されるものであるため，思わぬ災害に発展してしまうことも考えられる．こうした不測の事態に対応するための情報システムとして，早期地震警報システム「ユレダス（UrEDAS: Urgent Earthquake Detection and Alarm System，"揺れ出す"）」が開発されてから，四半世紀が経過した．はじめは1980年代後半に青函海底トンネルの地震情報システムの一部として運用が開始され，次いで東海道新幹線の走行安全性を少しでも高めるシステムとして1992年から本格的な運用が始まった．その後，阪神淡路大震災などを経験して，こうした防災情報システムの問題点を実際に経験しながら改良を進めてきた．

　その結果，ユレダスの後継として「フレックル（FREQL: Fast Response Equipment against Quake Load，"振れッ来る"）」が開発された．ユレダスは当初，P波を検知してから警報発信まで3秒間を要したが，フレックルでは，現在，最短0.1秒にまで，警報処理時間を短縮することに成功している．この程度の警報処理時間であれば，直下で発生した地震に対しても，大きな揺れに対し概ね1秒以上先行して警報できると期待される．

　2004年頃から試験運用が始まった気象庁の緊急地震速報もまた，震源に近いところで地震を検知して，遠隔地に大きな揺れが伝わる前に通報しようとする早期地震警報である．

　早期地震警報の構想は明治維新の1868年までさかのぼる[1]．しかし，サンフランシスコを対象にしたこの構想は実現されることなく忘れ去られた．およそ100年後の1972年，全く独立に日本でも東京を対象にした早期地震警報の構想が公表された[2]．これを契機に，日本では気象庁をはじめとする各機関で本格的な開発研究が始まった．

　早期警報によって得られる先行時間は，非常にわずかであるが，高速走行する列車や高層エレベータなど極限状態で機能している施設では大きな意味を持つ可能性がある．もちろん，十分な耐震性が無ければ，機能が損なわれる以前に崩壊の危険がある．また，地震によって崩壊した建物から生存者を救出する際にも，大きな余震をいち早く警報して二次災害を防止することが考えられる．

(b) 早期地震警報システムの開発・実用化と問題点

　地震警報の考え方には，地震を検知する場所として，震源の近くか警報対象の近くかの2通りがあり，また，地震を検知する方法として，P波を検知するか閾値を使っての単なるトリガーで行うかの2通りがある．したがって，合計4つのやり方があることになる．一番早いのは震源でのP波警報であり，一番遅いのは，警報対象近くでの単なるトリガー警報（S波警報といわれることがある）である．ここでは，P波部分で警報するものを早期地震警報と呼ぶ．

　世界で初めての実用的な早期地震警報システムは旧国鉄で開発された[3]．まず，震源近くで，単なるトリガー方式（40Gal加速度警報）で地震を検知する方法が東北新幹線の開業時から実用化された．次に，独立した単一観測点において，P波で地震を検知し，この部分の情報だけで震央位置や深さ，地震の規模を推定する方法が開発され，ユレダスとしてシステム化された．これは，東海道新幹線で1989年から試用され，1992年から本格運用された．その後21世紀になってから気象庁でも早期地震警報システムが開発され，緊急地震速報として2007年から一般の利用が始まった．

　ユレダスは，当初から，地震動を数値化して読み込む時間間隔（1/100秒）で震源推定に必要な処理を繰

り返すリアルタイム処理を採用している．つまり，地震の有無で処理量に大きな差異がないことが特徴であり，地震発生によって処理量が急増してシステムダウンを引き起こすおそれが無いという，それまでのシステムにはない重要な特長を備えている．震源推定に要する時間は，対象とする地震の規模M（マグニチュード）が大きくなるほど長くなると考えられ，当初，M>6.0の地震を対象として，断層破壊に対応する時間，概ね3秒を設定した．その後，これより短くても的確にMが推定できることがわかり，後継のフレックルでは1秒にまで短縮された．

また阪神大震災を契機に開発されたコンパクトユレダスは，直下地震に対応するために鉄道沿線に設置することを念頭に，より迅速に警報することを目指した[4]．P波部分の地震動が危険な地震動に発展する可能性をいち早く判定して，P波検知後1秒程度での警報を目標としていた．これも，より迅速なP波識別に成功したため，後継のフレックルでは最短0.1秒の警報発信を実現している．このため，フレックル警報は，直下の地震に対しても，大きな揺れの到達に遅れることは無いと思われる．

また，フレックルはユレダス機能とコンパクトユレダス機能を併せ持っているだけではなく，設置地点のリアルタイム震度をリアルタイムに表示通報する機能も持っている．リアルタイム震度とは，地震動が単位質量に作用するパワーの対数で定義されるもので，その最大値は，地震検知後60秒間の3成分地震動を処理して得られる気象庁震度とほぼ同じ値となる．

もうひとつの早期地震警報システムである緊急地震速報に使われている気象庁方式のシステム（JR総研も開発に参加しJR新幹線でも使っているが，ここでは混乱を避けるためこう呼ぶことにする）は，地震検知後の波形データを使った関数フィッティングにより，必要なパラメータを決定する間歇的な処理を採用している．検知してから2秒以後，1秒毎にデータを追加して処理することになっており，警報までに2秒以上の処理時間を要する．気象庁によれば[5]，平均5.4秒の処理時間ということである．それでもM8クラスの巨大地震の場合には，震源から離れた被災地域の中には，緊急地震速報が大きな揺れに先行するところもあると期待される．一方，日本で毎年のように発生しているM7クラスの地震の場合，直下で発生すれば甚大な被害をもたらす可能性が高いが，被害域で緊急地震速報が大きな揺れに先行することは難しい．このように，緊急地震速報にはまだ多くの技術的課題や運用上の問題点が残されている．

早期地震警報は必ずしも大きな揺れに先行するものではないことに注意して，地震時にはこれらの警報だけに頼るのではなく，自らの感覚も活かしながら適切に対応できるようにしたい．

(c) 早期地震警報（いわゆるP波警報）が有効に機能した事例[6,7]

改めて言うまでもなく，適切な早期警報は地震被害を軽減できると期待される．明示的に早期地震警報システムが有効に機能した事例として，2004年新潟県中越地震の際の上越新幹線とき325号に対するものがある．この地震では，コンパクトユレダスが大きな揺れに先行してP波警報を発し（P波検知1秒後），大きな揺れの3秒以上前に非常制動をかけた．震央付近を走行中の上越新幹線とき325号は，脱線以上の事態に発展することはなく，154名の乗員乗客には怪我もなかった．

この脱線は，隣接する高架橋で地震の揺れが異なり大きな水平相対変位が発生している地点を列車が通過したため，逐次的に発生した．迅速な警報に伴う減速により，最後の車両が当該地点を通過する前に大きな揺れは収まり，最後の車両は脱線しなかった．しかし，脱線した車体とレールの接触による摩擦熱でレールが伸び，車両が通過した後，レールは急激に横方向に孕み出した．伸びたレールに押し付けられて浮き上がった絶縁継ぎ目付近を高速で通過する車体は次々に20mほどジャンプした．最後部車両は，着地後リバウンドして排水溝に落ち込んだ．このあと800mほど引きずられるように走って止まった．

もし警報が遅れていれば，地震中に危険個所を通過する列車が増え，脱線車輌が増えたと考えられる．その結果，車体レール間の摩擦熱が増大し，走行中にレールが孕み出すなどして大きな災害になったかも知れない．しかし，この例のように，大きな揺れに先行する警報によって適切に対応できれば，地震被害を大幅に軽減できると期待されるのである．

(d) 東日本大震災時の動作状況[8),9)]

2004年新潟県中越地震の後，2006年能登半島沖の地震あたりからJR東日本管内の新幹線に対する警報システムは気象庁方式の現行システムに置き換わっている．東日本大震災時には，新幹線ではこの現行システムが稼動していた．

東日本震災時の新幹線警報システムの動作状況は，JR東日本の発表によると，以下のとおりである．

「牡鹿半島の先端付近にある金華山検知点が120Gal（cm/s^2）以上を検知したため，14：47：03に警報を発して，14：47：06から非常制動がかかり始めた．仙台や古川付近を走行中の列車を最初の大きな揺れ（第1震）が襲ったのは14：47：15付近であり，約12秒の先行時間があった．第2震はさらに50秒くらい後であった．こうして，すべての営業列車は脱線せずに安全に停止した．」

1998年にコンパクトユレダスのP波警報機能をJR東日本管内の新幹線に導入する際，それまでの40Gal加速度警報のトリガーレベルを120Galに引き上げ，P波警報が出せなかったときのバックアップ警報としている．この120Gal加速度警報は現行システムでも継承されているとみられるが，これしか動作しなかったということは，新幹線の現行システム（気象庁方式のシステム）はP波警報を出せなかったことを示している．金華山検知点に近いK-net牡鹿の記録波形を用いた検討によれば，120Gal警報は40Gal警報に比べて5秒くらい遅い．もしP波警報に成功していれば40Gal警報よりさらに早い早期警報が出せたものと推測される．警報が大幅に遅れたにもかかわらず安全に停車できたのは，130km以上離れた地震であったこと，たまたま被災地域を走行する列車がいなかったこと，などによると思われる．実際に運用するシステムでは，小さな地震に対する統計的な動作試験だけではなく，実際に被害が出るような地震に対して確実に警報できるかどうかの検討が重要となることを忘れてはならない．

一方，牡鹿半島の根元付近に設置されていたフレックルは，14：46：54にP波警報（コンパクトユレダス警報）を発している．地震動が徐々に大きくなっていったため，非常に堅固な岩盤地点である設置点が危険と判定されるまでに地震検知時間（14：46：39）から15秒を要している．この地点での，警報時点の震度は1.5であり，第1震の最大震度は4.9，第2震は5.5であった．なお，警報時点では，初動周期に基づくMの推定は4.8でかなり過小であったものの，震央位置はほぼ正確に特定できている．ユレダス開発当初に試みた震央距離と上下動速度振幅からMを推定する手法の改良版[8)]を適用すると，ほぼ正確に求まった震源と，P波検知後警報時点までの上下動速度振幅とから，地震規模Mは8.0超と推定される．これは第1震に対応するものと考えられる．この後S波が到達したため，第2震のMを適切に見積もることはできていないが，この地震の巨大性は，地震発生（14：46：18、気象庁推定）後30秒程度で把握できていたことになる．

(e) 早期検知情報の利活用と今後の展開

地震の揺れが伝わる前に市民に警報して，地震被害を軽減しようとする考え方は，古くからあるが，その効果についてはなかなか実証されることが無かった．自動制御システムに対する早期警報の効果が現実のものとして確認されたのが，前述の2004年新潟県中越地震時の上越新幹線とき325号の脱線事故である．早期警報が奏功して，時速200kmで走行していた新幹線列車の乗員乗客154名には怪我ひとつなかった．人間に

対する早期警報の効果については未だに明確な実証例がないが，訓練されたレスキュー部隊などでは，短い先行時間も有効に使えると期待され，ポータブル型のフレックルなどが全国の消防・警察に配備されつつある．今後，多くの人が集まる映画館，劇場，商業施設などでは，落下物の危険をいち早く避けるためにも，また，適切に避難誘導を行うためにも，早期地震警報が必要になるものと思われる．もちろん，事前に各施設の弱点箇所を調査して，対策を施しておくことが前提となる．しかし，その機能上回避できない弱点もあり，その周辺から退避することが求められる施設も数多いと思われる．こうした場合，早期地震警報によって，あらかじめ定められた避難行動をとることによって被害を大幅に軽減できると期待される．いずれにしても，災害の規模や様子を的確にイメージする事が重要で，イメージされた災害に対して的確に対応できるようにするための事前の準備が不可欠となる．早期地震警報は当該地点の空間的時間的な状況から想定される災害に対して的確な対処をするためのトリガー情報であり，地震後にはその場所の正確な揺れの観測情報が，施設の事前の耐震調査結果と併せて，被害状況調査など機能再開に向けた的確な地震後対応をしていくための重要な防災情報となる．これらを組織的に準備して，大きな地震動に備えるとともに，地震時に施設が受けた地震動を把握した上で，地震後の迅速な復旧や安全な避難誘導など合理的な地震後対応を目指す機関[例えば10)～12)]も現れ始めている．今後，さまざまな地震防災情報がリアルタイムに提供されるようになると思われるが，それらの情報を有効に活用することで，ハード対策から漏れてしまった地震災害の軽減に期待したい．

参考文献

1) J. D. Cooper: Earthquake Indicator, San Francisco Daily Evening Bulletin, 3rd November, 1868.
2) 伯野元彦，高橋博：10秒前大地震警報システム，自然，9月号，1972．
3) 中村豊：総合地震防災システムの研究，土木学会論文集Ⅰ，No. 531/I-34, pp. 1-33, 1996.
4) Nakamura, Y.: A New Concept for the Earthquake Vulnerability Estimation and its Application to the Early Warning System, Early Warning Systems for Natural Disaster Reduction edited by J. Zschau and A. N. Küppers, 693-699, 2003, related conference held at 7-11 September 1998 in Potsdam, Germany. 1998.
5) 気象庁：気象業務はいま 2006, p.20, 2006.
6) 中村豊：「新潟県中越地震の早期検知と脱線」，「地震動早期検知システム」，「自律防災」，地震ジャーナル第 41 号，2006.
7) 中村豊：地震防災システムの動向，鉄道と電気技術，第 19 巻第 9 号，2008.
8) 佐藤勉，中村豊：多観測点と単観測点による早期Ｐ波警報時間の比較，日本地震工学会大会，2011 梗概集 p.250, 2011.
9) 中村豊：2011 年東北地方太平洋沖地震の地震動と各種警報の発令状況，日本地震工学会大会，2011 梗概集 p.252, 2011.
10) 佐藤浩幸，山下清貴，森園和徳：東京メトロ地震発生後の早期運転再開を目指した「エリア地震計」の導入，日本鉄道施設協会誌，第 44 巻 10 号，pp.828-830, 2006.
11) 日本製紙クリネックススタジアム宮城：地震発生時の退場方法についてのご案内，東北楽天ゴールデンイーグルスホーム球場，http://www.rakuteneagles.jp/stadium/exit/
12) 札幌ドーム：すべてのお客様の安全と安心のために，札幌ドーム CSR レポート 2013, p.13, 2013.

（執筆者：中村　豊）

4.3.3 K-NETを始めとする観測網

地震国である日本では，地震観測は欠かせない．気象観測や気象情報，地震・津波と火山の監視などを重要な役割とする気象庁における地震観測は，明治初期の測量と気象観測の必要性から派生した地震計の設置[1]に端を発している．気象庁では，日本およびその周辺で地震が発生すると，常時伝送されている地震計のデータを解析し，速やかに緊急地震速報や津波警報・注意報，地震情報等を発表する[2]．この地震関連業務においては，全国に設置されている震度計と地震計が重要な役割を担う．震度計は各地の震度を計測するための計器であり，地震計は震源の位置・マグニチュードを計算するために使用される．緊急地震速報は，一般にこの地震観測網の中で震源に最も近い地震計から得られたデータを瞬時に解析して震源位置やマグニチュードを決定し，揺れが到着する前に主要動の到着時刻や震度等の情報を提供しようとするものである．

気象庁は，全国に地震計約180点(概ね60km間隔：図4.3.11)，震度計約600点(概ね20km間隔)を展開している．震度の発表においては，気象庁直轄のものだけでなく，地方公共団体及び（独）防災科学技術研究所が全国各地に設置した震度観測点で観測した震度も利用しており，その数は約4,200地点（2009年現在）となっている[3]．これらの地震計・震度計から成る観測網は，緊急地震速報や津波警報・注意報などのような緊急性を有する発表において，地震発生直後ただちに震源やマグニチュードの解析・決定がなされるよう地震活動等総合監視システム(EPOS)の次世代版や地震津波監視システム(ETOS)と接続[2]されており，さらに各機関とデータ収集処理機能の一元化を進めながらシステムの更新を図っている．なお，気象庁強震観測機器の詳細については地震学会ホームページの出版物・資料の「強震観測の最新情報」[4]を参照されたい．

●気象庁： 大学：▲独立行政法人防災科学技術研究所: ◆その他の機関

図4.3.11　気象庁の地震観測点(全国)[2]

上述のように，気象庁の地震計の初期の目的は震源の位置やマグニチュードの決定にあるが，このような目的にしたがって地震計は大きく3つに分けることができ，それらは1) 高感度地震計，2)広帯域地震計，そして3) 強震計である．

高感度地震計は，人が感じないような小さな地震による揺れを感知することができる地震計であり，主に

震源の位置や地震活動状況の把握に利用されている[5]．科学技術庁防災科学研究所（現：独立行政法人防災科学技術研究所）が1995年(平成7年度)から高感度地震観測網(Hi-net)の全国整備を進めているもので（1997年に稼働開始），大きな揺れでは地震計が振りきれてしまうため，ノイズの少ない静かな場所に観測井を掘り，その底部に地震計を設置している．深さは場所によって異なるが，100mから200m～300m，深いところでは1,000m級の観測井が必要になることもある[6]．気象庁や大学等がすでに運用していた観測施設を含め，それら観測体制が整っていない地域を網羅するように約500点の新設点を設け，全国約1,000点の観測網で観測を続ける基本方針であり，2005年の時点で約700か所の施設[7]から構成されている．

広帯域地震計は，広い範囲の周波数地震波を検知する地震計で，通常の地震計では捉えることのできない長い周期の波を観測するための地震計である．震源位置の特定には上述の高感度地震計や強震計で十分であるが，地震発生のメカニズムや地球の内部構造の解明の研究には不可欠な地震計である．この広帯域地震観測網(F-net)は，大学等が運用する観測点を含め，現在73か所(2010年現在)で観測が続けられている[8]．

これらの波形データは防災関連機関や研究者がインターネットを通じて自由に利用できる形で提供されている．

一方，強震計はどのような強い揺れであっても振り切れずに地震データを記録する必要があり，その目的も震源特性の解明から当該地盤の震動特性の解明や他観測点との揺れの違いの比較検討，地盤構造の解明や構造物の震動特性の評価など多岐にわたっている．主に地表に設置されるが，目的に応じて構造物の基礎や構造物の中にも設置されており，また，地表のみならず地中にも強震計を設置して観測を行う場合もある．

以下，主に日本国内で行われている強震観測について述べる．

世界で初めて強震記録が採録されたのは1933年の米国ロングビーチ地震であり，この強震計開発の必要性を米国で説いたのが，東京大学地震研究所の初代所長の末廣恭二博士であった[9]．設計用入力地震動として有名なエルセントロ波は，ロングビーチ地震の7年後の米国インペリアルバレー地震で記録された波形である．

日本の強震観測は，1948年の福井地震を契機に強震計開発の機運が高まり，1953年の強震計開発を経て，1956年～1957年に建設省によって25台の強震計が導入されたのが始まりである[10]．

その後，この建設省が導入した強震計は建築研究所に移管され，1957年以来半世紀以上の長きにわたり建物の耐震性向上に資する貴重なデータを提供し続けている．現在，全国の77観測地点(2005年現在)に地震計を設置[10]して，地盤震動や建物の挙動を観測している．

道路・河川・ダム・下水等の公共土木施設の地震観測は，1957年に近畿地建管内の猿谷ダムにSMAC型強震計が設置され，1964年の新潟地震の際に液状化現象を記録したのを皮切りに，一般強震観測や高密度強震観測の拡充が進み，現在も土木研究所や地方建設局等で継続的な観測が行われている[11]．

一方，1968年の十勝沖地震の際の八戸港の記録など，耐震設計でよく用いられる波形を採録している港湾地域観測網は，港湾空港技術研究所（旧運輸省港湾技術研究所）が1962年より強震観測を実施したもので，SMAC-B2強震計やERS型強震計など全国の港湾に設置している119台の強震計（2009年現在）から成る観測網[12]である．地震による港湾施設の被害原因の究明や復旧工法の策定，耐震設計の改良などに大きく寄与している．

未曾有の人的・物的被害をもたらした1995年兵庫県南部地震は，我々に強震観測の重要性を再認識させた．上述のような強震観測は，それまで個々の機関や組織では行われていたものの，それを全国規模で統括・一元化し，広く一般に公開するような基盤整備は十分でなかった．これを補うために整備が進んだものが強震観測網である．

強震観測網（K-NET：Kyoshin Net）は全国をほぼ均等にカバーするように約 20km 間隔で国土を均質に覆う 1,000 箇所以上（2004 年現在 1,034 ヶ所）の強震観測施設からなる観測網（**図 4.3.12**）であり，（独）防災科学技術研究所が 1996 年（平成 8 年）6 月から運用を開始している[13]．これらの強震計はいずれも地表に設置され，また土質調査も行われているため，地震記録のみならず土質柱状図や検層データも併せて利用できる体制になっている．統一規格で建設された観測点（**写真 4.3.4**）で計測が行われているが，現在は地中にも同じ強震計を設置して地震観測を行う基盤強震観測網（KiK-net：Kiban-Kyoshin Net）と情報を統合し，また，Hi-net，F-net データとの直接のリンクも行った形で運用されている．これらの関係を示したものを**図 4.3.13**[13]に，また地震後に公表された K-NET で観測された波形と最大加速度分布の例を**図 4.3.14** (a),(b)[13]に示す．

図 4.3.12　強震観測網（K-NET, KiK-net）の観測点配置[13]

写真 4.3.4　K-NET 観測施設（2007 年 3 月 25 日の能登半島地震の際の志賀町富来）

第4章 社会基盤のモニタリング―センシングによる診断と評価―

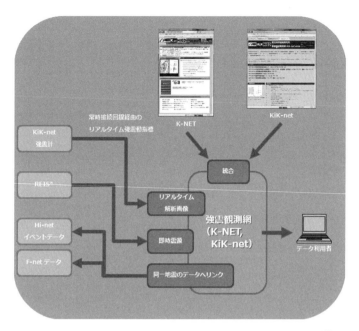

図4.3.13 強震観測網 (K-NET, KiK-net) の概念図[13]

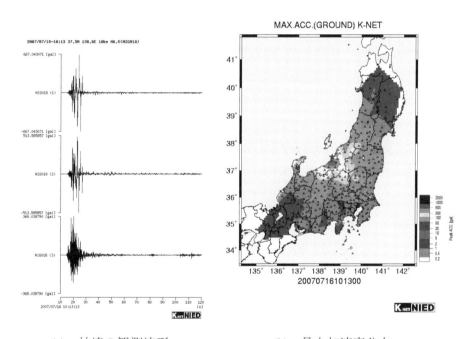

(a) 柏崎の観測波形　　　　　　(b) 最大加速度分布

図4.3.14 K-NETで観測された波形と最大加速度分布の例[13]（2007年7月16日 新潟県中越沖地震）

　地震計も各観測点すべて同じ強震計が設置されており，広いダイナミックレンジ(132dB)の3成分加速度計，24bitA/D変換器，200Hzサンプリング，4,000Galまでの採録加速度，自治体などの利用を見込んだ2ポート端子などのスペックを有している（2007年現在）[14]．また，絶対時刻を計時するためのGPSアンテナ，地震発生後に迅速にデータを収集するための電話回線，停電に備えたバックアップ電源なども併設されている．この施設構造を示したものが図4.3.15[15]である．

　この他，各自治体やガスや鉄道・道路を始めとするライフライン事業者など独自の強震ネットワークを有する組織も多く，それぞれの強震観測網は地震直後の情報収集や被害推定，迅速な初動・復旧体制の構築に大きく寄与している．

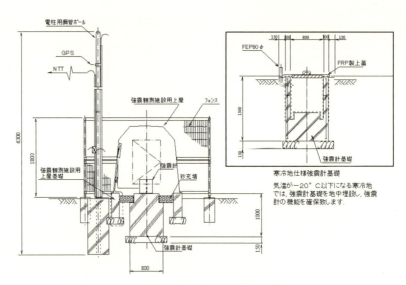

図 4.3.15　観測施設構造図 [15]

参考文献

1) 気象庁ホームページ：気象庁の歴史，http://www.jma.go.jp/jma/kishou/intro/gyomu/index2.html
2) 気象庁ホームページ：地震・津波と火山の監視　―地震・津波の警報と情報―，http://www.jma.go.jp/jma/kishou/intro/gyomu/index919.html
3) 気象庁ホームページ：震度計と震度観測体制，http://www.seisvol.kishou.go.jp/eq/leaflet/shindo/index1.html
4) 日本地震学会ホームページ：出版物・資料，強震観測の最新情報，http://www.zisin.jp/modules/pico/index.php?cat_id=185
5) 地震調査研究推進本部: 基盤的高感度地震観測網の整備とデータ収集, SEISMO, 1997 年 7 月号, pp.2-3, 1997.
6) 防災科学技術研究所ホームページ：高感度地震観測網 (Hi-net)，http://www.hinet.bosai.go.jp/
7) 小原一成：高感度地震観測網「Hi-net」が築く新たな地球感, SEISMO, 2005 年 3 月号, pp.10-11, 2005.
8) 防災科学技術研究所ホームページ：広帯域地震観測網（F-net）,http://www.fnet.bosai.go.jp/freesia/top.php
9) 柴田明徳：防災研究者の書棚 –耐震構造を学んで–, 特集記事, 自然災害科学, Volo.25, No.4, pp.439-441, 2007.
10) 鹿嶋俊英：建築研究所の強震観測，防災科学技術研究所資料，第 264 号，pp.33-39，2005.
11) 杉田秀樹：公共土木施設の地震観測，日本地震学会ニュースレター，Vol.10, No.1, 12-14, 1998.
12) 港湾空港技術研究所ホームページ：港湾地域強震観測，http://www.mlit.go.jp/kowan/kyosin/eq.htm
13) 防災科学技術研究所ホームページ：強震観測網（K-NET, KiK-net），http://www.kyoshin.bosai.go.jp/kyoshin/
14) 防災科学技術研究所ホームページ：強震観測網（K-NET, KiK-net），トピックス，http://www.kyoshin.bosai.go.jp/k-net/topics
15) 防災科学技術研究所ホームページ：強震ネットワーク K-NET，K-NET の概要，観測施設，http://www.k-net.bosai.go.jp/k-net/gk/observ.html

（執筆者：清野　純史）

4.3.4 斜面防災のためのモニタリング

(1) はじめに

国内には，災害のリスクのある斜面が多数存在する．民家への被害のリスクのある土砂災害危険箇所等（国交省）は50万件以上にのぼり，道路，鉄道や民間の産業施設への被害のリスクのある箇所を加えれば，さらに多数の危険斜面がある．一方，それらの箇所で生じる斜面崩壊のほとんどは，小規模な表層すべりであり，崩壊発生の箇所や時間を予測することが難しいし，大規模崩壊の場合と違って一つ一つの斜面にコストをかけて補強対策を行うことも難しい．さらに，このような危険斜面は日本全域に広く分布しているので，低コストで広域をカバーできるモニタリングが必要となる．本節では，斜面の効率的なモニタリングツールとして，旧・日本道路公団で開発した，水位測定機能を付加したIT傾斜計およびデジタルカメラの画像による斜面の精密測量の事例を紹介する．

(2) 水位測定機能を付加したIT傾斜計[1]

地中傾斜計は，地中に鉛直に複数の傾斜計を配置し，各深さの傾斜を積分することによって，地盤の変位を把握する．2000年から，IT機能を持たせた傾斜計の開発を始め，自動車用の加速度センサーを使用することにより，小型で，耐久性の高いローコストな製品を開発してきた．同じく自動車の機器制御技術であるCAN（Controller AreaNetwork）通信を利用し，水位計や雨量計など他の計測機器のシステム展開を行っている．

2004年の開発では，新たに開発した水位センサーユニットを付加することで，単一孔における地中傾斜と地下水位を同時に計測することが可能となった．IT傾斜計のセンサー部（図4.3.16）は，マイクロマシニング技術を利用した加速度センサー2個，温度センサー，耐雷部品からなり，斜面方向と水平方向の2軸方向の傾斜と，機器内部の温度を測定し，温度補正もできる．加速度センサーは，既に自動車の車両制御システムとして多量に利用されており，10年以上の優れた耐久性を有しており，大量生産によりコストパフォーマンスに優れている．

従来からの計測器と比較して，本システムの大きな利点は，自動計測が可能であること，CAN通信技術を利用し1本の通信ケーブルに傾斜計を直列に接続でき，接続が容易であること，ローコストであるため，連続的に設置することができ，接続できる傾斜計は最大100台で，数の増減が容易であることである．さらに，水位センサーユニット（φ50mm，長さ230mm）を新たに開発し，従来のIT傾斜計にCAN通信技術を利用して直列に付加し，傾斜と水位を同時に測定できるようにした．

静岡県引佐郡の高速道路の建設予定地で，実証試験を行った．地すべり範囲は幅が約50m，長さ約100m

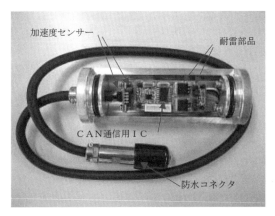

図4.3.16　IT傾斜計のセンサー部およびガイド管

ある．既往のボーリング結果から GL-7.95m から GL-8.0m 間は礫混じり粘土ですべり面と考えられる．地中傾斜計は地すべり範囲のほぼ中央に設置し，傾斜計は計 16 基配置した（図 4.3.17）．IT 傾斜計測精度の検証は，水平方向約 2m に近接設置した従来型の挿入型傾斜計との比較で行った．なお最下端の GL-13.0m の傾斜計は，水位センサーユニットで地下水位の計測を試みた．これにより，単一孔での地中傾斜計と地下水位計の複合計測が可能である．

図 4.3.17 には斜面山谷方向について，2003 年 7 月 17 日から 2004 年 2 月 2 日までの約 6 ヶ月間の深度方向における水平変位の累積分布を示してある．初期値は比較した挿入型地中傾斜計の計測時期に合わせて設定した．測定は 1 日 24 回実施し，GL-7.5m から GL-8.0m の間ですべりが進行し，約 6 ヶ月間で 50mm 以上変位している状況が観測された．この区間は傾斜計を 0.5m 間隔で設置した部分であり，角度にして約 8 度に相当する．従来型の挿入型傾斜計による計測結果からも，ほぼ同様の傾向が観測されている．なお，挿入型傾斜計は 2003 年 10 月 9 日を最後に 2003 年 10 月 24 日には挿入不能となり，埋設型傾斜計の優位性が明らかになった．また，今回の地中変位の状況から，すべり面は非常に狭い深度に限定されており，0.5〜1.0m 間隔での測定が必要で，たとえば，2m 間隔の測定ではすべり面の検出自体が難しいと考えられる．このように，変形が大きく，変形箇所（すべり面）が非常に狭い限定された深度の場合，埋設型で，かつ多深度の設置が必要で，精度のみならずコスト面でも優位な機器の開発が要請される．

図 4.3.18 は最下端の GL-13.0m の傾斜計に内蔵された水位センサーユニットによる地下水位の計測結果である．測定は 1 日 24 回実施している．降雨に応じて地下水位が反応していることがわかる．地下水位の計測精度の検証は，水平方向に約 2m 離れた場所に設置した従来型の地下水位計との比較で行った．その結果，水位センサーユニットでの測定値は，従来の水位計測定値と一致し，地下水位測定に十分利用できることが実証された．これにより，従来から別孔で設置されていた水位観測孔を，傾斜測定用の単一孔で地中傾斜計と並行して測定できることになる．

(3) 精密写真測量による法面変位計測システム[2]

法面の変位状況の検知には，伸縮計や光波測量などがよく使われるが，伸縮計は点の計測であり，法面全体の変状の把握が難しい．また，光波測量は測定や解析作業に高度な技術と時間が必要である．そこで，デ

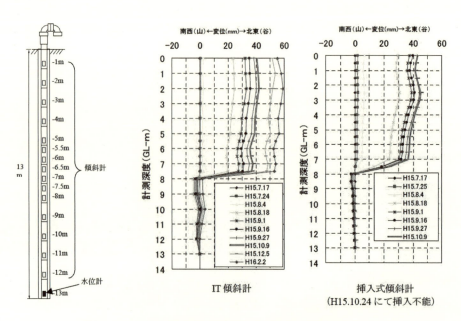

図 4.3.17　IT 傾斜計の実証試験配置と傾斜データ

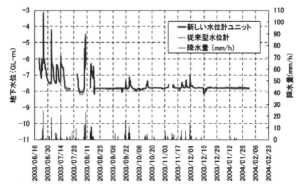

図 4.3.18　IT傾斜計の地下水位データ

ジタルカメラで撮影した法面の画像から，地表面変位を3次元的に解析するシステムを開発した．法面の変位を迅速かつ的確に把握し，定期的な測定によって経年変化も把握しやすい．法面全体を把握できるために，これまでの技術では発見できない変状を見つけることができる．そのため，このシステムは，重要観測強化箇所を抽出するための「点検」，および変状が発生した法面の「計測」に適している．一般に，点検では5～10mm/月，計測では1mm/日の累積変位量の計測精度が必要であり，本システムでは，100mの撮影距離で，撮影後4時間以内の解析により，1mmの測定精度を得ることを目標にした．

精密写真測量では，対象を複数の方向から撮影し，その情報から3次元形状を復元する．本システムでは，あらかじめ対象法面にターゲット群を設置し，その画像を取り込むだけで変状の解析ができる．現場作業は，初期のターゲットの設置に手間がかかるだけで，その後は定期的な撮影だけでよい．

撮影枚数とターゲットの数が多いほど，測定精度は向上する．精度の検証のため，撮影距離Lと焦点距離fの比率，撮影する方向の数(5ないし7方向)をかえて，野外で模擬実験を行った結果が，図4.3.19 である．ここで，「計算精度」は座標値を最小二乗法で繰り返し計算したときの計算結果の誤差，「計測精度」は同一の不動点を2回計測したときの1回目と2回目の計測差である．X軸が水平，Y軸が鉛直，Z軸がカメラ軸方向を表している．これによると，画像の奥行き方向であるZ軸は，X,Y軸より誤差が2倍程度大きい．広い法面の測定では，撮影範囲をラップさせながら複数に分割する必要があるが，誤差の少ない水平方向(X方向)よりも，誤差の大きい上下方向(法面は傾斜しているためY+Z方向)のラップ量を多くして，精度を補う必要がある．また，計算精度比は1/10万(撮影距離100mで得られる計算精度が1mm)程度で，特に7方向から撮影した方が精度が高い．

次に，実際の法面での実証実験を行った．表4.3.1のように，レンズの焦点距離に加えて，法面の上段，中段を，カメラに俯角をつけて撮影した場合と，水平に撮影した場合での比較も行ったが，深さを持たせた

表 4.3.1　実斜面の測定条件と計算精度

俯角の有無	レンズ (mm)	撮影中心	計算精度			
			σx	σy	σz	σxyz
無	35	上段	5.15	3.27	5.47	4.74
		中段	4.77	3.16	5.32	4.51
	35	上段	3.70	2.39	3.91	3.40
		中段	3.66	2.37	3.88	3.37
	50	上段	5.33	4.17	6.46	5.40
		中段	0.03	3.49	5.65	5.18
	50	上段	3.06	2.39	4.08	3.25
		中段	5.06	2.98	5.78	4.76
有	35	上中段	2.67	1.66	2.83	2.44
	35	上中段	2.15	1.49	2.46	2.07
	50	上中段	2.28	1.48	2.46	2.11
	50	上中段	1.94	1.29	2.13	1.82
	50	上中段	2.03	1.33	2.19	1.89

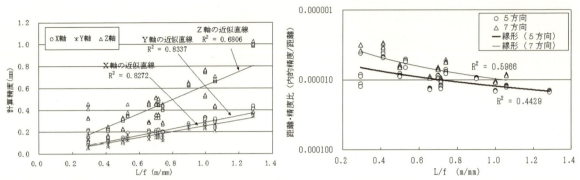

図4.3.19 予備試験での法面変状の測定精度の検証（左：L/f値と計算精度，右：L/f値と距離・精度比）

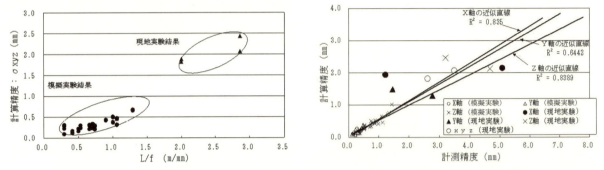

図4.3.20 精密写真測量による実法面変状の計測精度（左：L/f値と計算精度，右：計測精度と計算精度）

方が，計算精度は大きく向上した．また，解析にかかる時間は，撮影から約4時間だった．図4.3.20は前述の模擬実験と実斜面の実証実験について，L(撮影距離)/f(焦点距離)値と計算精度，計測精度と計算精度の関係をまとめたものである．それぞれ，相関性が確認され，解析で求めた計算精度から計測精度が類推できたり，逆に，目標とする計測精度が決まれば，必要な計算精度を決め，そこからL/f値を決定してカメラの機器（レンズ）を選択できる．

(4) まとめ

斜面防災の分野では，ここに上げたほかにも，さまざまなモニタリングの試みがなされていて，製品として市場に出ているものもある．その多くは斜面の変位を測定するものである．一部に地下水位や土壌水分量，サクションを測定するモニタリングの試みもあるが，豪雨などの誘因から始まって，斜面崩壊の発生に至るまでのメカニズムが多様かつ不確実であること，詳しく解明されていないことのため，これらの斜面水理学的な情報を防災に活用することは現状で難しい．また，現場の多くでは，変位の計測も行わず，地域ごとに降雨強度および累積雨量の限界値を定めて，降雨データのみによる斜面防災が行われているのが現状である．現状を越えて，斜面防災にモニタリング手法が真に活用されるには，災害のメカニズムを理解することが不可欠である．

参考文献

1) 佐藤亜樹男、根津正弘、国見敬、熊田裕治、坂上敏彦、谷信弘：水位測定機能を付加したIT傾斜計の開発とその適用，第39回地盤工学研究発表会，新潟，pp.129-130, 2004.

2) 松山裕幸、天野淨行、緒方健治：精密写真測量によるのり面変位計測システムの実用化，第25回日本道路会議論文集，07P09, 2003.

(執筆者：内村　太郎，用害　比呂之)

4.3.5 停電情報を用いた配電設備被害推定の基本的考え方

(1) はじめに

大規模災害時には，電力の供給地域に膨大な数敷設されている配電設備に同時多発的に被害が発生する．このため，配電設備を対象とした復旧対応を効率よく行ううえで，災害発生後の被災状況を速やかに把握あるいは推定することが重要となる．しかしながら，大規模災害が発生した場合，被害状況に関する確実な情報を収集するには時間がかかるとともに，多様な地盤条件や地域状況で敷設されている配電設備の被害状況を，精度良く推定することは容易ではない．

図4.3.21は，1995年兵庫県南部地震で発生した震度7地域における架空配電設備の被害原因の内訳を示す[1]．兵庫県南部地震では，震度7地域における折損被害の原因は建物損壊によるものが約8割に達しており，地震動による直接的な被害割合を上回っていた．図4.3.21が例示するように，地震・台風時の配電設備被害は，樹木倒壊や建物倒壊および飛来物等の周辺施設の影響が大きく，地盤災害を含む二次的要因により引き起こされていることが多い．このため，多様な条件下で広域に設置されている配電設備の被害推定を精度良く実施するうえでは，風圧や地震動強度，地盤条件，自社設備の力学的な特性ばかりでなく，樹木や建物など周辺施設の力学的な特性までも考慮したモデル化が必要となる．しかしながら，広範な地域を対象として上記の詳細な情報を把握し配電設備の被害推定を実施することは一般に困難であり，事前の被害推定にはおのずと限界がある．

上記の背景から(財)電力中央研究所では，災害直後から入手できる災害情報をもとにした逐次更新型の被害推定システムの開発に着手している．本節で紹介する逐次更新型の被害推定システムは，主に架空配電設備被害を対象とし，地震時の応急復旧活動や事前の人員・資材配置などを支援することを目的としている．開発中のシステムは，現在，一部機能をカスタマイズし，電力会社のテスト地域において，試験運用しながら推定精度等の検証を行っている．以下，その概要について簡単に紹介する．

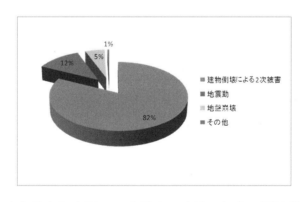

図4.3.21　1995年兵庫県南部地震による震度7地域の架空配電設備の原因別被害内訳[1]

(2) 逐次更新型被害想定システムの概要

配電設備においては，地震時に発生する予測困難な周辺施設被害による間接的な影響により，配電設備に被害が発生する可能性が高い．このため，開発した逐次更型被害想定システムは，広域被災情報や電力のオンライン・オフライン情報を収集・加工して，被害推定精度を逐次的に向上させることを主な特徴としている．すなわち，リアルタイムに被害状況と地震ハザード情報を把握して，予めデータベース化しておいた施設情報や地盤情報などと組みあわせ，その都度，被害推定精度を向上させることを目的としている．

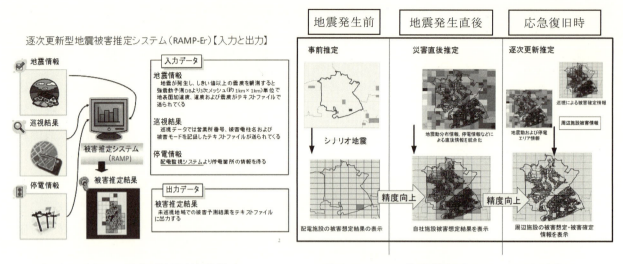

図 4.3.22　逐次更新型被害推定　　　　図 4.3.23　停電情報を用いた逐次更新の
　　　　　　システムの概要　　　　　　　　　　　　　　基本的考え方

図 4.3.22 は，電力中央研究所で開発した逐次更新型の被害推定システム（Risk Assessment and Management system for Power lifeline Earthquake real-time; RAMP-Er）の概念を示す．RAMP-Er は，地震情報を基本入力情報として，状況に応じて取得可能な停電情報や巡視情報などの災害情報を有効活用しながら配電設備の被害推定を行えるところに特徴がある．ここでいう地震情報とは，対象地域に発生する地震動強度（地動最大速度，地動最大加速度，震度，および応答スペクトル）の分布情報（1km ×1km の 3 次メッシュが基本単位）を意味する．停電情報とは，電力各社が所有する配電業務を支援する情報システム（配電情報システム）から取得する高圧配電線単位（フィーダ単位）の停電発生情報である．巡視情報とは，PDA 等の情報端末機器を用いて電力各社が独自に収集した，被害箇所の電柱番号，および被害モードなどの巡視点検情報である．停電情報・巡視情報は，社内 LAN 等を通じて，電力会社が所有する配電情報システムと RAMP を連携できる場合には自動的に取得する．

図 4.3.23 は，逐次更新型の被害推定の基本的概念を示す．被害推定の必要なフェーズを地震発生前，地震発生直後，および応急復旧時の 3 つのフェーズに分割している．地震発生前は，シナリオ地震により地震動分布を推定し，設備被害を推定する．これに対し，地震直後には，緊急地震速報などを利用して取得した地震情報に加え，電力のオンライン情報として入手可能な停電情報を用いることにより被害推定精度を向上させる．本システムでは，地震情報と停電情報を用いて配電設備の被害推定を可能とするために，ベイジアンネットワークを応用した．ベイジアンネットワークとは，事象間の因果関係をグラフ構造と条件付き確率で表現するモデルである[2]．詳細な内容は，文献 2)を参照していただくとして，ここでは，停電情報を用いて被害推定精度を向上させる基本的な考え方と処理ステップを以下に示す．

まず，ベイジアンネットワークにより地震動情報－設備被害－停電発生という因果構造を定義し，それぞれの因果関係を条件付き確率として定義する．この基本モデルを活用して，地震直後に得られる，停電情報や地震動情報により，予め構築した地震動から配電設備被害を推定する基準被害関数を補正していくというプロセスにより具体的に被害推定精度を向上させる．

図 4.3.24 は，地震を対象とする逐次更新型地震被害推定システム（RAMP-Er）の処理フローを示す[2]．以下，図 4.3.24 に従い，具体的に RAMP-Er による停電情報を用いた逐次更新のプロセスについて 5 つのステップに分けて解説する．

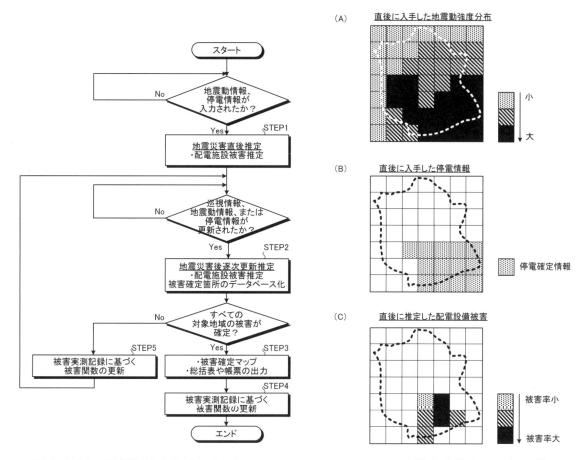

図 4.3.24　更新型被害推定の処理フロー　　図 4.3.25　地震直後推定の更新型被害推定システムの表示イメージ

STEP1 は，地震発生直後に地震動情報と停電情報を取得した地震直後の状態を前提とする．

RAMP-Er では，地震が発生すると，まず，1)地震情報をもとに被害推定を実施する．地震発生直後から，気象庁地震速報，防災科学技術研究所の広帯域地震観測網（F-net）および強震動観測網（K-NET）から時間経過とともに配信される地震情報（震源情報，地震波形記録）をもとに，電力中央研究所で別途開発した地震動情報システム[3]を用いて，地震動強度分布情報（地動最大速度，地動最大加速度，震度，および応答スペクトル）に変換する．地震動情報システムは，3次メッシュを単位とする地震動強度分布情報を，RAMP-Er がインストールされたクライアント PC にメール配信するとともに，外部向けサーバーに，パスワード付き圧縮処理をしたファイルを自動アップロードする．

RAMP-Er は，これらのファイルを自動監視し，情報が更新されるたびに，被害予測を実施する．地震動情報と停電情報をもとに，個々の配電設備の地震被害可能性を推定被害率として評価する．

次に，2)推定した配電設備被害推定結果を，停電情報をもとに改善する．停電情報と RAMP-Er との連携が困難な場合には，地震情報だけで地震直後の被害推定を実施する．

RAMP-Er では，配電設備の被害モードごとに，推定被害率を計算し，管理区メッシュや営業所単位で集約・表示する．図 4.3.25 は，地震発生直後情報を用いた表示イメージを示す．図 4.3.25 (A)で地震動強度分布情報を 3 次メッシュ（1km×1km）ごとに取得する．同様に停電情報を配電線フィーダ単位で取得し，図 4.3.25 (B)に示すように，3 次メッシュ単位に変換する．これら地震動強度分布情報および停電情報と，システムが実装している配電設備等の各種データベースとをベイジアンネット

ワークにより統合処理し，配電設備の被害推定を実施する．図4.3.25 (C) が表示結果のイメージである．RAMP-Erの表示機能として，3次メッシュ単位の他に，支持物単位で推定被害率の高い設備を表示することが可能である．

STEP2は，巡視情報が一部取得できることを前提とし，未巡視地域の被害推定精度を向上させる．RAMP-Erでは，巡視情報が更新された後に，被害推定結果を更新して被害確定情報とともに表示する．地震発生後に一部地域の巡視情報（巡視終了地域における被害箇所（電柱番号），被害設備，被害モード，数量情報）を取得，更新した場合，その情報をもとに配電設備の被害推定結果を更新する．最終的に，対象地域（管理区メッシュ単位）で巡視結果がすべて取得できた段階で，推定被害率を実測被害率で置きかえて表示する．

STEP3は，巡視等によりすべての被害状況を把握して，被害確定情報として集約するとともに，報告フォーマットにより集約情報を出力する．

STEP4は，対象地域における配電設備被害情報が巡視によりすべて確定した状況で，被害関数を実測被害記録に基づき更新する，平常時の更新作業となる．

なお，道路閉塞などですべての地域を巡視できない場合や，復旧に時間がかかる場合が想定される．このようなときには，STEP5の処理を実施し，更新される情報に応じて，その都度，被害の確定情報に基づき被害関数を更新し，被害推定を実施する．

(3) まとめ

本節では，(財)電力中央研究所が取り組んでいる配電設備の災害復旧支援を目的とした逐次更新型の被害想定システムの概要について解説した．電力各社は，地震により配電設備に物理的な被害が発生したことにより停電した配電線部位を，リアルタイムに把握することが一般に可能である．この停電情報を近年一般向けにも公開されるようになった緊急地震速報などの地震動情報と合わせて，ベイジアンネットワークにより統合処理することにより，特に実務者からのニーズが高い地震発生直後や応急復旧期の被害概要を精度よく把握できる可能性が高くなる．この考え方をもとに，システム化したRAMP-Erは，現在，電力会社のテスト地域を対象として精度やその応用可能性を検証することを目的とした試験運用を実施中である．RAMP-Erは，事前に準備したデータベースに加え，部分的かつ間接的な災害情報を現況情報として有効活用し，災害時の被災程度を精度良く推定しようという，リアルタイム地震防災システムの基本思想を踏襲している．今後，衛星画像情報なども有効活用して電力はもとより，地域全体の災害復旧支援に有効に活用できるよう，システムの拡張を図っていく予定である．

参考文献

1) 資源エネルギー庁編：地震に強い電気設備のために，株式会社電力新報社，1996.
2) 朱牟田善治，石川智巳：地震後の災害情報を逐次字処理する配電設備被害推定の基本モデル―ベイジアンネットワークを適用した被害推定システムの開発―，電力中央研究所　研究報告，N07027, 2008.
3) 東貞成：逐次更新型地震動情報システムの開発，(財)電力中央研究所　研究報告，N08048, 2008.

（執筆者：朱牟田　善治）

4.3.6 エレベーターの制御
(1) はじめに

エレベーターは，建築物において縦方向の動線を担う極めて重要な設備である．我が国では限りある土地の有効活用や社会の高度化などを背景に建築物の超高層化が進んでいるが，これもエレベーターによる縦方向への人員の輸送が出来てこそ実現されるものである．その反面，火災や地震をはじめとする災害時には，エレベーターの被害が当該建築物の居住者や利用者に大きな影響を与える．とりわけ，地震は同時多発的に複数の建築物に被害を与えることから，その深刻度は大きい．例えば，2004年10月23日に発生した新潟県中越地震では，震源から200km以上離れた東京都心の超高層ビルで，エレベーターロープの昇降路内機器への引っ掛かりが報告された．このような被害は長周期地震動が原因と考えられるが，日本の都市部は長周期地震動を誘起しやすい沖積層の厚い堆積平野にあることから，今後も同様の被害が懸念されている．また，揺れによる直接的な損傷がなくても，乗客のいるエレベーターが階と階の中間で停止し，乗客が閉じ込められるケースもある．2005年7月23日に発生した千葉県北西部地震では，首都圏で約64,000台のエレベーターが運転を休止し，73台で「閉じ込め」が発生した．また，運転を休止したエレベーターの復旧に多大な時間を要し，その後の社会活動に大きな影響を与えた．

これらをはじめとする経験から，現在までにエレベーターの耐震性向上が鋭意進められている．ここでは，エレベーターにおける突発的な事象のうち地震に着目し，地震時のエレベーターの運行制御に関して述べる．

(2) 地震時のエレベーターの動作

エレベーターの耐震設計は，稀に発生する地震動に対し，地震後も支障なく運転ができ，極めて稀に発生する地震動に対し，機器に損傷は生じてもエレベーターのかごを吊る機能を維持できることを目標としている．このような構造強度による性能目標に加え，以下のように地震発生時のエレベーターの動作を規定することで，地震中や地震後のエレベーターによる被害を未然に防いでいる．

エレベーターには，安全装置として，「地震その他の衝撃により生じた国土交通大臣が定める加速度を検知し，自動的に，かごを昇降路出入口の戸の位置に停止させ，かつ，当該かごの出入口の戸及び昇降路の出入口の戸を開き，又はかご内の人がこれらの戸を開くことができることとする装置（建築基準法施行令，令第129条の10，3，二）」を設置することが義務づけられている．つまり，地震時には，運転中のエレベーターは出入口の戸の位置に自動的に停止し，戸を開いて乗客を退避させ，エレベーター内に取り残されることのないように制御されている．このように，地震を感知してエレベーターを最寄階に停止させる運転を「地震時管制運転[1]」と言う．地震の感知においては，P波（初期微動）やS波（主要動）に着目して地震を感知する方式のほか，加速度が小さい長周期地震動に対してエレベーターロープ等の長尺物の振れを感知する方式がある．また，感知方式にあわせてそれぞれ管制運転方法が決められている．

その他に，乗客や利用者の混乱を避けるため，地震を感知した際，エレベーター内の乗客に対してエレベーターの運転状態に関わる情報を表示することが義務づけられている．さらに，昨今の地震によるエレベーター被害の発生を受けて，乗客がエレベーター内に閉じ込められた場合は地震後に自動的に最寄階への運転を再開する機能や，地震後にエレベーターが自動で自己診断して仮復旧運転をする機能の適用が進められている．

このように，エレベーターはソフト，ハードの両面から耐震対策がなされている．

(3) 地震時管制運転[1]

前述の通り，エレベーターは地震を検知すると，地震時管制運転を行う．管制運転の方法は地震の感知方式により，「P波管制運転」，「S波管制運転」，「長尺物振れ管制運転」に分けられ，管制運転を開始する振動レベルは

建築物の高さなどにより異なる．以下に地震感知方式ごとの管制運転について述べる．

① P波管制運転

P波（Primary wave, 初期微動）とは，地震が発生し，はじめに地表に伝播する地震波である．縦波であるため伝播速度が速いが，振幅は小さい．そのため，P波を感知し地震時管制運転に移行することで，主要動到達前にエレベーターを安全な場所に停止でき，乗客の安全の確保はもちろんのこと，エレベーター機器の損傷を免れることができる．昇降路底部で2.5〜10gal（1gal=0.01m/s^2，値は建築物の構造等により適宜設定される）の揺れを感知すると，P波管制運転を開始する．P波感知後は速やかに最寄階に向かうが，その後の運転は主要動であるS波の大きさにより変わる．

② S波管制運転

S波（Secondary wave, 主要動）とは，P波に続いて地表に伝播する地震波である．横波で，振幅もP波に比べて大きく，地震による構造物の被害の大半はS波により引き起こされる．また，建築物が揺れている状態でエレベーターが運転すると，エレベーターロープの振れが徐々に成長し，機器類への引っ掛かりが生じる恐れがある．そこで，S波管制運転では，乗客の安全性を確保するとともにエレベーターロープの外れや引っ掛かりを防ぎ，二次災害を抑制する．

S波管制運転は，S波の大きさにより，さらに〔特低〕，〔低〕，〔高〕に細分化される．〔特低〕レベルで検知された場合は，最寄階に停止した後，一定時間を経て，平常運転に復帰する．但し，〔特低〕レベルでの管制運転は，長周期地震動による応答が小さいと考えられる高さ60m以下の建築物では実施しない．〔低〕レベルで検知された場合は，最寄階に停止した後，運転を休止する．〔高〕レベルで検知された場合は，さらに運転制限が設けられる．それぞれのレベルの設定値は建築物の高さや感知器の設置場所などにより異なるが，一例を挙げれば，〔特低〕は頂部の加速度が20〜40gal，〔低〕では40〜200gal，〔高〕では60〜300galとなっている．

③ 長尺物振れ管制運転

近年，構造物の大型化に伴い長周期地震動による被害が頻出している．2003年の十勝沖地震では苫小牧の石油タンクで火災が発生したほか，2004年の新潟県中越地震では東京の超高層ビルでのエレベーターロープの昇降路内機器への引っ掛かりが報告された．長周期地震動は，加速度は小さいものの遠距離まで伝播し，継続時間が長いという特徴を持つ．そのため，P波感知器での感知は困難で，なおかつ建築物やその内部に設置されたエレベーターロープの振れが成長するのに十分な継続時間を有する．そのため，エレベーターロープが振れている状態での運転を防ぐため，長尺物の振れの程度で長尺物振れ管制運転が行われる．長尺物振れ管制運転は，長周期地震動の影響が顕著になる高さ120mを超える建築物に設置されるエレベーターに対して行われる．

長尺物振れ管制運転は，長尺物の振れ量により〔振れ低〕，〔振れ高〕に分けられている．〔振れ低〕で検知された場合は，最寄階に停止した後，一定時間を経て，平常運転に復帰する．また，〔振れ高〕で検知された場合は，最寄階に停止した後，運転を休止する．〔振れ高〕はエレベーターロープが昇降路内機器と強く接触し，機器が変形する可能性のある振れ状態，〔振れ低〕はその50〜70%程度の振れ状態である．

④ 管制運転の考え方

①，②に示したP波管制運転，S波管制運転は，表4.3.2の考え方に基づく．また，一般エレベーターにおける地震時管制運転のフローの概略は図4.3.26に示す通りである．表4.3.2，図4.3.26に示した通り，複数のレベルで地震発生を感知することで，地震発生後速やかに最寄階に停止させることが可能である．また，エレベーターに被害が発生しない小地震に対しては，地震後に通常運転を再開することで早期復旧できるようになっている．S波〔低〕以上を感知した場合，原則としてエレベーターの専門技術者による点検の後，運行が再開される．なお，火災時などにも利用される非常用エレベーターには，消防運転中か否かなども考慮して管制運転が実施さ

表4.3.2 地震時管制運転の基本的な考え方

		感知する揺れとその大きさ	感知後の運転措置	地震後の復旧方法
P波管制運転		初期微動，上下 2.5〜10gal	最寄階まで運転後，一時停止	S波[低]を感知しなかったら，運行再開
S波管制運転	[特低]	長尺物が振れ始める	最寄階まで運転後，一時停止	S波[低]を感知しなかったら，運行再開
	[低]	感知後，約10秒間は長尺物の外れや引っ掛かりが発生しない程度の建物の揺れ	最寄階まで運転後，運行停止	点検後，通常運行（自動診断運転で仮復旧）
	[高]	長尺物の外れや引っ掛かりが発生する建物の揺れ	非常停止	点検後，通常運行（自動診断運転で仮復旧）

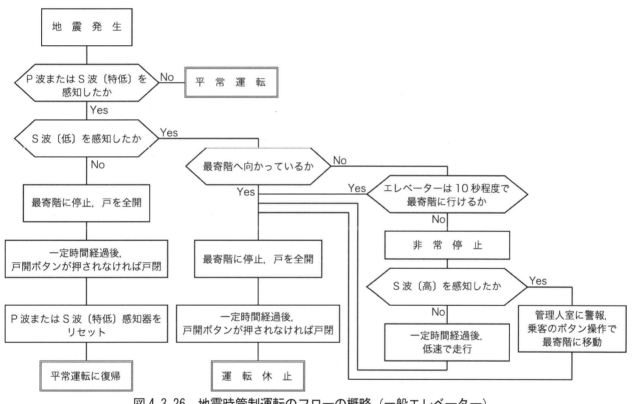

図4.3.26 地震時管制運転のフローの概略（一般エレベーター）

れる．

③に示した長尺物振れ管制運転は，P波管制運転，S波管制運転とは別のフローで実施される．

(4) 感知器

前節で紹介した地震時管制運転は，感知器が地震を感知することで実施される．ここでは，P波，S波，長尺物振れ感知器について述べる．

① P波感知器

P波感知器は，原則として昇降路下部に設置し，上下方向の揺れを検出する．P波はS波に比べて振幅が小さいため，P波感知器では他の振動（例えば交通振動）を感知してしまう可能性もある．そこで，設置状況にあわ

せて，感知レベルを 2.5〜10gal の範囲で設定できるタイプが多い．また，静電容量方式により加速度を計測するタイプが多く，その検出可能周波数は 1〜5 または 1〜10[Hz]が代表的である．

② S波感知器

S波感知器は，原則として頂部に設置し，水平方向の揺れを検出する．但し，ロープ類の振れが小さいと考えられる中低層建築物では，昇降路底部に設置することも可能である．前節で示した通り，S波管制運転は〔特低〕，〔低〕，〔高〕に分けられているため，一台の感知器で複数の感知レベルを設定できるタイプが多い．静電容量方式の他，鋼球落下など機械式のものもある．検出可能周波数は普通級で 1〜5[Hz]，精密級で 0.1〜5[Hz]であり，精密級は長周期地震動や長尺物の振れの感知に適用できる．

③ 長尺物振れ感知器

長尺物振れ感知器では，水平方向の揺れを検出する．様々な感知方式があるが，エレベーターロープの振れ量を建築物の揺れと継続時間から推定する方式，地面や建築物の揺れの周波数分布などから推定する方式，建築物内に設置された振り子の振れ量から推定する方式など，間接的にエレベーターロープの振れ量を推定する方式が代表的である．なお，検出可能周波数は概ね 0.1〜0.5[Hz]である．

(5) おわりに

本項では，エレベーターにおける突発的な事象として地震に着目し，地震時の運行制御である「地震時管制運転」について述べた．地震時管制運転は，乗客の閉じ込めやエレベーター機器の損傷を防ぐものであり，構造強度による耐震性をソフト面で補う極めて重要な運転である．

最後に，今後のエレベーターの耐震対策に言及すれば，震度 6 程度の地震においても機能が維持されることを目標とした高耐震エレベーターの構想が進んでいる．管制運転に移行する地震の大きさはエレベーターの構造強度に関連しており，高耐震エレベーターではこれまでよりも大きな地震での通常運転が可能になる．そのため，今後の地震時管制運転では，エレベーター単体だけでなく，従来のエレベーターに高耐震エレベーターを含めたエレベーター群としての制御が必要になるだろう．

参考文献

1) 国土交通省住宅局建築指導課　監修，(財)日本建築設備・昇降機センター，(社)日本エレベータ協会　編集：昇降機技術基準の解説　分冊　(昇降機耐震設計・施工指針　2009 年版)，2009．

(執筆者：藤田　聡，皆川　佳祐)

4.3.7 河川において活用されているモニタリング技術

　広義の河川(豪雨)災害には洪水災害と土砂災害がある．洪水災害は河道内災害と氾濫災害，土砂災害は土石流，地すべり，急傾斜地崩壊に分類される．斜面崩壊等(地すべり，急傾斜地崩壊)は 4.3.4 で記載されているので，本項では洪水災害と土石流災害に関するセンシング技術を対象としている．河川災害のなかでは堤防災害が多く，中小河川では越水災害，山地・急流河川では河床の深掘れに伴う護岸の被災や高水敷の洗掘などの侵食災害，緩流河川や大河川では長時間洪水による浸透災害などがある．これらの河川災害は施設の損傷にとどまる場合は影響はそれほど大きくないが，越水・侵食・浸透により破堤災害が発生すると甚大な被害となるので，破堤が発生する前に現象をセンシングすることが重要である．

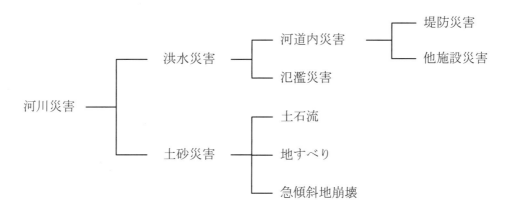

図 4.3.27　河川災害の分類

　国土交通省は災害発生時の初動対応の充実強化を図るため，委員会から「大規模自然災害時の初動対応における装備・システムのあり方」に関する提言(2009 年 5 月)を受けた[1]．提言のなかでは，
- 広域的被災状況を把握する「鳥の目」となるセンサ
- 局所的・継続的に監視する「虫の目」となる UAV

などの必要性が唱われている．河川災害に対するセンシング技術にも埋め込みタイプの堤防センサや洗掘センサ，地上等に設置する浸水センサなどが使われている(**表 4.3.3**)．なかでも，堤防の洗掘・漏水に対して開発された堤防センサは錘をつけた光ファイバを堤体内に敷設し，堤防の洗掘や漏水に伴う崩落により錘が沈下して歪む(伸びる)と，光ファイバの散乱光の周波数が短くなり，崩落を検知するものである．光ファイバの中継基地を 10km 以内に設置すれば，mm 単位の変状の発生位置を 1m 単位で検知できる．光ファイバは検知対象(目的)により設置場所が異なり，洗掘監視では川表に，漏水監視では川裏に埋設する．フィールド試験河川(仁淀川，斐伊川，梯川など)を除いても，堤防センサ(漏水)は阿武隈川・肱川(ライン型＋V 型)，利根川(ライン型)など多数の河川に設置されているが，堤防センサ(洗掘)は信濃川水系魚野川(ライン型)など少数の河川にしか設置されていない．

表 4.3.3　河川防災に関するセンシング技術[2),3)]

技術名	原理等の概要	適用性又は留意事項	データの取得
【防災センサ】 堤防センサ (**漏水センサ**, 洗掘センサ)	堤体が浸透・洗掘により崩落して，堤体中に敷設した光ファイバの錘が沈下して歪む（伸びる）と，散乱光の周波数が短くなり，崩落を検知できる．光ファイバは漏水では川裏に，洗掘では川表に設置する．光ファイバは電源・通信装置が不要なため，経済的な手法である	光ファイバの敷設方式には，低コストで施工性が良いライン型（直線型）と，感度が良いV型（V字型）などがある．光ファイバの中継基地を10km以内に設置すれば，mm単位の変状の発生位置を1m単位で検知できるが，崩落に伴う錘の応答により，検知精度は異なる	◎
洗掘センサ	河床に埋め込まれたABS樹脂ブロックが河床洗掘に伴って水面に浮上すると，内蔵された発信器から信号（430MHz）が発信され，計測センサに電波が届いて，時間経過ごとの洗掘深を判定できる．センサ1個の高さは20cmのため，得られる洗掘深には幅がある．なお，信号の伝搬距離は最大500mである	表2.5.2における【流砂観測】の砂面計と類似の機能を有しているが，減水期における河床の埋め戻しは計測できない．また，洗掘に伴ってセンサが流失するため，次回の洪水のためにメンテナンスが必要となる．リアルタイムでの計測が可能なため，洗掘災害への対処に活用することができる	◎
浸水センサ	歩道や校庭などに設置されている．浸水圧により光ファイバが歪むと抵抗が変化して，伝送波形の伝達に時間遅れが生じ，この遅れから得られた水圧より浸水深を推定するものである	浸水センサには他にマイクロ波式（電波で計測）と圧力式（水圧で計測）がある．地域によっては，センサで予測値以上の浸水を検知すると，パソコンや携帯電話に自動的にメール送信する登録サービスも行われている	◎
【監視技術】 **CCTV (Closed Circuit Television)**	遠隔カメラにより，ゲート等の施設の動作確認，遊水地への洪水流入，災害被害確認などの河川管理に活用されている．高感度カメラであれば，月明かり程度でも撮影可能である	撮影された浮遊物より流速，流量を求めようという試みもある．撮影画像を録画できるタイプと録画しないタイプがある．撮影画像がインターネットで公開されているものもある	◎

＊1：太字は各技術のうちの代表的な（多用されている）方式を表している
＊2：データ取得方式：◎リアルタイム，○ロガー等に保存，△データ解析が必要，－その他

表 4.3.4　堤防センサの設置状況[3)]

水系名	河川名	導入年月	目的	方式	敷設長
阿武隈川	阿武隈川	2000.3	漏水	ライン型＋V型	1,000m
肱川	肱川	2001.3	〃	〃	280m
信濃川	魚野川	〃	洗掘	ライン型	1,850m
利根川	利根川	2002.3	漏水	〃	400m
肝属川	串良川	〃	〃	〃	320m
庄内川	新川	2002.5	〃	〃	232m

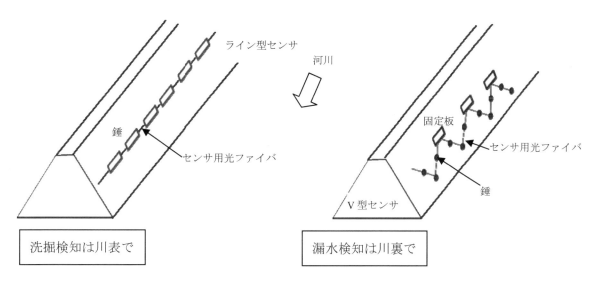

図 4.3.28 堤防センサにおける光ファイバの配置

洗掘センサは砂面計(2.5.1 河川施設 参照)と同様に，河床変動を計測する装置で，河床に埋め込まれた ABS 樹脂ブロックが河床洗掘に伴って浮上すると，内蔵された発信器から信号が発信されてリアルタイムで洗掘深を判定することができる．河床埋め込みタイプのため，砂面計のように洗掘深を過大評価することは少ないが，洪水減水期における河床の埋め戻しは計測できない．河床は洪水ピーク時に最も掘れ，その後 3 時間程度でかなり埋め戻ることが多い．また，次の洪水に備えてセンサを再設置する必要がある．洗掘センサは黒部川，姫川，手取川など，北陸地方の河川に多く設置されている．

その他の検知センサとして，JR 東日本が開発した橋脚の傾斜検知センサがある．このセンサは河床洗掘が起きて橋脚が傾斜し，橋脚天端に設置したセンサが規定値以上の傾斜量(0.2～0.4 度)を感知すると，警報を

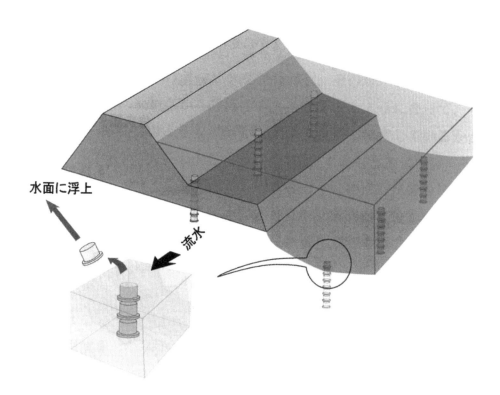

図 4.3.29 洗掘センサ[2]（センサ 1 個の高さは 20cm のため，判定できる洗掘深には幅がある）

発するものである．気泡型水準器の原理を応用したもので，センサの気泡が移動すると，移動に伴う電圧変化をセンシングするものである[4]．また，まだ実用化には至っていないが，河川施設や施設裏にICタグ等を貼付して，洪水による流失を検知する技術についても研究が行われている．例えば，国交省国総研では護岸等に取り付けたセンサにより，護岸等が通信圏外に流失したり，変状を起こして通信不能になったことにより，流失・変状を検知する変状検知センサに関する研究を行っている．このセンサでは，たとえ通信経路上の中継局が流失して機能しなくなっても，別の中継局が通信経路を確保するため，リダンダンシの高い通信が可能となっている．

洪水災害(越水，浸透，侵食)が引き金となって，破堤災害が発生すると大規模な氾濫災害を引き起こす．また，近年は小河川や下水道からの氾濫による氾濫災害も多い．こうした氾濫に対しては，氾濫水の挙動を把握して，住民の避難活動等に活用する方法がある．氾濫水の浸水深は浸水センサにより検知することができる．浸水センサにはいくつかの方式があるが，宮城県岩沼市には阿武隈川水系五間堀川などの1986(昭和61)年8月及び1994(平成6)年9月の水害を教訓として，光ファイバーケーブルを利用した浸水センサが2001年までに26箇所(小・中学校付近に6箇所，神社・寺院付近に4箇所など)設置された．このセンサは浸水圧により光ファイバが歪むと抵抗が変化して，伝送波形の伝達に時間遅れが生じ，この遅れから得られた水圧より浸水深を推定するものである．従来のセンサと比べると，電源・通信装置が不要なため，経済的な手法である．

浸水センサはJR新横浜駅周辺8箇所(歩道)，鶴見地区2箇所にも設置されている．これらには電波で浸水深を計測するマイクロ波式センサと水圧より浸水深を計測する圧力式センサが使われている．センサで予測値以上の浸水を検知すると，パソコンや携帯電話に自動的にメール送信する登録サービスも行われている．また，那賀川流域や肱川流域には，内水対応としての内水センサが設置されている．

以上示した河川・氾濫災害に関する各種センシング機器は災害対応に活用できるものもあるが，実際はパイロット的に使われたり，現象の解明に使われているものが多い．今後は特に浸水センサなどは災害時に活用され，防災・減災の一助に資することが望まれる．また，CCTVは主に河川管理のための監視カメラとし

写真4.3.5　浸水センサ
(JR新横浜駅前の浸水センサで，柱上部の円筒部分が電波式水位センサである)

て用いられているが，遠距離の視認性が高く，河川によっては設置台数も多く，例えば，多摩川水系には90台設置されている．今後は災害状況の把握にも積極的に活用されることが期待される．

一方，土砂災害の土石流災害に対しては，例えば鹿児島の桜島では土石流が流下する流路工の上流に両岸からワイヤーセンサをわたして，土石流が通過するとワイヤが切れて警報装置が作動する仕組みになっている．土石流検知センサには接触型と非接触型があり，全国に約400基設置されている．ワイヤーセンサは接触型センサで，土石流を確実に検知できるが，ワイヤが切断されれば，再度設置する必要がある．一方，非接触型センサには振動センサなどがあり，少ないメンテナンスで複数回の土石流を検知できるが，高価なうえセンサのトリガーレベルの設定が難しい．例えば，トリガーレベルを大きくすると，土石流を見逃す危険性がある．

今後の河川災害センシングの展望としては，前述した初動対応の提言のなかで記述されているように，破堤現象や山腹崩壊などの状況を即座に把握したり，氾濫や土砂災害の発生範囲・程度を上空から掌握できる無人飛行機UAV(Unmanned Aerial Vehicle)の活用が考えられる．UAVにはカイト型，ヘリコプタ型，飛行機型などがあり，軍事用には米国の大型偵察機(RQ-4：グローバルホーク)や戦闘機(MQ-1：プレデタ)などもある．UAVは狭い用地でも離着陸できる回転翼タイプもあるし，多少の風雨に耐えて飛行したり，無人でプログラム飛行できるので，活用範囲は非常に広く，災害センシングに有効な手法である．**写真4.3.6**の例では，大きさは約1m，重量は約5kgで，低空飛行・ホバリング・写真撮影が可能である．最大で250m上空まで飛行でき，バッテリーで約10分間飛行可能である．

写真4.3.6 UAVの1例（小型無人機Magpie960）（写真提供：(株)神戸清光）

参考文献

1) 大規模自然災害時の初動対応における装備・システムのあり方検討委員会：大規模自然災害時の初動対応における装備・システムのあり方(提言), 2009.
2) 辻本哲郎監修, (財)河川環境管理財団編：川の技術のフロント, 技報堂出版, 2007.
3) 末次忠司：河川の減災マニュアル, 技報堂出版, 2009.
4) 小林範俊・島村誠：橋脚洗掘モニタリング手法の開発, JR EAST Technical Review-No.3, 2003.

（執筆者：末次　忠司）

4.3.8 集中豪雨時の下水道に関するモニタリング

　内水に係る浸水被害は，2000（平成12）年の東海豪雨のように，比較的長時間継続する高強度の雨によるものに加え，近年，時間雨量が100mmを超えるような短時間かつ局地的な降雨による浸水被害が頻発しており，その対策が喫緊の課題となっている．特に事前予測が難しく，局地的に降る大雨が，近年「ゲリラ豪雨」と俗称され，大きな問題としてクローズアップされている．

　また，都市部への資産集中や地下空間利用の進展などの都市機能の高度化が進むことにより，浸水に対する都市の被害ポテンシャルが増大している．

　内水による被害は，単に下水道施設の整備が進んでいない地域だけの問題ではなく，整備済み区域においても計画以上の降雨に対しての水防力をどう強化するかという課題も含むものであり，今後地球温暖化に伴う降雨強度の増大や総雨量の大きな降雨の増加が想定される中，対策の検討が急がれる．

　浸水被害を軽減するためには，ハード対策として施設整備を進める一方で，住民自らが浸水への備えを充実し被害を最小限にする取り組みである「自助」を前提とした水防に重点を置くことが重要である．

　このため，下水道に関して集中豪雨時にモニタリングを実施し，浸水に関する情報を住民に提供し，リスクコミュニケーションの充実を図っていく必要がある．

　既に実施している降雨時における主なモニタリング事例として，東京都における「東京アメッシュ」による降雨情報の提供や下水道幹線の水位情報の提供について，以下に示す．

(1)　降雨時の情報提供

(a)　降雨情報の提供「東京アメッシュ」

　降雨情報をリアルタイムで提供し，水防活動や避難行動を支援するために，下水道維持管理用レーダー雨量計システムの「東京アメッシュ」による降雨情報をモニタリングし，住民に提供している．

　東京アメッシュでは東京都港区にある港レーダーと稲城市にある稲城レーダーがそれぞれ50kmの円内を観測し，この2つのレーダーで東京全域をほぼカバーしている．また，都内全域に配置された86箇所の地上雨量計により効果的にレーダーデータの補正を行っている．データ補正は，下水道管理者のものに加え，河川管理者の地上雨量計も活用している．

図4.3.30 東京アメッシュ（降雨レーダー）

本データは，2002年4月からは東京都のホームページに、同年7月からは携帯電話への配信を開始している．また，2009年10月からは，降雨情報の更新頻度を10分から5分間隔に短縮し，より高い即時性を有している．年間のアクセス件数は，2011年度はホームページと携帯電話をあわせて，約5,100万件と多くの住民に利用されている．

(b) 幹線水位情報の提供

河川を蓋掛けした下水道幹線は，埋設位置が浅く浸水被害が発生する可能性が高いので，幹線内に水位計を設置し，下水道管理用光ファイバーを活用して幹線水位情報をモニタリングし，水防管理者に提供することで水防活動の支援を行っている．2002年6月からは東京都品川区への提供をはじめ，6つの水防管理者へ水位情報を提供し，豪雨時の水防管理者への初動体制の判断方法のひとつとして活用されている．

また，東京都中野区にある桃園川幹線の水位情報は，電光掲示板を設置しリアルタイムで表示したり，ケーブルテレビを活用し文字放送することにより，日頃から地区の住民の防災意識の向上に役立てている．

光ファイバー水位計は，水位変化の計測が可能であり，浸水対策に有効な手段であるが，広範囲な導入にはコストの低減が課題となっている．そこで，管路内水位が危険水位に達しているかどうかをリアルタイムに把握することに機能を限定し，光ファイバーを用いた簡易型水位検出器の開発なども行っている．

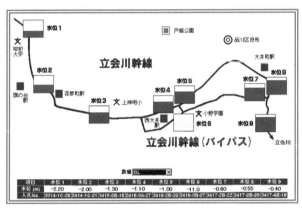

図4.3.31 水防管理者と連携した幹線水位情報の表示例

図4.3.32 電光掲示板を活用した幹線水位情報の表示例

河川氾濫は，河川堤防に沿って「線的」に水防活動が可能であり，旧河川敷や構造物等，氾濫の危険性の高い脆弱箇所をある程度予測することができる．一方，内水による浸水被害は，雨の降り方によって浸水被害の発生する箇所が異なることから，都市全体を「面的」に対象とせざるを得ない．また，内水による浸水被害は，降雨開始から浸水発生までの時間が都市河川以上に短いことが多いため，組織的な水防活動を行うための時間的な余裕がない場合が多い．

以上のことから，内水による浸水被害軽減に向けた水防活動を実施することは一定の限界があると推測される．

内水浸水の被害軽減に向けては，住民による「自助」を前提とした水防に重点を置くことが重要であり，上述した「降雨情報の提供」に加え，「事前情報の提供」及び「防災意識の啓発」について，以下に示す．

(2) 事前情報の提供

(a) 浸水予想区域図の作成・公表

東京都では，浸水の危険性を住民に事前に周知することや，水防管理者が作成する洪水ハザードマップ作成の支援を行うために，いち早く河川管理者と連携し，内水(下水道)と外水(河川)を一体とした浸水予想区域図を作

成・公表している．

浸水予想区域図の作成にあたっては，流出解析シミュレーションを活用するとともに浸水実績等のモニタリング結果をキャリブレーションに利用している．

これまでに、2001年8月の神田川流域より公表をはじめ，2006年度に東京都が管理する区部のすべての河川流域での公表を行っている．

図4.3.33 神田川流域の浸水予想区域図

(b) 防災気象情報の公表

気象庁のホームページでは，局地的大雨への対処として有効な「気象レーダー」，「解析雨量」，「気象警報・注意報」，「天気予報」，「降水短時間予報」，「降水ナウキャスト」等の防災気象情報が提供されている．また，住民が局地的大雨から自らの身を守るための手助けとなる実用的な手引きとして，「局地的大雨から身を守るために－防災気象情報の活用の手引き－」（2009年2月）が公表されている．

(c) 観測施設の整備と局地的な大雨の観測精度の向上

高頻度，高分解能，高精度の降雨観測が可能なXバンドMPレーダーによる観測雨量情報は，急激な内水浸水をもたらす降雨の監視において有効と考えられており，現在、国土交通省で試験運用が開始されている．

今後，地方公共団体の水防管理者や河川管理者及び下水道管理者への水災害情報の提供など，この雨量情報を迅速に活用できるシステムの構築が検討されている．

また，観測情報のみでは住民にとって浸水の危険度合いが十分伝わらない場合もあるため，観測情報と浸水の関係を検証するなどして，観測情報の意味を事前に啓発することで，自助の取り組みが一層強化されるものと考えられる．

さらに，これらの情報を住民に迅速かつ確実に伝えることも重要であるため，浸水のおそれのある地区の携帯電話に一斉配信が可能なエリアメール等の活用を含め，信頼性の高いリアルタイム情報提供システムの開発が望まれる．

なお，これらの観測システム・情報提供システム等の整備には多くの予算を要するため，地方公共団体の全域ではなく，地下街の周辺や浸水の危険性が高い地区など重点地区を定め，システム整備を促進する必要がある．

(3) 防災意識の啓発
(a) 浸水対策リーフレットの配布

住民へ「浸水に対する備え」をわかりやすく PR したり，地下室・半地下家屋の浸水に対する危険性を啓発するため，意見を伺ったりすることによるパートーナーシップを構築する取り組みとして，戸別訪問などにより，浸水対策リーフレットを配布するとともに，住民の意見をモニタリングしている．

特に出水期である 6 月を「浸水対策強化月間」と位置づけ，下水道施設の総点検や住民との連携など，さまざまな取り組みを実施している．

図 4.3.34　浸水対策リーフレットの事例

上述した下水道のモニタリング情報の提供については，浸水被害の軽減方策として有効と考えられることから，地域住民のニーズにあった情報提供を促進する必要がある．

そのためにも，リアルタイムの防災情報などのわかりやすい情報提供をどのように行政が行い，有効に活用させるかは，住民と向き合って対話するとともに，わかりやすい情報を提供できるようにするためのモニタリング技術の開発も不可欠である．このような防災情報は，平時からの防災意識の向上を促すことで，被害軽減につながるものと考えられる．

参考文献

1) 東京都下水道局：東京都下水道事業　経営計画 2013，2013．
2) 東京都：東京都豪雨対策基本方針，2007．
3) 気象庁：気象庁ホームページ，2013．
4) 国土交通省：国土交通省ホームページ，2013．

(執筆者：新谷　康之)

4.3.9 港湾・空港における地盤の地震時挙動のモニタリング

(1) はじめに

地震国であるわが国では，地震力が社会基盤施設の設計供用期間中に作用する最大の外力となる可能性が極めて高い．従って大地震時の地盤・構造物の実際の挙動を正確に把握することは極めて重要である．21 世紀に入った現在においても，地盤や構造物の実際の地震時挙動には不明な点が多い．昨今の数値シミュレーション技術の発達により，大地震時の地盤・構造物の挙動に関する美しいグラフィックスを含む数値解析結果が多数発表され，ともすればそれらの挙動について我々は十分知悉しているかのように錯覚しがちであるが，数値解析結果の多くは，今後，実物の挙動による検証を必要としている．将来，耐震設計が（医療分野における evidenced-based medicine のような）evidenced-based design[1]へと移行していくためにも，実物の地震時挙動のモニタリングは極めて重要である．被害を伴うような大地震はしばしば起こるわけではないから，地震時挙動のモニタリングのためには，モニタリングに必要な体制（機器・人材）を長期にわたり維持していくことが何よりも重要である．本項では，まず，我が国の港湾で 1960 年代から継続されている「港湾地域強震観測」について紹介し，次に，空港における地震時挙動のモニタリングの代表例として東京国際空港 A 滑走路におけるモニタリングを紹介する．

(2) 港湾における地盤の地震時挙動のモニタリング[2]

港湾地域強震観測は 1962 年に当時の運輸省港湾技術研究所（現在，独立行政法人港湾空港技術研究所）が中心となって開始され，国の機関や地方自治体が参画して実施されてきた．2009 年末の時点では，図 4.3.35 左に示すように，全国 61 の港に 119 台の強震計が設置されている．この中には地表に設置されているもの，地中（ボアホール内）に設置されているもの，桟橋のような構造物上に設置されているものがあるが，地表に設置されているものが最も多い．また地表と地中の強震計の組み合わせにより鉛直アレーを構成している地点が全国に 32 地点ある．この観測網により，2009 年には 488 の記録が得られている．

港湾地域強震観測の最大の目的は，港湾に被害をもたらすような大地震が発生した場合に，その揺れを記録して，これを被害メカニズムの解明や適切な復旧工法の選定に利用することである．1995 年兵庫県南部地震で被災した神戸港のケーソン式岸壁の被害メカニズム解明には，神戸港で取得された強震記録が活用された[3],[4]．これに次ぐ港湾地域強震観測の重要な目的として，地点毎に異なる地震動特性の解明を挙げることができる．その一例として 図 4.3.35 右下では八戸港と釧路港で得られた強震記録のフーリエスペクトルを比較している．八戸港では 1968 年十勝沖地震と 1994 年三陸はるか沖地震の強震記録が得られているが，26 年の時を隔てて発生した二つの大地震で，いずれも周期 2.5 秒（周波数 0.4Hz）の成分が卓越している．一方，釧路港では 1993 年釧路沖地震と 2003 年十勝沖地震の記録が得られているが，いずれも周期 1.5 秒（周波数 0.7Hz）の成分が卓越している．このように，場所により地震動の特性が異なるのは，地震基盤上に存在する堆積層の地震動への影響（サイト特性）である．強震観測により地震動の卓越周期の解明が進めば，構造物の固有周期と地震動の卓越周期が一致しないように工夫することも可能になるので，地震による被害の軽減に資するものと期待される．このことにも関連するが，良質な（SN 比の高い）中小地震の記録を取得して，将来の大地震の揺れの予測に活用することも，強震観測の重要な課題の一つである[5],[6]．以上は強震観測の実務上の課題であるが，この他，はじめに述べたように，大地震時の地盤・構造物の地震時挙動の実態を解明するという研究的課題が存在する．なかでも地盤の地震時挙動の解明のためには，上述の鉛直アレー観測が非常に有効である．鉛直アレー観測記録の利用例については後述する．

観測機器については，2009 年末の時点で，119 の観測地点のうち 77 地点に ERS 型強震計が，残りの 42 地点に SMAC-MDU 型強震計が設置されている．これらはいずれもサーボ型の加速度計で，前者はフォースバランス型もしくは速度帰還型，後者はフォースバランス型である．図 4.3.35 の右上に ERS-G 型強震計の外観を示す．このタイプの強震計は，AD 変換のビット数などの点では最新のものに比べ見劣りがするが，例えば地震発生頻度の低い

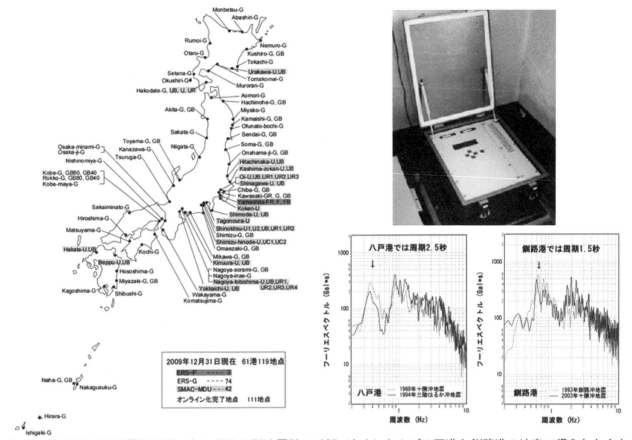

図4.3.35 港湾地域強震観測網（左），ERS-G型強震計の外観（右上）および八戸港と釧路港の地表で得られた主な強震記録のフーリエスペクトル

地域で数年間のブランク（記録の得られない期間）があるような場合でも，一旦大地震が発生すればその記録を確実に残してきており，非常に優秀な機種である．メーカーの廃業によりこのタイプの強震計が新しく生産されることが無いのは残念である．

強震計の維持管理は港湾空港技術研究所と港湾地域強震観測の他の参画機関との緊密な協力の下に実施されている．現在，強震計のほとんどは電話回線に接続され（119地点中111地点），記録の回収は電話回線を通じて行われている．このオンラインシステムは，データ収集の迅速化に寄与していることはもちろんであるが，それ以上に，強震計の動作状況を研究所で把握できるという点が，観測網を運営する上で大きなメリットとなっている．実際に観測網を運営していると気づくことであるが，何らかの原因で強震計への電源の供給が停止してしまう等のトラブルは少なからず発生する．そのような場合でも，オンラインシステムがあれば問題点を確実に把握し対処することができるので，大地震による記録を確実に残すことにつながる．埠頭上のように電話回線を引くことが困難な場所では携帯端末を利用したオンライン化も行われている．

港湾地域強震観測で得られたデータは，一定の処理と解析を経た後に，港湾局の運営するホームページ上で公開されており（http://www.mlit.go.jp/kowan/kyosin/eq.htm），どなたでも利用できる．また，港湾空港技術研究所から年1回刊行される強震観測年報の付録CDにも強震記録のデジタルデータが収録されている．

ここでは，記録の例として，2009年8月11日5:07に駿河湾で発生した地震（M6.5）による御前崎港での記録について紹介する．御前崎港では鉛直アレー観測が行われており，強震計センサーの設置深度はGL-2.5mおよびGL-10mとなっている（ここではGL-2.5mでの記録を地表の記録と呼ぶ）．図4.3.36左に鉛直アレー観測地点における地盤条件を示す．本観測点では標準貫入試験およびPS検層が行われている．図に示すように地表からGL-2.2m

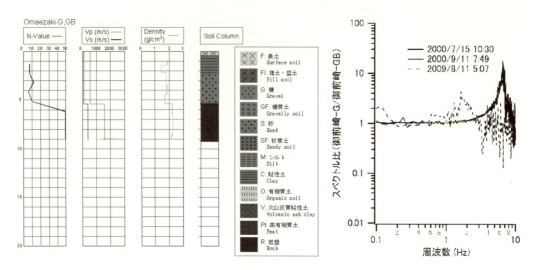

図4.3.36 御前崎港強震観測地点の土質データ（左）および地表と地中のフーリエスペクトル比（右）

付近までは粘性土，その下はGL-5.4m付近までが砂質土となっている．なお，図には記載が無いが調査時の水位はGL-2.0mとなっている．2009年駿河湾の地震では，この鉛直アレーで非常に非線形性の強い記録が得られている．図4.3.36右は駿河湾の地震およびそれ以前に発生した中小地震における地表/地中のスペクトル比を示したものである．中小地震においてはスペクトル比のピークは7Hz付近となっているが，駿河湾の地震ではスペクトル比のピークが1.7Hz付近まで低下しており，地盤に著しい非線形挙動が生じていたことがわかる．スペクトル比のピーク周波数は，地表と地中の観測点に挟まれた部分の平均的なS波速度に比例するので，今回の地震では，この部分のS波速度が線形時の24%程度まで低下したと推定できる．さらに地盤のせん断剛性はS波速度の自乗に比例するので，今回の地震では，この部分のせん断剛性が線形時の6%程度にまで低下したと推定できる．

(3) 空港における地盤の地震時挙動のモニタリング[7]

空港における地盤の地震時挙動のモニタリングの代表例として東京国際空港（羽田空港）A滑走路におけるモニタリングを紹介する．図4.3.37にA滑走路の土質縦断図を示す（右手が南東）．図に示すようにA滑走路ではNo.1〜No.8の8地点で観測を行っており，かつ，それぞれが複数の深度にセンサーを有する鉛直アレーとなっている．No.1〜No.6は滑走路に平行であり，No.7とNo.8を結ぶ線分は滑走路に直交していて，全体として十文字型のアレーを形成している．No.1〜No.8には，それぞれ図4.3.38に示すように深さの異なる6つのボアホールがある．各々のボアホールには地震計または間隙水圧計が設置されている．図4.3.38右には各ボアホールの観測上の機能が示されている．ボアホールAには基盤層の地震動を記録するための地震計が，ボアホールBにはAc2層の地震動を記録するための地震計が，ボアホールDにはAs層の地震動を記録するための地震計が，ボアホールFには地表付近の地震動を記録するための地震計が設置されている．また，ボアホールC,D,EにはAs層の間隙水圧を記録するための間隙水圧計が設置されている．

A滑走路における地盤の地震時挙動のモニタリングは1988年7月の供用開始より継続的に実施されているが，現在のところ（幸いにと言うべきであるが）過剰間隙水圧の上昇を伴うような振幅の大きな記録は取得されていない．なお，間隙水圧計の場合目詰まりが心配されるところであるが，設置後20年以上経過して発生した2009年8月駿河湾の地震に際して，80%以上の間隙水圧計はP波の伝播に伴う水圧変動を記録しており，間隙水圧計は予想以上に長い寿命を保っているようである．

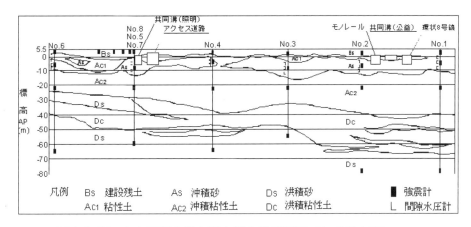

図4.3.37 東京国際空港A滑走路土質縦断図（右手が南東）

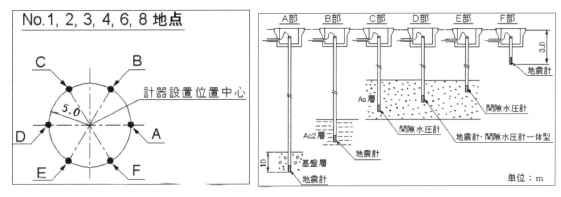

図4.3.38 東京国際空港A滑走路での観測における各ボアホールの機能

(4) まとめ

本項では港湾・空港における地盤の地震時挙動のモニタリングについて紹介した．地震時挙動のモニタリングのためには，モニタリングに必要な体制を長期にわたり維持していくことが何よりも重要である．ここで言う体制の維持とは，ハードウエアの維持だけでなく，熱意を持って観測に取り組む人材の育成を含むものである．

参考文献

1) 野津厚：性能設計の発展型としてのEvidence-Based Designの提案とその実現に向けた課題，第13回日本地震工学シンポジウム論文集，2010.

2) 野津厚，若井淳：港湾地域強震観測年報（2009），港湾空港技術研究所資料No.1223, 2010.

3) 菅野高弘，三籐正明，及川研：兵庫県南部地震による港湾施設の被害考察（その8）ケーソン式岸壁の被災に関する模型振動実験，港湾技研資料，No.813, pp.207-252, 1995.

4) 一井康二，井合進，森田年一：兵庫県南部地震におけるケーソン式岸壁の挙動の有効応力解析，港湾技研報告，第36巻，第2号，pp.41-86, 1997.

5) 野津厚，長尾毅，山田雅行：経験的サイト増幅・位相特性を考慮した強震動評価手法の改良－因果性を満足する地震波の生成－，土木学会論文集A，第65巻，第3号，pp.808-813, 2009.

6) 野津厚：地震動の新しい考え方，基礎工，第37巻，第3号，pp.9-12, 2009.

7) 野津厚，安中正，佐藤陽子，菅野高弘：羽田空港の地震動特性に関する研究（第1報）表面波の特性，港湾空港技術研究所資料，No.1022, 2002.

（執筆者：野津　厚）

4.3.10 免震建物の構造センシング

(1) はじめに

人間が日常的に生産・消費活動を行う場である建築は，最も人間に近い社会基盤であり，その計画から設計，施工の各段階で構造的な安全性を確保するための配慮がなされている．建築の構造センシングは，2.3 および 4.2.2 に示したように，常時微動や地震時の挙動から構造の動的性状や変位・変形などの応答量を把握するものであり，強震観測が行われるようになって以来 50 年以上が経過する間に，地震被害を経験するたびにその重要性は強く認識されてきた．その目的は，設計で想定された構造性能の確認や，地震時の損傷や経年的な劣化の状況を把握し，建物の耐震性能を向上させることにある．また，交通／情報ネットワークの高度化に伴って都市間または地域間の機能の連携が進むなかで，広域的な観測網を整備する必要性が急激に増し，4.3.3 に示されているような国土をカバーする強震観測網が構築された．

その一方で，近年では，災害時の BCP（Business Continuation Plan）において，個々の耐震機能の把握（分析フェーズ）と地震時対応の迅速化（シナリオ定義，復旧実装）への地震応答計測データの活用が期待されている（BCPについては本書第 5 章参照）．また，社会基盤の所有者であり利用者である市民に対しては「安全」の保証に加えて「安心」を確保し提供することが社会に求められており，そのための数量的な裏付けと積極的なデータの利活用が重要な課題の一つとなっている．本節では，大規模な地下免震層を有する高層建築における高密度な長期振動センシングの実施事例を紹介し，センシングデータの利活用について，特に平常時から強震観測時にわたる市民を対象とした情報発信について例示する．

(2) 建築の高密度センシング事例

MEMSやセンサ技術の発達によるセンシングノードの高性能化や小型化と，ネットワーク技術の著しい進展に伴う一般化は，構造物における大規模で高密度なセンシング環境の構築を可能とし，これまでに多くの研究事例があり[1]，今後もさらに増加するものと思われる．ここでは建築の高密度センシングに着目すると，超高層免震建物において観測波形から建物の振動特性の同定を図る長期振動観測の実施事例[2],[3]や，振動計測データから建物の振動特性や地盤−建物連成系の特性を推定する中低層建物の高密度センシング[4]など事例は少なくない．このような多地点で観測された記録の利用時には，地点間のデータのタイムスタンプの差が分析結果やその精度に大きく影響するため，高密度な観測で有意なデータを取得するためにはセンシングデータの時刻同期が特に重要となる．一般に，データの分散集録環境においては GPS 信号を利用した同期[5]や，ネットワーク・プロトコルを利用した同期方法[6]が採られる．センシングデータの利用については，上

図 4.3.39 対象建物（芝浦工業大学豊洲校舎）

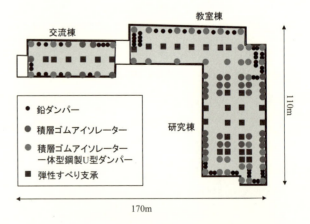

図 4.3.40 対象建物の地下免震装置の配置

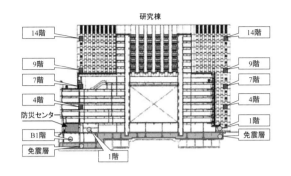
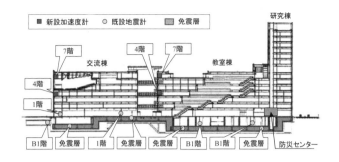

図 4.3.41　各棟の立面図と振動計測点配置

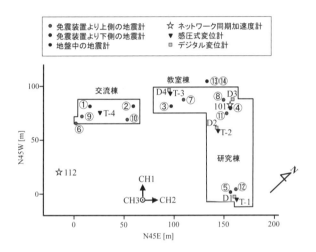

図 4.3.42　振動計測点の平面配置

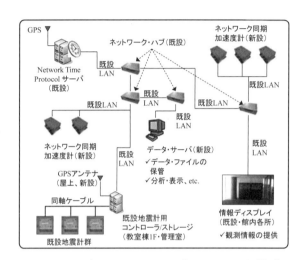

図 4.3.43　観測システムのネットワーク構成

述したように，個々の建物の振動特性の把握や構造性能の評価を目的とした事例[7]が一般的であるが，多機関で個別に実施される強震観測のデータを一元化して地盤・建物・地域の情報のリンクを図る統合利用の事例[8]なども見られる．以下では，大規模な地下免震層を有する高層建物における高密度センシング事例[9]について，そのシステムとセンシングデータの利活用方法について紹介する．

(3)　高層免震建物の高密度振動観測

センシングの対象である芝浦工業大学豊洲校舎は，それぞれ地下1階，地上7階層の交流棟および教室棟と，地下1階，地上14階層の研究棟からなり，教室棟と研究棟は6階部まで構造的に連続した特徴的な形態の構造である（図4.3.39）．図4.3.40に示すとおり，L字型の基部スラブ上に4種類の免震装置が配置された免震層を有している．免震層には，竣工時に，基礎スラブ上に5基，免震層上階（被免震階）の地下1階と地上1階に7基のサーボ型加速度センサ（SV-355T，東京測振）が設置されており，建物から水平方向に約6m離れた地盤内（GL-1m, GL-40m）に設置された2基と合わせて14点の振動観測点が設けられている．これらは，軟弱地盤上での免震装置の効果・性能を評価することが目的とされているが，対象の建物は前述のようにL字型の平面構成に2階層にわたる地下免震層と，部分的に連続した特徴的な上層階で構成されるため，さらに上層階を中心に12基のサーボ型加速度計を設置し，対象建物に高密度な振動観測システムを構築している．上層階の加速度計群はNetwork Time Protocolを利用したネットワーク同期機能を有しており，分散した各測点において時刻同期精度が保証されたデータが集録される．また，免震層の加速度計群で集録されたデータは有線接続によってデータロガーへ伝送・集約されており，全測点におけるデータが一括

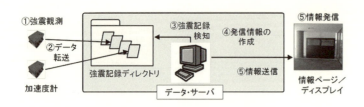

図 4.3.44 強震観測時から情報発信までのプロセス

表 4.3.5 観測にもとづいて提供する情報

平常時	強震観測時
観測実施情報	観測時間
災害対策の意識喚起	地盤上の震度
－	建物内の最大震度
－	各棟の震度分布図

(a) 館内の情報ディスプレイ

(b) 表示画面例（強震観測時・平常時）

図 4.3.45 館内の情報ディスプレイと施設利用者への情報提供イメージ

して打刻される．加速度計群相互は，ネットワーク同期時刻を提供するサーバと免震層加速度計群のコントローラにそれぞれ GPS 信号を利用して UTC 時刻を参照させることで時刻の同期が図られている．これにより，免震層上下の地震波入力・応答に加えて上層階の応答を含む建物全体の観測点の同期がなされ，構造全体の連動した挙動を観測することを可能としている．図 4.3.41 に建物の立面図と加速度計群の配置を示し，図 4.3.42 に平面配置を示す．また，観測システム全体のネットワーク構成を図 4.3.43 に示す．

(4) センシングデータの利活用

センシングデータは，主に対象建物の安全性またはリスクの評価と，観測記録に関する情報の提供に利用される．前者については，主に常時観測で得られる建物の応答は振動特性の推定や損傷同定評価指標の検討に用いられ，強震記録と併せて継続的に分析することで劣化・損傷の"カルテ"を構築することが検討されている．後者は，従来の専門家を対象としたセンシングに加えて，市民のためのセンシングを念頭に置いた建物の"安心指標"の見える化にねらいがあり，特に強震記録が対象となる．2011 年 3 月に発生した東北地方太平洋沖地震は対象建物においても観測された．当該地震の観測記録から最大加速度の高度分布を分析した結果，免震作用モードとは異なる高次のねじれモードの出現が確認され，強震の入力に対して上層階のねじれ応答が大きくなる特徴を有することが明らかとなった[10]．

全国的に急速に整備された地震観測網と観測データ利用によって，専門家のみならず一般の市民も災害やそれらに関連する広域的な情報を即時的に得られる環境が整いつつある[11]．従来の構造ヘルスモニタリング研究では，主に専門家や管理者を対象としたセンシング情報の提供が想定されてきたが，上記の事例では，対象の建物の利用者を対象としたセンシング情報の提供が取り組まれている．情報の発信・提供は，主に平常時と強震観測時の二種類に分類され，表 4.3.5 のような情報の提供が想定されている．システム稼働時に

は，平常時の情報発信から強震の観測，強震情報の発信は**図 4.3.44** に示すプロセスで自動実行され，**図 4.3.45** に示すような情報が館内利用者に提供される．

(5) まとめ

人間の生活に最も近い社会基盤である建築の構造センシングについて，関連する事例を示すとともに，高層免震建物における高密度・長期構造センシング事例を取り上げ，その観測システムとデータの利活用方法について紹介した．特にセンシングデータの利活用については，従来から行われている専門家のためのセンシング，すなわち，構造性能の確認や損傷・劣化の検知を目的としたものに加えて，近年の社会需要を反映した"市民のためのセンシング"について，その概念と取り組みを示した．コスト抑制が至上命題の一つとなった社会基盤において，予算や時間の制約が強くなる状況下で，センシング技術やネットワーク技術の大きな進展，技術とサービスの普及による利便性と低価格化といった追い風を掴み，乗ることが求められる．

参考文献

1) 強震観測事業推進連絡会議：記念シンポジウム「日本の強震観測 50 年—歴史と展望—」講演集，防災科学技術研究所研究資料，第 264 号，2004.
2) 山中浩明，盛川仁：東工大すずかけ台キャンパス超高層免震建物における地震観測，首都圏大震災軽減のための実践的都市地震工学研究の展開，平成 17 年度成果報告シンポジウム予稿集，pp.51–52，2006.
3) 大木洋司，山下忠道，盛川仁，山田哲，坂田弘安，山中浩明，笠井和彦，和田章：超高層免震建物の長期観測システム構築に関する具体的取組み，日本建築学会技術報告集 (21)，73-77，2005.
4) 平田悠貴，飛田潤，福和伸夫，護雅史，大河内靖雄：高密度常時微動計測に基づく大規模 SRC 造事務所建物の振動特性，日本建築学会学術講演梗概集.B-2，構造 II，振動，原子力プラント 2008，153-154，2008.
5) 源栄正人，本間誠，Kuyuk H. Serdar，Arrecis Francisco：構造ヘルスモニタリングと緊急地震速報の連動による早期地震情報統合システムの開発（災害），日本建築学会技術報告集 14(28)，675-680，2008.
6) 下山典久，三田彰：実大建物のためのデジタルセンサネットワークに関する研究，学術講演梗概集.B-2，構造 II，振動，原子力プラント 2006，871-872，2006.
7) 中村充，柳瀬高仁，池ヶ谷靖，園幸史朗，米山健一郎：構造物のヘルスモニタリングを目指したスマート加速度センサの開発（構造），日本建築学会技術報告集 14(27)，153-158，2008.
8) 飛田潤，福和伸夫，倉田和己：ウェブ GIS とデータ相互運用技術による強震観測記録の統合利用環境，日本地震工学会論文集，Vol.9，No.2，pp.51-60，2009.
9) 西川貴文，紺野克昭，藤野陽三，中山雅哉：高層免震建物における既設ネットワークを利用した高密度振動観測システムとデータの利活用，日本地震工学会論文集，Vol.14，No.2，pp.15-29，2014.
10) 紺野克昭，西川貴文，藤野陽三：2011 年東北地方太平洋沖地震における不整形な立面・平面を持つ免震構造物の免震層における並進，回転成分の推定，日本地震工学会論文集，Vol.13，No.3，pp.14-29，2013.
11) 例えば，気象庁：緊急地震速報について，気象庁ウェブページ，
www.seisvol.kishou.go.jp/eq/EEW/kaisetsu/index.html（2013.11.1 アクセス）
12) 芝浦工業大学地震防災研究室：ウェブページ，http://www.eq.db.shibaura-it.ac.jp/（2013.11.1 アクセス）

（執筆者：西川　貴文）

第5章 モニタリングを利用した社会基盤マネジメントとその未来像

5.1 土木分野における緊急地震速報の BCP での利活用

BCP（事業継続計画）とは，企業が自然災害，大火災，テロ攻撃などの緊急事態に遭遇した場合において，事業資産の損害を最小限にとどめつつ，中核となる事業の継続あるいは早期復旧を可能とするために，平常時に行うべき活動や緊急時における事業継続のための方法，手段などを取り決めておく計画のことである[1]．したがって，緊急時に事業縮小を余儀なくされないためには，平常時から BCP を周到に準備しておき，緊急時に事業の継続・早期復旧を図ることが重要となる．

地震の多いわが国では，自然災害として地震に対する BCP の計画策定は急務と思われる．ここでは，2007年10月から利用されている緊急地震速報の土木での導入事例と BCP での利活用の可能性について述べる．

5.1.1 緊急地震速報とは

緊急地震速報は，「高度利用者向けの緊急地震速報（予報）」と「一般向けの緊急地震速報（警報）」が存在している．緊急地震速報は地震の発生直後に，震源に近い地震計でとらえた観測データを解析して震源や地震の規模（マグニチュード）を直ちに推定し，これに基づいて各地での主要動の到達時刻や震度を予測し，可能な限り素早く知らせる地震動の予報及び警報である．その詳細は文献2)を参照されたい．

5.1.2 緊急地震速報の石油製造施設での総合的な地震被害予測システムの概要[3]

「高度利用者向けの緊急地震速報（予報）」を目的として配信される緊急地震速報の震源位置，規模の情報を用いて各種構造物，精密機器等の被害低減に利用されている．ここでは，石油製造施設が大地震に遭遇した場合の BCP 活動において必要となる各種被害予測の利用事例を述べる．

(1) 概要

2003年9月に発生した十勝沖地震では，原油タンク及びナフサタンクで火災が発生した．火災の主たる原因は，貯蔵液の想定以上の液面動揺とそれによって発生した浮屋根の損傷・沈没であった．タンクの被害は，1964年新潟地震でのスロッシングによる火災，1983年日本海中部地震でのスロッシングによる溢流・浮屋根破壊，1995年兵庫県南部地震での小型タンクの座屈・傾斜等，がある．また，タンクが設置されている地域の立地条件(湾岸地域，埋立地など)を考えると，大地震発生時には，地盤の液状化あるいは津波による被害が発生する可能性が高い．このような地域に施設を有する企業は，大地震時には「地震動被害」，「液状化被害」，「長周期地震動・スロッシング被害」，「津波被害」の被害を受ける可能性が有るため BCP の準備が必要である．

(2) システムフロー

図 5.1.1 は，タンクが設置されている湾岸地域における緊急地震速報および地震動情報を用いた総合防災・減災システムフローを示す．加速度（短周期地震動）による地盤液状化・構造物被害，タンクのバルジ

ング被害，速度（長周期地震動）による浮屋根被害評価，及び津波による被害等を総合的に予測し，事前対策，情報配信，避難勧告等に利用出来る．

このフローで必要となる情報は①地震・津波情報（緊急地震速報，地震動情報，津波情報），②評価対象物情報（地盤，土木・建築構造物），③外力情報（加速度，速度，波高），④周期情報（短周期，長周期）である．これらの情報を用いて構造物毎の被害予測を実施出来れば，地震前では想定地震に対する被害予測することで防災上の弱点が把握出来る．この情報を企業としてのBCPの策定を実施すると施設の耐震補強の必要性，防災・減災力向上で必要となる課題が明らかとなる．

5.1.3 タンクヤードでの緊急地震速を利用した被害予測システムの事例 [4)-6)]

緊急地震速報を用いて，スロッシング被害及びバルジング被害を予測するシステム例を紹介する．スロッシング評価は，タンクの内径，油量高さから算定されるスロッシング周期が地震に含まれる速度の大きさで評価出来る．一方，バルジング評価で必要となる地表面加速度，加速度応答スペクトルを推定し，底板，アニュラー板，側板の材料定数を用いて側板円周方向引張応力，側板軸方向圧縮応力およびアニュラー板水平耐力を評価し，これらの値を総合的に評価してタンク本体の地震危険度評価を行う．

写真 5.1.1にはタンク被害に特化したシステムを組み込んだ装置の外観を、**図** 5.1.2には評価結果表示画面例を示す．本装置は，ネットワークで受信した緊急地震速報を用いて，対象地域に激しい揺れが到達する前に，大規模地震発生時にタンクヤードで予想されるタンク被害，即ち①石油タンクからの内溶液の溢流危険度，②浮屋根損傷，③短周期地震動に起因するバルジング被害，をリアルタイムで予測・評価し，必要に応じてその被害を最小化するための緊急情報を配信することで，石油タンクの各種被害程度のランク付けを行い，複数タンクの効率的なパトロールの実施を可能とし，防災・減災に利用出来る．

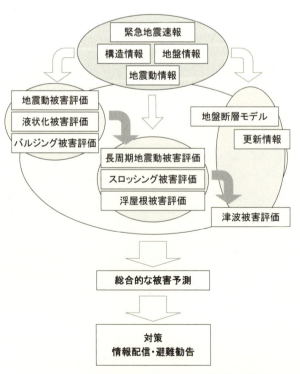

図 5.1.1 総合防災・減災システムフロー

写真 5.1.1　装置の外観

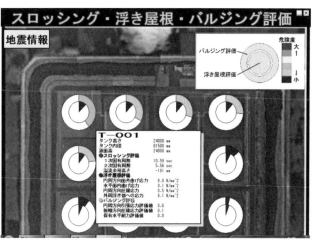
図 5.1.2　評価結果表示画面例

5.1.4 システムの精度向上を目指したモニタリングの概要

　緊急地震速報を利用したシステムでは，その評価結果の精度向上に課題が残る．精度を向上するためには，オンサイトの地震計データを利用する事で可能となる．以下では，各被害予測を緊急地震速報とオンサイトモニタリングデータを利用して評価し，前者を一次評価，後者を二次評価として定義し，その概要を述べる．

① 液状化被害評価モニタリング

　液状化被害の一次評価は，震源の位置・規模と加速度距離減衰式を利用してサイトでの最大加速度を予測し，この値と対象地域のボーリングデータを用いた液状化判定ロジックに割当てると液状化判定が可能となる．

　二次評価では，オンサイト地震動で得られた地表の加速度の大きさと地盤の各層毎の地盤定数を用いてリアルタイム液状化判定結果と間隙水圧計情報とを利用して液状化モニタリングが可能である．

　これら一次，二次評価結果を当該地域の大規模地震に対する液状化被害に対する BCP 策定に活用できるものと考えられる．

② 構造物被害モニタリング

　構造物被害の一次評価は，緊急地震速報で得られた地震の規模・位置と応答スペクトル予測式を利用して対象構造物固有周期に対する応答スペクトルの値と設計スペクトルを比較して設計外力に対する外力レベルの割合を算定する．

　二次評価では，構造物及び周辺地盤に設置された地震計・変位計・ひずみ計等を設置し，得られた情報を用いて判断する．ここでは，その詳細には触れないが，必要とする情報は，地震時の最大加速度・速度，変位，加速度・速度応答スペクトル，建物で有れば層間変位等が得られれば一次近似的に被害発生の可能性が判断出来る．

③ タンク被害モニタリング

　タンク被害予測システムでの一次評価は，緊急地震速報を用いて加速度・速度応答スペクトルを算定し，液面動揺による被害とタンク本体被害を全タンクで評価し，点検順位付けをしてその情報を管理者に配信する．

　二次評価としては，長周期地震動が精度良く捉えられる地震計を設置し，得られた地震波形をリアルタイムで処理し，一次評価と同様に点検順位付けを行い，その情報を管理者に配信する．

　この評価システムは，国内の大規模タンクが設置されている事業者で防災システムとしてすでに運

用が開始されている [7), 8)].

④ 津波被害モニタリング

　緊急地震速報に津波に関する情報は，震源が海域に存在する場合に津波情報が得られる．この情報を用いて津波が発生する地震の場合は，その情報を利用者に伝達し，その後気象庁から配信される津波警報を用いて避難情報を配信することで津波被害を免れる事が出来る．

　海域に験潮機械を設置してモニタリングし，その情報をリアルタイムで配信し，より精度の良い津波被害予測，避難対応が可能である．

5.1.5 今後の展望

　緊急地震速報は，地震発生情報を主要動が伝わる前に得られる情報である．しかし、文献2)に記載されているように近い地震では緊急地震速報が到達する前に揺れる場合が有る．これの課題を十分に理解して利用する必要が有る．

　ここで紹介した事例は，緊急地震速報とオンサイト挙動観測データを利用したモニタリングに利用の可能性を紹介した．現在土木・建築構造物のモニタリングは，独立した装置となっているが，将来的にはクラウド型のモニタリングシステムを利用することで，システムの運用等より効率的なモニタリングシステムの運用が可能であると考えられる．

参考文献

1) 中小企業 BCP 策定運用指針：http://www.chusho.meti.go.jp/bcp/contents/level_a/bcpgl_01_1.html
2) 気象庁：緊急地震速報について，http://www.data.jma.go.jp/svd/eew/data/nc/index.html
3) 南條孝文，目黒公朗，大保直人，天野玲子：緊急地震速報を利用したタンクヤードの総合的な地震被害予測・警報システムの構築と導入効果の検証，土木学会第 61 回年次学術講演会，I-312, 2006.
4) 大保直人，座間信作，佐藤正幸，高田史俊：地震の震源情報を用いたタンク安全評価システムの開発，地域安全学会概要集，No26, 2010.
5) 大保直人，座間信作，佐藤正幸，高田史俊：地震の震源情報を用いたタンク安全評価システムの開発-その 2，地域安全学会概要集，No27, 2010
6) 大保直人：緊急地震速報を利用したタンクの各種被害予測システムの開発，土木学会第 66 回年次学術講演会，I-424, 2011.
7) 日刊工業新聞：九州石油，大分製油所に地震感知システムを導入，2008.
8) Tatsuya IWAHARA, Tsukasa MITUTA, Yuji HORII, Kenji KATO, Naoto OHBO, Akira ISHII and Tomonori HAMADA : Safety Assessment of Underground Tank from Long-Period Strong Ground Motion -Development of Earthquake Disaster Warning System Using Real-Time Earthquake Information-, 14WCEE, 2008.

（執筆者：大保　直人）

5.2 建設会社におけるBCPとモニタリング技術活用の可能性

BCPはもともと欧米における危機管理の考え方の一つとして提案されたもので，脅威を特定しないで組織の重要機能を守ることを目的にしているが，地震や台風などの自然災害よりも，テロや情報漏洩など人為的な災害を想定したものである．国内では主に地震災害を念頭に，2005年8月に内閣府から「事業継続ガイドライン第一版」[1]が公表され，その後公的な機関や各種の業界団体からも相次いで，ガイドラインが公表され，民間企業を中心にBCP作成の動きが急速に高まった．2011年3月の東日本大震災の教訓を踏まえて，今後災害環境や文化の異なる日本国内でどのように展開，根付いていくか，さまざまな視点から検証が進行中である．本項では，BCPの視点から建設会社の特徴を考察し，モニタリング技術がどのように活用されるかに主眼を置き，主な課題と展開の可能性について述べる．

5.2.1 災害脆弱性が増す大都市と建設会社の役割

東日本大震災の際，首都圏では，耐震性の低い建物の損傷，天井の落下，エレベータ内の閉じ込め，液状化の発生，ライフラインの機能支障，交通機関の停止による帰宅困難者など様々な被害が顕在化したが，その影響は限定的であった．しかし情報網やインフラ設備などが複雑，多様化し，また極度な人口集中によって，災害脆弱性が増加している大都市が大地震に見舞われると，被害規模は想像をはるかに超えたものとなろう．災害ポテンシャルが著しく低下した都市の周辺地域では，情報網の途絶やライフラインの機能停止により多くの企業が長期間の業務中断を余儀なくされ，被害相互の連鎖による負のスパイラル現象が懸念される．早期回復の要となる社会基盤の復旧の任を担う建設会社への期待は大きく，事前の十分な準備，対策はもとより，災害が発生した場合の想定外事象への対応力が不可欠となる．

5.2.2 BCPの視点からみた建設業の特徴

建設会社の社会的使命が安全で安心できる建造物を建設することにあることは言を待たないが，すべての建造物の安全性を保証することは不可能である．ある程度の被害の発生を前提として，BCPの視点から建設会社の特徴を念頭に置いた対応力の強化が求められる．特に即時的な被災程度の推定や実情報の把握についてはモニタリング技術の活用により支援できる可能性が高い．

(1) 業務形態の変化と早期のＢＣＰ発動

建設会社は本来，建設地点で構造物を建設することが主たる業務であるが，災害が起こると，災害時固有の対応業務が発生する．場合によっては，平常時の業務を上回る対応が求められる．建設現場の安全確保と2次災害の防止はもとより，被災した地域社会におけるインフラの復旧工事や，病院や警察など災害時に拠点となる建物，施設などの応急復旧が優先業務として求められる．また建設会社としては自社竣工物件への早期の復旧支援もその後の施主への信頼獲得の観点から重要な業務となる．このような災害時特有の事態に対応するには，一旦平常の業務を止め，復旧・復興の業務を優先することとなる．すなわち平常時と災害時で，優先すべき業務内容が大きく異なる点が特徴である．時系列に沿って変化をみると，建設業のBCPは災害が起こると，消防，自衛隊という即時に人命救助に当たる緊急対応の次に緊急性の高い業種として位置づけられ，一般企業よりも早い発動を求められる．特にインフラや公共的なものをできるだけ早期に復旧するよう社会からの要請が強い．(図5.2.1 参照)

(2) 人的資源，資機材，情報の確保が最優先

建設業は労働集約型産業の典型であり，特別な集中拠点がなく，人材や資機材などの資源が広域に分散している特徴がある．2006年7月に日本建設業団体連合会から首都直下地震に備えた建設会社の行動指針として「建設BCPガイドライン（第一版）」[2]が公表され，内閣府のガイドラインに沿って，建設業として実施すべき内容の基本的な事項が示された．これに沿って大手ゼネコンを中心に策定が進んでいるが，50万社を超える建設業の多くは従業員が数十人以下の中小規模の会社で，災害時に最前線で復旧作業にあたるこれらの企業の対応が遅れている．大手ゼネコンにとっては，専門的な技術を有する作業員や，必要な資機材の確保，被災情報の連絡網の整備などが，規模の小さな協力会社を含めた総合的な取り組みが必要となる．このような仕組みは製造業における，サプライチェーンの広がりと似ているが，建設業で扱う職種はより多岐にわたることが特徴的である．地震災害では，建物の規模や形状，用途，立地条件などにより，構造躯体の他，設備機器や2次部材の損傷，地盤被害等により，機能の停止や様々な部位が被災する．有効な復旧活動を行うためには，土木建築分野だけでなく，電気，設備，機械など様々な分野や，多種多様な職工との連携が不可欠となる．（**図5.2.2参照**）

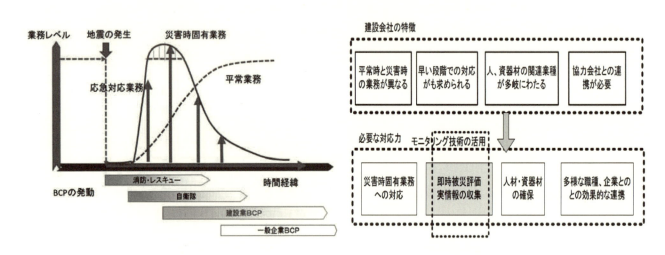

図5.2.1 業務形態の変化と早期のＢＣＰ発動　　　　図5.2.2　建設業の特徴と必要な対応力の例

5.2.3　モニタリング技術活用の課題と展開の可能性

(1) 建物の健全性，使用性，機能性の即時評価

近年，全国的に多くの地震計が設置されるようになり，地震発生直後にインターネット等を介して即時に観測記録が公開，各地の揺れの強さが面的に示され，地域ごとに概略の被害推定が可能となったが，個々の建物，施設の振動特性や損傷程度については情報が少なく，特に事業継続の視点から必要となる施設の使用性，機能性ついては，評価が非常に難しい．現状では地震発生直後に行われる応急危険度判定により，構造躯体の健全性についての判定が行われ，建物の管理者は，人命の安全確保の観点から，退避するか否かの判断を行う．一方企業の事業継続性については，判断するのに必要な客観的な指標がなく，自動的に評価することが難しいため，専門家による外観調査や個別に機能評価が行われている．具体的にはチェックシート，スコアシートなどを用いた現場ウォークスルー調査（現地で歩きながら目視により行なう調査）が行われる場合が多い．特に設備機器は個別の機器とこれらをつなぐ配管系統が施設内に毛細血管のように複雑に張り巡らされ，一部の断続がシステム全体の停止につながる場合もあり，機能維持の判定が難しく，効果的な監視や異常検知装置，評価方法の開発が急がれる．（**図5.2.3参照**）

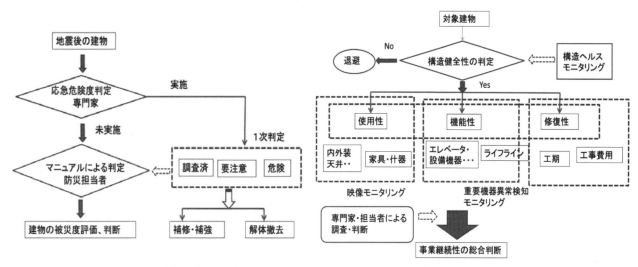

(a)専門家,担当者による被災度の判定　　(b)モニタリングと組み合わせた事業継続性の判断

図5.2.3 建物・施設の即時被災度,事業継続性評価の流れ

(2) BCPと時系列に沿ったモニタリング活用の可能性

　建設業のBCPにとって必要なモニタリング技術を考える場合,人間行動の支援を前提に,企業の特質や規模等を考慮する必要があるが,ニーズが高いものとして被災建物の健全性と継続的な使用性の判断を支援する客観的で,即時性のある技術が求められている.現状では,代表階に設置された地震計から建物各部の揺れを推定し,即座に損傷程度を評価するシステムが超高層建物など一部実用化されているが,発生頻度の低い大地震を対象とするため,長期間にわたる維持管理費用の確保や,管理方法,体制等の課題も多く,より安価で冗長性の高い装置の開発が望まれる.以下,地震の発生前,最中,事後の時系列に沿って,適用上の課題と活用の可能性を述べる.（**図5.2.4**参照）

(a) 事前の監視：耐震診断に機能継続性を考慮した総合機能評価センサー

　震災の度に,老朽建物の被災が指摘される.車は数年ごとに車両検査制度により所要の性能が発揮できるかを定期的に検証し,不具合の部品は取り替える.建物は耐震診断により,構造躯体の耐震性能が評価されるが,法律の変化に対応しない既存不適格建物に対する罰則などの規定はない.地域の防災能力を高めるためには,重要な拠点建物だけでなく,空き家や,危険物を内包する施設など,復旧の障害となる老朽施設の点検を義務付け,構造躯体だけでなく,設備や2次部材も含めた機能継続性の評価も必要である.そのため構造モニタリングだけでなく,必要機能が継続可能か否かを判断するセンサーの支援が求められる.発生頻度が極めて低い大地震を対象に必要な監視を長期間続けることは,道路や橋梁における車両振動や強風等に対する常時監視と異なり,膨大な費用と労力を要する.従って,建築物の場合は,日常的な異常検知機能等の要素との組み合わせが課題となる.たとえば重要な公共施設や災害時の拠点建物には,既存,新築を問わず建設後の経過年数に応じて,数年ごとに耐震,耐火,台風,対雪,対洪水性能などを総合的に評価し,その健全,継続性を確認,公表していくことも一案であろう.この場合の最大の課題は経時的変化が少ない事象をどのようなセンサーで検知し,適切な指標で評価するかなど検知技術の高度化とデータの評価方法の開発が必要となる.

(b) 発生前後の監視：GISとセンサー技術の統合による緊急対応システム

　大きな揺れが到達する前に情報を提供する緊急地震速報システムは有効であるが,揺れの大きくなる至近距離の地震については余裕時間が少なくなる課題があり,オンサイトシステムと統合し,通信技術と連携したより精度の高いシステムの開発が望まれる.最中の技術としては,入力に応じてアクティブな制御を行う

制震システムが有効であるが，長期間維持管理が必要であることから，パッシブタイプとの併用で冗長性の高い制御システムが必要となる．発災直後に建物各部に埋め込んだ各種のセンサー（振動計，歪計や変位計，画像，映像モニタ等）からの情報を得てリアルタイムに処理を行い，必要情報を即座に提供するシステムは，今後も有効なツールとなろう．都市の震災では，膨大な数の建物が被災し，人的な対応だけでは不可能で，限定資源で効果的な早期復旧を行うためには，安価で冗長性の高いセンサーを面的に多数配置し，必要な情報を提供して効果的な対策に役立てることが必要である．GISを用いた線，面的な広がりの異常検知と，建築物のピンポイントの危険評価センサーの統合により，より効果的な対策が可能となる．目に見えない杭や埋設管などの地中構造物や危険物の保存倉庫など人が容易に近づけない箇所を対象とした，異常検知センサーの開発も有用である．

(c) 事後の復旧・復興支援：被災建物の2次災害防止用センサー

一部に損傷を受けた建物は倒壊を免れても，余震などによる2次災害の危険性がある．応急被災度の判定を受けた建物を対象に，簡便なセンサーを埋め込み，被災直後から中長期的な監視を行う構造モニタリングと，使用性に関する評価を組み合わせて，異常を継続的に監視するシステムが有効である．復旧・復興のプロセスでは災害規模によりさまざまな局面が現れるため，モニタリング技術の展開について一概に述べることは難しいが，長期間にわたり，集積される被災情報，廃棄物，がれき処理，仮設住宅の建設等に関して，人的，物的両面で膨大なデータの分析，処理が必要となる．この活動を支援するモニタリング技術は，土木建築の領域を超えた社会工学的な視点からの知見の導入が必要となろう．

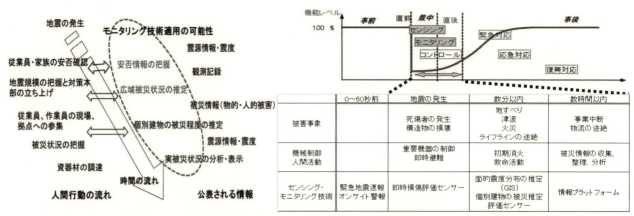

(a) 発災後の人間行動と情報の概略の流れ　　(b) 発災前後のモニタリング技術活用

図5.2.4 地震発生前後におけるモニタリング技術活用の可能性

参考文献

1) 内閣府：事業継続ガイドライン（第一版），2005.

2) 日本建設業連合会：建設BCPガイドライン（第一版），2006.

3) Masamitsu Miyamura, Reiko Amano, Ariyoshi Yamada, Kaoru Mizukoshi: Earthquake Hazard Mitigation in urban Areas by the integration of socio and engineering approach, International Symposium on Society for Social Management Systems, 2009.

4) 丸谷浩明：事業継続計画の意義と経済効果，(株)ぎょうせい，2008.

5) インターリスク総研編著：実践リスクマネジメント，経済法令研究会，2005.

6) セコム（株）監修：事業継続マネジメント，BCP/BCM研究 Vol.2，リックテレコム，2008.

（執筆者：宮村　正光）

5.3 モニタリングと実空間シミュレーションの統合によるインフラ防災情報の生成

5.3.1 社会基盤モニタリングのためのセンサーネットワークへの要求事項

　MEMS技術の発達に伴い高性能センサが安価に供給可能になった1990年代後半，Smart Dust[1]プロジェクトが中心的役割を果たしたセンサーノード開発により，センサーネットワーク研究は飛躍的に発展した．

　土木分野でも，構造物の常時微動や弱い地震外力に対する応答を，加速度計を搭載したセンサーネットワークで計測し，橋梁など土木構造物のヘルスモニタリングに用いる研究が多くなされてきたが，これまでに（土木工学分野に限らずとも）センサーネットワークが有意義かつ大規模な工学的課題の解決に寄与した例は見られない．少なくとも，センサーネットワーク研究の萌芽期に提唱されていた「都市全域を覆うユビキタス・センシング」は実現されていない．これは，「欠損を伴う質の悪いデータでも大量に集めれば何か有用な情報が得られるはず」という，センサーネットワーク研究分野での信仰を前提に，センサーネットワークを工学的課題の解決に適用してきた結果である．

　例えば，加速度計測に基づくヘルスモニタリング[2,3]など，社会基盤施設のモニタリングで要求されるセンサーネットワークでは，欠損のある時系列データは無意味である．既存のセンサーネットワークのハードウェアを使って計測データを収集する場合，データの欠損は避けられない．また，個々のセンサーノードで用いられる加速度センサの計測精度は，構造物の常時微動や弱い地震外力に対する応答から有意義な情報を生成するには不十分である．無線通信の距離と信頼性，およびセンサの計測精度の制約により，「構造物の常時微動や弱い地震外力に対する応答の計測データを集める構造ヘルスモニタリング」を既存のセンサーネットワーク技術の延長で実現することは難しいと言わざるを得ない．つまり，既存のセンサーネットワークのハードウェアを使って，既存のセンサーネットワーク利用の基本方針「価格と性能を抑えたセンサーノードを大量にばらまいて，質が悪くても良いので大量のデータをデータ・シンクに集約してデータ・マイニング的な解析を施し，意味のありそうな情報を探す」を社会基盤施設のモニタリングにそのまま適用しても，有意義な情報を得られる可能性は低い．

　以上が，計測技術の観点からの社会基盤モニタリングの分析である．次に，社会基盤モニタリングの力学問題としての側面に目を向けてみる．モニタリングの対象となる社会基盤施設は，橋梁・トンネル・線路など，道路・鉄道・ライフラインなどの線状インフラの構成要素，ダム堤体・盛土・斜面などの地盤工学的対象物，あるいは個々の建築構造物など多岐にわたる．しかし，これらはほぼ全て，固体連続体力学の学問体系で解析することが可能な対象物である．したがって，社会基盤施設のモニタリングの大方針を考えるに際して，固体連続体力学の中心概念「局所的相互作用の原理(principle of local action)」を考慮に入れることは極めて自然な流れである．

　「局所的相互作用の原理」によれば，固体連続体の中での相互作用（力の伝達）は，隣接する領域間でのみ考えれば良い．これはすなわち，センサーネットワークを用いて社会基盤施設のモニタリングを行う場合，隣接するセンサーノード間でのみ計測データを共有すれば，社会基盤施設の挙動を完全に把握できることを示している．ただし，固体連続体の相互作用は変位の空間微分を用いて定義される「ひずみ」によって発生する「応力」である．応力とひずみはともに2階のテンソル量であり，構造物の健全性との関連が強い「応力とひずみとの関係」は4階のテンソル量である．更に，固体連続体の支配方程式は「応力の空間微分」を用いて表現される．これらの物理量を適切に処理して，社会基盤施設の挙動のシミュレーションを行うためには，複雑な計算アルゴリズムと大量・高速の演算処理が必要である．

　最後に社会基盤モニタリングの利用という観点から分析する．社会基盤モニタリングのためのセンサーネ

ットワークは，災害などの非常時のみならず，平常時にも役立つシステムであることが望ましい．しかし，センサーネットワーク研究の観点からは，両方で機能するシステムの構築は極めて難しい．これは，非常時と平常時で求められる計測・演算処理の質が異なるからである．非常時，たとえば強い地震入力に対する構造物の応答の計測のためには，少なくとも100SPS程度のサンプリングレートで加速度を計測しなくてはならない．また，加速度の時系列データから重要な情報を得るためには単純なフィルタだけでは不十分で，固体連続体の挙動の解析，たとえば大規模な有限要素解析など，高度な演算が必要である．一方，平常時，例えば環境計測では，高精度のデータが大量に必要なわけではない．気温・日照などのデータは1分に1回の計測でも多すぎるくらいである．また，このような粗い計測から得られたデータに高度な演算を施しても，得られる情報は少ない．ただし，平常時には放置しておいても稼働し続けるシステムが要求される．つまり，平常時のシステムに対しては，省電力への厳しい要求が存在する．したがって，平常時と非常時，両方で役立つシステムは，省電力低機能系統と高機能系統を併せもつシステムでなくてはならない．

以上より，社会基盤モニタリングのためのセンサーネットワークへの要求事項として，以下の3つを挙げる．

・モニタリングの対象に応じた精度をもつ計測データを，最低限の通信で欠損なく共有できる
・力学モデルとシミュレーションを踏まえた計測・データ共有・解析が可能
・非常時と平常時，両方で役立つように省電力低機能系統と高機能系統を併せもつ

5.3.2 モニタリングと実空間シミュレーションの統合

前述の3つの要求事項を満たすための「社会基盤モニタリングのためのセンサーネットワーク」の方向性として，「モニタリングとシミュレーションの統合」は重要である．特に，無線通信によるデータ欠損が不可避であるという制約条件を考えると，全ての計測データを大規模な計算資源をもつメインサーバに集約して解析を行うことは非現実的である．社会基盤モニタリングで用いられるシミュレーションは，個々のセンサーノード上に必要な計測データだけを取り込んで，センサーノード上で高度な演算処理を行う「実空間シミュレーション」であることが望ましい．

ここで，社会基盤モニタリングの対象のほとんどが「局所的相互作用の原理」を満たす固体連続体であることの利点が生かされる．固体連続体では隣接した領域間でのみ相互作用が生じるため，計測データの共有も，近隣センサーノード間でのみ行えば十分である．メインサーバに計測データを集約することなく，近隣センサーノード間での最小限のデータ共有のみを行うのであれば，センサーノードの無線通信制御プロトコルの工夫により，欠損したデータの回復処理も自律的に行うことができ，かつ，現実的な時間内に必要なデータ共有を終えることが可能である．そして，このようにして近隣センサーノード間で共有したデータを用いて，個々のセンサーノード上での物理シミュレーションを行うことが可能である．

個々のセンサーノードのCPUは，実空間に埋め込まれた多数の計算機とみなすことができる．このCPU群が，センサによって実空間のデータを取り込み，適切に計測データを共有しながら協調動作して情報を生成する．実空間の計測データに，実空間に埋め込まれた多数のCPUでの分散並列処理による物理シミュレーションを施して情報を生成する過程，これを「センシングと実空間シミュレーションの統合」と呼ぶ．

「センシングと実空間シミュレーションの統合」を用いた社会基盤モニタリングは，計算科学の観点からは，実空間上での大規模並列有限要素解析とみなすことができる．個々のセンサーノードは有限要素解析の「節点」に対応し，隣接するセンサーノード間のつながりは「要素」に対応する．隣接する「節点」間の相互作用，すなわち「要素」の性質が，センサーノードのつながりと計測対象の物理モデルによって規定され

る．これに，個々の節点（センサーノード）での計測データを取り込み，個々の節点に設置されたCPUで有限要素解析のための計算を並列処理する．更に，センシングと実空間シミュレーションの統合は，解析結果と計測データの比較に基づいて解析モデルを改善していく「実空間データ同化」も可能とする．

社会基盤モニタリングのためのセンサーネットワークは，実空間に埋め込まれた，データ同化機能を持つ大規模並列有限要素解析ソフトウェアである．

5.3.3 モニタリングと実空間シミュレーションの統合による社会基盤モニタリングの例

モニタリングと実空間シミュレーションの統合による社会基盤モニタリング構想の一例として「センサーネットワークを用いたインフラ防災情報生成と環境制御の構想」について述べる．

【全体構想】

都市全域を対象としたインフラ防災情報の生成・環境制御システムの構築を最終目標とし，都市全域を覆う無線センサーネットワークによる実空間情報の生成手法の開発，制御デバイス群の都市全域への適切な分散配置・実空間情報に基づく協調制御手法の開発を行う．

【具体的な目的】

無線センサーネットワークを，実空間の生データ計測と物理シミュレーションの統合による実空間情報生成のための分散処理装置と位置付け，非常時にも平常時にも利用可能な社会基盤設備としてのセンサーネットワークの構築を目指す．より具体的には，インフラ防災（非常時）と環境制御（平常時）に資する情報を生成するセンサーネットワークの構築と，環境制御（例：ヒートアイランドの緩和）のための協調動作デバイス群を開発する．

【ハードウェア構成とシステム動作】

i) 平常時の粗い計測・計算を処理する省電力CPUと災害時の高精度計測・高速演算処理を担う高機能CPUの両者を搭載し，必要に応じて切り替わるハイブリッド・センサーノードを開発し，これを

ii) 都市全域の家屋・道路・鉄道・ライフラインに展開して，震災など非常時には都市全域の被害の詳細な情報を，平常時には都市の環境・構造物の健全度などについての情報を生成・収集可能な無線センサーネットワークを実現する．

さらに，この無線センサーネットワークに，

iii) 無線センサーネットワークから得られる都市全域の詳細情報に基づく協調動作により，情報を利用しない場合と比較して格段に省エネルギーな制御を実現する「都市環境制御デバイス」を組み合わせることにより，都市全域を対象としたインフラ防災・環境制御システムを構築する．

【具体的なアプリケーションの例】

図5.3.1に，ハイブリッド・センサーノードの例を示す．省電力CPU，高機能CPUともに，無線通信デバイスに接続されており，省電力CPUは無線通信デバイスの制御，温度・照度・湿度計測など，粗い計測・計算のみを必要とする対象を扱う．一方，高機能CPUには，GPSセンサ，加速度計など，データ量が多く，計算処理の負荷も大きい対象を扱う．例えば，センサーノード上でGPS測位解析を行うためには，カルマン・フィルタ，特異値分解など，計算負荷の大きいアルゴリズムを高速処理できるCPUが必要である．

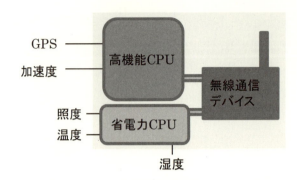

図 5.3.1 ハイブリッド・センサーノードの例

このような特徴を持つハイブリッド・センサーノードを用いた具体的なアプリケーションの例として，以下の 3 つのようなものが考えられる．

(1) GPS on Every Roof

全ての建物の屋根にハイブリッド・センサーノードを設置し，屋根の位置を数 mm の精度で計測する．大規模な地震災害発生前後での屋根の位置の差を取れば，地震による被害状況を，「個々の建物がどの方向にどれだけ倒れたか」「その結果，道路が閉塞しているか」といった高い分解能で把握することができる．個々のセンサーノードが GPS 観測を行う「モニタリング」と，隣接センサーノード間で共有される観測データに基づいて，個々のセンサーノードが相対測位解析[4]を行う「実空間シミュレーション」の統合が必要なアプリケーションである．

(2) 強い地震時の塑性化検知による道路・鉄道橋などの構造物被害状況の把握[5]

道路・鉄道の高架橋脚は，個々の構造物の構造形式は単純であるが，施設の総延長が長く，数が多い．そのため，大地震発生直後に個別の橋脚の損傷度を把握することは困難である．ハイブリッド・センサーノードを高架橋脚の上部と下部に設置して時刻同期をとった加速度計測を行うと，強い地震外力を受けた高架橋脚の復元力特性（の粗い近似）を得ることができる．この復元力特性から，高架橋脚の塑性化の度合いを自動的に判定し，判定結果のみをメインサーバに集約する．橋脚の上部と下部に設置したセンサーノードが時刻同期加速度計測を行う「モニタリング」と，このデータを用いて復元力特性や塑性化の度合いなど，構造物の損傷度に関する指標を外部からの指示なしに，センサーノードが自動的に生成する「実空間シミュレーション」の統合が必要なアプリケーションである．

(3) 微気候の計測とヒートアイランド緩和のための情報の生成

GPS on Every Roof は，平常時には省電力 CPU を用いて，温度・湿度・照度などを計測する．これらのデータは，個々の建物の間隔，すなわち，約 10m の分解能のメッシュでの都市全域の微気候に関するデータである．この微気候データの計測を行う「モニタリング」と，このデータを用いて都市の気流の有限要素解析とデータ同化によるモデルの改善を行う「実空間シミュレーション」を統合することにより，「1 時間後の都市内の気流の状態」を高精度に予測することができる可能性がある．この情報を，例えば，街中のいたるところに設置した「風向き制御オブジェ」の向きを協調制御して風の通りを良くするために使うことによって，ヒートアイランド現象を緩和することができる可能性がある．

参考文献

1) Kahn, J.M., Katz, R.H. and Pister, K.S.J: Mobile Networking for Smart Dust, Proceedings of MobiCom99, online publication, 1999.
2) Farrar, C.R., Doebling, S.W. and Nix, D.A.: Vibration-based structural damage identification, Phil. Trans. R. Soc. Lond. A, Vol. 359, No. 1778, pp.131-149, 2001.
3) Farrar, C.R. and Worden, K.: An introduction to structural health monitoring, Phil. Trans. R. Soc. Lond. A, Vol. 365, No. 1851, pp.303-315, 2007.
4) 佐伯昌之，澤田茉伊，志波由紀夫，小國健二：準静的モニタリングのための GPS 無線センサネットワーク，土木学会論文集 A2（応用力学），Vol.67, No.1, 25-38, 2011.
5) 小国健二，堀宗朗：無線センサネットワークによる構造物塑性化検知のための計測・解析手法の提案，土木学会論文集 A2（応用力学），Vol.67, No.1, 13-24, 2011.

（執筆者：小國　健二）

5.4 鉄道のモニタリングの未来像

5.4.1 はじめに

東海道新幹線は，我が国の経済活動を支える重要な社会基盤の一つである．開業以降46年経た現在まで，鉄道事故による死傷者がゼロ，最近10年間の1列車当りの平均遅延時分が0.4分，最高速度270km/hでの高速運転，一日当たり最高350本を超える高密度運転など，安全性，定時性，利便性，乗心地の良さ，環境優位性等のサービスに磨きをかけ，極めて完成度の高い高速鉄道として進化を遂げてきた．東海道新幹線の安全安定輸送を支えているものは，社員一人ひとりの基本動作・規律の遵守，全社一丸となった事故防止の取組みは勿論，車両，土木，軌道，建築，電力，信号，通信などの各要素に対する適切な検査，維持管理，対策工事，設備改良等を着実に行ってきたことによる．これらの取組みに加えて，さらなる信頼性向上のために補助として，さまざまなモニタリング（状態監視）技術を活用してきた．本稿では，東海道新幹線を中心にJR東海における従来の状態監視および現在研究途上にある最新の状態監視を紹介し，未来像を提示していくこととする．

5.4.2 従来の状態監視

(1) 降雨に対する状態監視

(a) 雨量計，河川水位計，トンネル坑口カメラによる状態監視

東海道新幹線は，盛土の割合が44%，切取を含めた土構造物全体では半数以上を占めており，開業以来降雨に対する防災強度を高めるさまざまな取組みを実施してきている[1]．張コンクリート工等ののり面防護工（**写真5.4.1**）および排水パイプを利用したハード対策ならびに雨量計，河川水位計，トンネル坑口カメラ（**写真5.4.2**）を用いた状態監視によるソフト対策である．雨量計データの一例および指令における雨量監視画面をそれぞれ**図5.4.1**，**図5.4.2**に示す．現地の雨量計で計測されたデータが，管轄箇所および指令までリアルタイムに伝送され，基準の雨量となったときに，沿線警備，運転規制が実施される．近年局所的で非常に強い豪雨を経験することが多く，雨量をよりきめ細かく捉えるなどの安全性を高める取組みが課題である．

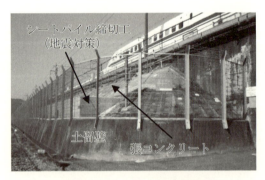

写真5.4.1 のり面防護工

写真5.4.2 トンネル坑口カメラ監視

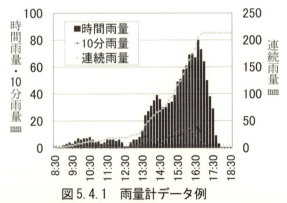

図5.4.1 雨量計データ例

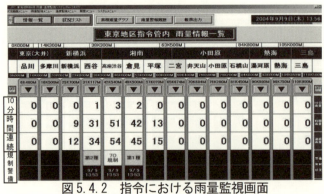

図5.4.2 指令における雨量監視画面

(b) 汎用型災害検知装置の開発[2]

土構造物（斜面盛土）においては，降雨，台風，地震等により斜面崩壊，落石，渓流氾濫等の災害が発生する恐れがある．これに対し，全般検査や個別検査等による健全度調査に加え，ソフト対策として，前述の雨量計による沿線警備・運転規制，ハード対策としてのり面工，落石止さく，検知網，砂防堰堤などの対策工事等を適切に行っているものの，特に山間線区では鉄道用地内外を問わず多くの斜面を有しており，すべての災害を予想し，未然に防ぐことは極めて困難な状況にある．そこで変状の発生をいち早く検知し，遠隔にいる保守係員がその情報をリアルタイムに入手できるシステムが開発されれば安全性が向上し，効率的な警備が可能となる．ただし，多数の斜面が対象となるため，一つひとつのセンサが安価で簡易に設置可能であること，さまざまな変状に対し，対応可能であることが開発の要件となる．

これらのニーズを満足するものとして，開発したものが**写真5.4.3**に示す汎用型災害検知装置である．斜面の変状（変位，傾斜，回転，伸縮）に伴い，センサ内部の金属球が移動することで，金属球の周囲に配置したマイクロスイッチが動作する原理である．その動作情報が，自動的に遠隔の複数の登録済携帯電話にメール通報される．また，複数個のセンサ情報を区別して受信することができる．さらに，現地での種々の敷設条件に対応可能なように，取り付け治具を準備しており，斜面崩壊監視，土石流監視，落石監視，越流監視，水位監視と種々の変状に対して当該センサ一つにて全て適用可能である．現在在来線を中心に種々の現場で状態監視を行っている（**写真5.4.4**）．

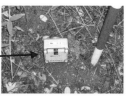

写真5.4.3　汎用型災害検知装置

写真5.4.4　汎用型災害検知装置による状態監視

(c) 警備時携帯型災害検知装置の開発

東海道新幹線において降雨量が基準値に達し，運転中止となった場合，10分間雨量が4mmを下回ると，保守係員の安全確認のもと，列車を徐行で運行させる運転取扱いとなっており，現行現地保守係員による安全確認は目視により行っている．目視に加え計測装置により客観的な健全度確認ができればより安全性が向上することから，現地保守係員の降雨時安全確認の一助となる，警備時携帯型災害検知装置を開発した（**表5.4.1**）．開発に際しては，経験・能力による個人差をなくし，誰でも同じ基準で簡易に計測ができる手法とした．盛土の健全度を判定する装置（A種）および変状を検知できる装置（B種）からなる．A種は，変状が起こる前の段階で，表層付近が飽和状

態となることを検知する「土壌水分計」，B種は，のり肩の変状を検知するために，防音壁の支柱にレーザポインタとターゲットを取り付けるタイプの「防音壁通りセンサ」，のり面の変状を検知するために，のり面に杭を打ち込み傾斜することで点灯するタイプの「傾斜センサ」，土留の傾斜を検知するための，「傾斜計」からなる．このうち，土壌水分計については，どの現場でも同一の指標で判断できるように，計測電圧と飽和度の関係が既知の砂を，現地の土と置き換えることで，飽和度を検知することを考えた[3]．**写真5.4.5**に計測状況を示す．開発した警備時携帯型災害検知装置は，鉄道のみならず，道路や河川堤防にも適用可能である．

表5.4.1 警備時携帯型災害検知装置

種類	A種(健全度判定)	B種(変状検知)		
	A-1:土壌水分計	B-1:防音壁通りセンサ	B-2:傾斜センサ	B-3:傾斜計
警備時携帯型災害検知装置	(写真)	(写真)	(写真)	(写真)
目的	盛土の飽和度を把握	のり肩の変状を把握	のり面の変状を把握	土留壁の傾斜を把握
事前準備	・のり肩部に1mの孔掘削，治具設置 ・計測部硅砂に置換	・防音壁支柱治具設置 ・照射を円中心に設定	のり面に突き刺す	初期値確認
現地係員	・土壌水分計を差して計測 ・0.5Vの閾値で判定	・レーザ・ポインタ治具に置く ・円中心からのずれ確認	点灯を確認	・傾斜計を置く ・数値変化確認

写真5.4.5 警備時携帯型災害検知装置による安全確認

(2) 地震に対する状態監視

(a) 東海道新幹線早期地震警報システム（テラス）と沿線地震計

地震時に列車を早期に止める対策である，「テラス（**図5.4.3**）」と「沿線地震計（**図5.4.4**）」からなる地震防災システムを1992年より導入している[4]．

テラスの原理は，**図5.4.3**に示すように，東海道新幹線から離れた位置に設置された遠方地震計（テラス検知点）により，初期微動P波（7.0km/sec）をいち早く検知し，地震の規模（M）と地震位置である震央距離（Δ）を約2秒間にて推定するものである．テラス（21箇所），沿線地震計（50箇所）とも，閾値を超えると直ちに警報を発し，変電所からの電力供給を遮断して新幹線を緊急停止させ，列車の安全性の向上を図る．2008年からは，このシステムに気象庁から送信される緊急地震速報もあわせて活用することで，地震時の列車の安全性の向上を図っている．また車両側の対策として，非常ブレーキ性能を向上させ，N700系では，270km/h走行において，300系の非常ブレーキ距離に対して約700mの短縮となっている．

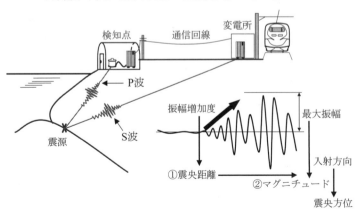

図5.4.3 東海道新幹線早期地震警報システム（テラス）　　図5.4.4 テラス検知点および沿線地震計の配置

これらのシステムの効果の一例として，最近では，2011年3月11日 14:46 に発生した東北地方太平洋沖地震および 2011年3月15日 22:31 に発生した静岡県東部の地震がある．いずれの場合も，沿線地震計およびテラスによる地震防災システムの状態監視が適切に作動し，走行中の列車を停止させ，安全を確保することができた．一例として，図 5.4.5 に東北地方太平洋沖地震におけるある沿線地震計の加速度波形を示す．最大加速度の揺れの約1分前に沿線地震計により自動的に列車への停止手配を取ることができた．走行中の列車が安全に停止したこと，土木構造物の耐震強化工事[5)]の効果により構造物・軌道の被害がわずかであったこと（構造物は皆無），地震後の線路・構造物点検等一貫して迅速かつ適正な対応を行い，早期に運転を再開することができたことは特筆すべきことであり，東海道新幹線の地震に対するさまざまな取組みが総合力として発揮された事例である．

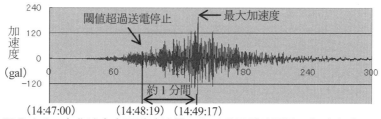

図 5.4.5　東北地方太平洋沖地震における沿線地震計の加速度波形一例

(b)　地震時盛土状態監視

地震時の盛土の挙動把握を目的とした，状態監視を行っている．写真 5.4.6 は静岡市清水区の新幹線盛土（高さ 8m）における観測事例である．常時微動伝達関数（のり肩／のり尻）を図 5.4.6 に示す．また，地震時データ取得例として，前述の東北地方太平洋沖地震ならびに静岡県東部の地震における東海道新幹線盛土のり尻・のり肩での加速度波形およびのり肩加速度周波数波形を示す（表 5.4.2）．2 つの地震で地震動の継続時間，周波数帯に違いが見られる．また，静岡県東部の地震では，のり尻（最大加速度 82gal）からのり肩（最大加速度 103gal）への若干の増幅が見られるが，常時微動波形と類似しており，共振したことが推定される．なお，東海道新幹線沿線では，地盤および構造物において 100m 毎に常時微動測定データ（卓越周波数と増幅倍率）を取得している[6)]．地震に対する地盤の揺れやすさや地震時の構造物の共振による損傷レベルの推定ツールとして活用可能である．

写真 5.4.6　地震時の盛土の状態監視

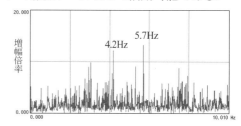

図 5.4.6　常時微動伝達関数（のり肩／のり尻）

表 5.4.2　地震時の盛土のり肩・のり尻加速度波形，のり肩加速度周波数波形

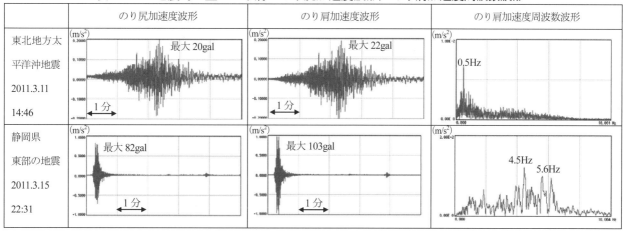

(3) 軌道における状態監視

(a) レール温度計による状態監視

高温時ロングレール温度上昇に伴うレール張出しを防止するため，レールに設置した温度計により自動計測を行い，閾値を超えた場合は，地上巡回，運転規制を実施している．

(b) 新幹線電気・軌道総合試験車（ドクターイエロー）

東海道新幹線では，軌道の形状（軌道狂い），架線，信号ならびに通信の状態を監視する目的で10日に1回程度の頻度で，ドクターイエローを走行させている．全線の軌道狂い状態をミリ単位で計測するとともに，車体・軸箱の動揺加速度を測定している．近年，10日毎の運用であるドクターイエローを補完する目的により，複数の営業列車に特別に搭載された自動動揺測定装置（レイダースという）を開発し，ドクターイエローと併用している．これらについては、4.2.9および将来のモニタリングで後述する．

(4) 土木構造物における状態監視

(a) レーザードップラー速度計による高架橋状態監視

近年，列車走行に伴う構造物の挙動のモニタリング手法として，レーザードップラー速度計（以下，LDV（写真5.4.7））による計測手法を活用した構造物の損傷度評価に関する研究がなされている[7]．

LDVとは，振動する物体の計測点における速度をレーザーを利用して計測する光学的機器である．入射レーザーと反射レーザーの間に生じるドップラー効果に基づいて対象部位の速度を計測する．LDVの特徴として非接触かつ長距離計測が可能であること，並びに速度の分解能が非常に高く，周波数帯域が非常に広いことが挙げられる．そのため，計測機器の設置が困難な条件での計測や常時微動のような微小な振動を高周波数成分まで計測することが可能である．さらに，レーザーのセンサヘッドにスキャニングユニットを取り付けることにより，多点計測による空間的に高密度な計測が可能である．

東海道新幹線においても，LDVによる各種測定法，振動モード形の同定手法等の構築，並びに局部振動モード形の同定に関する既往の研究成果を参考として維持管理に適用している[8),9)]．例えば,鋼鉄道橋の列車走行に伴う特殊な挙動をLDVにて解明した．また，鉄道高架橋を対象にLDVを用いた常時微動と列車走行による強制加振時の振動性状（振動モード，固有振動数）の把握の研究も行っている．LDVを利用した列車走行時の動的特性は,構造物全体とともに局部振動の固有振動数を同定できる．このため，LDVによる振動計測のみでもRC構造物の健全度評価と変状部位の推定も可能と考えている．

実際の計測例として，A高架橋における測定結果を図5.4.7〜図5.4.11に示す．図5.4.7は常時微動の周波数分析結果である．このうち，2.56Hz，11.31Hzの振動モード図をそれぞれ図5.4.8，図5.4.9に示す．東海道新幹線の標準的なラーメン高架橋は1セット3m+6m+6m+6m+3mで両端が張出した形式となっている（写真5.4.8）．2.56Hzは高架橋全体が振動する振動モード（1次モード），11.31Hzは張出し部が振動する振動モードであることが分かる．次に，列車振動の周波数分析結果を図5.4.10に示す．図5.4.7の常時微動のピークとほぼ一致しているが，常時微動にはない19.5Hzの成分が存在することが分かる．この周波数の振動モード図を図5.4.11に示す．張出部の振動モードであることが確認できる．この振動モードならびに卓越振動数は，走行列車により励起される特徴的な振動モードであると考えられ,列車走行時の高架橋振動では張出し部の応答に着目すべきであることが分かる．

写真 5.4.7　LDV

図 5.4.7　常時微動の周波数分析結果

写真 5.4.8　標準ラーメン高架橋

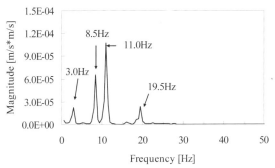

図 5.4.8　常時微動 2.56Hz

図 5.4.9　常時微動 11.31Hz

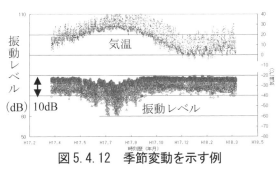

図 5.4.10　列車振動の周波数分析結果

図 5.4.11　列車振動 19.5Hz

(5)　地盤振動固定計測

　列車走行時の地盤振動の実態把握を目的として，年間を通じた固定計測手法を開発し，計測を行った．検討にあたっては気象条件，列車速度等による影響について分析を行った．振動レベルの季節変動については顕著に見られる箇所（図 5.4.12）と見られない箇所（図 5.4.13）があることが分かった．振動レベルの列車速度の影響については，速度依存性が見られる箇所（図 5.4.14）と見られない箇所（図 5.4.15）があった．従来，列車速度が大きくなれば振動が大きくなるというのが定説であったが，固定計測を行ったことにより，速度依存性のない箇所が存在するということが分かった．

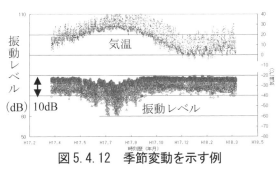

図 5.4.12　季節変動を示す例

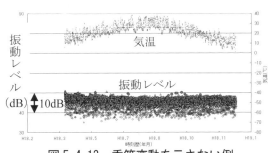

図 5.4.13　季節変動を示さない例

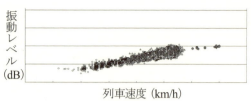
図 5.4.14 速度依存性が見られる例

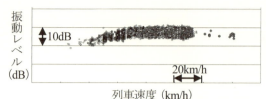
図 5.4.15 速度依存性が見られない例

5.4.3 将来の状態監視

(1) 将来の状態監視のイメージ（新幹線状態監視システム）

現在，列車の走行中に，さまざまな項目について状態監視の取組みを行っている．図 5.4.16 にイメージを示す．車両の状態，地上の状態をそれぞれ自身で監視するだけでなく，地上から車両を監視，車両から地上を監視するという相互監視を含めた総合的な状態監視システムである．これにより地点間の差，車両の個体差を効率よく正確に分離することができ，異常を早期に発見することが可能となる．状態監視から得られるデータは大量のデータとなり，これまで全く見えていなかった重要な情報が含まれている可能性が秘められている．

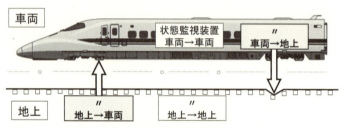
図 5.4.16 新幹線状態監視システム

(2) レイダースの活用（車上→地上監視）

東海道新幹線列車通過時の地上設備の異常を発見する方法として，前述したとおり，専用の試験列車であるドクターイエローによる測定のほか，新幹線営業列車に搭載されたレイダースが活用されている．レイダースは，10日毎の運用であるドクターイエローを補完することを目的としている．レイダースは 1992 年に開発され，上下方向，左右方向の車体の動揺加速度の自動計測により，軌道状態を監視している．2009 年 2 月には，N700 系 6 編成に，新たに軸箱に加速度計（**写真 5.4.9 左**）を搭載し，「軸箱加速度」を計測するとともに，新たに開発した車上演算装置（**写真 5.4.9 右**）を用い，軸箱加速度の 2 回積分により得られる「10m 弦高低狂い」を測定項目に加え，よりきめ細かな軌道状態の監視を可能にした[10]．

写真 5.4.9 軸箱加速度計（左），車上演算装置（右）

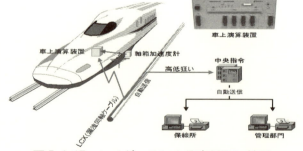
図 5.4.17 レイダースによる高低狂い検測

図 5.4.17 にレイダースによる高低狂い検測システムのイメージを示す．仮に管理値を越える加速度が確認された場合には，東海道新幹線全線に設置されている専用の LCX（漏洩同軸ケーブル）により発生値，位置，高低狂い等の情報が即時に各保線所端末に自動伝送される．新しいレイダースでは，従来の動揺測定に加え，10m 弦高低狂いの検測が可能となったことから，急進的な軌道狂い進み，地震・降雨時の軌道狂いの把握，道床陥没や土木

構造物の変状の早期検知など，さらなる乗心地向上と安全安定輸送の確保に寄与するものとなっている．

一例として前述の2011年3月15日22:31に発生した静岡県東部の地震における事例を紹介する．**図5.4.18**は地震発生前の直近（3月8日）のドクターイエローによる10m弦高低狂い検測波形を示す．**図5.4.19**は地震発生翌日の3月16日初列車のレイダースによる10m弦高低狂い検測波形である．地震により発生した約10mmの軌道狂い（徐行管理目標値内のため，通常運転）を検知することができた．これはレイダースが毎日複数回検測を行うことが可能であり，検測周期が10日毎であるドクターイエローの補完として有用であることを示すものである．なお，当夜軌道整備を行い，3月17日初列車のレイダースにて軌道が正常な状態であることを確認した（**図5.4.19**）．

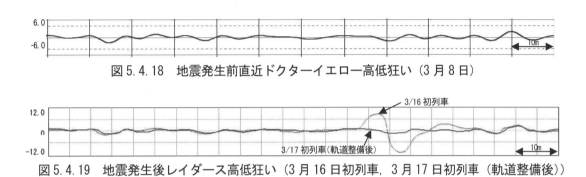

図5.4.18　地震発生前直近ドクターイエロー高低狂い（3月8日）

図5.4.19　地震発生後レイダース高低狂い（3月16日初列車，3月17日初列車（軌道整備後））

(3) MPレーダによる雨量状態監視の検討

近年の降雨は，地球温暖化の影響からか，過去に例のない大雨となることが多い．気象庁によると，1時間の降水量50㎜以上の年間発生回数が，10年前の平均177回に比べ233回と1.3倍にも増えている[12]．また，特徴として雨域が1km～10kmの積乱雲が10分～20分という短期間で次々と発生している状況である．

国土交通省や防災科学研究所が導入している，XバンドMPレーダ（**写真5.4.10**）は，電磁波により雨雲を捉える気象レーダであり，鉛直と水平の2方向の波長の短い偏波を用いて上空にある雨雲を捉え，従来の気象庁のCバンドレーダに比べ，降雨量を正確に把握することができる．現在地上雨量計による雨量とMPレーダ雨量との比較実証実験を行っている．**図5.4.20**に一例を示す．地上雨量計による雨量とMPレーダ雨量は非常に良い相関にあることが確認できる．MPレーダで雨量を正確に把握することができれば，地上雨量計の補完的な取扱いが可能となる．MPレーダは，地上雨量計の配置間隔よりも短い250m間隔の観測が可能であるため，現行よりもきめ細かな雨量監視が行えることとなり，安全性が向上すると考えられる．**図5.4.21**にMPレーダの降雨強度推移を示す．各メッシュにおける降雨強度の積算により時間雨量，連続雨量を求めることで，メッシュ毎の適正な運転規制を行うことができる．国土交通省のMPレーダは，東海道新幹線沿線では，東京，静岡，名古屋，大阪地区に設置されている．今後，各地域における精度検証などを行い，MPレーダデータの有効活用について検討を進めていく．

写真5.4.10　MPレーダ

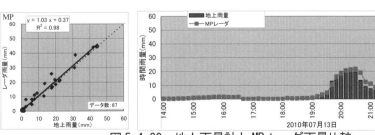

図5.4.20　地上雨量計とMPレーダ雨量比較

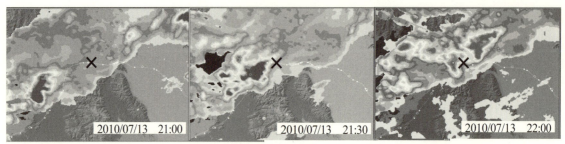

図 5.4.21　MP レーダの降雨強度推移（×印は図 5.4.20 の観測地点）

5.4.4　おわりに

　これまで述べた内容は現段階で未来像というにはおこがましいというご指摘ご批判もあるであろう．鉄道のモニタリングの世界は日進月歩である．現在著者の頭の中では，アイデアとして，津波モニタリング，地震時変状モニタリング，施工管理モニタリング，検査モニタリングなど数多く浮かんでいる．イメージの段階で語るわけにはいかないため，ここではこれ以上触れず今後具体化した段階で機会があれば改めてご報告したい．IT 技術の進歩発展は目覚ましく，5 年もすれば現在では思いもつかない斬新な発想をもとに先進的なモニタリング技術が考案され実用化されるであろう．これまでにも，大学，斯界の研究者から多くの助言・支援をいただいてきた．今後とも，多くの読者，特に若く熱意あふれた読者から助言・新技術の提案・教示・協力を心から願いながら，本稿を終えたい．

参考文献

1) 関雅樹：東海道新幹線の降雨対策，災害から守る・災害に学ぶ－鉄道土木メンテナンス部門の奮闘－，（社）日本鉄道施設協会，pp.234-239，2006.
2) 阪本泰士，梅田博志，関雅樹，古川浩平：鉄道斜面防災モニタリングシステムに関する研究，土木情報利用技術論文集，Vol.13，I-8，pp. 65-74，2004.
3) 阪本泰士：土壌水分計を用いた降雨時盛土健全度判定手法の開発，土木学会中部支部研究発表会，IV-5，2011.
4) 他谷周一：東海道新幹線の地震防災システム，検査技術，Vol.15，pp.66-72，2010.
5) 関雅樹：東海道新幹線の技術開発-最近の地震対策の取組み-，土木技術，Vol.65，No.2，pp. 9-16，2010.
6) 中村豊：研究展望，総合地震防災システムの研究，土木学会論文集，No.531/I-34，pp.1-33，1996.
7) 貝戸清之，阿部雅人，藤野陽三，依田秀則：レーザー常時微動計測手法の構築と構造物の損傷検出への応用，土木学会論文集，No.689/I-57，pp.183-199，2001.
8) 関雅樹：新幹線構造物における新しい計測技術の現状と今後の展望，コンクリート工学，Vol.44，No.5，pp.18-21，2006.
9) 吉田幸司，関雅樹，田川謙一，八代和幸：LDV を用いた鉄道高架橋の振動特性評価に関する一考察，コンクリート工学年次講演集，Vol.28，No.1，pp.1949-1954，2006.
10) 平尾博樹，渡邊康人：防災への軌道状態データ活用の検討，JREA，Vol.53，No.6，pp.34-37，2010.
11) 大庭拓也，山田幸一，岡田信行，谷藤克也：振動解析に基づく新幹線台車の状態監視，第 16 回鉄道技術連合シンポジウム講演論文集（J-Rail），pp.599-602，2009.
12) 気象庁ホームページ：アメダスで見た短時間強雨発生回数の長期変化について，http://www.jma.go.jp/jma/kishou/info/heavyraintrend.html

（執筆者：関　雅樹）

5.5 道路メインテナンスの未来像

5.5.1 はじめに

わが国の道路は，高度経済成長とともに着実に整備されてきたが，急速な高齢化に伴って，それらの維持管理費や更新費が急速に増大していくことが想定されている．道路の維持管理では，施設の寿命を延ばしライフサイクルコストを低減するために，損傷などが発生してから対処する「事後的管理」から，損傷が著しく進行する前に速やかに処置する「予防保全的管理」へと転換することが望まれている．

予防保全的管理を実現するためには，道路構造物の状態を定量的かつ効率的にモニタリングすることが必要であり，そのためにはセンサを利用したヘルスモニタリングの導入とモニタリングデータの活用方法を明確にしておくことが大切となる．本項では，道路におけるモニタリングの課題について述べ，道路を管理する立場からモニタリング技術への要望とともにセンサおよびデータの標準化についての考えを述べる．

5.5.2 道路におけるモニタリングの課題とこれからのモニタリングに望むこと

モニタリングを行う場合，事前にモニタリングの目的を明確にしておくことが重要である．何をモニタリングするのか，どこをモニタリングするのか，いつモニタリングするのか，なぜモニタリングするのか，モニタリングで得られたデータをどう取扱うのかなどを明確にしておかないと，データが得られたとしても"データをとってどうするの？"になりかねない．また，現状のモニタリングでは損傷の進行が予測できる訳ではなく損傷原因が判明する訳でもない．損傷の予測や劣化予測は，蓄積データをもとにした統計的手法あるいは確率論的手法などによる予測モデルの作成を待たねばならないが，道路構造物は構造，材料および環境要因が複数絡み合っており，待ったなしで道路を管理する立場からはこれらを待っている余裕はない．

今，道路を管理する立場からモニタリングに求めるものは，対象となる構造物が主として物理的要求性能に満足しているか，していないかである．言い換えれば，構造物が異常なのか異常でないのか，すぐに対策が必要なのか時間的な余裕があるのかであり，どの部材の応力がいくつになったとか変位がどうなったかはリアルタイム情報としては必要ではない．つまり白（異常なし）なのか黒（異常があるか，あるいは異常があるかもしれない）なのかを教えてくれればよい．黒であれば点検員が現地を詳細に調べ，知識と経験に基づいた技術的な判断をする．その際，点検が空振り（結果として異常がなかった）になっても良いのである．

点検で注意しなければならないことは見逃し，見落とし，見過ごしであり，それによって事故につながらないようにすることである．老朽化する多くの道路構造物を効率的に管理するためにはこの程度のモニタリングで十分である．構造物の安全性と機能を判断するのは知識と豊富な経験を持つ技術者であり，モニタリングデータのみを信じて道路管理を行うことは非常に危険なことといえる．したがって，センサやモニタリングシステムを必要以上に高度化・高級化する必要はない．個別の構造物の挙動を長期間にわたってモニタリングするのであれば，センサはその構造物の耐用年数と同じ程度の耐用年数が必要となる場合もあるが，通常の道路点検には何十年もの耐用年数を持つセンサは必要ない．

現在，多くの道路管理者は，詳細点検を5年に一度程度行っている．センサに問題があれば詳細点検の際に取替えれば良いのであり，極端にいえばセンサの耐用年数は5年程度あればよい．その分センサを安価にして欲しい．センサが安価になれば，今までは問題なかったが老朽化が進み今後損傷が発生するかも分からない構造物や部位に数多く設置することができるようになる．老朽化に伴い，今まで安全だと思っていた構造物の損傷を早期に発見できるということが，これからの予防保全的維持管理には必要となる．また，5年に1回程度行う詳細点検はあまりにも点検間隔が短すぎて，構造物の老朽化が進む近い将来には現状の点検体制や点検人員では十分な点検が行われないことが危惧される．白か黒かのモニタリングの導入によって点

検頻度を見直すきっかけになればと思う．

5.5.3 ITを利用したモニタリングシステムの取り組み

最近では，IT (Information Technology；情報技術) を利用したモニタリングシステムが数多く見られるようになってきた．高速道路でも，道路の老朽化などに伴う点検対象箇所や点検頻度の増大，急峻なのり面や狭隘な点検空間あるいは高所や高速道路上の点検など危険で過酷な点検環境，そして熟練した点検技術者の不足などの課題を解決するために，ITを活用した点検の高度化・効率化を進めている．ここでは，道路構造物に無線ICタグやセンサを設置することで，道路の点検・管理に必要な情報に「いつでも，どこでも」アクセスができるユビキタス環境を構築し，保全点検／管理業務の効率化・高度化を図ることをコンセプトとしたモニタリングシステムを紹介する．このシステムは，道路を構成するさまざまな施設 (部材，設備等) に無線ICタグやセンサを取付け，スマートフォンやタブレットPCなどの携帯端末により，遠隔地や高速走行中の車両内などからデータの閲覧・収集ができるシステムである．このモニタリングシステムには次のような特徴がある．

① 無線ICタグには固有識別番号ucodeが付与されており (ucodeが付与された無線ICタグをucodeタグという)，ucodeタグとセンサとを組合わせることによってデータを無線通信することができる．ucode (ubiquitous code)とは，ユビキタスコンピューティングにおいて個々のモノや場所を識別するために割り振られるID番号の体系のこと，あるいはその体系によって割り振られた固有の識別子のことである．ユビキタスIDセンターによって管理されており，国際電気通信連合会ITUの国際標準規格に採用されている．

② あらかじめ設定した"しきい値"を超えるデータ（異常値）を計測した場合は，ucodeタグを介して高速道路を走行中の車両に通報する．

③ センサで得られた詳細なデータは，ucodeタグを介して路肩や側道など遠隔地の携帯端末で収集することができる．

④ ucodeによって，多くの通信情報の中から必要な情報だけを特定することができる．

(1) のり面モニタリングシステム

のり面モニタリングシステムは，高速道路のり面に設置した地中傾斜計，地下水位計およびアンカ荷重計のデータが高速走行中の車両内や路肩など閲覧・収集できるシステムである．図5.5.1は，高速道路のり面に設置した「アンカ荷重モニタリングシステム」である．アンカ荷重計にはメモリ機能付きucodeタグ (RFIDデータロガという) が接続されており，あらかじめ設定した"しきい値"を超える異常な緊張力が計測された場合には，高速道路を走行中の車両に通報される．データを受信するためには，スマートフォンやタブレットPCなどの携帯端末を搭載しておくだけで特別な機器を搭載する必要はない．また，連続して計測されたデータはRFIDデータロガに記録されており，これらのデータは道路の路肩などに停車した車両内で無線通信によって収集することができる．データを収集するために，いくつものデータロガを回ってデータを収集する必要がなくなる．センサやRFIDデータロガに必要な電力は太陽光発電システムによって供給される．

(2) ゴム支承反力測定システム

ゴム支承反力測定システムは，荷重センサを内蔵させたゴム支承 (反力測定ゴム支承) を用いることで，その支点に作用している橋梁上部工の荷重変化をモニタリングすることができる．反力測定ゴム支承にはアンカ荷重モニタリングシステムと同様にRFIDデータロガが接続されており，あらかじめ設定した"しきい値"を超える異常な反力が計測された場合には高速道路を走行中の車両に通報される．

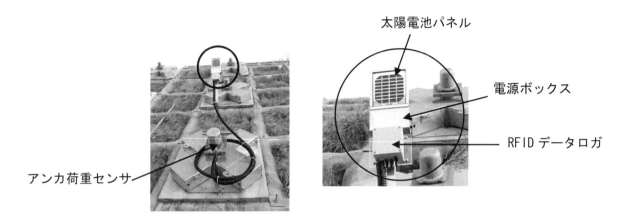

図 5.5.1　アンカ荷重モニタリングシステム

図 5.5.2　ゴム支承反力測定システム

5.5.4　センサ等の標準化と課題

モニタリングシステムで使用するセンサやデータロガなどは多くのメーカからさまざまな製品が開発・販売されているが，センサやデータロガのコネクタ，通信 I/F および計測データの仕様などがそれぞれ異なっているため，仕様の異なる機器同士では接続やデータの読取りができない．もし，モニタリングに使用するセンサなどを標準化することができれば，運用に即した低コストのセンサ選定が容易になる，機器の設置が容易になる，作業性が向上する，既存データとの比較が容易になる，センサの用途が拡大できる，メーカ間の互換性を確認しやすくなるなどモニタリングの経済性，施工性，安全性，汎用性および互換性が向上することになる．そこで，センサの利用者の立場としてメーカや IT ベンダーなどと協議を重ね，その結果として現段階において標準化の可能な範囲に限り，「センサ等標準化ガイドライン (案)」[1]を作成した．5.5.3 で述べたモニタリングシステムで使用するセンサはこの標準化ガイドライン (案) に準拠したものが使用されることになる．

モニタリングシステムで標準化すべき主な項目は表 5.5.1 に示すとおりであり，各機器間の接続およびデータ仕様を中心に標準化を行った．

表 5.5.1 モニタリングシステムにおける標準化の主な検討項目

標準化の対象	標準化の項目
センサの標準化 （センサ単体の性能）	(1) 出力信号と範囲 (2) 分解能・精度 (3) 許容誤差範囲（センサの特性，温度，振動による影響） (4) 消費電力，使用電源 (5) 利用方法 (6) **I/Fの実装方法** (7) 性能表示の定義 (8) 性能試験方法 (9) 長期性能保証
機器の標準化	(1) コネクタ・ケーブル (2) データ形式・単位・容量・I/F・速度 (3) 機器の互換性（出力信号，使用電源等） (4) センサ間の同期
データの標準化	(1) データコンテンツ（センサごとのデータ項目，単位・有効数字） (2) データ共有（データの属性・状況） (3) データフォーマット（データ形式，容量，単位，順番）
アプリケーション の標準化	(1) アプリケーションの標準化 (2) タグの標準化 (3) 維持管理CALSへの対応
運用・メインテナンス の標準化	(1) **耐環境性能（保護等級，防塵，防水，耐振，耐紫外線，耐化学薬品等）** (2) 耐用年数などの標準化 (3) 運用・メインテナンス標準化

※ 太字の項目は，現段階のガイドラインで標準化された項目を示す．

5.5.5 おわりに

道路を管理する立場から高速道路を例に道路のモニタリングについて述べてきた．モニタリングに使用するセンサは小型化・高度化が進み，データの取り扱いも高速化されたネットワークではユビキタスからクラウド・コンピューティングへと発展しつつあり，モニタリングで得られたデータは将来ビックデータとしてさまざまなニーズに対応する必要が出てくる．また，設計体系が「性能照査型設計」へ移行することで構造や材料および工法に自由度が生まれていることから，これらを照査するための検査手法やモニタリング手法の開発も望まれている．一方で，今実際に目の前で起きている著しい道路の老朽化を見ると，とりあえず道路の要求性能を満たすことや災害を未然に防止するためのモニタリング手法が必要である．いずれにしても「予防保全型維持管理」ではモニタリングは必要不可欠な条件になることから，センサの標準化やデータの一元化・共有化を含めて今後議論されることになると思うが，モニタリングに関するハード面は日進月歩な反面，運用など制度面は今まで何年もかかっても解決しておらず，関係者のより一層の努力が望まれる．日本発のモニタリング技術の世界標準を期待したい．

参考文献

1) 土木学会 土木情報学委員会センサ利用技術小委員会：センサ高度利用ガイドライン（案）〜センサ利用の標準化に向けて〜，pp.2-15〜2-55, 2013.

（執筆者：藤原 博）

5.6 橋梁の維持管理の未来像

スマートブリッジ，インテリジェントブリッジなどの概念は，1980年代から様々な議論が行われてはいるが，未だに厳密な定義は定まってはいないようである．ここでは，文献1)における，高木[2]とWada[3]の定義を紹介し，橋梁の維持管理における未来像を考えてみたい．

まず，文献1)より，高木の定義に従えば，

スマートブリッジ：
事前に予測できるような環境の変化や外乱に対してのみ自ら適応し得る橋梁

インテリジェントブリッジ：
予期せぬ環境の変化や外乱に対しても，検知，判断，制御の性能を発揮して，安全性と設計時に計画された性能に対応できる橋梁

とされている．

また，Wadaは，構造物に光ファイバーを張り巡らせてセンシングを行い，制御機能は圧電材料や形状記憶材料の分散配置により実現させる構造物をスマートストラクチャと定義した上で，センサー機能，プロセッサ機能，アクチュエータ機能の有無で，さらに5段階に細かく分類している．

A(Adaptive Structures) システムの状態や特性を変化させるアクチュエーターを持つ．
B(Sensory Structures) 構造物そのものが何らかの外界の変化・刺激を感知する能力を持つ．
C(Controlled Structures) センサーとアクチュエータの両機能を有し，フィードバックシステムによりシステムをアクティブにコントロールする能力を持つ．
D(Active Structures) センサーとアクチュエータが高密度に組み込まれ，高質のシステム制御ができる．
E(Intelligent Structures) 高密度に分散されたプロセッサ機能を持ち，階層的なシステム制御ができる．

これらの分類に従えば，インテリジェントブリッジは，スマートブリッジの最も進歩した形態であるということがわかる．しかしながら，これらの定義はかなり曖昧で，例えばWadaの例ではDとEの境目は現実問題としてどこにあるのか判然としない．いわゆるバブル期には，主に建築系でCに相当するビルディングも建設されたが，ランニングコストが非常に高く，アクティブコントロールはコスト面で見合わずに運用を止めた例もあると言われている．また，Aの例としては，TMDなどのパッシブコントロールが長大橋などに用いられ，また，耐震性能向上のための，高減衰ゴム支承や免振支承が開発され，一定の成果を上げていることは周知の事実である．

さて，橋梁構造物の現状に目を向けると，Wadaの分類におけるAとBは，かなりの部分で実現されつつあると考えられる．すなわち，現在では高減衰ゴム支承を用いることは，常識化していると言っても過言ではなく，落橋防止システムの一部としてダンパーを用いたりする例も多く見受けられる．また，近年の重要路線に架かる新設橋は，ほぼ例外なく加速度計などを設置して常時観測されている他，既設の重要路線で供用中の橋梁にも，一部で走行荷重による動的応答や地震時の応答などが測定されるものが多くなってきた．

このように，長期的なセンシングそのものに関しては，実施例が非常に多くなってきていることは事実であるが，そのデータが維持管理に活用されている例は皆無に近い．地震時のデータが事後に解析との比較に用いられる例はかなり存在するが，その目的は安全性の確認であって，維持管理の一部ではあると考えられるが，本来の常時観測の目的は，通常の使用状態下における劣化状況の把握が主たる目的であるため，橋梁の長寿命化や補強・補修につながる観測例は，筆者の知る限り皆無である．ただし，目視点検や近隣住民の苦情などにより異常が発見され，その後の短期間のモニタリングで原因の究明と補強が行われた例は少なからずある．さらに，我が国の維持管理技術

の状況は，ヨーロッパ諸国やアメリカに比して30年程度以上の遅れがあると言われている．このような現状を踏まえた上で，今後のセンシング・モニタリング技術と橋梁構造物の維持管理における未来像を描いてみる．

5.6.1 維持管理計画のプロセス

　維持管理計画のプロセスは，通常，調査→評価・診断→補修順位決定→補強・補修（施工）→長寿命化（結果のフィードバック）のような過程で行われる．この中で，調査から補修順位決定までが特に重要である．すなわち，対象となる橋梁の調査によってその状態を把握し，評価・診断によって損傷の程度，位置，余寿命などを正確に求める．補修順位決定では，診断によって得られた橋梁の損傷度や余寿命などの情報に加え，例えば橋梁が使用不能になった場合に失われるユーザーコストや迂回交通量による損益を考慮すべきである．さらに，ある橋梁が失われば，必ず代替の橋梁を再建設する必要が生じ，この費用も勘案が必要な項目となる．また，災害に対するリスクマネジメントの結果も補修順位決定に際しての重要なファクターとなる．これらのパラメータを総合的に判断あるいは解析し，説明責任を十分に果たせる適切かつ汎用的な補修順位決定を行うシステムの構築を目指す必要がある．

　なお，このような異なる単位系を総合的に解析する手法の例として，最も優れたものを基準とする抱絡分析法や，全ての事象に対して中央値を基準として，基準値からの偏差を求めて判断を行う最小二乗法がある．補修順位決定において何らかの数学的あるいは数理科学的手法を導入する目的は，検討すべきそれぞれのパラメータについて，恣意的な重み付けを可能な限り避けるためであり，説明責任を容易かつ理解しやすい形で提示できるようにするためである．

5.6.2 センシングと維持管理

　センシングと維持管理の関係について言及すると，現在における調査方法は目視点検が主たる方法であり，センシング技術を活用して何らかのパラメータを測定し，データ解析によって評価や診断に活用している例は，全くと言ってよいほど行われていない．現状では，センシングによる調査・観測は未だ研究・実験の域を超えていないのが現状である．目視点検は，それなりに有効な方法ではあるが，膨大なマンパワーを必要とすること，かなりの専門知識が欠かせないこと，検査員の能力に応じて点検結果が一定とはならないことなど，問題点も数多く指摘されている．これに対し，センシングによるデータはノイズの影響はある程度受けるものの，これを排除する手法は多数あり，ノイズをキャンセルできればセンシングデータは誰が測定しても同条件であれば全く同じデータが得られる．世の中には様々な形式の橋梁が存在するが，何の目的でどのようなデータを計測するかで，使用するセンサーそのものや，測定位置の決定には当然ながら専門知識を必要とするが，一度センサー配置などが決定し，データの取得が可能になれば通常状態における測定結果に関してはほぼ同じ結果を得ることができる．例えば，通常状態のセンシングデータが，地震などの災害後に通常時から大きく変化すれば，特別な知識を持たなくても，少なくとも何らかの被害が生じていることは誰でも簡単に判断することができる．しかも，他章でも紹介されているとおり，通信技術や測定機器の進歩により，以前よりも省電力でセンシング機器の遠隔操作やデータ取得は容易に行えるようになりつつあり，大きなデータ異常が発生しない限り現地に足を運ぶ必要もなくなる．このように，センシングの導入はハードウェアにはそれなりのコストが発生するが，マンパワーは非常に小さくなり，ライフサイクルコストで考えれば大きな投資効果が得られる可能性を有している．

5.6.3 センシングと構造同定・損傷診断

　センシングとデータの評価，ならびに診断に関して述べると，解析技術の発達により各種の手法を適用して対象物の状態把握を手軽に行えるようになってきた．現時点では，加速度計などを用いて振動データを取得し，振動数や減衰定数，モード形状の変化，あるいはARモデルの適用による構造同定などについて盛んに研究が行われてお

り，将来的にはセンシングデータによる損傷同定を行うことにより，インフラの健全度評価・診断が可能になるものと予測される．前述の通り，センシングによる評価・診断結果は条件が同一であれば誰でも全く同じ結果になるため，対象となるインフラの必要とする要求性能に対して，それを満たしているかどうかを適宜検討することにより，補修・補強の意思決定支援がいつでも可能となる．以上のような評価システムが確立されれば，管轄内の橋梁構造物のデータを集中管理することにより，非常に少ないマンパワーで，ほぼ自動的かつ瞬時に調査から補修順位決定までのプロセスを行えることになり，維持管理に大きく寄与できると考えられる．

さらに，従来の研究から各種形式の橋梁において破壊や損傷が起こりやすい場所や構造も次第に明らかになりつつある．鋼橋では，1次部材と2次部材の接合部分（トラス橋のガセットプレートや一般橋梁の支承部など）や鋼床版の縦リブ溶接部など，損傷が発生しやすい構造部位は次々に見出されてきている．最も単純な例としては，昭和55年道路橋示方書の設計による，橋脚の鉄筋段落とし部分の弱点など，危険箇所がある程度明確な構造物の存在も知られている．このような構造物に対しては，その弱点部分を監視するようなセンシングを実施して監視を継続すれば異常が発生した際に直ちに異常値が観測され，即座に評価・診断が行える．一例として，鋼床版の溶接部などに生じたクラックの進展を防止するためにストップホールを設ける場合があるが，その部位のひずみを直接測定してセンシングによる監視を続ければ，異常が生じた際にひずみは極端に増大するため，素早い対応が可能にあることは自明である．また，このようなデータの蓄積から，疲労クラック発生位置近傍のひずみの状態を長期間監視することによって，疲労クラック発生・進展までの時系列でのデータ変化を観察・解析が可能となるため，クラック発生・進展メカニズムも解明できる可能性も十分に期待でき，センシングの維持管理に対する応用の観点からは，非常に有効である．

センシングによって異常が検知され，検討の結果，補強・補修が行われる場合，その破壊性状は千差万別であり，その施工はケースバイケースとなるため，補強・補修そのものとセンシングの間に特別な関連があるわけではない．しかしながら，補修・補強の際にその効果を確認するため，また，同様の構造に対する参考データを得るために，改修箇所のセンシングを行うことが望ましい．このような部位に対するデータの蓄積は，異常の診断に役立つだけでなく，補強・補修に係わる施工方法の確立にも寄与するものと考えられる．したがって，今後は補修・補強を行った際に，予算が許す限りそれ以降センシングを行うことを前提に施工することが望ましいと思われる．当然ながらセンシングのための機器を設置することでイニシャルコストは上昇するが，LCCやリスクマネジメントの観点からは極めて有効であり，橋梁の長寿命化に直接的に資するものであると判断できる．

以上のように，センシングの情報に基づいた将来的な維持管理計画手法の確立は，橋梁の状態把握，評価・診断，ならびに長寿命化に対して非常に効果的であることは明らかであり，さらにデータの蓄積によって補強・補修における対処方法の確立にも十分に寄与する可能性を有しており，投資効果を高める上で極めて有効な手段であると考えられる．上述のような，センシングによるデータを用いた橋梁の維持管理計画は，長寿命化に直接寄与するばかりでなく，リスク管理やUCならびに商業的損益の予測，LCC最小化，補修・補強工法の確立，データの蓄積による予防保全など，橋梁限らず社会基盤を守るための非常に有効な手段であることは明確であり，今後の社会の持続的発展に大きく寄与するものであると判断できる．

参考文献

1) 土木学会構造工学シリーズ10：橋梁振動モニタリングのガイドライン，2000．
2) Takagi, T: The Present State and the Future of the Intelligent Material and Systems, Proc. of the fourth Intelligent Materials (Plenary Lecture), 1998.
3) スマートストラクチャー研究会編：SMART STRUCTURES, pp.14, 1993.

（執筆者：小幡　卓司）

5.7 ロボットを利用した生命化建築

5.7.1 知能化と生命化

建物の知能化に関する研究にロボットハウスの研究がある．たとえば日本では東京大学の坂村健教授が主導する TRON ハウス等がある．海外ではジョージア工科大学の Aware Home や MIT メディアラボの House_n がある．これらは基本的にはセンサで取得した情報に基づいて必要なサービスを提供しようとするもので，そのサービスの提供方法は最初からシナリオとして設計に組み込まれている必要がある．したがって，シナリオにない想定外のイベントに対しては基本的には対応できない．

2003 年度～2008 年度の 5 年間にわたって取り組まれた慶應義塾大学における 21 世紀 COE プログラム「知能化から生命化へのシステムデザイン」は，シナリオベースのデザインの限界にかんがみ，生命に学んで新たなデザイン手法を生み出すことを目的としていた．たとえば，制御システムにあいまいなレベルの情報を扱う制御階層を複層的に設けることで，センサやデバイスの一部が故障してもある程度の制御機能を維持できるようなシステム「システム生命」の提案と試行がされた．建築については，「サステナブル生命建築」の名称のもとにさまざまな側面からの検討が行われた．

2009 年度からは，COE を引き継いだグローバル COE プログラム「環境共生・安全システムデザインの先導拠点」において，これまでの研究を引き継ぎ，生命の持つ機能を埋め込んだ建築についての研究を行っている．「生命化建築(Biofied building)」という名称を用いているが，その定義は，生物の持つ 4 つの適応機能を持った建築のこととしている．McFarland の分類によれば生物の持つ適応機能には次の 4 種類がある[1]．

①感覚器的適応（sensory adaption）
②学習による適応（adaption by learning）
③生理的適応（physiological adaption）
④進化的適応（evolutionary adaption）

知能化建築では①，②のレベルの適応を目指すものがほとんどで，想定外の事態に対処できるメカニズムは持っていない．③の生理的適応は，免疫やホメオスタシスに代表されるように，未知の微生物による攻撃に対しても，反撃し，また必要な調節機能を意識せずに無意識下に行っている．究極の適応である④の進化的適応は，現世代の微修正では不可能な適応をも可能にする手段である．

知能化と生命化は対抗するものではなく，生命化の概念の中に知能化も含まれている．我々が特に興味を持って研究しているのは，したがって③生理的適応と④進化的適応の建築への埋め込みである．

5.7.2 生物に学ぶシステム

最近，参加する国際会議で頻繁に耳にする言葉がある．Bio-inspired, Biomimicry, Biomimetics 等である．これは生命科学の進展によって次第に明らかになってきた生物の機能を模倣して，構造部材やセンサに応用していこうとする試みである．たとえば骨の複層的な構造に着目した新しい構造材料の研究や，昆虫の触角に学び，低感度のセンサをたくさん集めることで高感度化するロバストなセンサシステムの研究などがある．

こうした研究は，生物の持つ高度なメカニズムが次第に判明し，その活用を図っていこうとするものである．③の生理的適応の分野である，免疫についても，次第にそのメカニズムが明らかになり，異物や異常の判別に使うアルゴリズムに応用した免疫アルゴリズムの研究が盛んにおこなわれている．たとえばコンピュータウィルスは日々多数生まれているが，それぞれのウィルスのパターンを調べて，データベース化する方法では間に合わなくなってきている．新たな脅威を自動的に識別する仕組みとして，免疫アルゴリズムは活

躍の場を広げつつある．

免疫機能は，参画する細胞それぞれは比較的単純な役割のみを担っているに過ぎないのにもかかわらず，ネットワークとしてきわめて複雑な対処を可能している点に特徴がある．また，情報の伝達に電気信号を使うのではなく，ホルモンに代表される化学的な物質によって伝達していることも特徴としてあげられる．

5.7.3 ホメオスタシス

生理的適応の果たす役割としてホメオスタシスがある．恒常性と訳されるもので，無意識下で体温の調節や生理の周期のコントロールなどをつかさどっている．免疫とホルモンを使った内分泌システムがこの役割を担っている．どちらも化学物質による情報伝達に基づくものであり，神経系に比べて情報の伝達が遅いが，内分泌系の場合は全身に情報が伝播する．免疫系の場合には化学物質の濃度勾配を利用して，位置情報の伝達も行っているなど，きわめて精緻な仕組みである．必要な反応だけが選択されて自動調整される，といった，潜在的に生物に備わる自動調整機能がホメオスタシス（恒常性）であり，体温が一定に保たれるのもこの仕組みによるものである．

生理的適応の建築への応用として，我々はホメオスタシスの原理に基づく空調制御システムや照明制御システムを提案している．部屋にいる居住者が熱い寒いと感じた不快感をホルモン情報として部屋に満たし，そのホルモンに対する受容体を持つ空調機器が，その受容体の特性に応じて稼働する，といったものである．空調機の種類や台数が増えても減っても，制御システム自体の変更の必要はなく，きわめて安定な空調システムが実現できる．ただし，このシステムは人の不快情報を知ることができることを前提としている．居住者が空調システムに指示しなくても，人の無意識下での不快情報を取得することがもし可能であれば，こうした制御は十分実現性の高いものである．不快情報を含めた人の感情を同定する研究は多く行われていて，それらの先行研究を参考に，実現に向けた努力をしている．図 5.7.1 にはホメオスタシス制御の概念を示す．こうした仕組みを照明制御に応用した研究 [2),3)] がなされていて、その有効性が示された。

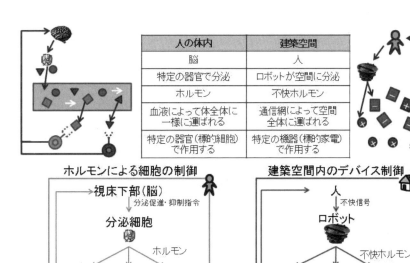

図 5.7.1 人の不快情報をホルモンとした機器のホメオスタシス制御

5.7.4 人と建築の対話を助けるロボット

　生命化建築の実現には，人と建築の対話の実現が不可欠である．人の感情の把握には，ペットが人に働きかけるようなアクティブなセンシングの方がより多くの情報を得ることができる可能性が高い．また，カメラが設置された空間を人は嫌がるが，ペットが見つめる行為を嫌がる人は少ない．その点で，ペット型ロボットが人と建築の対話を手助けするツールとして有力な選択肢と考えている．人と建築との対話を手助けし，取得した情報を刻々と記録する役割もある．ロボットを介在させることで，建築側に過剰なセンサシステムを導入する必要がなくなり，ロボットさえ交換すれば常に最新のインターフェースを維持できる．図 5.7.2 には当研究室で使用しているロボット e-bio を示す．現在，次世代のロボットを製作し，そのアプリケーションのチューニング中である．

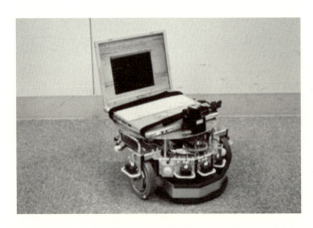

図 5.7.2　人と建築の対話を助けるロボット e-bio

5.7.5 おわりに

　生命化建築の実現のポイントは生理的適応と進化的適応の建築への埋め込みにある．ツールとしてペット型ロボットの利用が有力であると判断し，現在さまざまな研究を行っている．生理的適応の建築への応用の例としてホメオスタシス制御を上げたが，進化的適応による建築の進化の可能性は極めて大きなものであり，そのポイントは遺伝すべき情報をどう扱って，その発現機構をどう実現するかにある．きわめて多くの研究課題があり，たくさんの方々が興味を持っていただけることを願っている．

参考文献

1) McFarland, D.: "What it means for robot behavior to be adaptive," From animals to animats, Proceedings of the First International Conference on Simulation of Adaptive Behavior, pp.22-28, 1991.
2) 秋葉達也，常盤桃子，三田彰：Kinect および人追従ロボットを用いた LED 照明制御，日本建築学会技術報告集，第 42 号，pp.771-774, 2013.
3) Tatsuya Akiba and Akira Mita: Homeostasis Lighting Control System Using a Sensor Agent Robot, Intelligent Control and Automation, Vol. 4, No. 2, pp.138-153, 2013.

（執筆者：三田　彰）

5.8 都市計画や空間土地利用におけるセンシングの活用，未来

都市におけるセンシングは，すでに交通インフラ，エネルギー供給インフラなどのインフラ系では，かなり活用されている．他方で，土地利用活動や他の都市活動については，未だあまり活用がなされていない．本節では，そのような活用の可能性について論じたい．

5.8.1 土地利用活動センシング

都市の土地利用活動のマネジメントは，主として，建築行為が発生するときに，建築確認という形で建物自体を制御している．建設時にはハードのスペックをほぼ決めるという意味では，効率的な制御手法とはなっている．ただ，その後の改修や用途変更については，十分なモニタリングがなされていないことが問題となっている．2001年9月に発生した新宿区歌舞伎町の雑居ビル火災が契機となって，翌年消防法が改正され，立ち入り検査が強化されたが，検査の結果，問題のある建物が多く存在することが明らかになった．このことは，仮に，建築確認という制度があったとしても，建築後の使い方により安全性が担保できない建物は多く存在していることを示している．また，建築確認の対象にならない土地利用活動は，ますますモニタリングが不十分である．

土地利用活動把握の分野では，日々の状況がどうなっているかを確認するためのセンシングは一定の役割を担いうる．例えば，航空写真と画像解析を駆使することで，建物改変の状況を知ることができる．実際，このような情報を用いて，違法建築行為を発見したり，固定資産税の評価額の是正をするなどの活用がなされている．定期的に撮影すれば，差分処理を用いることでかなり効率的なモニタリングも可能になると思われる．

5.8.2 集団規定の性能規定化

建築基準法の単体規定は性能規定化が進んでいるが，集団規定については未だ大きな変化がない[1]．ただ，集団規定の本来の主旨は，地区としてどのような環境を確保できるかであり，性能規定との相性は良いはずである．問題は，単体規定に比較して，それぞれの規制が何を目的にどのような環境を担保しようとしているかが曖昧なことである．もう一つの課題は，具体的な地区環境の状況は，単体規定以上に，築後の土地利用活動に依存する面が大きいことである．しかし，前項と同様に，センシングがその突破口になる可能性を秘めている．集団規定が守っている地区環境としては，住宅地の場合には，形態規制が守る日照・通風環境の保全のほか，用途規制が守る騒音・振動の排除，通過交通の排除，不特定多数の往来の排除，異臭や危険物の排除など，安寧な住生活を営む環境を担保する機能がある．そのため，これらの懸念の中で，重要な懸念材料について環境が担保されていることが確認されれば，現在立地規制されている用途であっても，許容されても良い可能性がある．ただし，これらの環境項目は，建物様式だけで制御しきれるものではないために，稼働時におけるモニタリングが重要となる．そこで，特例許可にあたって大きな懸念事項がある場合には，その環境項目にかかわるセンサ設置を義務づけ，モニタリング結果を報告させる方法がありうる．例えば，工場立地の特例許可においては，騒音計を工場付近に設置し，その設置・維持費用は立地者に負担させることで，違法状態になる稼働でないことを確認することができる．このようなモニタリング付き特例許可は，環境を実質的に守ることができるために，許可用途が大きく広がる可能性を持つ．また，逆に今まで許容されていた用途において，外部不経済性が非常に高いような土地利用については，モニタリング技術で運営状態をチェックできる．このように，モニタリングは，今までの主として建築時のみのチェックを，不断

のチェック体制を構築し，実質的な土地利用活動制御へと変革できるのである．

5.8.3 料金徴収を利用した都市マネジメント

都市計画においては，料金徴収を利用したマネジメント手段が大きく限られている．都市計画法においては，計画の実現手段として規制と事業が大きく位置づけられている．規制とは市街化区域・市街化調整区域の区域区分による開発規制，用途地域による制限，地区計画による制限などである．事業とは都市施設の供給の他，土地区画整理事業や市街地再開発事業など一団の土地を事業によって改変していくものである．現実には，計画実現のために行われる第三の手段として，誘導的手法がある．誘導的手法とは，減税や補助金などによって，開発者や権利者が特定の開発形態を選ぶよう仕向ける方法である．

都市にセンサ群を設置することで，第四の手段として料金徴収によるマネジメントという方法をとることができる．料金徴収は，例えば公共的な施設を用いる場合や公的なサービスを受ける場合に，しばしば使われている．例えば，高速道路料金，上下水道料金，公園施設や公共ホール使用料金など，料金徴収の例は多い．しかし，公的施設を利用する料金以外の料金徴収の例はさほど多くはない．

都市における個人の活動が社会全体に対して大きな負荷となる場合には，その外部不経済分を徴収することは，理論的には正当な都市マネジメント行為である．例えば，炭素税においては，現在の料金体系では十分に反映されていない二酸化炭素排出につながる環境負荷が社会全体に与えるコスト分を付加することで，内部化し，個人の行為選択の判断が適切になるための一手法である．これと同様な都市における外部不経済行為を是正するために，同様の賦課金を徴収することは，都市全体の社会厚生を高める上で適切なマネジメント手法となる．

現在は，このような賦課金の仕組みはないが，それは，賦課金を徴収の対象となりうる都市活動行為を適切にモニタリングする仕組みが発達していないことが一因となっている．それを人的配置によってモニタリングすることは，極めて高価であり，下手すると是正されるべき外部不経済効果以上のコストがかかってしまいかねない．これは，本末転倒であり，適切な社会政策の方向性とはなりえない．他方，センサ群は，その費用が格段に安価になってきており，対象によっては，十分に安価にモニタリングできる可能性がある．

賦課金という第四の手段によって，都市計画は緻密でリアルタイムで発動できる計画手段を手に入れることが可能となる．

5.8.4 モニタリングと個人情報

空間的なモニタリングをする際に注意すべきは，個人情報の保護の問題である．計画実現のためのモニタリングは，その行為者ないし建物を特定することが必須であるために，どうしても個人情報を活用せざるをえない．

ロンドンでは，犯罪防止のために街頭に多くの監視カメラが設置されていることで有名であり，犯人特定に役立っていることが知られている．現実には，ロンドンに限らず，日本の諸都市でも監視カメラは多くの場所に設置されている．東京で活動する限り，カメラに全く写らないように生活することはかなり難しい．カメラの情報は，犯罪行為があると疑われる場合に，警察などの要請で提出されるが，その利用は限られるものの，様々な管理者がいることを考えると，その映像が流出することはある程度避けられない．このように都市に生活する限り，個人情報を完全にシャットアウトすることは困難な状況になっていると考えるべきだろう．

鉄道系電子マネーは，今や広く普及し，様々な局面で利用されている．電子マネーを個人情報とリンクす

れば，当人の移動経路（時間と場所），購入履歴（嗜好や行為）がセットで知られてしまう．また，インターネット利用や電話利用においても，その諜報がなされていることは，広く知られているところである．電磁的な情報に変換して発信すれば，何らかの形で第三者に知られてしまう危険性はつきまとうことになる．

他方で，個人情報をある程度開示しておくことは，特に当人を災害時に救助したり，日頃のケアを行うなどの際には，必要となる．今後高齢者率が高まるにつれて，この面での対応がより重要になることもあり，犯罪などには悪用されにくい方法でこれら個人を守る目的での個人情報利用を積極的に進めることも，都市のマネジメントとしては必要となる．

都市のマネジメントのために，何をモニタリングして良いのか，どのように保存するのか，どのように活用するのかについては，今後議論を深める必要があるが，現実には様々な分野ですでにモニタリングがなされていること，そしてモニタリングにより都市マネジメントの様々な発展が見込まれることを考えれば，個人情報の問題の懸念だけによって可能性を閉じることは無い．むしろ，適切な情報処理方法を並行して検討すれば良いだろう．

参考文献

1) 日本建築学会建築法制委員会：集団規定の性能規定化の可能性を探る－まちの性能からのアプローチ－，2007年度日本建築学会大会（九州）建築法制構造部門研究協議会資料，2007．

（執筆者：浅見　泰司）

5.9 ユビキタス・コンピューティングの土木・建築・国土への応用とその未来

5.9.1 ユビキタス・コンピューティング(Ubiquitous Computing)，IoT(Internet of Things)とは

　実世界の「状況」を認識し活用する，新しいコンピュータ技術の実用が目前にせまってきた．実世界の状況というのは，場所の位置，温度や湿度，人に関する情報，このビルはいつ作られたものか，など多種多様な実環境の情報である．具体的には，環境中に数多く配置されたセンサー群やデジタルカメラ等で自動認識したデータや，超小型チップをモノや場所につけて自動認識した状況情報を電子化したものよりなる．その状況情報はネットワークによりクラウドに送られ，処理され，環境中の機器の制御などに生かされることで，最終期に人間の生活をサポートする．このようなシステム・モデルは世界的に注目されており「ユビキタス・コンピューティング」「IoT」「M2M」等いろいろな名称で呼ばれている　（図5.9.1）．

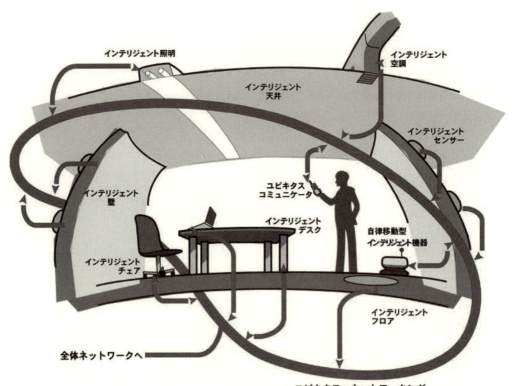

図5.9.1　ユビキタス・コンピューティングのシステム・モデル

　従来のコンピュータ・ネットワークのシステム・モデルは，つながっているコンピュータが実際にどこにあるかといったことを人間に意識させないものであった．実世界と切り離された「仮想世界」とも言われるゆえんである．しかし，ユビキタス・コンピューティングは現実の世界と密着したモデルである点が大きく異る．「どこにそれがあるか」という位置の概念は，最も重要な「状況」の一つであるからだ．

　最近のスマートフォンは携帯電話でもあり，無線 LAN 端末にもなり，GPS や多くのセンサーがついている．また超小型チップの内容を電波で読むような特殊なアンテナ装置が付くようになってきた．モノに付けた超小型チップの内容を読んで，その読んだ情報をさらに無線の機能を使って外に送ってやることができる．また，逆にその端末を身に付けた人がどういう人かの情報を (許された範囲で) 環境側に伝える．人と人だけではなくて，人とモノのコミュニケーションの仲立ちをする汎用的な機械——ユビキタス・コミュニケータとなってきている．

5.9.2 ユビキタス・コンピューティングの多様な応用

このように社会全体であらゆるモノに超小型チップが付き，センサーネットワークにより状況を高精度に把握できるようになると，さまざまにプロセスについて最適制御が行えるようになってくる．エネルギーの問題を例にとると，小さなセンサーチップをシャツに付けると，体の表面温度やそのときまでの熱履歴がわかり，その情報を直接空調機に送ることで個人個人に最適の温度調節を行う——リモートコントロール端末を使うものよりもきめ細かな温度制御ができるようになる．例えば，暑い外から帰ってきたばかり人は，その瞬間だけすばやく冷やして熱履歴をリセットすることで，その後は逆にあまり冷やさなくても快適と感じるようになる．また，同じチップがその日の着用状況から汗などの汚れの量を推定してくれれば，洗濯機がそれを読み取って，汚れが少なければ簡単な水洗いで済ませるなどの判断も可能になる．このように細かい個人向けの制御を行うことで快適性を維持したまま不必要なエネルギー消費を避けられれば，社会全体としての実効的な省エネルギーにもつながるだろう．

建築物には床から壁まで多数のコンピュータが組み込まれるようになるだろう．また家電製品はもちろん，家庭用品から衣類，食品のパックに至るまでコンピュータが入るだろう．ユビキタス・コミュニケータを身につけて部屋に入ればまわりの空調や照明は，好みに合わせてくれるし，レンタカーに乗れば最適のドライビングポジションに合わせてくれる．街の掲示板は，文字の大きさや色など見やすく変化してくれる．外国の人に対しては自動翻訳により外国語で表示も出来る．つまり高齢者や障碍者を含むすべての人にとって，まわりの環境の方が各自の身体条件を配慮してくれるようになる．

たとえば食品や医薬品分野への応用で言えば，薬品を冷蔵庫や収納庫に入れれば，在庫と保持期限がただちにわかる．不足品は自動的に注文を出すことも出来る．大容量のチップならカルテ情報や投薬記録をまるごと入れられるので，アンテナ一体型のチップをそのまま患者のツメに接着すれば，まるごと消毒可能なので，入院から退院までずっと患者と不可分のデータキャリアとして使える．投薬時に，患者のツメのチップと会話して投薬指示を確認すればミスを大きく減らせるし，さらに薬と患者の体質や病歴のマッチングを確認して投薬指示自体に疑問がある場合，担当医に自動的に連絡して再確認を求めることもできる．

廃棄物もインテリジェントゴミ箱に捨てれば，各製品についている電子タグにより人間がやるよりもうまく分別し，それぞれに適した安全な処理が行えるし，再利用可能な資源についてリサイクルが行われる．

家庭薬でも，服用時に各自が持つユビキタス・コミュニケータを薬の箱にあてれば，期限切れの薬はもちろん，自分の体質に合わない薬や，最近服用した薬の記録とつき合わせて併用してはいけない薬を警告してくれたりするようになる．声で結果を知らせてくれれば，目の不自由な人やお年寄りにとっては，薬を手探りで飲む不安がなくなるだろう．

もちろん流通段階でも多くの利用が考えられる．製品ひとつひとつを見分けて管理できるので，円滑な流通を行うことができるだけでなく，問題が出たらそのロットだけ回収もできる．冷蔵庫がネットワーク公開される危険情報を受けて，庫内を自動チェックし「この製品は危険リストの中に入っています」と警告してくれれば，製造時の問題が起こっても，問題のある製品が使用される前にそのロットのみを速やかに回収できる．不幸にして売れてしまい回収できなかったとしても，ネットワークに危険情報を上げておけば，牛乳を飲もうとした人のユビキタス・コミュニケータが確認して水ぎわで警告して事故を防止するといったこともできる．

ワクチンやワインなど保存温度が品質に大きな影響を及ぼす物品については，先のシャツの例のような温度センサー付きの超小型チップを付けておけば，物品から「保存温度が高すぎる」といった警告を倉庫の空調システムに流したり，販売段階で品質の劣化を察知することもできる．

このようにトレーサビリティのメリットは特に大きいはずだ．またあまりいい話ではないが，トレーサビリティには盗難商品の再流通の阻止といった犯罪防止の側面もある．実際に第三世界では品質の落ちた盗難医薬品や偽薬で命を失う人も多い．WHOの発表によると，第三世界で出回っている薬品の実に10%が，なんの効果もない偽薬だという調査もあるという．そのような意味でもこの技術は有効であろう．

　また，建築，土木の分野で言えば，上の例と同様に資材・建材トレーサビリティには大きなメリットが考えられる．施工管理やメンテナンス管理，不良品のピンポイント回収，偽装対策については食品・医薬品と同様有用である．またセンサーチップであれば，それこそ砂粒大のチップをコンクリートに混ぜて施工し，それを電波で調べることで，配合・輸送・管理・施工の履歴から，内部の水分のしみ込みやpHの変化を調べたりもできるようになるだろう．法面やトンネル内部などでは，検査用の車両が電波を流しながら走行すれば，問題の出そうなところがピックアップできる．さらに，センサーと自律電源と無線ネットワーク機能を備えたチップを使えば，橋梁や建造物で異常振動が検地すると，通報するようにセットすることもできる．現在，我々の研究所では長寿命電池，太陽光発電，微小振動発電の三つの方向から，長期に使えるセンサーモジュールの研究を行っており，電池交換の必要なく長期にわたり自律的に動作するセンサーネットワーク用の自律モジュールの実現が近い将来に予想される．

5.9.3　ユビキタス・コンピューティングの技術基盤

　ユビキタス・コンピューティングを実現する上で，実世界の状況を認識することがまず重要な課題となる．このことをcontext-awareness（状況意識）という．context-awarenessを実現するためには，基本的に「これとこれは同じ」，「これとこれは別」というように実世界のさまざまなモノや空間および概念を識別することがまず必要となる．このため，我々は実世界上にある識別したい個々のモノや空間および概念に対して，固定長整数による唯一無二の固有識別子を付与することとした．さらに，その固有識別子をクラウドに投げた場合にそれを解釈し関連する情報やサービスにつなげるための標準プロトコルを含む，ネットワーク的な枠組みを構築した．また，実世界のコンテクストをそれら固有の識別子を付与したモノ・空間・概念間の関係を使って表現するucR Frameworkと呼ばれる共通の表現フレームワークも規定した．これがuID（ユビキタスID）アーキテクチャである．

　そのuIDアーキテクチャで，実世界の識別対象それぞれに振る固有識別子をucodeという．uIDアーキテクチャの特徴はその汎用性で，物品だけでなく空間や概念にもucodeを付与し，同じメカニズムで識別することができる．実世界上のモノや空間および概念は，それらにucodeを振ることによってuIDアーキテクチャ上で識別されることになる．

　ユビキタスIDアーキテクチャは，ucodeを格納し物品や場所に貼付するための媒体（これをucodeタグという）を限定しない．実世界のさまざまなモノや空間には，大きさや環境条件といったさまざまな物理的制約があり，またコストも制約となる．そのため制約に応じてバーコード，RFID (Radio) タグ，アクティブセンサなど，さまざまな種類のucodeタグが使われることを想定している．

　このucodeタグには，基本的にucodeのみを格納する．一方，ucodeの埋め込まれたモノや空間に関する情報はネットワーク上のデータベースに格納される．このように，モノや空間の識別と情報の管理を分離するアーキテクチャにより，たとえばあるモノに関する情報をリアルタイムに更新する，あるモノに関係する他のモノの情報を取得する，情報を要求する主体に合わせて提供する情報を変える，というような運用が容易に可能となる．

従来のIDやRFIDの国際標準は皆目的限定的であった．例えば，この周波数のRFIDは家畜に埋め込むタグ専用という具合だ．またそこから読み出せるデータも規定され限定的であった．これはネットワークが一般的でなく，ローカルな情報処理が基本であった時代には効率化のために目的を限定することが必要だったからだ．例えば，この周波数で反応するのは家畜と限定されていれば，この桁の数字で家畜の性別を表すというように，RFID内に格納した少ないデータに効率的に情報を詰め込む．

しかし，モバイル・ネットワークが一般化し，常時クラウド接続を前提と出来るなら，効率よりも汎用性の方が重要となる．例えば，場所認識のために誘導ブロック下に設置するRFIDとしては前記の家畜用タグが望ましい．家畜の皮下に埋め込みそれを遠隔で読み取るため水分に妨害されにくい周波数帯を使っており，水たまりなどを通して読み取る必要のある路面下用としても有効だからだ．その場合，IDを読んだだけでは家畜か場所かわからないが，それをネットに送ればそのIDが対応している情報をクラウドで検索し，家畜なら家畜，場所なら場所の情報が帰ってくるので，数字の解釈の違いのような問題は起こらない．

そして，このようなアーキテクチャ上の汎用性は，次に述べるように社会への出口を考える上で大きな意味を持つのである．

5.9.4 実現のために

このように有望な未来の技術に皆が注目するのは望ましいことなのだが，技術面だけでなく，制度的にも，社会的コンセンサス醸成ためにもやるべきことは多い．実際，それを先走ったため米国では買った物が捕捉されるのは重大なプライバシー侵害だと，商品への超小型チップ貼付に反対する市民団体が出てきたりした．

問題は起きてから対処すればよいと考えるにはユビキタス・コンピューティングはあまりに影響範囲が広い．例えば，製品パッケージへの印刷で嘘を付いた場合の不当表示防止法があるが，超小型チップに虚偽のデータを結びつけた場合について現行法では規定がない．このようにユビキタス・コンピューティングの本質は，単に一企業や位置組織の中で閉じた技術革新ではないオープン性にあるので，最初から制度面を考える必要がある．さらに，世界共通が前提のインターネットと違い，実際のモノが関係してくる以上，各国の法律や文化や習慣などローカルな要素が無視できない．重要かつ広範囲に影響する技術だからこそ，ボタンを掛け違えないように大事に育てないとうまく社会に出ていくことが出来ないのだ．

社会規模のインフラとして，まさに「どこででも」ユビキタス・コンピューティングの力を利用できるようになるためには，社会的な制度設計の部分により多くの課題がある．それに関して，国土交通省や東京都と進めている，「場所情報システム」を例に述べてみよう．

ユビキタス・コンピューティングの本質は，状況(コンテクスト)の認識だと述べ，先にモノの状況認識の例を挙げたが，より根本的に抑えておくべき「状況」がある．それは「いつ，どこで」という，時間と場所の情報である．「いつ」の方は――高度な保証を求めない限り――スマートフォン等の端末内蔵のシステムクロックで簡単にわかるが，「どこで」の方は簡単ではない．汎用的な位置測定技術としてGPSがあるが，北緯〇度〇分〇秒，東経〇度〇分〇秒というような絶対位置より，一般には場所の情報――つまり「このビルは何ビルか」，「今三階の会議室にいる」というような，「意味を持った空間」としての「場所」の情報の方が重要なことの方が多い．また技術的に考えて，GPSは衛星に対する天空の見通しが必要で，必ずしもどこでも使えるものではない．

ここで重要なのは「特定し識別する」こと――ならば「場所」にチップをつければいい．先に述べたように，チップをつけてモノを認識する情報基盤の確立を我々のユビキタス・ネットワーキング研究所で行っているが，それと同じ基盤を利用して場所にチップをつけて情報をくくりつける．この手法を標準化し，オー

プンにだれでもそのインフラでの発信ができるようにする．国がすべてをやるのでなく，国はインフラの確立を行い，情報の書き込みを許し，あとは多くの人々の参加を期待する．国が発信すべき情報とボランティアやビジネスなどやりたい人たちが発信する情報の両面から進めていく．

タグをモノでなく場所につけることによって，空間を場所として構造化し情報を与えれば，それを利用して多くの人が自律的に（一人で）移動することを支援できる（図5.9.2）．いわば「カーナビ」でなく「マンナビ」．マンナビでその場所の情報がわかれば，知らない場所に行っても，不安なく歩くことができる．また，視覚などの障碍者が一人で移動する場合にも，マンナビは非常に役に立つ．

図 5.9.2 ユビキタス・コンピューティングによるマンナビ

「場所に情報をくくりつける」というコンセプトは，ちょっと考えれば，宣伝的な応用から，物流，観光ガイド，さらには緊急通報まで，さまざまな応用が考えられる．食品や薬品のトレーサビリティについても，商品の流通のすべてのステップにおいて「いつどこで誰が何をした」という詳細な記録をとるというのがその基本であり，「どこで」の部分を自動認識できる汎用的機構は大きな助けになる．輸送の省エネの切り札として言われている，「マルチモード輸送」などでも，コンピュータが自動認識できる標準的な場所識別子という概念が，そのオペレーションの自動化には必ず出てくるはずだ．そもそもセンサーネットワークでも，そのデータをクラウド利用するならば，そのセンサーリードアウトが「どこ」のものかが，ネットの中で一意に特定できなければ意味が無い．

このような汎用性の高いオープンシステムの利点は，インターネットの成功を例に取るとわかりやすい．情報内容の保証の問題などさまざまな問題は抱えているものの，インターネットのオープン性は従来できなかったレベルで利用者自身が発信者となることを可能にし，利用者も決して受信のみのただの受益者でなく，助け，助けられる存在であり，そのことがコンテンツの急速な充実を可能にした．そして，ボランティアだけでなく，多くの実ビジネスを可能にする汎用的でオープンな基盤だったからこそ，資金が投入されインフ

ラが整備され，要素部品が進歩することでコストが安くなり，ユーザが増えそれがまた環境全体の魅力を増すという良循環に入ったのである．

　ガードレール，街灯など少なくとも国土交通省や地方政府が管理しているすべてのモノの中に，場所タグ——RFIDや赤外線または無線を使ったマーカーを入れたい．住居表示の中にも入れ，地表に埋めた基準点にも入れのはすでに進んでいる（**写真5.9.1**）．工事で使われるコーンにも最近はLEDが入って光るものがあるが，それを少し進化させて情報を発信させれば，まるで電子の「結界」を張るような感じで，危険なエリアに関する情報や工事期間，迂回路などの情報をクラウドに「アップ」し，各自のスマートフォンで簡単に確認することができようになる．

写真5.9.1　ucodeのRFIDを組み込んだ道路基準点

　土木分野での危険感知用センサーネットワークの組み込みも，そのためのシステムを構築することは，今でも技術的には十分可能である．しかし，実際にはインフラとして国土に広く組み込むときの量の問題を考えたとき，コスト問題は避けて通れない．また，何らかのトラブルがあった場合，多くの主体が絡んでいる責任問題をどのように解決するかというルールも必要になる．だからこそ，制度設計なのだ．責任やコストの分担の問題さえ解決できれば，道路に埋め込んだチップも，コンクリの状況を知らせるためと同時に，目の不自由な人のガイドになってもいいし，将来的に点検ロボットやメッセンジャーロボットが導入されれば，それらのガイドにもなる．さらに平常時はそれらの目的に使われるチップが，災害が起こったときには，レスキューロボットのガイドや，橋やトンネルなどの倒壊の可能性評価などにも使えるようにも考えられる．

　システム提供者の側の倫理として，よりよいシステムにするため「ベストエフォート」を尽くすのは当然としても，すべてのコンテンツの内容まで含めてすべてに無限責任を取る主体の存在を期待するのは——たとえそれが国であっても——非現実的である．逆にそれを求めれば，事なかれ主義で，すぐ出せる情報すら出てこなくなる例は多い．「責任分散」や「ベストエフォート」と表裏一体の「オープンネス」は，これからのICT（情報通信技術）を中心とする社会システムのむしろ必須といえるだろう．

　国道については国土交通省が責任を負う．しかし，その先，誰がそのインフラを使うかについてはオープン．また，サービスする側は，サービスに責任を負っても，インフラが正しく働くことまでは責任を負わない．ちょうど道路の管理者と，利用者の関係と同じである．道路管理者は通行に責任を持つが，そこに通る

もの自体には責任を持たない．また，利用者は運ぶものに責任を持っても，通行には責任を負わない．ユビキタス・コンピューティングのアーキテクチャは，技術設計であると同時に，責任分解点を明確にするという意味でまさに制度設計上も重要な意味を持っているのである．

5.9.5 おわりに

　日本中を世界で最先端の「ユビキタス国土」にして，それにより「ユニバーサル社会」を実現しようという計画を進めたい．東京・神戸・青森・名古屋・静岡・熊本などでも実証実験を行った．

　標準仕様を固め，それをオープンにして公共の道路，建物などから整備を行い，また民間での利用も振興し，「ユビキタス場所情報システム」を確立したい．そして今後 10 年ぐらいかけて日本全国を世界でも稀な「ユビキタス国土」にできるように努力し世界に日本が確立させた新しい仕組みとしてみせたいと考えている．

　この仕組みのもととなる我々の uID アーキテクチャや ucode の国際標準化も，国連の下部機関である ITU において 10 年の粘り強い活動を行い，この度正式に成立した．

　我々が日常目にする点字ブロックは，物理的突起という形で場所に情報を結びつけることを，目の不自由な人のために行った．これは，1965 年に三宅精一氏という岡山市の篤志家が発明し，それが今や欧米でも認められ "Tactile Ground Surface Indicator" として徐々に広がり，世界中の視覚障碍者の助けになっている．まさに日本発のコンセプトによる世界貢献．すべての人のために ICT を使い場所に情報を結びつける――われわれの uID アーキテクチャや ucode もその先人にぜひ続きたいと考えている．

参考文献

1) ユビキタス ID センター : http://uidcenter.org.
2) 坂村健 : 21 世紀日本の情報戦略，岩波書店，2002.
3) 坂村健 : ユビキタス TRON に出会う，NTT 出版，2004.
4) 坂村健 : 変われる国・日本へ，アスキー新書，2007.
5) 坂村健 : ユビキタスとは何か――情報・技術・人間，岩波書店，2007.
6) [ITU-T-F771] ITU-T: Service description and requirements for multimedia information access triggered by tag-based identification, F.771, http://www.itu.int/rec/T-REC-F.771-200808-I
7) [ITU-T-H621] ITU-T: Architecture of a system for multimedia information access triggered by tag-based identification, H.621, http://www.itu.int/rec/T-REC-H.621-200808-I
8) [ITU-T-H642.1] ITU-T: Multimedia information access triggered by tag-based identification - Part 1: Identification, H642.1, http://www.itu.int/rec/T-REC-H.642.1/en
9) [ITU-T-H642.2] ITU-T: Multimedia information access triggered by tag-based identification - Part 2: Registration procedures for identifier, H.642.2, http://www.itu.int/rec/T-REC-H.642.2/en
10) [ITU-T-H642.3] ITU-T: Information technology - Automatic identification and data capture technique - Identifier resolution protocol for multimedia information access triggered by tag-based identification, H.642.3, http://www.itu.int/rec/T-REC-H.642.3/en

（執筆者：坂村　健）

5.10 まとめ

　5章では，社会基盤およびその周辺分野におけるモニタリングを利用したマネジメントの実装化に向けた課題や将来展望をまとめている．近年関心が高く，その実用化が期待されている事業継続計画 BCP(Business Continuity Planning)(5.1, 5.2)にはじまって，モニタリングのインフラ防災情報への適用における技術的課題や挑戦を論じたもの(5.3)，鉄道，道路，橋梁，建築空間などの特定の分野に特化した議論が続く (5.4-5.7)．さらに都市計画や都市や国土空間全体を対象とした幅広い視点から情報社会基盤論が展開され，章としてはバラエティに富んだ内容となっているが，一貫しているのは未来像を語っていることである．

　センサについていえば，今後ますます技術的な発展が進み，小型化，低価格化が図られると期待できる．ただ，インフラ構造物ではセンサは構造物が安全かどうかの判断に使用することが多く，また使用環境は屋外など概して厳しく，精度だけでなく安定性，信頼性，耐久性の向上が欠かせない．大事なことは土木やインフラのニーズや特徴を踏まえたセンサ開発である．センサありきではなかなか浸透しないと思われる．ニーズ側とシーズ側の協力協調体制がますます大事になることを指摘しておきたい．

　未来志向という意味では，本格的な大規模センサネットワークの構築が大きな目標であろう．これまでの展開においてもセンサネットワークが無かったわけではないが，小規模であったり，センサの数は多くとも極めてテンポラリーであった場合が多い．大規模なセンサネットワークで情報を共有しつつ，日常的なインフラのオペレーションやストックとしてのマネジメントとともに，地震や風や災害事故などの非常時に対するリスクマネジメントに使われることが理想であろう．そのときには，センサの性能だけでなく，ワイヤレスも含めデータ転送の信頼性やシステムのメインテナンスなどにおいてさらなる技術的進展が必要となる．センシングデータを大量に共有する，ということはいろいろな問題を孕むことにもなる．セキュリティの問題がまず挙げられる．インフラにかかわるセンシングデータは，新しい利用法による価値の創造や技術の発展のためには極力公開するのが望ましいと考えるが，センシングのための費用，公開用にするためのデータ変換の費用，メインテナンスの費用をどのように負担するか？　誤データに関係した責任問題などもある．技術的なことだけでなく，社会的ルールの確立に向けた努力もあわせて行う必要がある．

　膨大なインフラのマネジメントや防災・減災において情報通信（ICT）技術をいかにうまく使うかがキーであることは間違いない．世界をリードしてきた地球物理学者金森博雄カリフォルニア工科大学名誉教授はPreparing unexpected（想定外に備える）ことの重要性[1]をかつてから指摘しているが，2011年3月11日東日本太平洋沖地震に対するインタビューの中で，"Building robust infrastructures using rapid reliable information to prepare for the unexpected is very important."[2]と述べており，ハード技術に加えてモニタリング情報技術の重要性を指摘している．まえがきでも触れたように，2014年度から始まる内閣府の戦略的イノベーション創造プログラムの中で「インフラの維持管理更新マネジメント技術」や「レジリエントな防災減災機能の強化」という課題が取り上げられ，センシング情報基盤に関する技術開発が5年間にわたって重点的に行われる．協働的な体制のもとで本章において提案されている様々な展開が近未来に実現することを大いに期待するところである．

参考文献

1) Hiroo Kanamori: Preparing for the unexpected, Seismological Research Letters, Vol.66, Number 1, pp.7-7.,Jan-Feb, 1994
2) Hiroo Kanamori: Seismologist reflects on his firsthand experience of the Japanese earthquake, California Institute of Technology News, March 31, 2011.
   http://www.caltech.edu/content/seismologist-reflects-his-firsthand-experience-japanese-earthquake

(執筆者：藤野　陽三)

あとがき

　土木学会の構造工学委員会の中に「センシングと情報社会基盤研究小委員会」（藤野陽三委員長）が発足したのは，2008年の初めの頃だったと記憶する．主として社会基盤施設（社会インフラ）の設計のための力学的な評価技術を担当する構造工学委員会においても，新しいインフラの構造設計技術の開発に加えて，その維持管理・保全のための診断技術や，設計における想定が難しい地震力などのハザードの観測技術の重要性が認識されてきたことを表しているといえよう．社会インフラの重要性は大きな事故や災害が発生するたびに指摘されるが，安全性の確保は何よりも社会インフラに必要とされる要件である．日本の社会も1964年の東京オリンピックからすでに50年近くを経過し，この頃，大量に建設された道路，鉄道などの交通インフラや，電力，通信，ガス，上下水道などのライフライン網も老朽化を迎えつつあるものも多い．人口の少子高齢化が進む我が国では，このように日本中に広がった社会インフラのモニタリングのためには，最新のセンシング技術や情報通信技術に頼らざるを得ない．社会インフラのセンシング・モニタリングは何も施設管理者が全て自前の技術や経験で行う必要はない．日本中や世界を探せば，多数の新技術や利用可能な技術がすでに存在する．英知を集めてこれらを導入し，社会インフラのモニタリングに適するように改良することが，土木技術者の仕事といえるであろう．

　近年，社会インフラの安全性は何度かの大きな試練を経験した．1995年1月17日に発生した阪神・淡路大震災では高速道路や新幹線の高架橋が落橋し，設計地震外力の見直しや耐震補強の推進，それに高密度な地震計ネットワークの構築につながった．2011年3月11日に発生した東日本大震災では，想定を遥かに上回る高さの津波に襲われ，防潮堤などの海岸施設，港湾・空港施設，道路・鉄道などが甚大な被害を受け，これらの施設の再構築は未だ途上にある．3.11を経験して「想定外は許されない」との論調もあるが，これは人命を守るための避難情報や，そのための避難ルート・手段の確保のためであって，防潮堤をこれまで経験したことのない津波に備えて高くすることではないと考える．ただ，想定を超えるハザードレベルであっても，津波の襲来を事前に検知するようなモニタリングは必須のものといえよう．2012年12月2日に発生した中央自動車道の笹子トンネル天井板落下事故は，社会インフラの維持管理とその安全性モニタリングの重要性を一般にも広く認識させた．これらの近年の災害や事故を通して，社会インフラの設計・施工・維持管理を担当する技術者はその使命を強く再認識し，より積極的にモニタリング・センシングの導入を検討しているものと思う．

　本書は，センサ技術やICT技術を専門としていない土木技術者・研究者や学生を対象とした教科書・ガイドラインとして取りまとめ，実事例の紹介に力を入れた．委員以外の多数の方にも執筆を依頼し，土木構造工学の分野の人間だけでは扱えない内容も含めることができたと思う．センシング・モニタリング分野の技術の進展は目覚しく，本書もすぐに改定が必要となる事態も想定されるが，とり敢えず現時点の先端技術をまとめたものとして，ご一読願えれば幸いである．最後に，本書の執筆を担当された多数の方々と，取りまとめに尽力された幹事の方に心からの謝意を表する次第である．

（山崎　文雄）

土木構造物共通示方書一覧

	書名	発行年月	版型：頁数	本体価格
	2010年制定　土木構造物共通示方書Ⅰ （総則，用語，責任技術者，要求性能，構造計画）	平成22年9月	A4：163	3,800
	2010年制定　土木構造物共通示方書Ⅱ （作用・荷重）	平成22年9月	A4：197	4,000

構造工学シリーズ一覧

号数	書名	発行年月	版型：頁数	本体価格
1	構造システムの最適化－理論と応用－	昭和63年9月	B5：300	
2	構造物のライフタイムリスクの評価	昭和63年12月	B5：352	
3	鋼・コンクリート合成構造の設計ガイドライン	平成1年3月	B5：327	
4	材料特性の数理モデル入門－構成則主要用語解説集－	平成1年11月	B5：119	
5	風工学における流れの数値シュミレーション法入門	平成4年4月	B5：212	
6	構造物の耐衝撃挙動と設計法	平成6年1月	B5：312	
7	構造工学における計算力学の基礎と応用	平成8年12月	B5：577	
8	ロックシェッドの耐衝撃設計	平成10年11月	A4：270	
※ 9-A	鋼・コンクリート複合構造の理論と設計（1）基礎編：理論編	平成11年4月	A4：185	2,000
9-B	鋼・コンクリート複合構造の理論と設計（2）応用編：設計編	平成11年4月	A4：175	
10	橋梁振動モニタリングのガイドライン	平成12年10月	A4：246	
11	複合構造物の性能照査指針（案）	平成14年10月	A4：273	
12	橋梁の耐風設計－基準と最近の進歩－	平成15年3月	A4：218	
13	コンクリート長大アーチ橋－支間600mクラス－の設計・施工	平成15年8月	A4：273	
14	FRP橋梁－技術とその展望－	平成16年1月	A4：264	
※ 15	衝撃実験・解析の基礎と応用	平成16年3月	A4：403＋ 付録CD-ROM	6,300
16	モニタリングによる橋梁の性能評価指針（案）	平成18年3月	A4：85	
17	風力発電設備支持物構造設計指針・同解説［2007年版］	平成19年11月	A4：424	
※ 18	性能設計における土木構造物に対する作用の指針	平成20年3月	A4：313	2,800
19	海洋環境における鋼構造物の耐久・耐荷性能評価ガイドライン	平成21年3月	A4：261	
20	風力発電設備支持物構造設計指針・同解説［2010年版］	平成23年1月	A4：582	
※ 21	歩道橋の設計ガイドライン	平成23年1月	A4：324	4,000
22	防災・安全対策技術者のための衝撃作用を受ける土木構造物の性能設計－基準体系の指針－	平成25年1月	A4：261＋ 付録DVD	
※ 23	土木構造物のライフサイクルマネジメント ～方法論と実例，ガイドライン～	平成25年7月	A4：210	2,600
※ 24	センシング情報社会基盤	平成27年3月	A4：296	2,600

※は、土木学会および丸善出版にて販売中です。価格には別途消費税が加算されます。

定価（本体 2,600 円＋税）

構造工学シリーズ 24
センシング情報社会基盤

平成 27 年 3 月 25 日　　第 1 版・第 1 刷発行

編集者……公益社団法人　土木学会　構造工学委員会
　　　　　センシングと情報社会基盤研究小委員会
　　　　　委員長　藤野　陽三
発行者……公益社団法人　土木学会　専務理事　大西　博文

発行所……公益社団法人　土木学会
　　　　　〒160-0004　東京都新宿区四谷1丁目（外濠公園内）
　　　　　TEL　03-3355-3444　　FAX　03-5379-2769
　　　　　http://www.jsce.or.jp/
発売所……丸善出版株式会社
　　　　　〒101-0051　東京都千代田区神田神保町2-17　神田神保町ビル
　　　　　TEL：03-3512-3256　　FAX：03-3512-3270

©JSCE2015／Committee on Structural Engineering
ISBN978-4-8106-0876-2
印刷・製本・用紙：(株) 報光社

・本書の内容を複写または転載する場合には、必ず土木学会の許可を得てください。
・本書の内容に関するご質問は、E-mail（pub@jsce.or.jp）にてご連絡ください。